CBAC

TGAU
Gwyddoniaeth Gymhwysol

**Gradd Unigol a
Dwyradd**

Adrian Schmit, Jeremy Pollard,
Sam Holyman

HODDER
EDUCATION
AN HACHETTE UK COMPANY

CBAC TGAU Gwyddoniaeth Gymhwysol Gradd Unigol a Dwyradd

Addasiad Cymraeg o *WJEC GCSE Applied Science Single and Double Award* a gyhoeddwyd yn 2022 gan Hodder Education

Cyhoeddwyd dan nawdd Cynllun Adnoddau Addysgu a Dysgu CBAC

Polisi Hachette UK yw defnyddio papurau sy'n gynhyrchion naturiol, adnewyddadwy ac ailgylchadwy o goed a dyfwyd mewn coedwigoedd sydd wedi'u rheoli'n dda a ffynonellau rheoledig eraill. Disgwylir i'r prosesau torri coed a gweithgynhyrchu gydymffurfio â rheoliadau amgylcheddol y wlad y mae'r cynnyrch yn tarddu ohoni.

Archebion: cysylltwch â Hachette UK Distribution, Hely Hutchinson Centre, Milton Road, Didcot, Oxfordshire, OX11 7HH. Ffôn: +44 (0)1235 827827. E-bost: education@hachette. co.uk. Mae'r llinellau ar agor rhwng 9.00 a 17.00 o ddydd Llun i ddydd Gwener. Gallwch hefyd archebu trwy wefan Hodder Education: www.hoddereducation.co.uk.

ISBN 978 1 3983 8602 0

Llun y clawr © Meaw_stocker-stock.adobe.com
Teiposodwyd yn India gan Integra Software Services Pvt. Ltd.
Argraffwyd yn yr Eidal.

Mae cofnod catalog y teitl hwn ar gael gan y Llyfrgell Brydeinig.

Cynnwys

Gwneud y gorau o'r llyfr hwn

Croeso i Werslyfr TGAU Gwyddoniaeth Gymhwysol CBAC.

Mae'r llyfr hwn yn ymdrin â holl gynnwys yr haen Sylfaenol a'r haen Uwch ar gyfer manylebau 2016 TGAU Gwyddoniaeth Gymhwysol Gradd Unigol a Dwyradd CBAC.

Mae'r nodweddion canlynol wedi eu cynnwys er mwyn eich helpu chi i wneud y gorau o'r llyfr hwn.

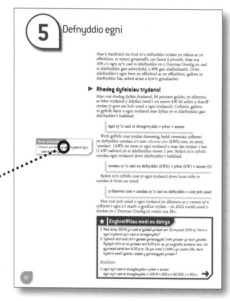

Mae'r rhan fwyaf o gynnwys y llyfr hwn yn addas i bob disgybl. Er hyn, dim ond disgyblion sy'n dilyn cwrs TGAU Gwyddoniaeth Gymhwysol: Dwyradd CBAC ddylai astudio rhai penodau. Mae'r cynnwys hwn wedi'i farcio'n glir â llinell werdd ar y tudalennau. Does dim angen i ddisgyblion sy'n dilyn cwrs TGAU Gwyddoniaeth Gymhwysol: Gradd Unigol CBAC astudio'r tudalennau hyn.

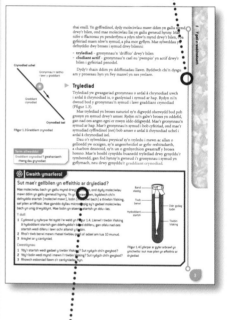

Termau allweddol

Mae geiriau a chysyniadau pwysig wedi'u hamlygu yn y testun a'u hesbonio'n glir i chi ar ymyl y dudalen.

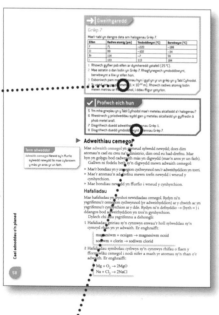

Gweithgaredd

Mae'r gweithgareddau hyn fel arfer yn ymwneud â defnyddio data ail law na allech chi eu cael mewn labordy ysgol, ynghyd â chwestiynau a fydd yn profi eich sgiliau ymholi gwyddonol.

Pwynt trafod

Gallech chi ateb y cwestiynau hyn ar eich pen eich hun, ond byddech chi hefyd yn elwa o'u trafod nhw gyda'ch athro neu gyda disgyblion eraill yn eich dosbarth. Mewn achosion fel hyn, mae yna amrywiaeth barn fel arfer neu sawl ateb posibl i'w harchwilio.

Profwch eich hun

Mae'r cwestiynau byr hyn, sydd i'w gweld trwy bob pennod, yn rhoi cyfle i chi i wirio eich dealltwriaeth wrth i chi weithio drwy destun.

Gwaith ymarferol

Dydy'r blychau hyn ddim yn rhoi arweiniad ymarferol llawn; byddwch chi'n cwblhau tasgau ymarferol yn y dosbarth dan gyfarwyddyd eich athro. Bydd y gweithgareddau hyn yn helpu i atgyfnerthu eich dysgu ac i brofi eich dealltwriaeth o sgiliau ymarferol. Bydd cwblhau'r rhain yn eich helpu chi i baratoi ar gyfer cwestiynau ar waith ymarferol sy'n codi yn yr arholiad

► Cwestiynau enghreifftiol

Mae cwestiynau enghreifftiol ar ddiwedd pob pennod. Mae'r rhain yn dilyn arddull y gwahanol fathau o gwestiynau y gallech chi eu gweld yn eich arholiad ac mae marciau wedi eu rhoi i bob rhan.

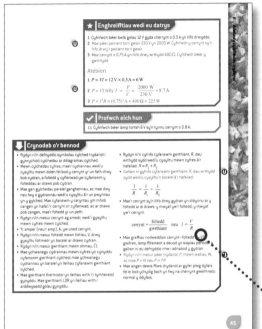

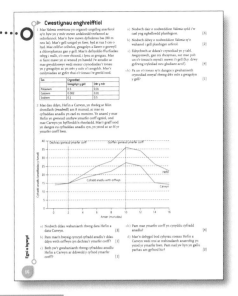

▼ Crynodeb o'r bennod

Mae hwn yn rhoi trosolwg o bopeth rydych chi wedi ei astudio mewn pennod ac mae'n adnodd defnyddiol er mwyn gwirio eich cynnydd ac ar gyfer adolygu.

Mae rhywfaint o'r deunydd yn y llyfr hwn yn ofynnol i ddisgyblion sy'n sefyll arholiad yr haen Uwch yn unig. Mae'r cynnwys hwn wedi'i farcio'n glir ag U.

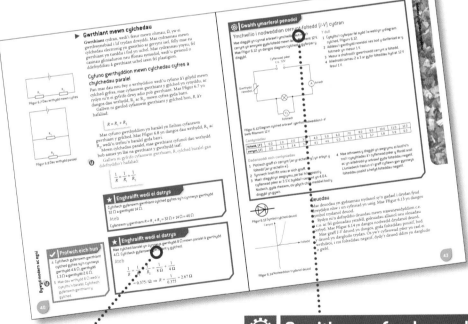

⚙ Gwaith ymarferol penodol

Mae gwaith ymarferol penodol CBAC wedi'i amlygu'n glir. Dydy'r blychau hyn ddim yn rhoi arweiniad ymarferol llawn; byddwch chi'n cwblhau tasgau ymarferol penodol yn y dosbarth dan gyfarwyddyd eich athro. Bydd y gweithgareddau hyn yn helpu i atgyfnerthu eich dysgu ac i brofi eich dealltwriaeth o sgiliau ymarferol. Bydd cwblhau'r rhain yn eich helpu chi i baratoi ar gyfer cwestiynau ar waith ymarferol sy'n codi yn yr arholiad.

Atebion

Mae atebion holl gwestiynau a gweithgareddau'r llyfr hwn i'w cael ar y wefan hon: www.hoddereducation.co.uk/cbacgwyddoniaethgymhwysol

★ Enghraifft wedi ei datrys

Enghreifftiau o gwestiynau a chyfrifiadau sy'n cynnwys gwaith cyfrifo llawn ac atebion sampl.

Cydnabyddiaeth

1 Y gell a resbiradaeth

Celloedd yw 'uned' sylfaenol pob peth byw. Cafodd celloedd eu gweld trwy ficrosgop am y tro cyntaf a'u disgrifio gan Robert Hooke (1635–1703) yn 1665.

Er bod gan bob cell nodweddion sy'n gyffredin, mae yna wahaniaethau hefyd. Mae rhai o'r gwahaniaethau hyn yn caniatáu i wyddonwyr i ddosbarthu celloedd, naill ai fel celloedd anifeiliaid neu fel celloedd planhigion.

► Celloedd planhigion a chelloedd anifeiliaid

Mae pob cell (mewn planhigion ac mewn anifeiliaid) yn rhannu rhai nodweddion cyffredin:

► **cytoplasm** – 'jeli byw' lle mae'r rhan fwyaf o adweithiau cemegol y gell yn digwydd
► **cellbilen** – yn amgylchynu'r cytoplasm ac yn rheoli beth sy'n mynd i mewn ac allan o'r gell
► **cnewyllyn** – yn cynnwys **DNA**, y cemegyn sy'n rheoli gweithgareddau'r gell.

Mae celloedd planhigion yn wahanol i gelloedd anifeiliaid, gan fod ganddyn nhw rai nodweddion ychwanegol:

► **cellfur** – wedi'i wneud o gellwlos, ac yn amgylchynu pob cell planhigyn
► **gwagolyn canolog** – gofod mawr, parhaol wedi'i lenwi â chellnodd hylifol
► **cloroplastau** – mae'r rhain yn amsugno'r golau sydd ei angen ar blanhigion i wneud eu bwyd drwy gyfrwng ffotosynthesis ac i'w cael mewn celloedd planhigion, ond byth mewn celloedd anifeiliaid.

Mae Ffigur 1.1 yn dangos enghraifft o gell planhigyn ac enghraifft o gell anifail, a'r gwahaniaethau rhyngddynt.

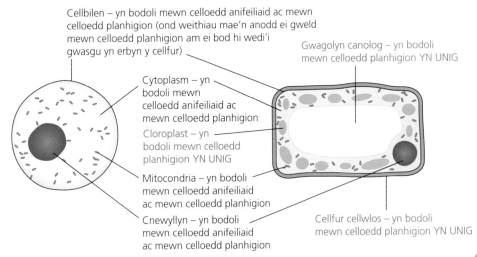

Cellbilen – yn bodoli mewn celloedd anifeiliaid ac mewn celloedd planhigion (ond weithiau mae'n anodd ei gweld mewn celloedd planhigion am ei bod hi wedi'i gwasgu yn erbyn y cellfur)

Gwagolyn canolog – yn bodoli mewn celloedd planhigion YN UNIG

Cytoplasm – yn bodoli mewn celloedd anifeiliaid ac mewn celloedd planhigion

Cloroplast – yn bodoli mewn celloedd planhigion YN UNIG

Mitocondria – yn bodoli mewn celloedd anifeiliaid ac mewn celloedd planhigion

Cnewyllyn – yn bodoli mewn celloedd anifeiliaid ac mewn celloedd planhigion

Cellfur cellwlos – yn bodoli mewn celloedd planhigion YN UNIG

Ffigur 1.1 Cell anifail (chwith) a chell planhigyn (de), yn dangos y gwahaniaethau mewn adeiledd

cell sberm

cell goch y gwaed

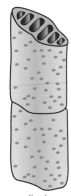

cell sylem

Ffigur 1.2 Celloedd arbenigol

Term allweddol

Amlgellog Yn cynnwys mwy nag un gell.

Mae Tabl 1.1 yn crynhoi'r wybodaeth y mae angen i chi ei gwybod am adeiledd celloedd.

Tabl 1.1 Crynodeb o adeiledd celloedd

Organyn	Ble mae i'w gael	Swyddogaeth
Cnewyllyn	Pob cell	Yn cynnwys DNA, sy'n rheoli gweithgareddau'r gell
Cellbilen	Pob cell	Yn rheoli beth sy'n mynd i mewn ac allan o'r gell
Cytoplasm	Pob cell	Hwn sy'n ffurfio rhan fwyaf y gell a lle mae'r mwyafrif o adweithiau cemegol yn digwydd
Cloroplastau	Rhai celloedd planhigion	Yn amsugno golau ar gyfer ffotosynthesis
Cellfur	Celloedd planhigion	Yn cynnal y gell
Gwagolyn	Celloedd planhigion	Mae wedi'i lenwi â hydoddiant o faetholion gan gynnwys glwcos, asidau amino a halwynau

Arbenigaeth celloedd

Roedd yr organebau byw cyntaf yn gelloedd unigol oedd yn cyflawni holl weithgareddau bywyd. Dros amser, trodd organebau yn **amlgellog**, ac roedd celloedd yn arbenigo ar gyfer swyddogaethau penodol (Ffigur 1.2). Mae hyn yn golygu bod rhai celloedd yn edrych yn wahanol iawn i'r enghreifftiau yn Ffigur 1.1.

Lefelau trefniadaeth

Wrth i anifail neu blanhigyn ddatblygu, caiff y celloedd tebyg eu trefnu mewn grwpiau o'r enw **meinweoedd**. Mae gwahanol feinweoedd yn grwpio gyda'i gilydd i ffurfio **organau**, ac mae gan rai organau swyddogaethau cysylltiedig mewn **systemau organau**. Mae Tabl 1.2 yn dangos diffiniadau ac enghreifftiau o'r lefelau trefniadaeth gwahanol. Organeb yw'r term gwyddonol am *unrhyw* beth byw – nid dim ond pethau sy'n cynnwys organau.

Tabl 1.2 Lefelau trefniadaeth yn adeiledd pethau byw

Lefel trefniadaeth	Diffiniad	Enghreifftiau
Meinwe	Grŵp o gelloedd tebyg â swyddogaethau tebyg	Asgwrn, cyhyr, gwaed, sylem, epidermis
Organ	Casgliad o ddwy neu fwy o feinweoedd â swyddogaethau penodol	Aren (arennau), ymennydd, calon, deilen, blodyn
System organau	Casgliad o sawl organ sy'n gweithio gyda'i gilydd	Systemau treulio, nerfol, resbiradol, cyffion a gwreiddiau

---

✔ Profwch eich hun

1 Nodwch dair nodwedd sydd i'w cael yng nghelloedd anifeiliaid ac yng nghelloedd planhigion.
2 Nodwch dair nodwedd sydd i'w cael yng nghelloedd planhigion ond nid yng nghelloedd anifeiliaid.
3 Beth yw swyddogaeth y cellfur mewn celloedd planhigion?
4 Awgrymwch reswm pam nad oes cloroplastau mewn rhai celloedd planhigion.
5 Ar ba lefel trefniadaeth (cell, meinwe, neu organ) mae'r galon?

Symudiad i mewn ac allan o gelloedd

Er mwyn mynd i mewn i gelloedd ac allan ohonynt, rhaid i sylweddau fynd drwy'r gellbilen. Mae'r gellbilen yn **athraidd ddetholus**, sy'n golygu ei bod yn gadael i rai moleciwlau fynd drwyddi ond yn atal rhai eraill. Yn gyffredinol, dydy moleciwlau mawr ddim yn gallu mynd drwy'r bilen, ond mae moleciwlau llai yn gallu gwneud hynny. Mae nifer o ffactorau yn penderfynu a ydyn nhw'n mynd drwy'r bilen, i ba gyfeiriad maen nhw'n symud, a pha mor gyflym. Mae sylweddau yn defnyddio dwy broses i symud drwy bilenni:

▶ **trylediad** – gronynnau'n 'drifftio' drwy'r bilen
▶ **cludiant actif** – gronynnau'n cael eu 'pwmpio' yn actif drwy'r bilen i gyfeiriad penodol.

Dydy'r rhain ddim yn ddiffiniadau llawn. Byddwch chi'n dysgu am y prosesau hyn yn fwy manwl yn nes ymlaen.

▶ Try1ediad

Trylediad yw gwasgariad gronynnau o ardal â chrynodiad uwch i ardal â chrynodiad is, o ganlyniad i symud ar hap. Rydyn ni'n dweud bod y gronynnau'n symud i lawr graddiant crynodiad (Ffigur 1.3).

Mae trylediad yn broses naturiol sy'n digwydd oherwydd bod pob gronyn yn symud drwy'r amser. Rydyn ni'n galw'r broses yn oddefol, gan nad oes angen egni er mwyn iddo ddigwydd. Mae'r gronynnau'n symud ar hap. Mae'r gronynnau'n symud i bob cyfeiriad, ond mae'r symudiad cyffredinol (net) bob amser o ardal â chrynodiad uchel i ardal â chrynodiad isel.

Dau o'r sylweddau pwysicaf sy'n tryledu i mewn ac allan o gelloedd yw ocsigen, sy'n angenrheidiol ar gyfer resbiradaeth, a charbon deuocsid, sy'n un o gynhyrchion gwastraff y broses honno. Mae'n bosibl cynyddu buanedd trylediad drwy gynyddu'r tymheredd, gan fod hynny'n gwneud i'r gronynnau i symud yn gyflymach, neu drwy gynyddu'r graddiant crynodiad.

Crynodiad uchel

Gronynnau'n teithio i lawr y graddiant

Graddiant crynodiad

Crynodiad isel

Ffigur 1.3 Graddiant crynodiad

Term allweddol

Graddiant crynodiad Y gwahaniaeth rhwng dau grynodiad.

⚙ Gwaith ymarferol

Sut mae'r gellbilen yn effeithio ar dryliediad?

Mae moleciwlau bach yn gallu mynd drwy'r gellbilen, ond dydy moleciwlau mawr ddim yn gallu gwneud hynny. Yn yr arbrawf hwn, byddwch chi'n defnyddio startsh (moleciwl mawr), ïodin (moleciwl bach) a thiwbin Visking, sef pilen artiffisial. Mae ganddo dyllau microsgopig sy'n gadael moleciwlau bach yn unig drwyddynt. Mae ïodin yn staenio startsh yn ddu–las.

Y dull

1 Cydosod y cyfarpar fel sydd i'w weld yn Ffigur 1.4. Llenwi'r tiwbin Visking â hydoddiant startsh gan ddefnyddio'r bibed ddiferu, gan ofalu nad oes startsh wedi diferu i lawr ochr allanol y tiwbin.
2 Rhoi'r tiwb berwi mewn rhesel tiwbiau profi a'i adael am tua 10 munud.
3 Arsylwi ar y canlyniad.

Cwestiynau

1 Ydy'r startsh wedi gadael y tiwbin Visking? Sut rydych chi'n gwybod?
2 Ydy'r ïodin wedi mynd i mewn i'r tiwbin Visking? Sut rydych chi'n gwybod?
3 Rhowch esboniad llawn o'r canlyniadau hyn.

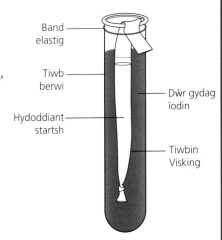

Band elastig

Tiwb berwi

Hydoddiant startsh

Dŵr gydag ïodin

Tiwbin Visking

Ffigur 1.4 Cyfarpar ar gyfer arbrawf yn ymchwilio i sut mae pilen yn effeithio ar dryliediad

▶ Cludiant actif

Mae trylediad yn cludo sylweddau i lawr graddiant crynodiad. Weithiau, mae angen i gelloedd symud gronynnau i mewn i'r cytoplasm neu allan ohono yn erbyn graddiant crynodiad, o ardal â chrynodiad is i ardal â chrynodiad uwch. Dydy trylediad ddim yn gallu gwneud hyn. I symud y gronynnau, rhaid i'r gell ddefnyddio egni i 'bwmpio' y gronynnau yn erbyn y graddiant crynodiad. Gan fod angen egni ar y math hwn o gludo, rydyn ni'n ei alw'n gludiant actif.

> ### ✔ | Profwch eich hun
>
> 6 Mae trylediad yn broses *oddefol*. Beth yw ystyr y term *goddefol*?
> 7 Beth yw graddiant crynodiad?
> 8 Pam mae moleciwlau siwgr yn gallu mynd drwy'r gellbilen, ond nid yw'r moleciwlau startsh yn gallu mynd drwyddi?
> 9 Pam mae'n bwysig defnyddio'r term symudiad *net* wrth ddisgrifio trylediad?
> 10 Pam mae angen cludiant actif mewn celloedd?

▶ Resbiradaeth aerobig

Mae angen egni ar bob cell. Caiff hwn ei gynhyrchu drwy ddadelfennu (torri i lawr) moleciwlau bwyd, sy'n storio egni cemegol. **Resbiradaeth** yw'r broses sy'n torri'r bwyd i lawr ac yn rhyddhau'r egni i'w ddefnyddio. Os yw cell yn stopio resbiradu, mae'n marw. Mae angen llawer o brosesau eraill er mwyn cynnal bywyd, ond rhaid i resbiradaeth barhau drwy gydol bywyd yr organeb.

Y moleciwl bwyd sy'n cael ei resbiradu fel arfer yw glwcos (er ei bod hi'n bosibl defnyddio rhai eraill). Mae'r rhan fwyaf o resbiradaeth yn aerobig sy'n golygu bod y broses yn defnyddio ocsigen. Mae'n cynhyrchu carbon deuocsid a dŵr fel defnyddiau gwastraff.

Yr hafaliad geiriau ar gyfer resbiradaeth aerobig yw:

$$\text{glwcos} + \text{ocsigen} \rightarrow \text{carbon deuocsid} + \text{dŵr} + \text{EGNI}$$

Dim ond crynodeb syml o'r broses yw'r hafaliad hwn. Mae resbiradaeth aerobig yn *gyfres* o adweithiau cemegol, wedi'u rheoli gan **ensymau**. Mae nifer o wahanol ffactorau, gan gynnwys tymheredd a pH, yn effeithio ar gyfradd resbiradaeth mewn cell.

Term allweddol

Ensym Moleciwl biolegol sy'n gweithredu fel catalydd, gan gyflymu adwaith cemegol ond heb gymryd rhan ynddo.

▶ Resbiradaeth anaerobig

Weithiau, fydd dim cyflenwad ocsigen ar gael i gelloedd. Mae rhai organebau'n byw mewn mannau anaerobig (heb ocsigen) neu lle mae lefelau ocsigen yn isel dros ben. Mewn bodau dynol a mamolion eraill, mae lefelau ocsigen mewn meinweoedd penodol yn gallu mynd yn isel iawn (er enghraifft, mewn meinwe cyhyrau yn ystod ymarfer corff egnïol), ac eto mae'r celloedd hyn yn goroesi.

Maen nhw'n goroesi oherwydd eu bod nhw'n gallu resbiradu'n anaerobig. Hyd yn oed heb ocsigen, mae rhai celloedd yn gallu torri glwcos i lawr yn rhannol a rhyddhau rhywfaint o'r egni ohono.

Mewn resbiradaeth anaerobig mewn anifeiliaid, mae glwcos yn cael ei dorri i lawr i roi asid lactig (sydd weithiau'n cael ei alw'n lactad) ac mae'r hafaliad geiriau'n syml:

glwcos → asid lactig + EGNI

Mae resbiradaeth anaerobig yn llawer llai effeithlon na resbiradaeth aerobig, oherwydd dydy'r glwcos ddim yn cael ei dorri i lawr yn llawn ac mae llawer llai o egni'n cael ei ryddhau o bob moleciwl glwcos sy'n cael ei ddefnyddio. Am y rheswm hwn, mae celloedd anifeiliaid yn resbiradu'n aerobig pryd bynnag maen nhw'n gallu gwneud hynny, a dim ond pan mae ocsigen yn brin maen nhw'n defnyddio resbiradaeth anaerobig .

Dyled ocsigen

Os ydych chi'n rhedeg yn gyflym, rydych chi'n mynd yn fyr eich anadl. Pan fyddwch chi'n stopio, byddwch chi'n anadlu'n gyflymach ac yn ddyfnach nes i chi ad-dalu eich '**dyled ocsigen**'. Yn ystod ymarfer corff egnïol, dydy eich anadlu ddim yn gallu cyflenwi'r holl ocsigen sydd ei angen ar eich cyhyrau, ac felly maen nhw'n troi at resbiradaeth anaerobig. O ganlyniad, mae asid lactig yn cronni. Mae'n gallu achosi poen i'ch cyhyrau, ac mae cryn dipyn o egni'n dal i fod wedi'i gloi ynddo (cofiwch nad yw glwcos yn torri i lawr yn llwyr mewn resbiradaeth anaerobig). Mae ocsigen yn torri asid lactig i lawr ac yn rhyddhau'r egni sydd ar ôl. Felly, pan fyddwch chi'n gorffen yr ymarfer, bydd eich corff yn parhau i anadlu'n gyflymach ac yn ddyfnach i ddarparu ocsigen ychwanegol i dorri'r asid lactig i lawr. I bob pwrpas, rydych chi'n mewnanadlu'r ocsigen roeddech chi ei angen (ond yn methu ei gael) yn ystod yr ymarfer. Rydych chi wedi cronni dyled ocsigen, sydd yna'n cael ei thalu'n ôl.

✔ Profwch eich hun

11 Pam bydd cell yn marw os yw hi'n stopio resbiradu?

12 Pa fath o resbiradaeth sy'n defnyddio ocsigen?

13 Pam nad yw cyhyrau dynol yn gallu defnyddio resbiradaeth anaerobig am gyfnod hir?

14 Pam mae pobl yn anadlu'n ddyfnach ac yn gyflymach ar ôl ymarfer corff dwys?

Ymchwiliad i'r ffactorau sy'n effeithio ar gyfradd resbiradu

Mae disgyblion yn ymchwilio i effaith glwcos ar gyfradd resbiradu mewn burum, sy'n ffwng microsgopaidd. Mae resbiradaeth yn cynhyrchu swigod carbon deuocsid.

Y dull

1 Mesur 10 cm^3 o ddaliant burum a'i roi yn y tiwb berwi.
2 Ychwanegu 10 cm^3 o hydoddiant glwcos 2%.
3 Troi â rhoden droi.
4 Ychwanegu ambell ddiferyn o olew ar ben yr hylif gan ddefnyddio pibed. Dylai ffurfio haen dros yr arwyneb.
5 Cydosod y cyfarpar fel sydd i'w weld yn Ffigur 1.5.
6 Dechrau'r stopwatsh wrth i'r swigen gyntaf ymddangos, ac yna cyfrif cyfanswm nifer y swigod sy'n cael eu cynhyrchu mewn 2 funud.
7 Ailadrodd camau 1–6 gyda hydoddiant glwcos 4, 6, 8 a 10%.
8 Plotio graff llinell o grynodiad y glwcos yn erbyn nifer y swigod bob 2 funud.

Dadansoddi'r canlyniadau

1 Beth yw eich casgliadau am effaith glwcos ar gyfradd resbiradu?
2 Esboniwch pam mae'r dull hwn yn brawf teg.

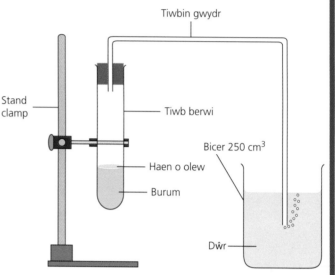

Ffigur 1.5 Cydosod yr arbrawf

3 Esboniwch sut byddech chi'n amrywio'r dull hwn i brofi am effaith tymheredd ar resbiradaeth, yn hytrach na chrynodiad glwcos.

⬇ **Crynodeb o'r bennod**

- Mae'r rhannau canlynol i'w gweld yng nghelloedd anifeiliaid a phlanhigion: cellbilen, cytoplasm, cnewyllyn; yn ogystal, mae cellfur, gwagolyn ac weithiau cloroplastau yng nghelloedd planhigion.
- Mae celloedd yn gwahaniaethu mewn organebau amlgellog i droi'n gelloedd arbenigol sydd wedi addasu ar gyfer swyddogaethau penodol.
- Grwpiau o gelloedd tebyg sydd â swyddogaeth debyg yw meinweoedd; gall organau gynnwys nifer o feinweoedd sy'n cyflawni swyddogaethau penodol.
- Trylediad yw symudiad goddefol sylweddau i lawr graddiant crynodiad.
- Mae'r gellbilen yn ffurfio rhwystr athraidd ddetholus, sy'n caniatáu i rai sylweddau'n unig basio drwyddi drwy gyfrwng trylediad, sef ocsigen a charbon deuocsid yn bennaf.
- Gallwn ni ddefnyddio tiwbin Visking fel model o gellbilen.

🇺 - Mae cludiant actif yn broses actif sy'n galluogi sylweddau i fynd i mewn i gelloedd yn erbyn graddiant crynodiad.
- Mae resbiradaeth aerobig yn gyfres o adweithiau sy'n cael eu rheoli gan ensymau, ac sy'n digwydd mewn celloedd pan mae ocsigen ar gael.
- Mae resbiradaeth aerobig yn defnyddio glwcos ac ocsigen i ryddhau egni, ac mae'n cynhyrchu carbon deuocsid a dŵr.
- Bydd resbiradaeth anaerobig yn digwydd os nad oes ocsigen ar gael. Mewn anifeiliaid, caiff glwcos ei dorri i lawr i asid lactig/lactad.
- Yn ystod ymarfer corff egnïol, mae resbiradaeth anaerobig mewn cyhyrau yn cynhyrchu dyled ocsigen, sy'n cael ei had-dalu ar ôl yr ymarfer drwy anadlu'n gyflymach ac yn ddyfnach nag arfer.
- Mae resbiradaeth anaerobig yn llai effeithlon na resbiradaeth aerobig.

2 Cael y defnyddiau ar gyfer resbiradaeth

▶ Y system resbiradol

Swyddogaeth y system resbiradol yw tynnu ocsigen o'r aer a'i symud i'r gwaed, lle gall deithio i'r holl gelloedd yn y corff. Mae'r system resbiradol hefyd yn cael gwared â charbon deuocsid, sy'n un o gynhyrchion gwastraff resbiradaeth.

▶ Adeiledd y system resbiradol

Mae Ffigur 2.1 yn dangos system resbiradol bod dynol.

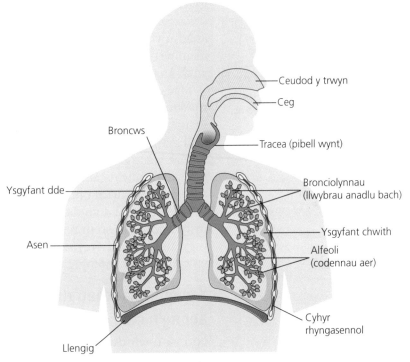

Ceudod y trwyn
Ceg
Broncws
Tracea (pibell wynt)
Bronciolynnau (llwybrau anadlu bach)
Ysgyfant dde
Ysgyfant chwith
Asen
Alfeoli (codennau aer)
Cyhyr rhyngasennol
Llengig

Ffigur 2.1 System resbiradol bodau dynol

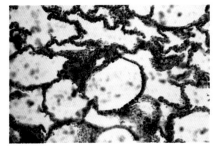

Ffigur 2.2 Trawstoriad microsgop drwy feinwe ysgyfant. Mae'r ysgyfaint yn debyg i sbwng ac wedi'u gwneud o aer yn bennaf

Mae aer yn mynd i mewn i'r corff drwy'r trwyn a'r geg. Mae'n mynd i'r ysgyfaint drwy'r **tracea**, sy'n rhannu'n ddau froncws (lluosog: **bronci**), gydag un yn mynd i bob ysgyfant. Mae'r ddau froncws yn rhannu'n nifer o diwbiau llai, y **bronciolynnau**, sy'n gorffen mewn clwstwr o **alfeoli** (unigol: alfeolws) (Ffigur 2.2). Dim ond yn yr alfeoli y mae nwyon yn cael eu cyfnewid – mae carbon deuocsid yn mynd allan o'r gwaed, ac mae ocsigen yn mynd i mewn. Mae'r asennau'n amddiffyn y system resbiradol. Rydyn ni'n enchwythu ac yn dadchwythu'r ysgyfaint gan ddefnyddio'r **cyhyrau rhyngasennol** a'r **llengig**.

▶ Sut caiff aer ei anadlu i mewn ac allan

Pan mae'r ysgyfaint yn ehangu, maen nhw'n sugno aer i mewn; pan maen nhw'n cyfangu, maen nhw'n gwthio aer allan eto. Er eu

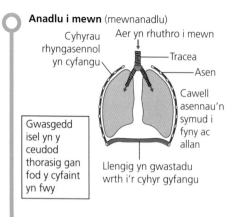

Anadlu i mewn (mewnanadlu)

Cyhyrau rhyngasennol yn cyfangu

Aer yn rhuthro i mewn

Tracea

Asen

Cawell asennau'n symud i fyny ac allan

Gwasgedd isel yn y ceudod thorasig gan fod y cyfaint yn fwy

Llengig yn gwastadu wrth i'r cyhyr gyfangu

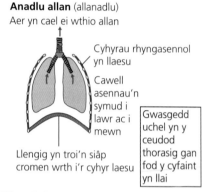

Anadlu allan (allanadlu)

Aer yn cael ei wthio allan

Cyhyrau rhyngasennol yn llaesu

Cawell asennau'n symud i lawr ac i mewn

Gwasgedd uchel yn y ceudod thorasig gan fod y cyfaint yn llai

Llengig yn troi'n siâp cromen wrth i'r cyhyr laesu

Ffigur 2.3 Mecanwaith anadlu i mewn ac allan

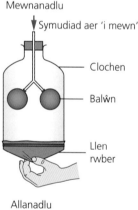

Mewnanadlu

Symudiad aer 'i mewn'

Clochen

Balŵn

Llen rwber

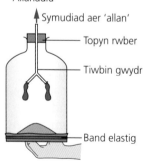

Allanadlu

Symudiad aer 'allan'

Topyn rwber

Tiwbin gwydr

Band elastig

Ffigur 2.4 Model clochen o'r system resbiradol

bod nhw'n elastig (sbringar), dydy'r ysgyfaint ddim yn gyhyrog, felly dydyn nhw ddim yn gallu symud ar eu pen eu hunain. Mae mecanwaith anadlu yn dibynnu ar y llengig (llen o gyhyr o dan y cawell asennau) ac ar y cawell asennau ei hun, sy'n cael ei symud gan y cyhyrau rhyngasennol rhwng yr asennau.

▶ Pan fyddwn ni'n anadlu allan, mae'r cyhyrau rhyngasennol yn symud y cawell asennau i lawr ac i mewn, ac mae'r llengig yn symud i fyny. Mae hyn yn lleihau cyfaint y thoracs ac yn gwasgu ar yr ysgyfaint, fel bod yr aer sydd ynddyn nhw'n cael ei 'wthio' allan.

▶ Mae anadlu i mewn yn broses sy'n groes i hyn. Caiff y cawell asennau ei symud i fyny ac allan, ac mae'r llengig yn mynd yn wastad. Mae hyn yn cynyddu cyfaint y thoracs, a bydd yr ysgyfaint, gan eu bod nhw'n elastig, yn ehangu'n naturiol. Mae ehangu'r ysgyfaint yn sugno aer i mewn drwy'r tracea.

Mae symudiad aer i mewn ac allan o'r ysgyfaint yn ganlyniad i'r gwahaniaethau mewn gwasgedd rhwng yr aer sydd y tu mewn i'r ysgyfaint a'r aer sydd y tu allan. Mae nwyon yn symud o ardaloedd o wasgedd uwch i ardaloedd o wasgedd is. Mae'r mecanwaith anadlu yn creu gwasgedd y tu mewn i'r ysgyfaint sy'n is na'r aer y tu allan wrth anadlu i mewn, a gwasgedd sy'n uwch na'r aer y tu allan wrth anadlu allan.

Mae crynodeb o'r mecanwaith anadlu yn Ffigur 2.3. Yn ystod **mewnanadliad** (anadlu i mewn), mae'r cyhyrau rhyngasennol a'r llengig yn cyfangu, ac yn ystod **allanadliad** (anadlu allan) mae'r holl gyhyrau'n llaesu.

Mae elastigedd yr ysgyfaint yn helpu wrth i ni allanadlu. Pan nad ydyn nhw'n cael eu hestyn gan aer yn llifo i mewn, maen nhw'n adlamu'n naturiol i helpu i wthio aer allan.

Mae Ffigur 2.4 yn dangos sut gallwn ni fodelu'r mecanwaith resbiradol a'r system resbiradol. Mae'r balwnau yn cynrychioli'r ysgyfaint, y glochen yn cynrychioli'r cawell asennau, a'r llen rwber yn cynrychioli'r llengig.

Y gwahaniaethau rhwng aer sy'n cael ei fewnanadlu ac aer sy'n cael ei allanadlu

Nid yw'n wir dweud ein bod ni'n anadlu ocsigen i mewn ac yn anadlu carbon deuocsid allan. Rydyn ni'n anadlu aer i mewn ac allan, ond mae cyfansoddiad yr aer hwnnw yn newid. Mae Tabl 2.1 yn rhoi'r ffigurau bras.

Tabl 2.1 Cyfansoddiad bras aer sy'n cael ei fewnanadlu a'i allanadlu

Nwy	% mewn aer mewnanadlu	% mewn aer allanadlu
Ocsigen	21	16
Carbon deuocsid	0.04	4
Nitrogen	79	79

Sylwch fod hyd yn oed aer sy'n cael ei allanadlu yn cynnwys cryn dipyn o ocsigen, ond mae'r canran yn is na'r hyn sydd mewn aer sy'n cael ei fewnanadlu, oherwydd bod rhywfaint o ocsigen wedi cael ei amsugno yn yr alfeoli ac mae carbon deuocsid wedi cymryd ei le. Mae canran y nitrogen yn aros yr un peth gan nad yw'r corff yn defnyddio'r nwy hwnnw.

Yn ogystal, mae'r aer sy'n cael ei allanadlu yn cynnwys mwy o anwedd dŵr nag aer sy'n cael ei fewnanadlu, gan fod arwynebau'r alfeoli yn llaith ac mae'r aer yn amsugno rhywfaint o anwedd dŵr yn yr alfeoli. Gan fod tymheredd mewnol y corff, sef 37 °C (fel arfer) yn uwch na thymheredd yr aer o'i amgylch, mae'r aer sy'n cael ei allanadlu hefyd yn tueddu i fod yn gynhesach na'r aer sy'n cael ei fewnanadlu.

Profwch eich hun

1 Beth yw enw'r tiwbiau sy'n arwain o'r tracea i'r ysgyfaint?
2 Ble mae cyfnewid nwyon yn digwydd yn y system resbiradol?
3 Disgrifiwch symudiad y cawell asennau a'r llengig yn ystod mewnanadliad.
4 Yn y system resbiradol, mae ocsigen yn cael ei gyfnewid am garbon deuocsid. O ble mae'r carbon deuocsid hwn yn dod?
5 Pam mae mwy o anwedd dŵr mewn aer allanadledig nag mewn aer mewnanadledig?

▶ Treulio

Mae bodau dynol a phob anifail arall yn cael eu hegni o fwyd. Mae bwyd yn mynd i mewn i'r coludd, sef tiwb sy'n mynd drwy'r corff. Er mwyn bod o werth, rhaid i'r bwyd symud allan o'r coludd ac i mewn i system y gwaed, sydd yna'n mynd ag ef i bob rhan o'r corff. Rhaid i'r bwyd rydyn ni'n ei fwyta gael ei newid mewn dwy ffordd er mwyn iddo allu mynd o'r coludd ac i mewn i'r system waed.

1 Rhaid i'r moleciwlau mawr yn y bwyd gael eu torri i lawr i greu moleciwlau bach, sy'n gallu cael eu hamsugno drwy fur y coludd.
2 Rhaid troi'r moleciwlau anhydawdd yn y bwyd yn rhai sy'n hydawdd mewn dŵr, fel eu bod nhw'n gallu hydoddi yn y gwaed a chael eu cludo o gwmpas.

Proses treuliad sy'n torri moleciwlau bwyd cymhleth i lawr i greu rhai bach, hydawdd. Caiff yr holl adweithiau cemegol dan sylw eu rheoli gan gemegion arbennig o'r enw ensymau.

Pa fwydydd sydd angen eu treulio?

Mae'r moleciwlau bwyd cymhleth yn ein deiet yn perthyn i dri chategori:

▶ brasterau, sy'n cael eu torri i lawr i roi glyserol ac asidau brasterog
▶ proteinau, sy'n cael eu torri i lawr i roi asidau amino
▶ carbohydradau – y prif un o'r rhain yw startsh, sy'n gadwyn anhydawdd o foleciwlau glwcos ac yn cael ei dorri i lawr i ffurfio moleciwlau glwcos unigol.

Mae glyserol, asidau brasterog, asidau amino a glwcos i gyd yn hawdd eu hamsugno i'r gwaed. Mae glwcos, glyserol ac asidau brasterog yn darparu egni, ond dydy asidau amino ddim yn cael eu resbiradu fel arfer. Yn lle hynny, maen nhw'n cael eu defnyddio fel defnyddiau crai i wneud proteinau newydd ar gyfer twf.

Term allweddol

Ensym Moleciwl biolegol sy'n gweithredu fel catalydd, gan gyflymu adwaith cemegol ond heb gymryd rhan ynddo.

▶ Ensymau

Moleciwlau protein sy'n gweithredu fel **catalyddion** yw ensymau. Rhywbeth sy'n cyflymu adwaith cemegol yw catalydd. Dydy'r adwaith ddim yn ei newid, ond mae'n achosi i'r adwaith fynd yn gyflymach. Dyma rai ffeithiau pwysig am ensymau:

▶ Mae ensymau'n gweithredu fel catalyddion, gan gyflymu adweithiau cemegol.
▶ Dydy'r ensym ddim yn cael ei newid gan yr adwaith mae'n ei gatalyddu.

- Mae ensymau'n benodol, sy'n golygu y bydd ensym penodol yn catalyddu un adwaith neu un math o adwaith yn unig.
- Mae ensymau'n tueddu i weithio'n well wrth i'r tymheredd gynyddu, ond os bydd y tymheredd yn rhy uchel, byddan nhw'n cael eu dinistrio (dadnatureiddio). Mae gan bob ensym dymheredd 'optimwm' lle mae'n gweithio orau (mae ensymau dynol yn gweithio orau ar dymheredd y corff, sef 37 °C).
- Mae gwahanol ensymau'n cael eu dadnatureiddio ar dymereddau gwahanol.
- Mae ensymau'n gweithio orau ar werth 'pH optimwm' penodol, sy'n amrywio ar gyfer ensymau gwahanol.

Sut mae ensymau'n gweithio

Mae ensymau yn gweithio ar gemegion o'r enw swbstradau. Er mwyn catalyddu adwaith, mae'n rhaid i'r ensym 'gydgloi' gyda'i swbstrad i ffurfio **cymhlygyn ensym–swbstrad**. Mae'n rhaid i siapiau'r ensym a'r swbstrad gyfateb i'w gilydd, fel eu bod nhw'n ffitio ei gilydd fel clo ac allwedd. Dyna pam mae ensymau'n benodol – dim ond gyda sylweddau sy'n ffitio yn eu **safle actif** maen nhw'n gallu gweithio.

Mae Ffigur 2.5 yn dangos y model 'clo ac allwedd' hwn.

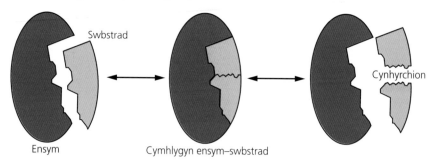

Swbstrad

Cynhyrchion

Ensym

Cymhlygyn ensym–swbstrad

Ffigur 2.5 Model gweithredu 'clo ac allwedd' ensymau. Sylwch bod ensym, mewn rhai adweithiau, yn catalyddu'r broses o dorri swbstrad i lawr yn ddau neu fwy o gynhyrchion, ond mewn adweithiau eraill mae'r ensym yn achosi i ddau neu fwy o foleciwlau swbstrad i uno i ffurfio cynnyrch un moleciwl

Effaith tymheredd a pH ar ensymau

Mae cynhesu ensym yn gwneud iddo weithio'n gyflymach i ddechrau, oherwydd bydd moleciwlau'r ensym a'r swbstrad yn symud o gwmpas yn gyflymach, ac felly'n cyfarfod ac yn uno'n amlach. Ond ar dymereddau uwch bydd yr ensym yn stopio gweithio'n gyfan gwbl.

Mae siâp moleciwl yr ensym yn bwysig. Bondiau cemegol sy'n dal ensym yn ei siâp. Mae tymheredd uchel ac amodau pH anaddas yn gallu torri'r bondiau hyn. Bydd hyn yn newid siâp y safle actif fel na fydd moleciwl y swbstrad yn gallu uno ag ef rhagor. Ni fydd yr ensym yn gweithio, ac rydyn ni'n dweud ei fod wedi dadnatureiddio. Mae ensymau gwahanol yn dadnatureiddio ar dymereddau gwahanol. Mae rhai ensymau'n dechrau dadnatureiddio ar tua 40 °C, mae'r rhan fwyaf yn dadnatureiddio ar tua 60 °C, a bydd berwi yn dadnatureiddio bron pob ensym.

Mae Ffigur 2.6 yn dangos effaith tymheredd ar weithrediad ensym, ac mae Ffigur 2.7 yn dangos effaith pH.

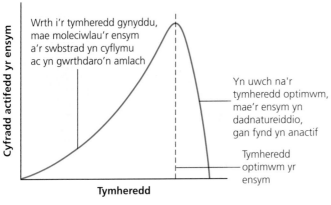

Ffigur 2.6 Effaith tymheredd ar ensymau

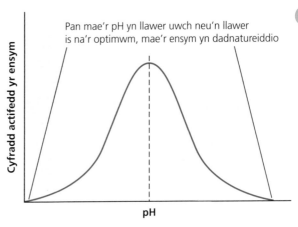

Ffigur 2.7 Effaith pH ar ensymau

✔ Profwch eich hun

6 Pam mae'n rhaid torri moleciwlau bwyd mawr i lawr i ffurfio rhai llai?
7 Pam mae'n rhaid troi moleciwlau anhydawdd yn rhai sy'n hydawdd mewn dŵr?
8 Beth yw'r moleciwlau syml sy'n cael eu ffurfio wrth dorri proteinau i lawr?
9 Mae ensymau yn 'benodol'. Beth mae hyn yn ei olygu?
10 Esboniwch pam mae tymheredd uchel yn dadnatureiddio ensymau.

▶ System dreulio bodau dynol

Caiff bwyd ei dreulio yn y system dreulio, neu'r coludd. Wrth i fwyd symud drwy'r system dreulio, mae'r cynhyrchion defnyddiol yn cael eu hamsugno i'r gwaed. Yn y diwedd, mae'r rhannau sydd ddim yn gallu cael eu treulio yn cael eu carthu ym mhen pellaf y coludd. Mae gan wahanol rannau o'r coludd swyddogaethau arbennig. Mae Ffigur 2.8 yn dangos adeiledd a swyddogaethau'r gwahanol rannau o'r system dreulio. Yn ogystal â'r coludd, mae'r system dreulio hefyd yn cynnwys rhai organau cysylltiedig (yr afu/iau, coden y bustl a'r pancreas). Mae tri cham yn y broses dreulio, ac mae'r rhain yn digwydd mewn gwahanol rannau o'r system:

1 **Treulio** – yn bennaf yn y geg, y stumog a'r coluddyn bach
2 **Amsugno** i mewn i lif y gwaed – yn bennaf yn y coluddyn bach (bwyd) a'r coluddyn mawr (dŵr)
3 **Carthu** – yn y rectwm (rhan isaf y coluddyn mawr) a'r anws.

Peristalsis

Er mwyn gwthio bwyd drwy eich system dreulio, mae tonnau o gyfangiadau cyhyrau yn symud ar hyd y coludd yn gyson. **Peristalsis** yw'r enw ar y tonnau hyn (Ffigur 2.9).

Pan mae'r cyhyrau crwn yn cyfangu yn union y tu ôl i'r bwyd, caiff y bwyd ei wthio ymlaen, yn debyg i wasgu past danned allan o diwb.

Termau allweddol

Treuliad Y broses o ymddatod moleciwlau bwyd i wneud moleciwlau bach, hydawdd.

Amsugniad Symudiad moleciwlau bwyd o'r coludd i lif y gwaed.

Carthu Cael gwared ar ddefnyddiau heb eu treulio o'r corff.

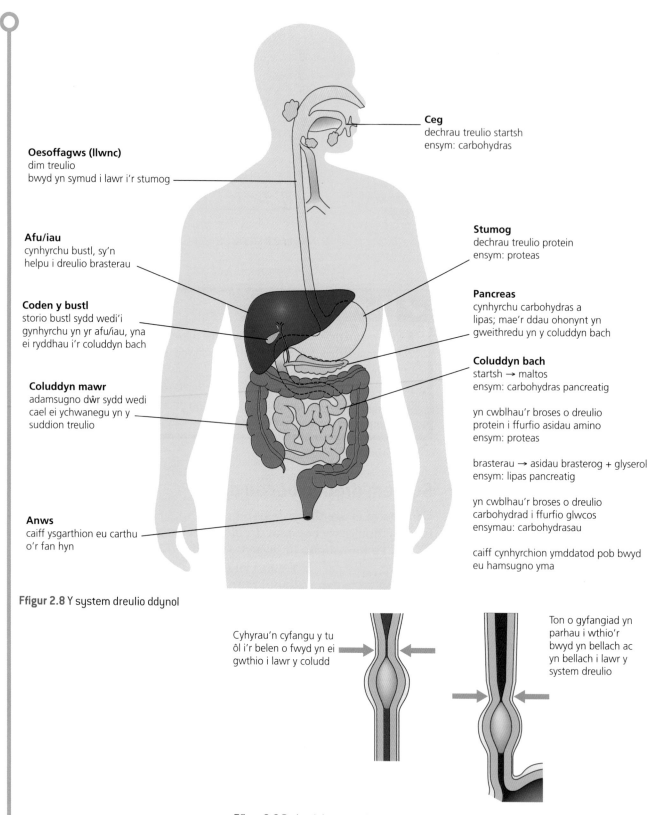

Ceg
dechrau treulio startsh
ensym: carbohydras

Oesoffagws (llwnc)
dim treulio
bwyd yn symud i lawr i'r stumog

Afu/iau
cynhyrchu bustl, sy'n
helpu i dreulio brasterau

Coden y bustl
storio bustl sydd wedi'i
gynhyrchu yn yr afu/iau, yna
ei ryddhau i'r coluddyn bach

Coluddyn mawr
adamsugno dŵr sydd wedi
cael ei ychwanegu yn y
suddion treulio

Anws
caiff ysgarthion eu carthu
o'r fan hyn

Stumog
dechrau treulio protein
ensym: proteas

Pancreas
cynhyrchu carbohydras a
lipas; mae'r ddau ohonynt yn
gweithredu yn y coluddyn bach

Coluddyn bach
startsh → maltos
ensym: carbohydras pancreatig

yn cwblhau'r broses o dreulio
protein i ffurfio asidau amino
ensym: proteas

brasterau → asidau brasterog + glyserol
ensym: lipas pancreatig

yn cwblhau'r broses o dreulio
carbohydrad i ffurfio glwcos
ensymau: carbohydrasau

caiff cynhyrchion ymddatod pob bwyd
eu hamsugno yma

Ffigur 2.8 Y system dreulio ddynol

Cyhyrau'n cyfangu y tu
ôl i'r belen o fwyd yn ei
gwthio i lawr y coludd

Ton o gyfangiad yn
parhau i wthio'r
bwyd yn bellach ac
yn bellach i lawr y
system dreulio

Ffigur 2.9 Peristalsis yn y coludd

Bustl

Bustl yw'r hylif sy'n cael ei gynhyrchu gan yr afu/iau a'i storio
yng nghoden y bustl. Pan fydd pryd sy'n cynnwys braster yn cael
ei dreulio, bydd coden y bustl yn rhyddhau bustl i lawr dwythell

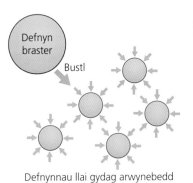

Defnynnau llai gydag arwynebedd arwyneb mwy ar gyfer ensymau

Ffigur 2.10 Effaith bustl ar frasterau

y bustl i'r coluddyn bach. Dydy bustl ddim yn ensym, ond mae'n helpu'r ensym lipas yn y coluddyn bach i dreulio brasterau. Mae bustl yn emwlsio braster, gan ei hollti'n ddefnynnau bach sy'n rhoi arwynebedd arwyneb mwy i'r ensym lipas weithio arno (Ffigur 2.10).

Defnyddio cynhyrchion treuliad

Unwaith y mae sylweddau bwyd wedi cael eu treulio'n gemegion hydawdd, bach, maen nhw'n gallu treiddio drwy fur y coludd ac i mewn i lif eich gwaed, lle maen nhw'n cael eu cario o gwmpas y corff i gyd. Mae hyn yn digwydd yn y coluddyn bach.

Mae'r corff yn amsugno ac yn defnyddio'r sylweddau hyn:

▶ Glwcos yw'r prif ddarparwr egni yn y corff. Mae'n cael ei ffurfio pan fydd carbohydradau yn cael eu torri i lawr. Yna, bydd glwcos yn cael ei dorri i lawr gan resbiradaeth yn y celloedd.

▶ Mae asidau brasterog a glyserol o frasterau hefyd yn cyflenwi egni. Mewn gwirionedd, mae brasterau yn cynnwys mwy o egni y gram na glwcos, ond caiff yr egni ei ryddhau'n araf. Am y rheswm hwn, mae brasterau'n ddefnyddiol i storio egni.

▶ Mae asidau amino o broteinau yn cael eu rhoi yn ôl at ei gilydd yn y corff i wneud proteinau newydd, i ffurfio llawer o gynhyrchion defnyddiol neu i'w defnyddio i wneud celloedd newydd yn ystod twf.

Profion bwyd

Mae yna brofion cemegol am nifer o'r gwahanol grwpiau bwyd, gan gynnwys proteinau a charbohydradau (gyda phrofion penodol am startsh ac am glwcos).

▶ Prawf am brotein – Ychwanegu cyfaint bach o **hydoddiant biwret**. Os oes protein yn bresennol, bydd lliw glas y biwret yn troi'n borffor.

▶ Prawf am startsh – Wrth ychwanegu hydoddiant **ïodin** at startsh, mae lliw brown yr ïodin yn troi'n ddu-las.

▶ Prawf am glwcos – Wrth wresogi hydoddiant sy'n cynnwys glwcos gyda **hydoddiant Benedict** glas, mae gwaddod lliw brics coch yn ffurfio. Prawf Benedict yw'r enw ar hyn (Ffigur 2.11). Y mwyaf o glwcos sy'n bresennol, y mwyaf o waddod sy'n ffurfio. Wrth i fwy a mwy o waddod ffurfio, mae'r lliw glas yn troi'n wyrdd i ddechrau, yna'n oren, yna'n lliw brics coch.

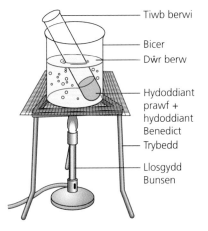

Tiwb berwi
Bicer
Dŵr berw
Hydoddiant prawf + hydoddiant Benedict
Trybedd
Llosgydd Bunsen

Ffigur 2.11 Prawf Benedict

✔ Profwch eich hun

11 Ym mha rannau o'r system dreulio y mae rhyw fath o amsugno'n digwydd?

12 Beth yw enw'r broses sy'n symud bwyd drwy'r coludd?

13 Sut mae bustl yn helpu i dreulio bwyd?

14 Pam mae'n bwysig bod y corff yn derbyn asidau amino?

15 Mae hydoddiant yn cael ei brofi gan ddefnyddio prawf Benedict, ac mae'n troi yn lliw brics coch. Beth mae hyn yn ei ddweud wrthych am yr hydoddiant?

Term allweddol

Pilen athraidd ddetholus Pilen sy'n gadael i rai sylweddau fynd drwyddi ond nid rhai eraill. Weithiau rydyn ni'n ei galw'n bilen ledathraidd neu'n bilen rannol athraidd.

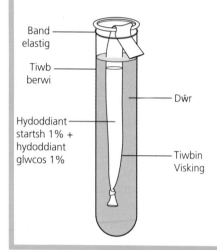

- Band elastig
- Tiwb berwi
- Dŵr
- Hydoddiant startsh 1% + hydoddiant glwcos 1%
- Tiwbin Visking

Defnyddio model o'r coludd

Mae tiwbin Visking yn ddefnydd anfyw sy'n gweithredu fel **pilen athraidd ddetholus**, yn debyg i'r pilenni sy'n leinio'r coludd. Mae'n gadael i ronynnau bach fynd drwodd, ond nid gronynnau mawr. Gallwn ni ddefnyddio tiwbin Visking fel 'model o'r coludd'.

Mae disgybl yn cydosod arbrawf gan ddefnyddio tiwbin Visking fel model o'r coludd. Mae Ffigur 2.12 yn dangos y cydosodiad.

Mae moleciwlau startsh yn fawr ac mae moleciwlau glwcos yn fach. Mae'r arbrawf yn cael ei adael am awr. Mae'r hylifau y tu mewn a'r tu allan i'r tiwbin Visking yn cael eu profi gan ddefnyddio'r prawf ïodin a'r prawf Benedict.

1 Disgrifiwch y canlyniadau byddech chi'n eu disgwyl o'r prawf ïodin a'r prawf Benedict.

2 Rhowch resymau dros eich atebion.

3 Ym mha ffyrdd mae tiwbin Visking: (a) yn fodel cywir o'r coludd dynol a (b) yn fodel anghywir o'r coludd dynol?

Ffigur 2.12 Cyfarpar sy'n cael ei ddefnyddio i fodelu amsugniad yn y coludd

---

⚙ | Gwaith ymarferol penodol

Ymchwiliad i'r ffactorau sy'n effeithio ar weithred ensym

Mae disgybl yn ymchwilio i effaith tymheredd ar ensym. Mae ïodin yn ddangosydd sy'n troi'n ddu–las pan mae startsh yn bresennol, ond sy'n frown fel arall.

Yn yr ymchwiliad hwn, wrth i'r ensym amylas dorri lawr y startsh i ffurfio siwgr, mae'r hydoddiant du–las o startsh ac ïodin yn troi'n frown.

Y dull

1 Rhoi 10 cm³ o hydoddiant startsh 1% mewn tiwb profi.

2 Rhoi 2 cm³ o hydoddiant amylas 10% mewn ail diwb profi.

3 Rhoi'r ddau diwb mewn baddon dŵr wedi'i osod ar 20 °C am 3 munud.

4 Rhoi diferyn o ïodin mewn pantiau ar wahân ar deilsen arsylwi.

5 Tynnu'r tiwbiau profi o'r baddon dŵr, ychwanegu'r amylas at yr hydoddiant startsh a dechrau'r stopwatsh.

6 Ar unwaith, ychwanegu un diferyn o'r cymysgedd at y diferyn cyntaf o ïodin, a chofnodi lliw'r hydoddiant.

7 Ailadrodd cam 6 bob munud am bum munud.

8 Ailadrodd camau 1–7 ar 30 °C, 40 °C, 50 °C a 60 °C.

Dyma ganlyniadau'r disgybl gan ddangos lliwiau'r hydoddiannau ar y deilsen arsylwi:

Tymheredd (°C)	Amser ar ôl dechrau'r arbrawf (munudau)					
	0	1	2	3	4	5
20	Du–las	Du–las	Du–las	Du–las	Brown	Brown
30	Du–las	Du–las	Du–las	Brown	Brown	Brown
40	Du–las	Brown	Brown	Brown	Brown	Brown
50	Du–las	Du–las	Brown	Brown	Brown	Brown
60	Du–las	Du–las	Du–las	Du–las	Du–las	Du–las

Dadansoddi'r canlyniadau

1 Beth yw'r **newidynnau rheolydd** yn yr arbrawf hwn?
2 Pa dymheredd sy'n ymddangos ei fod yn dymheredd optimwm ar gyfer ensym amylas?
3 Awgrymwch beth gallai'r disgybl ei wneud i gynyddu ei hyder yn yr ateb i gwestiwn 2.
4 Esboniwch y canlyniadau ar 60 °C.
5 Pa newidiadau allech chi eu gwneud i'r dull i brofi am effaith pH ar actifedd amylas?

⬇ Crynodeb o'r bennod

- Pwrpas y system resbiradol yw darparu ocsigen a chael gwared ar garbon deuocsid.
- Mae'r system resbiradol yn cynnwys ceudod trwynol, tracea, bronci, bronciolynnau, alfeoli, ysgyfaint, llengig, asennau a chyhyrau rhyngasennol.
- Mae aer yn cael ei anadlu i mewn ac allan wrth i symudiadau'r cyhyrau rhyngasennol a'r llengig achosi newidiadau gwasgedd a newidiadau cyfaint, fel bod aer yn cael ei sugno i mewn neu ei orfodi allan o'r ysgyfaint.
- Mae gan aer mewnanadledig gyfansoddiad gwahanol i aer allanadledig.
- Treuliad yw'r broses sy'n torri moleciwlau mawr i lawr yn foleciwlau llai er mwyn iddynt gael eu hamsugno i'w defnyddio gan gelloedd y corff.
- Proteinau yw ensymau sy'n cael eu gwneud gan gelloedd byw ac sy'n cyflymu neu'n catalyddu cyfradd adweithiau cemegol yn y celloedd; defnyddir ensymau penodol ar gyfer pob adwaith.
- Mae gan bob ensym dymheredd optimwm a pH optimwm.
- Mae berwi yn dinistrio (dadnatureiddio) ensymau.
- Mae actifedd ensymau yn cynnwys gwrthdrawiadau moleciwlau; caiff hwn ei esbonio gan y model 'clo ac allwedd' o weithred ensym a ffurfio'r cymhlygyn ensym–swbstrad yn y safle actif.
- Caiff sylweddau bwyd hydawdd eu hamsugno drwy fur y coluddyn bach ac i mewn i lif y gwaed yn y pen draw.

- Gall tiwbin Visking weithredu fel 'model o'r coludd', ond mae gan y model ei gyfyngiadau.
- Mae brasterau wedi'u gwneud o asidau brasterog a glyserol, mae proteinau wedi'u gwneud o asidau amino, ac mae startsh wedi'i wneud o gadwyn anhydawdd o foleciwlau glwcos.
- Caiff brasterau, proteinau a charbohydradau eu torri i lawr yn ystod treuliad i ffurfio sylweddau hydawdd fel bod modd eu hamsugno nhw.
- Mae adeiledd y system dreulio ddynol yn cynnwys y geg, yr oesoffagws (llwnc), y stumog, yr afu/iau, coden y bustl, dwythell y bustl, y pancreas, y coluddyn bach, y coluddyn mawr a'r anws.
- Mae gan bob un o'r organau canlynol rôl ym mhroses treuliad: y geg, y stumog, y pancreas, y coluddyn bach, y coluddyn mawr.
- Proses yw peristalsis sy'n symud bwyd ar hyd y llwybr treulio.
- Mae bustl yn cael ei secretu gan yr afu/iau a'i storio yng nghoden y bustl ac mae'n cyfrannu at dorri brasterau i lawr.
- Mae asidau brasterog a glyserol o frasterau, a glwcos o garbohydradau, yn darparu egni tra bod angen asidau amino o broteinau wedi'u treulio i adeiladu proteinau yn y corff.
- Gall profion bwyd brofi am bresenoldeb startsh gan ddefnyddio hydoddiant ïodin, am glwcos gan ddefnyddio adweithydd Benedict ac am brotein gan ddefnyddio hydoddiant biwret.

Cwestiynau enghreifftiol

1 Mae *Valonia ventricosa* yn organeb ungellog anarferol sy'n byw yn y môr mewn ardaloedd trofannol ac isdrofannol. Mae'n byw mewn dyfnderau bas (80 m neu lai). Mae'r gell unigol yn fawr, hyd at tua 5 cm o hyd. Mae cellfur cellwlos, gwagolyn a llawer o gnewyll a chloroplastau gan y gell. Mae'n defnyddio ffurfiadau tebyg i wallt, o'r enw rhisoid, i lynu at greigiau. Mae ei faint mawr yn ei wneud yn hawdd i'w astudio ac mae gwyddonwyr wedi mesur crynodiadau'r ïonau yn y gwagolyn ac yn nŵr y môr o'i amgylch. Mae'r canlyniadau ar gyfer rhai o'r ïonau i'w gweld isod.

Ïon	Crynodiad	
	Gwagolyn y gell	Dŵr y môr
Potasiwm	0.5	0.01
Calsiwm	0.002	0.01
Sodiwm	0.1	0.5

a) Nodwch dair o nodweddion *Valonia* sydd i'w cael yng nghelloedd planhigion. [3]

b) Nodwch ddwy o nodweddion *Valonia* sy'n wahanol i gell planhigyn arferol. [2]

c) Edrychwch ar ddata'r crynodiad yn y tabl. Awgrymwch, gan roi rhesymau, sut mae pob un o'r ïonau'n mynd i mewn i'r gell (h.y. drwy gyfrwng trylediad neu gludiant actif). [4]

ch) Pa un o'r ïonau sy'n dangos y gwahaniaeth crynodiad mwyaf rhwng dŵr môr a gwagolyn y gell? [1]

2 Mae dau ddyn, Hefin a Carwyn, yn rhedeg ar felin droedlath (*treadmill*) am 8 munud, ac mae eu cyfraddau anadlu yn cael eu monitro. Yn anaml y mae Hefin yn gwneud unrhyw ymarfer corff egnïol, ond mae Carwyn yn hyfforddi'n rheolaidd. Mae'r graff isod yn dangos eu cyfraddau anadlu cyn, yn ystod ac ar ôl yr ymarfer corff hwn.

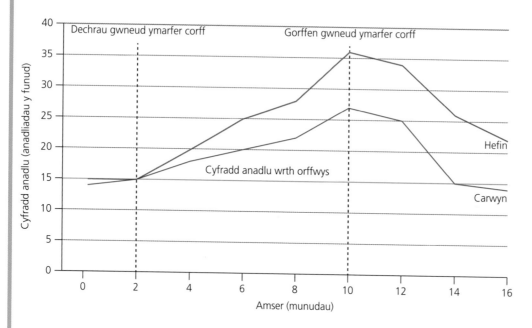

a) Nodwch ddau wahaniaeth rhwng data Hefin a data Carwyn. [2]

b) Pam mae'n bwysig cymryd cyfradd anadlu'r ddau ddyn wrth orffwys cyn dechrau'r ymarfer corff? [1]

c) Beth yw'r gwahaniaeth rhwng cyfraddau anadlu Hefin a Carwyn ar ddiwedd y cyfnod ymarfer corff? [1]

ch) Pam mae ymarfer corff yn cynyddu cyfradd anadlu? [4]

d) Mae'n debygol bod cyhyrau coesau Hefin a Carwyn wedi troi at resbiradaeth anaerobig yn ystod yr ymarfer hwn. Pam nad yw hyn yn gallu parhau am gyfnod hir? [2]

3 a) Enwch y ffurfiadau sydd wedi'u labelu yn y diagram o'r system resbiradol ddynol. [5]

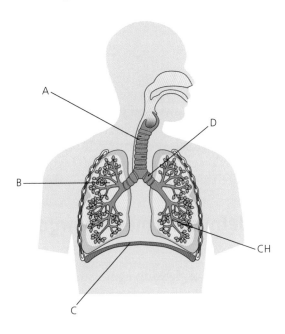

b) Enwch y ffurfiadau yn y system resbiradol lle mae cyfnewid nwyon yn digwydd. [1]

c) Nodwch a ydy'r gosodiadau canlynol yn gywir neu'n anghywir. [5]

   i) Mae mwy o anwedd dŵr mewn aer mewnanadledig nag mewn aer allanadledig.

   ii) Cyhyr yw'r llengig.

   iii) Wrth allanadlu, mae'r llengig yn symud tuag i lawr.

   iv) Mae cyfaint y thoracs yn newid wrth i ni anadlu.

   v) Wrth fewnanadlu, mae'r gwasgedd yn yr ysgyfaint yn is na gwasgedd yr aer y tu allan.

4 Mae arbrawf yn cael ei gydosod i ymchwilio i sut mae ensym amylas yn gweithio. Mae'r ensym amylas yn catalyddu ymddatodiad startsh i roi glwcos. Mae'r cyfarpar yn cael ei gydosod fel sydd i'w weld yn y diagram.

Mae'r arbrawf yn cael ei adael am 1 awr ar dymheredd ystafell (22 °C). Ar ôl yr amser hwnnw, mae hydoddiant ïodin yn cael ei ychwanegu at bob tiwb.

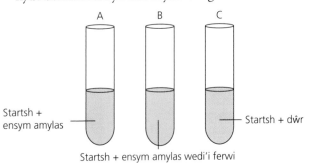

Dyma'r canlyniadau:

Tiwb profi	Lliw ar ôl ychwanegu ïodin
A	Brown
B	Du–las
C	Du–las

a) Esboniwch y canlyniadau gwahanol yn nhiwbiau profi A a B. [4]

b) Pa newidynnau y mae angen eu rheoli yn yr arbrawf hwn? [4]

c) Esboniwch ddiben tiwb profi C. [1]

ch) Mae disgybl yn awgrymu y byddai wedi bod yn well cynnal yr arbrawf ar 30 °C. Pa newidiadau fyddech chi'n disgwyl eu gweld yn y canlyniad pe bai'r disgybl wedi gwneud hyn? [2]

d) Mae bara yn cynnwys llawer o startsh ond hefyd swm bach o glwcos. Pan fyddwch chi'n bwyta bara, bydd angen treulio'r startsh ond nid y glwcos. Esboniwch pam.

3 Sail cysyniadau egni

Mae defnyddio a throsglwyddo egni yn bwysig yn ein bywydau pob dydd. Mae'r **trosglwyddiadau egni** pwysicaf yn ymwneud â thrydan. Mae tua 73% o'r trydan sy'n cael ei gynhyrchu yng Nghymru yn dod o losgi tanwyddau ffosil, sy'n cynhyrchu nwy carbon deuocsid – nwy tŷ gwydr sy'n cyfrannu at gynhesu byd-eang. Bydd defnyddio trydan yn fwy effeithlon yn ein helpu ni i gyd.

▶ Pam mae trydan yn ddefnyddiol mewn bywyd modern?

▶ Mae'n hawdd defnyddio trydan i drosglwyddo egni i storau egni defnyddiol.

▶ Mae cerrynt trydanol yn teithio'n dda drwy wifrau metel, felly mae'n hawdd ei symud dros bellteroedd hir o lle mae'n cael ei gynhyrchu i lle mae ei angen.

▶ Mae'n hawdd cynhyrchu trydan o storau egni fel yr egni cemegol sydd wedi'i storio mewn batrïau.

✔ Profwch eich hun

1 Faint o'r trydan sy'n cael ei gynhyrchu yng Nghymru sy'n dod o danwyddau ffosil?
2 Beth yw'r tri rheswm pam mae trydan mor ddefnyddiol i ni?
3 Nodwch y ffurf egni sy'n cael ei gyflenwi i orsaf drydan a'r allbwn egni defnyddiol.

▶ Trosglwyddiadau egni a gwresogi

Mewn gorsaf drydan, gwresogi sy'n gyrru trosglwyddiadau egni. Mae egni'n symud o fan â thymheredd uchel i fan â thymheredd isel.

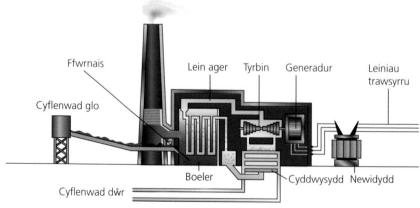

Ffigur 3.1 Diagram o orsaf drydan glo nodweddiadol

Yn Ffigur 3.1, mae glo yn cael ei losgi yn y ffwrnais ar dymheredd uchel. Mae'r egni'n creu symiau mawr o ager yn y boeler, sydd ar dymheredd is na'r ffwrnais. Mae'r ager yn symud i'r tyrbin sy'n oerach fyth, gan droi'r generadur a generadu trydan. Mae'r ager yn cael ei drawsnewid yn ôl yn ddŵr yn y cyddwysydd, sef rhan oeraf y system ar y tymheredd isaf.

▶ Pŵer trydanol

'Pŵer', wedi'i fesur mewn watiau, W, yw cyfradd trosglwyddo egni mewn dyfais o un storfa i rai eraill – faint o egni (mewn jouleau, J) mae'r ddyfais yn gallu ei drosglwyddo bob eiliad (s):

$$\text{pŵer} = \frac{\text{trosglwyddiad egni}}{\text{amser}}$$

Pŵer trydanol yw cyfradd troi storau egni yn drydan mewn dyfais drydanol. Dyna hefyd yw cyfradd trosglwyddo trydan yn ffurfiau egni defnyddiol mewn dyfais, fel tegell.

Gallwn ni gyfrifo pŵer trydanol dyfais drwy luosi foltedd (mewn foltiau, V) a cherrynt (mewn ampiau, A) y ddyfais â'i gilydd:

$$\text{pŵer trydanol} = \text{foltedd} \times \text{cerrynt}$$

★ | Enghreifftiau wedi eu datrys

1 Mae gan wyntyll gludadwy fach bŵer o 15 W. Mae'n rhedeg am 5 munud (300 s). Cyfrifwch yr egni sy'n cael ei drosglwyddo.
2 Cyfrifwch bŵer bwlb golau 12 V gyda cherrynt 0.5 A yn llifo drwyddo.
3 Mae pŵer peiriant torri gwair 230 V yn 2000 W. Cyfrifwch y cerrynt sy'n llifo drwy'r peiriant torri gwair.

Atebion

1 trosglwyddiad egni = pŵer × amser = 15 W × 300 s = 4500 J
2 pŵer trydanol = foltedd × cerrynt = 12 V × 0.5 A = 6 W
3 pŵer trydanol = foltedd × cerrynt ⇒

$$\text{cerrynt} = \frac{\text{pŵer trydanol}}{\text{foltedd}} = \frac{2000\,\text{W}}{230\,\text{V}} = 8.7\,\text{A}$$

▶ Effeithlonrwydd egni

Pan mae ffôn symudol yn gweithio, mae'n gwastraffu rhywfaint o egni drwy wresogi, sy'n achosi i'r batri a'r ffôn gynhesu. Mae batrïau ffonau symudol yn dda iawn am wneud eu gwaith: am bob 100 J o egni cemegol sydd wedi'i storio yn y batri, mae 98 J yn cael ei drosglwyddo'n drydan, a dim ond 2 J sy'n cael ei wastraffu. Gan fod y batrïau'n trosglwyddo cymaint o'r egni cemegol sydd wedi'i storio ynddyn nhw'n drydan defnyddiol (ac yn gwastraffu ychydig iawn), rydyn ni'n dweud eu bod nhw'n effeithlon iawn.

Term allweddol

Pŵer Cyfradd trosglwyddo egni o un ffurf i ffurfiau eraill mewn dyfais.

Fel arfer, byddwn ni'n mynegi **effeithlonrwydd** dyfais neu broses fel canran (%). Mae effeithlonrwydd gorsaf drydan nwy, er enghraifft, tua 30%. Os yw dyfais yn trawsnewid yr holl egni mewnbwn sydd ar gael iddi yn egni allbwn defnyddiol, mae ei heffeithlonrwydd yn 100%. Y mwyaf effeithlon yw dyfais, y lleiaf o egni sy'n cael ei wastraffu.

Rydyn ni'n defnyddio'r fformiwla ganlynol i gyfrifo effeithlonrwydd:

$$\% \text{ effeithlonrwydd} = \frac{\text{egni [neu bŵer] sy'n cael ei drosglwyddo mewn ffordd ddefnyddiol}}{\text{cyfanswm yr egni [neu'r pŵer] sy'n cael ei gyflenwi}} \times 100$$

★ Enghreifftiau wedi eu datrys

1 Mae'r batri mewn ffôn symudol yn dal 18 000 J o egni. Os yw'r batri'n trosglwyddo 16 000 J yn ddefnyddiol ac yn gwastraffu 2000 J, beth yw effeithlonrwydd y batri?

2 Mae gorsaf drydan yn trosglwyddo trydan i'r Grid Cenedlaethol gyda phŵer o 60 MW. Mae cyfanswm o 200 MW o bŵer yn cael ei gyflenwi drwy losgi glo. Beth yw effeithlonrwydd yr orsaf drydan?

3 Mae effeithlonrwydd panel solar wedi'i nodi fel 30%. Mae'r panel yn trosglwyddo 180 W o bŵer defnyddiol. Beth yw cyfanswm y pŵer mae golau'r haul yn ei gyflenwi i'r panel?

Atebion

1 Cyfanswm yr egni sy'n cael ei gyflenwi = 18 000 J
Egni defnyddiol sy'n cael ei drosglwyddo = 16 000 J

$$\% \text{ effeithlonrwydd} = \frac{\text{egni sy'n cael ei drosglwyddo mewn ffordd ddefnyddiol}}{\text{cyfanswm yr egni sy'n cael ei gyflenwi}} \times 100$$

$$\% \text{ effeithlonrwydd} = \frac{16\ 000\ \text{J}}{18\ 000\ \text{J}} \times 100 = 89\ \%$$

2 Cyfanswm y pŵer sy'n cael ei gyflenwi = 200 MW
Pŵer defnyddiol sy'n cael ei drosglwyddo = 60 MW

$$\% \text{ effeithlonrwydd} = \frac{\text{pŵer sy'n cael ei drosglwyddo mewn ffordd ddefnyddiol}}{\text{cyfanswm y pŵer sy'n cael ei gyflenwi}} \times 100$$

$$\% \text{ effeithlonrwydd} = \frac{60\ \text{MW}}{200\ \text{MW}} \times 100 = 30\ \%$$

3 Effeithlonrwydd = 30%
Pŵer defnyddiol sy'n cael ei drosglwyddo = 180 W

$$\% \text{ effeithlonrwydd} = \frac{\text{pŵer sy'n cael ei drosglwyddo mewn ffordd ddefnyddiol}}{\text{cyfanswm y pŵer sy'n cael ei gyflenwi}} \times 100$$

Ad-drefnu:

$$\text{cyfanswm y pŵer sy'n cael ei gyflenwi} = \frac{\text{pŵer sy'n cael ei drosglwyddo mewn ffordd ddefnyddiol}}{\% \text{ effeithlonrwydd}} \times 100$$

$$\text{cyfanswm y pŵer sy'n cael ei gyflenwi} = \frac{180\ \text{W}}{30\ \%} \times 100 = 600\ \text{W}$$

4 Mae bylbiau A, B ac C yn y tabl isod i gyd yn rhyddhau yr un allbwn golau.

Math o fwlb	Pŵer defnyddiol sy'n cael ei drosglwyddo (W)	Cyfanswm y pŵer sy'n cael ei gyflenwi (W)	% Effeithlonrwydd
A	1.5	50	
B	1.5	15	
C	1.5	2.0	

a) Cyfrifwch effeithlonrwydd pob math o fwlb.

b) Pa fath o fwlb fyddech chi'n ei osod yn eich ystafell wely? Esboniwch eich ateb.

c) Mae bwlb C yn cael ei ddefnyddio mewn tortsh am 120 s. Cyfrifwch yr egni defnyddiol sy'n cael ei drosglwyddo.

ch) Mae gan bedwerydd bwlb, CH, foltedd o 4.5 V â cherrynt o 3.0 A yn rhedeg drwyddo. Cyfrifwch bŵer bwlb CH.

5 Mae tyrbin gwynt mawr yn trosglwyddo 0.50 MW o bŵer defnyddiol. Cyfanswm y pŵer mae'r gwynt yn ei gyflenwi yw 0.75 MW. Cyfrifwch:

a) effeithlonrwydd y tyrbin gwynt.

b) faint o bŵer gwynt mae'r tyrbin yn ei wastraffu.

▶ # Diagramau Sankey

Mae diagramau Sankey yn dangos trosglwyddiadau egni (neu bŵer) ar ffurf diagram. Rydyn ni'n eu lluniadu nhw wrth raddfa i ddangos swm cymharol neu ganrannol yr egni sy'n cael ei drosglwyddo. Mae lled y barrau ar y diagram Sankey yn cynrychioli maint yr egni, felly i ganfod yr effeithlonrwydd mae angen cymharu lled y bar egni defnyddiol â lled y bar cyfanswm egni mewnbwn.

★ | **Enghraifft wedi ei datrys**

Lluniadwch ddiagram Sankey ar gyfer bwlb golau egni-effeithlon. Bob eiliad, caiff 10 J o egni ei drosglwyddo i'r bwlb. Mae 2 J yn cael ei allbynnu fel golau defnyddiol, ac 8 J yn cael ei wastraffu.

Ateb

Lluniadwch y diagram Sankey hwn fel bod y bar mewnbwn yn 10 uned o led, y bar defnyddiol yn 2 uned o led, a'r bar egni gwastraff yn 8 uned o led. Fel arfer, mae'r egni sy'n cael ei drosglwyddo mewn ffordd ddefnyddiol yn mynd ar hyd top y diagram (fel bar syth) a'r egni gwastraff yn crymu i lawr oddi tano. O'r 10 J o egni mewnbwn, dim ond 2 J sy'n cael ei allbynnu fel golau

defnyddiol, felly dim ond 20% yw effeithlonrwydd bylbiau golau 'egni isel'!

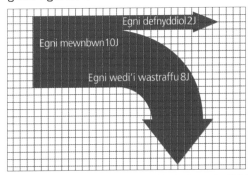

Egni defnyddiol 2J

Egni mewnbwn 10J

Egni wedi'i wastraffu 8J

Ffigur 3.2 Diagram Sankey ar gyfer bwlb egni-effeithlon

6 Mae effeithlonrwydd bwlb golau LED yn 80%. Mae cyfanswm o 100 J o egni'n cael ei gyflenwi i'r LED. Mae 80 J yn cael ei drosglwyddo'n ddefnyddiol a 20% yn cael ei wastraffu. Lluniadwch ddiagram Sankey ar gyfer y bwlb hwn.

7 Mae Ffigur 3.3 yn dangos diagram Sankey ar gyfer brwsh dannedd trydanol. Mae 55 J o egni'n cael ei drosglwyddo'n ddefnyddiol.

a) Cyfrifwch gyfanswm yr egni sy'n cael ei gyflenwi i'r brwsh dannedd trydanol.

b) Cyfrifwch effeithlonrwydd % y brwsh dannedd trydanol.

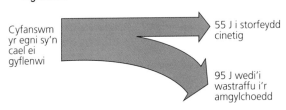

Cyfanswm yr egni sy'n cael ei gyflenwi

55 J i storfeydd cinetig

95 J wedi'i wastraffu i'r amgylchoedd

Ffigur 3.3 Diagram Sankey ar gyfer brwsh dannedd trydanol

Mae disgybl yn cynnal ymchwiliad i effeithlonrwydd egni tegell. Mae'n arllwys 1 kg o ddŵr i'r tegell ac yn cysylltu'r tegell â'r prif gyflenwad gan ddefnyddio plwg effeithlonrwydd egni. Mae tymheredd y dŵr ar y dechrau yn 15 °C ac mae'n berwi ar 100 °C. Mae'r hafaliad canlynol yn rhoi'r egni defnyddiol sy'n cael ei drosglwyddo i'r dŵr o'r tegell:

egni sy'n cael ei drosglwyddo mewn ffordd ddefnyddiol (J) = màs y dŵr (kg) × 4200 × newid mewn tymheredd (°C)

Mae'r plwg effeithlonrwydd egni yn mesur cyfanswm yr egni sydd wedi'i gyflenwi fel 446 250 J.

a) Cyfrifwch y newid yn nhymheredd y dŵr.

b) Cyfrifwch yr egni defnyddiol mae'r tegell yn ei gyflenwi.

c) Cyfrifwch effeithlonrwydd % y tegell.

Atebion

a) newid tymheredd = tymheredd terfynol − tymheredd cychwynnol = 100 °C − 15 °C = 85 °C

b) egni sy'n cael ei drosglwyddo mewn ffordd ddefnyddiol = màs y dŵr × 4200 × newid mewn tymheredd = 1 kg × 4200 × 85 °C = 357 000 J

c) % effeithlonrwydd y tegell = $\dfrac{\text{egni sy'n cael ei drosglwyddo mewn ffordd ddefnyddiol}}{\text{cyfanswm yr egni sy'n cael ei gyflenwi}} \times 100$

$= \dfrac{357\,000 \text{ J}}{446\,250 \text{ J}} \times 100 = 80\%$

Ymchwiliad i effeithlonrwydd trosglwyddo egni mewn cyd-destunau trydanol

Mae disgybl yn modelu effeithlonrwydd yr egni sy'n cael ei drosglwyddo o degell gan ddefnyddio gwrthydd a bicer o ddŵr.

Mae Ffigur 3.4 yn dangos diagram o gyfarpar y disgybl.

Y dull

1 Rhoi 200 cm³ o ddŵr yn y bicer a chynnau'r cyflenwad pŵer c.u. 12 V.

2 Mesur a chofnodi tymheredd y dŵr bob 60 eiliad am 600 eiliad.

Mae'r disgybl yn casglu'r canlyniadau isod:

Amser / eiliadau	Tymheredd / °C
0	20
60	21
120	22
180	23
240	24
300	25
360	26
420	28
480	30
540	32
600	34

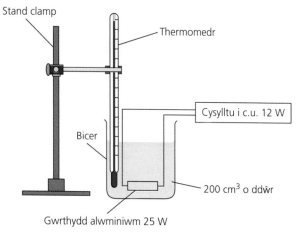

Stand clamp
Thermomedr
Cysylltu i c.u. 12 W
Bicer
200 cm³ o ddŵr
Gwrthydd alwminiwm 25 W

Ffigur 3.4 Diagram o'r cyfarpar sy'n cael ei ddefnyddio i fesur effeithlonrwydd trosglwyddiadau egni o elfen wresogi

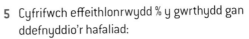

Dadansoddi'r canlyniadau

1 Lluniwch graff o amser (echelin-*x*) yn erbyn tymheredd (echelin-*y*). Dechreuwch eich echelin-*y* ar 15 °C a'i gorffen ar 35 °C.

2 Cyfrifwch y cynnydd yn nhymheredd y dŵr.

3 Cyfrifwch gyfanswm yr egni mae'r gwrthydd yn ei gyflenwi i'r dŵr gan ddefnyddio'r hafaliad:

$$\text{trosglwyddiad egni (J)} = \text{pŵer (W)} \times \text{amser (s)}$$

4 Cyfrifwch yr egni sy'n cael ei drosglwyddo mewn ffordd ddefnyddiol i'r dŵr gan ddefnyddio'r hafaliad:

$$\genfrac{}{}{0pt}{}{\text{egni sy'n cael ei drosglwyddo}}{\text{mewn ffordd ddefnyddiol (J)}} = \text{cynnydd yn y tymheredd (°C)} \times 840$$

5 Cyfrifwch effeithlonrwydd % y gwrthydd gan ddefnyddio'r hafaliad:

% effeithlonrwydd y gwrthydd

$$= \frac{\genfrac{}{}{0pt}{}{\text{egni sy'n cael ei drosglwyddo}}{\text{mewn ffordd ddefnyddiol}}}{\genfrac{}{}{0pt}{}{\text{cyfanswm yr egni}}{\text{sy'n cael ei gyflenwi}}} \times 100$$

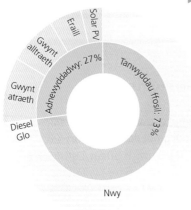

Ffigur 3.5 Cynhyrchu trydan yng Nghymru yn 2019 yn ôl y math o danwydd

Termau allweddol

Cynhesu byd-eang Y cynnydd graddol yn nhymheredd atmosfferig cyfartalog cyffredinol y blaned.

Adnewyddadwy Ffynonellau egni sy'n cael eu cynhyrchu gan weithredoedd yr Haul ac sydd ddim yn cael eu disbyddu pan maen nhw'n gweithio.

Cynaliadwyedd Defnyddio egni adnewyddadwy a defnyddio'r egni hwnnw'n effeithlon iawn.

Ôl troed carbon Màs cywerth y nwy carbon deuocsid sy'n cael ei gynhyrchu wrth i ffynhonnell egni gynhyrchu trydan.

Trydan cynaliadwy ac ôl troed carbon

Mae Ffigur 3.5 yn dangos bod 73% o'r trydan yng Nghymru yn cael ei gynhyrchu gan orsafoedd trydan sy'n llosgi tanwyddau ffosil: glo, olew (diesel) a nwy naturiol. Mae tanwyddau ffosil yn cynnwys carbon, ac wrth eu llosgi nhw mae'r carbon yn adweithio ag ocsigen i ffurfio nwy carbon deuocsid, sy'n cyfrannu at gynhesu byd-eang.

Yn 2019 roedd 27% o'r trydan yng Nghymru wedi'i gynhyrchu o ffynonellau cynaliadwy 'carbon isel', fel pŵer gwynt neu solar. Mae'r ffynonellau hyn yn gynaliadwy oherwydd eu bod nhw'n adnewyddadwy ac yn cael eu cynhyrchu gan weithredoedd yr Haul.

Wrth gynhyrchu trydan yn gynaliadwy, dim ond ychydig o garbon deuocsid sy'n cael ei gynhyrchu, felly bach iawn yw'r cyfraniad at gynhesu byd-eang ac nid yw'n peryglu gallu pobl yn y dyfodol i ddiwallu eu hanghenion egni eu hunain.

Mae lleihau cynhesu byd-eang yn lleihau'r risgiau sy'n gysylltiedig â thrychinebau dynol posibl fel llifogydd a sychder ar raddfa eang.

Mesur ôl troed carbon

Ôl troed carbon ffynhonnell egni yw màs cywerth y nwy carbon deuocsid sy'n cael ei gynhyrchu wrth i'r ffynhonnell egni gynhyrchu trydan. Mae ôl troed carbon glo yn fawr iawn oherwydd ei fod yn cynhyrchu màs mawr o garbon deuocsid wrth losgi. Mae ôl troed carbon egni gwynt yn fach iawn, oherwydd yr unig adeg mae'n defnyddio tanwyddau ffosil yw wrth weithgynhyrchu, wrth osod ac wrth ddatgomisiynu'r tyrbin gwynt.

Rydyn ni'n mesur ôl troed carbon yn nhermau màs y carbon deuocsid mae'n cyfateb iddo (**kgCO2eq**). Rydyn ni'n canfod hyn o fàs y nwy sy'n cael ei gynhyrchu a'i botensial cynhesu byd-eang:

$$\text{kgCO2eq} = (\text{màs y nwy}) \times (\text{potensial cynhesu byd-eang y nwy})$$

Mae Tabl 3.1 yn rhoi potensial cynhesu byd-eang tri nwy cyffredin.

Tabl 3.1 Potensial cynhesu byd-eang tri nwy cyffredin

Tabl 3.1 Potensial cynhesu byd-eang tri nwy cyffredin

Nwy cyffredin	Potensial cynhesu byd-eang
carbon deuocsid, CO_2	1
methan, CH_4	21
ocsid nitrus, N_2O	298

★ Enghraifft wedi ei datrys

Pan gaiff llond wagen o lo ei losgi mewn gorsaf drydan, mae'n cynhyrchu 97 kg o garbon deuocsid a 3 kg o ocsid nitrus. Cyfrifwch ôl troed carbon llosgi'r llond wagen o lo mewn kgCO2eq.

Ateb

kgCO2eq y carbon deuocsid = màs y carbon deuocsid × potensial cynhesu byd-eang y carbon deuocsid

kgCO2eq y carbon deuocsid = 97 kg × 1 = 97

kgCO2eq yr ocsid nitrus = màs yr ocsid nitrus × potensial cynhesu byd-eang yr ocsid nitrus

kgCO2eq yr ocsid nitrus = 3 kg × 298 = 894

Cyfanswm kgCO2eq = 97 + 894 = 991 kgCO2eq

✔ Profwch eich hun

8 Defnyddiwch Ffigur 3.5 i amcangyfrif canran y trydan sy'n cael ei gynhyrchu yng Nghymru o egni gwynt.

9 Mae gwyddonydd ymchwil yn casglu sampl o rew parhaol (tir wedi rhewi) yn ystod taith i'r Ynys Las. Wrth iddi ymdoddi'r rhew parhaol, mae'n gweld bod y sampl yn cynnwys 20 kg o nwy methan. Cyfrifwch ôl troed carbon y sampl hwn.

Crynodeb o'r bennod

- Mae newidiadau mewn tymheredd yn arwain at drosglwyddo egni drwy wresogi.
- Gallwn ni ddefnyddio diagramau Sankey i ddangos trosglwyddiadau egni.
- Gallwn ni gyfrifo effeithlonrwydd trosglwyddiad egni drwy ddefnyddio'r hafaliad:

$$\% \text{ effeithlonrwydd} = \frac{\text{egni [neu bŵer] sy'n cael ei drosglwyddo mewn ffordd ddefnyddiol}}{\text{cyfanswm yr egni [neu'r pŵer] sy'n cael ei gyflenwi}} \times 100$$

- pŵer = foltedd × cerrynt
- egni sy'n cael ei drosglwyddo = pŵer × amser
- Mae cynaliadwyedd yn golygu defnyddio egni adnewyddadwy ac yna defnyddio'r egni hwnnw'n effeithlon iawn.
- Ôl troed carbon ffynhonnell egni yw màs cywerth y nwy carbon deuocsid sy'n cael ei gynhyrchu wrth i'r ffynhonnell egni gynhyrchu trydan.
- Rydyn ni'n mesur ôl troed carbon yn nhermau màs y carbon deuocsid y mae'n cyfateb iddo (kgCO2eq) sy'n cael ei bennu gan fàs y nwy sy'n cael ei gynhyrchu a'i botensial cynhesu byd-eang:

kgCO2eq = (màs y nwy) × (potensial cynhesu byd-eang y nwy)

4 Cynhyrchu trydan

Mae cynhyrchu trydan yn hanfodol i gynaliadwyedd. Trydan yw ein ffynhonnell egni bwysicaf, ac mae'n rhaid i ni sicrhau ein bod ni'n lleihau effeithiau amgylcheddol cynhyrchu trydan gan gynnal cyflenwad diogel a chadarn.

▶ Manteision ac anfanteision technolegau egni gwahanol

Mae manteision ac anfanteision yn gysylltiedig â chynhyrchu trydan, beth bynnag yw'r brif ffynhonnell egni. Mae Tabl 4.1 yn cymharu'r ffurfiau **adnewyddadwy** (gwynt; haul; trydan dŵr; tonnau a llanw; biodanwyddau; a geothermol) â'r ffurfiau **anadnewyddadwy** (glo; olew; nwy; a niwclear).

Tabl 4.1 Manteision ac anfanteision cynhyrchu trydan o ffynonellau egni cynradd gwahanol

Ffynhonnell egni gynradd	Manteision	Anfanteision
Tanwyddau ffosil (fel glo, olew a nwy)	Cynhyrchu symiau mawr o drydan yn rhad. Dibynadwy. Cyflenwad cadarn.	Rhyddhau gronynnau huddygl peryglus i'r aer (yn enwedig glo). Ôl troed carbon mawr. Cynhyrchu nwy carbon deuocsid sy'n cyfrannu at gynhesu byd-eang. Cynhyrchu nwy sylffwr deuocsid, sy'n cyfrannu at law asid. Rhaid dod â symiau mawr o danwydd i'r safle, a rhaid cael gwared ar wastraff o'r safle (yn achos glo). Dim ond 35% i 55% yw effeithlonrwydd mathau anadnewyddadwy o egni.
Egni niwclear	Ôl troed carbon bach – nid yw'n allyrru llawer o nwy carbon deuocsid. Cynhyrchu egni am gyfnodau hir heb orfod ail-lenwi â thanwydd. Dibynadwy iawn. Cynhyrchu llawer o egni.	Drud i'w adeiladu a'i ddatgomisiynu. Rhaid storio gwastraff ymbelydrol yn ddiogel am amser hir iawn. Anadnewyddadwy. Risg o ymosodiad terfysgol. Perygl posibl o ddamwain niwclear.
Egni gwynt	Adnewyddadwy. Dim llygredd aer. Ôl troed carbon bach iawn.	Mae safleoedd gwyntog yn anghysbell – mae angen leiniau pŵer foltedd uchel hyll. Annibynadwy, gan mai dim ond pan mae'n wyntog mae'n gweithio. Angen llawer o dyrbinau. Mae'n gallu bod yn hyll ac yn swnllyd i drigolion lleol.
Pŵer solar	Adnewyddadwy. Ôl troed carbon bach iawn. Rhagweladwy a dibynadwy (yng ngolau dydd). Rhad ei osod. Gall paneli solar gael eu hôl-osod ar adeiladau. Hawdd ei osod mewn ardaloedd lle mae poblogaethau mawr.	Ddim yn cynhyrchu trydan yn y nos. Mae gorsafoedd pŵer solar ar raddfa fawr yn defnyddio llawer o dir. Mae angen ardaloedd mawr o baneli solar er mwyn cynhyrchu llawer o drydan.
Pŵer trydan dŵr	Adnewyddadwy. Dim llygredd aer. Cynhyrchu symiau mawr o drydan. Mae'n gallu dechrau cynhyrchu ar unwaith.	Drud i'w adeiladu. Mae'n dinistrio cynefinoedd. Mae safleoedd pŵer trydan dŵr yn anghysbell – mae angen leiniau pŵer foltedd uchel hyll. Annibynadwy yn ystod sychder.
Egni llanw/tonnau	Adnewyddadwy. Mae'r llanw'n hawdd ei ragweld ac yn ddibynadwy. Mae'r llanw'n cynhyrchu symiau mawr o drydan. Dim llygredd. Ôl troed carbon bach iawn. Mae'n bosibl ei droi ymlaen a'i droi i ffwrdd yn gyflym iawn.	Mae egni tonnau'n annibynadwy (mae angen tonnau addas iddo weithio). Mae angen nifer mawr o eneraduron tonnau i gynhyrchu symiau sylweddol o egni. Mae morgloddiau egni llanw yn dinistrio cynefinoedd.

Ffynhonnell egni gynradd	Manteision	Anfanteision
Biodanwyddau (fel gwastraff anifeiliaid, pren a chnydau sy'n tyfu'n gyflym)	Adnewyddadwy. Mae'n bosibl adeiladu gorsafoedd trydan graddfa fawr wedi'u pweru gan fiodanwyddau, gan gynhyrchu llawer iawn o drydan.	Mae angen ardaloedd mawr o dir er mwyn plannu cnydau sy'n tyfu'n gyflym, neu mae angen llawer o wastraff anifeiliaid. Byddai'n rhaid cludo'r gwastraff mewn ffordd lân. Carbon niwtral, ond mae carbon deuocsid yn parhau i gael ei ryddhau i'r atmosffer. Hanner ôl troed carbon tanwyddau ffosil. Mae'n hyll.

▶ Cymharu dwy ffordd o gynhyrchu trydan

Wrth ystyried pa fathau o ddulliau cynhyrchu trydan i'w hadeiladu mewn lleoliad penodol, mae angen ystyried llawer o ffactorau sy'n cystadlu â'i gilydd:

- ▶ cynaliadwyedd
- ▶ ôl troed carbon
- ▶ costau, gan gynnwys costau adeiladu a datgomisiynu, a chost y trydan sy'n cael ei gynhyrchu
- ▶ dibynadwyedd (neu sicrwydd)
- ▶ effaith ar yr amgylchedd, gan gynnwys allyrru nwyon sy'n achosi cynhesu byd-eang a glaw asid, a llygredd gweledol a llygredd sŵn.

Mae Tabl 4.2 isod yn cymharu gorsaf drydan tyrbin nwy Indian Queens yng Nghernyw (gorsaf drydan tanwydd ffosil) â fferm wynt alltraeth North Hoyle yng Ngogledd Cymru (cyfleuster egni adnewyddadwy).

Ffigur 4.1 Fferm wynt alltraeth North Hoyle

Tabl 4.2 Cymharu dulliau cynhyrchu trydan

	Gorsaf drydan tyrbin nwy Indian Queens	Fferm wynt alltraeth North Hoyle
Disgrifiad	Un peiriant jet tyrbin nwy mawr sy'n cael ei ddefnyddio ar adegau galw brig yn unig (dim ond am tua 450 awr y flwyddyn mae'n cael ei ddefnyddio).	Fferm wynt 30 tyrbin wedi'i lleoli yn un o'r mannau mwyaf gwyntog yn y Deyrnas Unedig.
Prif ffynhonnell egni	Cerosin hylifol (tanwydd jet) neu diesel (dau danwydd ffosil).	Gwynt
Dibynadwyedd	Mae'r orsaf drydan yn gallu cynhyrchu 140 MW o drydan yn ddibynadwy ar fyr rybudd (8 munud) ac mae'n gallu rhedeg ar bŵer llawn am 24 awr cyn gorfod cau.	Mae'n dibynnu ar gryfder y gwynt, ond mae North Hoyle yn generadu ar bŵer llawn am 35% o'r amser.
Materion amgylcheddol	Llosgi tanwyddau ffosil sy'n cynhyrchu symiau mawr o nwy carbon deuocsid, ocsid nitrus a sylffwr deuocsid. Mae'r rhain yn mynd i mewn i'r atmosffer gan gyfrannu at gynhesu byd-eang a glaw asid. Mae'r orsaf drydan wedi'i lleoli ar y Goss Moor, safle natur y llywodraeth ac mae i'w gweld o filltiroedd i ffwrdd. Mae'r tyrbin nwy yn cynhyrchu llawer o sŵn pan mae'n gweithio.	Dydy North Hoyle ddim yn cynhyrchu unrhyw nwyon sy'n cyfrannu at gynhesu byd-eang na glaw asid. Mae'r tyrbinau mawr i'w gweld yn glir o'r forlin leol, ac yn berygl i'r poblogaethau adar lleol. Mae tyrbinau gwynt yn cynhyrchu sŵn wrth weithio, ond mae North Hoyle 5 milltir o'r lan.
Allbwn pŵer trydan	140 MW	60 MW
Cyfanswm y mewnbwn pŵer	425 MW	Mae'n dibynnu ar gryfder y gwynt (ond 133 MW yn nodweddiadol)
% effeithlonrwydd	33%	Mae'n dibynnu ar gryfder y gwynt (ond 45% yn nodweddiadol)
Ôl troed carbon y flwyddyn (kgCO2eq)	57 000	0
Cynaliadwyedd	Isel iawn – nid yw'n defnyddio ffynonellau egni adnewyddadwy a dim ond 33% yw'r effeithlonrwydd.	Uchel – mae'n defnyddio ffynhonnell egni adnewyddadwy (y gwynt) ac mae'r effeithlonrwydd nodweddiadol yn 45%.
Cost sefydlu	£60 miliwn	£80 miliwn
Pris cost y trydan	£300 y MWh	£77 y MWh
Hyd oes rhagamcanol	30 mlynedd	25 mlynedd
Cost datgomisiynu rhagamcanol	£4 miliwn	£24 miliwn

▶ A allai ein cartrefi fod yn orsafoedd trydan micro?

Byddai'n bosibl gosod paneli solar a thyrbinau gwynt micro ar gartrefi unigol, ysgolion, busnesau ac adeiladau'r llywodraeth. Drwy gyfuno hyn â rhaglen o ynysu adeiladau, bydden ni'n lleihau'r galw ac yn cynhyrchu swm sylweddol o drydan i'w ddefnyddio'n ddomestig ac yn fasnachol. Fodd bynnag, dydy hi ddim yn olau dydd drwy'r amser, dydy'r gwynt ddim yn chwythu drwy'r amser, ac i gynnal diwydiant ar raddfa fawr mae angen sicrwydd o symiau mawr o bŵer fyddai ddim yn gallu cael eu cyflenwi gan ficrogynhyrchu lleol. Yr hyn sydd ei angen yw cymysgedd o orsafoedd trydan mawr a ffynonellau egni adnewyddadwy, gwell ynysu, a dyfeisiau mwy egni-effeithlon.

Mae system microgynhyrchu, fel tyrbin gwynt bach neu baneli solar, yn opsiwn **cost effeithiol** i rai aelwydydd, yn enwedig tai newydd. Mae cost effeithiolrwydd yn dibynnu ar **amser talu yn ôl** y system. Mae hyn yn dibynnu ar gost gosod y system a'i harbedion o ran costau tanwydd.

$$\text{amser talu yn ôl (diwrnodau)} = \frac{\text{cost gosod (£)}}{\text{arbedion o ran costau tanwydd (£ y diwrnod)}}$$

Y byrraf yw'r amser talu yn ôl, y mwyaf cost effeithiol yw'r system.

Ffigur 4.2 Tŷ â microdyrbin a phanel solar wedi'u gosod arno

★ Enghraifft wedi ei datrys

Mae perchennog tŷ yn cael dyfynbris (*quote*) o £8000 i osod paneli solar ar ei thŷ, i arbed £1.30 y diwrnod. Cyfrifwch amser talu yn ôl prynu'r paneli, mewn blynyddoedd. 1 flwyddyn = 365 diwrnod.

Ateb

$$\text{amser talu yn ôl (diwrnodau)} = \frac{\text{cost gosod (£)}}{\text{arbedion o ran costau tanwydd (£ y diwrnod)}}$$

$$\text{amser talu yn ôl} = \frac{£8000}{£1.30 \text{ y diwrnod}} = 6154 \text{ diwrnod}$$

$$= 16.9 \text{ mlynedd}$$

Mae Tabl 4.3 yn dangos hydoedd oes gweithredol a phwerau allbwn defnyddiol llawer o ddyfeisiau microgynhyrchu. Mae'n bosibl gosod yr holl ddyfeisiau hyn ar dai. Mae pob un yn cynhyrchu egni adnewyddadwy, ond mae gan bob un ei hanfanteision hefyd.

Tabl 4.3 Cymharu hydoedd oes gweithredol rhai dyfeisiau egni adnewyddadwy a'r pŵer defnyddiol maen nhw'n eu cynhyrchu, gyda gorsaf drydan nwy

Ffynhonnell egni	Cost y kW	Hyd oes weithredol (blynyddoedd)	Pŵer defnyddiol mae'n ei gynhyrchu (kW)	Anfanteision
Panel solar	£1200	40	0.350 kW y panel	Mae angen to mawr. Toeon sy'n wynebu'r de yw'r gorau.
Pentwr celloedd tanwydd hydrogen	£5000 i'w brynu £75 y kW i'w redeg	10	1 kW	Mae angen cyflenwad da o hydrogen hylifol.
Tyrbinau gwynt micro	£7000	20	0.15 kW	Mae'n addas mewn mannau gwyntog yn unig.
Tyrbin dŵr micro	£10 000	50	0.10 kW	Mae'n addas ar gyfer tai sy'n agos at ddŵr sy'n llifo yn unig
Gorsaf drydan nwy	£800	40	520 000 kW	Mae'n llosgi tanwydd ffosil anadnewyddadwy, sy'n rhyddhau nwy carbon deuocsid.

✔ Profwch eich hun

7 Pa ddyfais egni adnewyddadwy yw'r ffordd rataf o ddarparu 1 kW o bŵer trydanol?

8 Mae perchennog tŷ eisiau gosod system paneli solar 4 kW. Cyfrifwch gost y system hon.

9 Esboniwch pam mae gan gell danwydd hydrogen gost barhaus i'w chynnal.

10 Mae'r amser (mewn oriau) sydd ei angen i gynhyrchu swm o egni trydanol (mewn kWh), gyda phŵer trydanol penodol (mewn kW) yn cael ei roi gan yr hafaliad:

$$\text{amser (oriau)} = \frac{\text{swm yr egni trydanol (kWh)}}{\text{pŵer (kW)}}$$

Mae perchennog tŷ yn gosod y system egni adnewyddadwy gyfunol sydd i'w gweld yn Ffigur 4.2. Mae'n cynnwys tyrbin gwynt micro 0.15 kW a dau banel solar gydag allbwn pŵer **cyfunol** o 0.85 kW. Yn ystod y dydd, mae angen cyflenwi 8 kWh o egni trydanol i'r cartref.

a) Defnyddiwch yr hafaliad uchod i gyfrifo cyfanswm yr amser (mewn oriau) y mae angen i'r system gyfunol fod yn cynhyrchu trydan.

b) Esboniwch pam mae'r system egni adnewyddadwy hon yn annhebygol o fodloni holl ofynion egni aelwyd nodweddiadol.

▶ Sut rydyn ni'n symud trydan o gwmpas?

Mae Ffigur 4.3 yn dangos y patrymau cenedlaethol o sut mae'r Deyrnas Unedig yn defnyddio trydan.

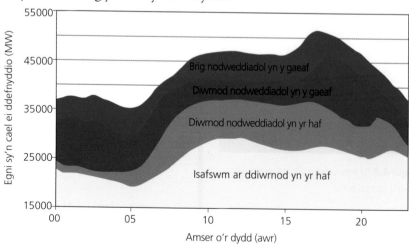

Ffigur 4.3 Newidiadau tymhorol wrth ddefnyddio trydan

Y Grid Cenedlaethol, sydd i'w weld yn Ffigur 4.4, sy'n gyfrifol am gynhyrchu trydan i gyfateb i'r galw blynyddol a'r galw dyddiol amdano yn y Deyrnas Unedig. Y Ganolfan Reoli Genedlaethol yn Wokingham sy'n gyfrifol am gydbwyso'r ddwy broses hon sydd yn cystadlu â'i gilydd.

Mae trydan y Deyrnas Unedig yn cael ei gynhyrchu mewn rhwydwaith eang o orsafoedd trydan, ffermydd gwynt, a gweithfeydd trydan dŵr, ac mae rhwydwaith o geblau yn cysylltu'r rhain i gyd â'i gilydd ac yn eu cysylltu nhw â ni. Mae gweithredwyr y Grid Cenedlaethol yn gweithio'n gyson i ragweld y galw am drydan mewn blociau 30 munud, ac yn cyfeirio generaduron pŵer i gyflenwi'r swm perthnasol. Mae rhai gorsafoedd trydan yn cynhyrchu trydan yn gyson. Ar y llaw arall, dim ond ar amseroedd brig y mae angen rhai, fel gorsaf drydan Indian Queens. Effaith gyfunol y system gymhleth hon yw cyfateb y cyflenwad i'r galw. Heb y system hon, byddai sicrwydd ein cyflenwad trydan mewn perygl, a bydden ni'n treulio cyfnodau sylweddol heb bŵer.

Ffigur 4.4 Y Grid Cenedlaethol yng Nghymru a Lloegr

▶ System drawsyrru'r Grid Cenedlaethol

Pan mae cerrynt trydanol yn llifo drwy wifren, mae'r wifren yn cynhesu. Pe bai trydan yn cael ei drawsyrru o gwmpas y wlad ar foltedd isel a cherrynt uchel, byddai swm aruthrol o egni'n cael ei wastraffu drwy wresogi a byddai trydan yn rhy ddrud. Felly, rydyn ni'n trawsyrru trydan o gwmpas y wlad ar foltedd uchel iawn ond gyda cherrynt isel iawn i leihau colledion egni drwy wresogi.

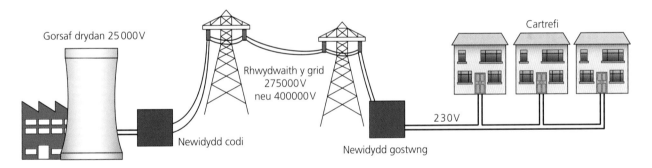

Gorsaf drydan 25 000 V

Rhwydwaith y grid 275 000 V neu 400 000 V

Cartrefi

Newidydd codi

Newidydd gostwng

230 V

Ffigur 4.5 System drawsyrru'r Grid Cenedlaethol

Mae cyflenwadau foltedd uchel/cerrynt isel yn beryglus iawn a dydy dyfeisiau'r cartref ddim yn gallu eu defnyddio nhw. Felly, mae angen **newidydd** i newid trydan y Grid Cenedlaethol cyn iddo ddod i mewn i'n cartrefi. Mae **newidyddion codi** i'w cael mewn gorsafoedd trydan. Maen nhw'n trawsnewid y trydan yn foltedd uchel/cerrynt isel er mwyn iddo allu cael ei drawsyrru dros bellteroedd hir. Mae **newidyddion gostwng** i'w cael yn agos i'n cartrefi. Mae'r rhain yn trawsnewid y trydan yn foltedd isel/cerrynt uchel, sy'n fwy diogel. At ei gilydd, mae effeithlonrwydd y Grid Cenedlaethol o gwmpas 92%.

11 Pam mae trydan yn cael ei drawsyrru o gwmpas y Grid Cenedlaethol ar foltedd uchel iawn?

12 Pam nad ydyn ni'n defnyddio dyfeisiau trydanol foltedd uchel yn y cartref?

13 Beth yw enw'r ddyfais sy'n newid foltedd a cherrynt trydan?

⚙ Gwaith ymarferol penodol

Ymchwiliad i'r ffactorau sy'n effeithio ar yr allbwn o banel solar

Mae disgybl yn cynnal arbrawf i ymchwilio i sut mae foltedd allbwn panel o gelloedd solar yn amrywio gydag arddwysedd y pelydriad golau sy'n ei daro. Mae'n amrywio arddwysedd y golau drwy symud y ffynhonnell golau yn bellach oddi wrth y panel.

Mae Ffigur 4.6 yn dangos diagram o gyfarpar y disgybl.

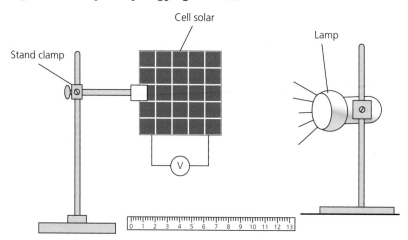

Ffigur 4.6 Diagram o'r cyfarpar sy'n cael ei ddefnyddio i fesur allbwn foltedd panel solar wrth i arddwysedd golau amrywio

Y dull

1 Gosod y lamp 20 cm oddi wrth y panel solar a'i throi ymlaen.

2 Mesur a chofnodi foltedd allbwn y panel solar.

3 Ailadrodd Cam 2 ar bellteroedd 40, 60, 80 a 100 cm oddi wrth y panel solar.

4 Ailadrodd yr arbrawf ddwywaith.

Canlyniadau

Pellter y lamp oddi wrth y panel solar (cm)	Allbwn foltedd y panel solar (V)			
	Ymgais 1^{af} Ymgais 1^{af}	2^{il} ymgais 2^{il} ymgais	3^{ydd} ymgais 3^{ydd} ymgais	cymedr
20	2.4	2.0	2.4	2.4
40	1.3	1.3	1.3	1.3
60	0.7	0.8	0.6	
80	0.4	0.5	0.6	0.5
100	0.3	0.3	0.3	0.3

Dadansoddi'r canlyniadau

1 Nodwch y gwerth data anomalaidd yn y tabl.

2 Awgrymwch reswm pam mae'r gwerth data rydych chi wedi'i ddewis yng Nghwestiwn 1 yn anomalaidd.

3 Cyfrifwch y gwerth cymedrig coll.

4 Plotiwch graff yr allbwn foltedd cymedrig (echelin-y) yn erbyn y pellter (echelin-x) a thynnu llinell ffit orau addas.

5 Disgrifiwch y patrwm yn y canlyniadau.

6 Defnyddiwch eich graff i amcangyfrif allbwn foltedd y panel solar pan mae'r lamp 30 cm oddi wrth y panel solar.

Crynodeb o'r bennod

- Mae manteision ac anfanteision i bob ffordd o gynhyrchu trydan.
- Mae technolegau egni adnewyddadwy yn cynnwys: trydan dŵr, gwynt, tonnau, llanw, gwastraff, cnydau, solar a phren.
- Mae ffynonellau anadnewyddadwy o gynhyrchu pŵer yn cynnwys y tanwyddau ffosil (glo, olew a nwy) a thanwydd niwclear.
- Mae cost effeithiolrwydd cyflwyno offer egni solar a gwynt domestig mewn tŷ yn dibynnu ar gost gosod yr offer a'r arbedion costau tanwydd. Yr amser talu yn ôl yw'r cyfnod (mewn blynyddoedd) cyn i'r arbedion dyfu'n fwy na'r costau gosod.
- Wrth gymharu gwahanol ddulliau o gynhyrchu pŵer, mae angen ystyried y ffactorau canlynol i gyd: hyd oes; allbwn pŵer defnyddiol; effeithlonrwydd; dibynadwyedd; ôl troed carbon; cynaliadwyedd; effaith amgylcheddol (gan gynnwys effeithiau atmosfferig allyriadau carbon deuocsid a glaw asid, a llygredd gan gynnwys llygredd gweledol a llygredd sŵn); dibynadwyedd; a chostau.
- Mae'r system genedlaethol o ddosbarthu trydan (y Grid Cenedlaethol) yn monitro ac yn cynnal cyflenwad egni dibynadwy sy'n gallu ymateb i amrywiadau yn y galw.
- Caiff trydan ei drawsyrru'n effeithlon ar draws y wlad ar folteddau uchel, ond rydyn ni'n defnyddio folteddau isel yn ein cartrefi gan fod hynny'n fwy diogel.
- Mae angen newidyddion i newid y foltedd a'r cerrynt yn y Grid Cenedlaethol.

5 Defnyddio egni

Mae'n hanfodol ein bod ni'n defnyddio trydan yn ofalus ac yn effeithlon, er mwyn gwastraffu cyn lleied â phosibl. Mae tua 30% o'r egni sy'n cael ei ddefnyddio yn y Deyrnas Unedig yn cael ei ddefnyddio gan aelwydydd, a 40% gan drafnidiaeth. Drwy ddefnyddio'r egni hwn yn effeithiol ac yn effeithlon, gallwn ni ddefnyddio llai, arbed arian a byw'n gynaliadwy.

▶ Rhedeg dyfeisiau trydanol

Mae cost rhedeg dyfais drydanol, fel peiriant golchi, yn dibynnu ar bŵer trydanol y ddyfais (wedi'i roi mewn kW fel arfer) a thariff trydan (y gost am bob uned o egni trydanol). Cofiwch, gallwn ni gyfrifo faint o egni trydanol mae dyfais yn ei ddefnyddio gan ddefnyddio'r hafaliad:

egni sy'n cael ei drosglwyddo = pŵer × amser

Wrth gyfrifo cost trydan domestig, bydd cwmnïau cyflenwi yn defnyddio unedau o'r enw **cilowat awr** (kWh) neu, yn syml, 'unedau'. 1 kWh yw swm yr egni trydanol y mae tân trydan 1 bar (1 kW) safonol yn ei ddefnyddio mewn 1 awr. Rydyn ni'n cyfrifo unedau egni trydanol drwy ddefnyddio'r hafaliad:

unedau sy'n cael eu defnyddio (kWh) = pŵer (kW) × amser (h)

Rydyn ni'n cyfrifo cost yr egni trydanol drwy luosi nifer yr unedau â chost un uned:

cyfanswm cost = unedau sy'n cael eu defnyddio × cost pob uned

Mae cost pob uned o egni trydanol yn dibynnu ar y cwmni sy'n cyflenwi'r egni a'r math o gynllun trydan – yn 2022 roedd uned o drydan yn y Deyrnas Unedig yn costio tua 28 c.

> **Term allweddol**
>
> **Cilowat awr** Uned yr egni trydanol sy'n cael ei ddefnyddio.

★ | Enghreifftiau wedi eu datrys

1 Mae lamp 100 W yn cael ei gadael ymlaen am 10 munud (600 s). Faint o egni trydanol sy'n cael ei drosglwyddo?

2 Tybiwch eich bod chi'n gadael gwresogydd 3 kW ymlaen yn eich ystafell. Rydych chi'n ei roi ymlaen am 8.00 a.m. ac yn anghofio amdano nes i chi gyrraedd adref am 4.00 p.m. Os yw uned (1 kWh) yn costio 28c, faint bydd hi wedi'i gostio i adael y gwresogydd ymlaen?

Atebion

1 egni sy'n cael ei drosglwyddo = pŵer × amser
egni sy'n cael ei drosglwyddo = 100 W × 600 s = 60 000 J = 60 kJ

$$2 \text{ nifer yr unedau sy'n cael eu defnyddio (kWh)} = \text{pŵer (kW)} \times \text{amser (h)}$$
$$\text{nifer yr unedau} = 3 \text{ kW} \times 8 \text{ h} = 24 \text{ kWh (uned)}$$
$$\text{cost} = \text{nifer yr unedau} \times \text{cost pob uned}$$
$$\text{cost} = 24 \text{ kWh} \times 28 \text{ c} = 672 \text{ c} = £6.72$$

✔ Profwch eich hun

1 Mae Beth yn poeni. Mae hi wedi gadael y gwresogydd yn ei hystafell ymlaen o 7.00 a.m. tan 5.00 p.m. Mae'n wresogydd 3 kW.
   a) Am faint o oriau roedd y gwresogydd ymlaen?
   b) Faint o unedau trydan mae wedi'u defnyddio?
   c) Os yw'r trydan yn costio 28 c yr uned, faint mae ei chamgymeriad wedi ei ychwanegu at fil trydan y teulu?

2 Pa un o'r dyfeisiau canlynol sy'n costio'r mwyaf i'w redeg?
   a) Popty 4 kW sydd ymlaen am 1 awr
   b) Chwech o fylbiau llifolau 1 kW sydd ymlaen am 4 awr
   c) Peiriant golchi 1 kW sydd ymlaen am 45 munud (0.75 awr)
   ch) Playstation 0.045 kW sydd ymlaen am 3 awr.

3 Mae clwb rygbi'n gosod 12 × llifolau LED 0.1 kW i gymryd lle 24 × llifolau 2 kW. Mae'r ddwy system yn cynhyrchu'r un faint o olau, ac mae'r ddwy ymlaen am 8 awr yr wythnos. Os yw trydan yn costio 28 c yr uned, faint mae'r clwb yn ei arbed bob wythnos?

▶ Faint o egni allech chi ei arbed?

Mae Ffigur 5.1 yn dangos label bandiau egni dyfais i'r cartref, fel peiriant golchi, ac yn rhoi gwybodaeth bwysig am **effeithlonrwydd egni** y ddyfais a faint o egni mae'n ei ddefnyddio (yn ogystal â gwybodaeth ychwanegol, fel ei lefel sŵn).

Dyfeisiau gradd A yw'r mwyaf effeithlon, a rhai G yw'r gwaethaf. Mae'n nodi sawl kWh o egni mae'n ei ddefnyddio mewn cyfnod penodol (bob 100 awr fel yn Ffigur 5.1, neu bob blwyddyn). Wrth brynu dyfais newydd, mae'r label hwn yn caniatáu i chi gymharu costau rhedeg a chynaliadwyedd gwahanol fodelau. Bydd gwerth yr egni mae'n ei ddefnyddio wedi'i luosi â chost pob kWh (neu uned) yn rhoi cyfanswm cost rhedeg y ddyfais am y cyfnod sydd wedi'i nodi ar y label.

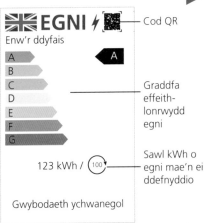

Ffigur 5.1 Label bandiau egni

Term allweddol

Effeithlonrwydd egni Mae offer trydanol yn cael sgôr ar raddfa gymharu A–G, lle mae dyfeisiau â gradd A yn defnyddio egni'n fwy effeithlon na dyfeisiau â gradd G.

▶ Lleihau colled egni i storfeydd thermol

Mae pob math o ynysu thermol yn gweithio yn yr un ffordd – maen nhw'n atal egni rhag symud o rywle poeth i rywle oer. Mae lleihau'r egni y mae tŷ yn ei golli i storfa egni thermol ei amgylchoedd yn lleihau'r egni sydd ei angen i wresogi'r tŷ. Mae hyn yn arbed arian ond mae hefyd yn lleihau ôl troed carbon y tŷ; mae angen llai o drydan (neu nwy) ac felly caiff llai o danwyddau ffosil eu llosgi, sy'n golygu bod llai o garbon deuocsid yn dianc i'r atmosffer.

Gwresogi
1. Dargludiad
2. Darfudiad
3. Pelydriad

POETH   OER

Ffigur 5.2 Trosglwyddo egni drwy wresogi

Termau allweddol

Dargludiad Trosglwyddiad egni o boeth i oer wrth i ronynnau y tu mewn i solidau a hylifau ddirgrynu.

Darfudiad Trosglwyddiad egni o boeth i oer wrth i ronynnau symud drwy hylifau a nwyon.

Pelydriad Trosglwyddiad egni o boeth i oer drwy drawsyrru tonnau electromagnetig isgoch.

Ynysiad Mae systemau ynysu tai yn lleihau colledion egni gwres o dŷ.

Mae ynysu yn lleihau colledion egni drwy leihau effaith tri mecanwaith trosglwyddo gwres:

▸ **darfudiad**   ▸ **dargludiad**   ▸ **pelydriad**

Lleihau darfudiad

Mae rhimynnau atal drafft (*draught excluders*) yn gweithio drwy leihau **ceryntau darfudiad** o dan ddrws neu drwy'r bylchau yn y ffrâm, gan arbed 10% i 20% o gostau gwresogi tŷ. Mae ceryntau darfudiad yn digwydd wrth i aer cynnes godi ac mae aer oerach yn cymryd ei le.

Mae rhimynnau atal drafft yn gweithredu fel rhwystrau rhwng mannau poeth ac oer. Dydy'r aer oer y tu allan i ystafell ddim yn gallu cael ei sugno drwy'r bwlch o dan ddrws wrth i'r aer poeth y tu mewn i'r ystafell godi. Mae'r rhimyn atal drafft yn atal y gronynnau aer oerach rhag mynd i mewn i'r ystafell.

Lleihau dargludiad

Ffordd arall gost-effeithiol o arbed arian ar fil gwresogi yw gosod haen drwchus o **ynysiad** llofft. Mae'r defnyddiau sy'n cael eu defnyddio i ynysu atigau yn **ddargludyddion** egni gwres gwael. Yn gyffredinol, mae'r aer mewn ystafelloedd yn tueddu i fod yn eithaf cynnes, a'r aer yn rhan uchaf yr ystafell sy'n tueddu i fod boethaf oherwydd ceryntau darfudiad. Mae'r aer yn yr atig yn tueddu i fod yn eithaf oer ac mae egni'n symud drwy ddefnydd y nenfwd, o boeth (yr ystafell) i oer (yr atig).

Caiff egni ei drosglwyddo drwy ddefnydd y nenfwd wrth i'w ronynnau ddirgrynu. Enw'r broses hon yw **dargludiad**. Mae dargludiad yn gallu digwydd mewn solidau a hylifau wrth i'r gronynnau mater ddirgrynu. Y gronynnau poethaf sy'n dirgrynu fwyaf, ac maen nhw'n trosglwyddo eu dirgryniad i'r gronynnau (oerach) wrth eu hymyl.

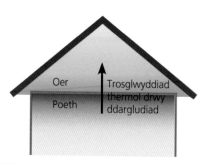

Ffigur 5.3 Trosglwyddiad egni mewn tŷ gyda llofft

Dydy egni ddim yn trosglwyddo'n dda drwy wresogi drwy anfetelau. Yn gyffredinol, bydd y defnyddiau rydyn ni'n eu defnyddio i ynysu atigau wedi'u gwneud o anfetelau, fel ffibrau gwlân, gwydr neu fwynau. Mae'r ffibrau hefyd yn dal aer, sy'n ynysydd, rhyngddyn nhw. Y mwyaf trwchus yw'r haen o ddefnydd ynysu, y gorau mae'n gweithio. Mae defnydd ynysu mwy trwchus, fodd bynnag, yn ddrutach.

Mae ffenestri gwydr dwbl hefyd yn lleihau colled egni drwy gyfrwng dargludiad. Mae yna wactod (neu haen o aer) rhwng y paenau gwydr. Does dim gronynnau mewn gwactod, felly dydy dargludiad ddim yn gallu digwydd. Mae aer yn ddargludydd gwael ac yn gweithio mewn ffordd debyg.

Lleihau pelydriad

Pan gaiff tai newydd eu hadeiladu, mae'r waliau allanol yn cael eu gwneud o haen ddwbl o frics bob ochr i haen drwchus o banel ynysu polywrethan sgleiniog sydd wedi'i orchuddio â ffoil. Mae'r ffoil sgleiniog yn gweithredu fel drych ac yn adlewyrchu pelydriad isgoch, sy'n cael ei allyrru gan y wal fewnol gynhesach, yn ôl i mewn i'r ystafell gan leihau colled egni drwy gyfrwng pelydriad.

Mewn tai hŷn heb ynysiad wal geudod, gallwn ni bwmpio sbwng ynysu i mewn i'r ceudod rhwng yr haenau o frics. Mae hyn yn lleihau ceryntau darfudiad yn y wal geudod ac felly'n lleihau'r egni sy'n cael ei belydru i ffwrdd gan yr haen allanol o frics.

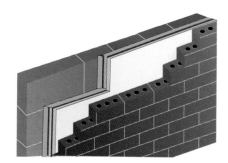

Ffigur 5.4 Paneli ynysu mewn wal geudod

Ymchwilio i ddulliau trosglwyddo gwres

Mae disgybl yn cynnal arbrofion i ymchwilio i ddulliau trosglwyddo gwres. Mae pob arbrawf yn edrych ar ddull gwahanol.

Mae Ffigurau 5.5, 5.6 a 5.7 yn dangos diagramau o gyfarpar y disgybl.

Dull yr arbrawf darfudiad

1 Cydosod y cyfarpar fel sydd i'w weld yn Ffigur 5.5.
2 Gollwng un grisial potasiwm manganad(VII) i mewn i'r bicer, yn agos at un ochr.
3 Gwresogi'r grisial oddi tano â fflam fach, ysgafn o losgydd Bunsen, a chofnodi'r arsylwadau.

Dull yr arbrawf pelydriad

1 Cydosod y cyfarpar fel sydd i'w weld yn Ffigur 5.6.
2 Defnyddio tâp gludiog i lynu stribed 2 cm o bapur du at fwlb un o'r thermomedrau, a stribed 2 cm o ffoil alwminiwm at fwlb y thermomedr arall.
3 Mesur a chofnodi tymheredd pob thermomedr.
4 Troi'r lamp ffilament ymlaen a mesur a chofnodi tymheredd pob thermomedr ar ôl 10 munud.

Dull yr arbrawf dargludiad

1 Cydosod y cyfarpar fel sydd i'w weld yn Ffigur 5.7.
2 Gludo matsien bren at ben pob stribed o fetel gan ddefnyddio ychydig o Vaseline.
3 Gwresogi canol y cylch gan ddefnyddio'r fflam wresogi las o losgydd Bunsen.
4 Mesur a chofnodi'r amser mae'n ei gymryd i'r fatsien syrthio oddi ar bob stribed o fetel.

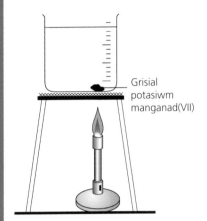

Ffigur 5.5 Arbrawf darfudiad

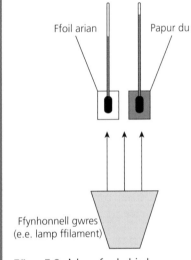

Ffigur 5.6 Arbrawf pelydriad

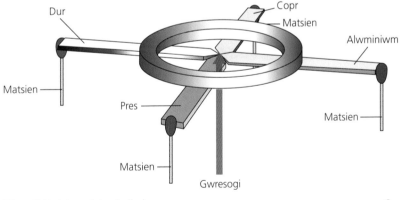

Ffigur 5.7 Arbrawf dargludiad

Canlyniadau'r arbrawf darfudiad

Mae'r disgybl yn lluniadu'r arsylwad sydd i'w weld yn Ffigur 5.8.

Canlyniadau'r arbrawf pelydriad

Thermomedr	Tymheredd ar ddechrau'r arbrawf (°C)	Tymheredd ar ôl gwresogi am 10 munud (°C)	Gwahaniaeth yn y tymheredd (°C)
Bwlb wedi'i orchuddio â phapur du	18	32	
Bwlb wedi'i orchuddio â ffoil alwminiwm	18	24	

Canlyniadau'r arbrawf dargludiad

Stribed o fetel	Amser i'r fatsien bren syrthio (s)
Copr	28
Dur	251
Pres	98
Alwminiwm	53

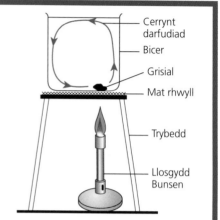

Ffigur 5.8 Arsylwad yr arbrawf darfudiad

Dadansoddi eich canlyniadau

1 Esboniwch batrwm symudiad y llifyn porffor o'r grisial potasiwm manganad(VII).

2 **a)** Cyfrifwch wahaniaeth tymheredd pob bwlb thermomedr.

  b) Pa liw yw'r gorau am amsugno'r egni gwres sy'n cael ei belydru?

3 Nodwch drefn dargludeddau gwres y metelau, gan ddechrau â'r dargludydd gorau.

▶ # Gwella effeithlonrwydd cerbydau

Mae Ffigur 5.9 yn dangos bws moethus 'Tîm Cymru' sy'n cludo'r timau cenedlaethol o gwmpas y Deyrnas Unedig.

Mae gan y fersiwn hwn o fws tîm Cymru nifer o nodweddion dylunio gyda'r bwriad o gynyddu effeithlonrwydd y cerbyd:

▶ Mae arwyneb blaen uchaf y bws ar ongl ac mae ymylon yr arwyneb allanol yn 'grwm'. Mae hyn yn gwella **aerodynameg** y bws, sy'n lleihau'r gwrthiant aer pan mae'r bws yn teithio'n gyflym.

▶ Mae gwaelod y bws yn agos at y ddaear ac mae'r olwynion wedi'u hamgáu gan fwâu'r olwynion. Mae hyn hefyd yn gwneud y bws yn fwy aerodynamig.

▶ Mae defnydd caled a gwasgedd uchel y teiars yn sicrhau cydbwysedd rhwng gafael (er mwyn diogelwch y teithwyr) a'r angen i leihau'r **gwrthiant treigl** rhwng y teiars ac arwyneb y ffordd (sy'n helpu i arbed tanwydd).

Mae'r math o injan yn effeithio ar gynildeb tanwydd cerbydau. Mae effeithlonrwydd moduron ceir trydanol nodweddiadol yn 85–90%, o gymharu â thua 20% ar gyfer injans petrol a 30% ar gyfer injans diesel. Injans diesel sydd gan y rhan fwyaf o fysiau o hyd. Byddai troi at fws trydanol yn lleihau ôl troed carbon cludiant Tîm Cymru yn sylweddol.

Mae llawer o gerbydau mwy newydd yn arbed tanwydd drwy leihau'r egni maen nhw'n ei golli pan fydd y cerbyd yn segura mewn traffig neu wrth oleuadau traffig. Mae cyfrifiaduron yn monitro'r injan, a phan fydd y cerbyd yn stopio, bydd systemau'n diffodd yr injan dros dro.

Ffigur 5.9 Bws moethus 'Tîm Cymru'

Termau allweddol

Aerodynameg Lleihau gwrthiant aer drwy newid siâp y cerbyd/gwrthrych, fel bod aer yn llifo'n llyfn dros yr arwynebau.

Gwrthiant treigl Effaith ffrithiant rhwng teiars cerbyd ac arwyneb y ffordd, sy'n gwneud y cerbyd yn llai effeithlon.

Mae rhai ceir hybrid petrol–trydan yn defnyddio systemau tebyg i adennill rhywfaint o egni cinetig yr injan sy'n cael ei wastraffu pan mae'r car yn cowstio (colledion inertia yw'r enw ar hyn). Mae cerbydau cymhleth mawr, fel bws moethus Tîm Cymru, yn defnyddio amrywiaeth o'r mesurau hyn i gynyddu eu heffeithlonrwydd tanwydd.

Profwch eich hun

4 Beth yw manteision gwella aerodynameg bws moethus drwy roi'r arwyneb blaen uchaf ar ongl?

5 Beth yw'r ddwy brif ffordd o leihau gwrthiant treigl teiar bws moethus?

6 Beth yw prif fantais diffodd injan cerbyd pan mae'n stopio dros dro?

Crynodeb o'r bennod

- Mae egni'n gallu cael ei drosglwyddo drwy gyfrwng dargludiad, darfudiad a phelydriad.
- Gallwn ni ymchwilio i gost defnyddio dyfeisiau drwy ddefnyddio'r system bandiau effeithlonrwydd egni (A–G) a chyfraddiadau pŵer y dyfeisiau.
- Mae rhimynnau atal drafft, ynysiad atig, ynysiad wal geudod a ffenestri gwydr dwbl yn gallu cyfyngu ar golledion egni o dai, gan leihau ôl troed carbon ac effaith amgylcheddol y cartref.
- Mae cost gosod yr ynysiad a'r arbedion costau tanwydd yn pennu cost effeithiolrwydd cyflwyno systemau ynysu i dŷ. Yr amser talu yn ôl yw'r cyfnod (mewn blynyddoedd) cyn i'r arbedion dyfu'n fwy na'r costau gosod.
- Mae pŵer dyfeisiau domestig wedi'i roi mewn cilowatiau (kW). Y cilowat awr (kWh) yw'r uned egni mae cwmnïau egni'n ei defnyddio wrth godi tâl ar gwsmeriaid.
- Gallwn ni gyfrifo cost trydan gan ddefnyddio'r hafaliadau:

  unedau sy'n cael eu defnyddio (kWh) = pŵer (kW) × amser (h)

  cost = unedau sy'n cael eu defnyddio × cost pob uned

- Mae effeithlonrwydd egni cerbydau yn dibynnu'n bennaf ar y math o injan, ond mae'r canlynol yn gallu ei wella: lleihau colledion aerodynamig (neu wrthiant aer); lleihau gwrthiant treigl teiars; a lleihau colledion segura.

6 Adeiladu cylchedau trydanol

Mae pob dyfais drydanol ac electronig yn ein cartrefi a'n busnesau yn cynnwys cylchedau trydanol. Bydd dealltwriaeth sylfaenol o sut mae cylchedau'n gweithio yn ein helpu ni i'w defnyddio nhw'n effeithlon ac yn ddiogel.

▶ Symbolau cylched

Rydyn ni'n defnyddio system o symbolau a diagramau i gynrychioli cydrannau a chysylltiadau mewn cylchedau. Mae pobl o bob rhan o'r byd yn deall symbolau cylched safonol (Ffigur 6.1).

Cell/batri		Amedr		Cyflenwad pŵer C.E.	
Lamp		Foltmedr		Cyflenwad pŵer C.U.	
Switsh		Gwrthydd		Cyflenwad pŵer C.U. newidiol	
Gwrthydd newidiol		Ffiws		LDR	
Deuod		Thermistor		LED	

Ffigur 6.1 Rhai symbolau cylched cyffredin

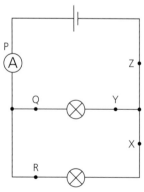

Ffigur 6.2 Cylched gyfres

Ffigur 6.3 Cylched baralel

▶ Cylchedau cyfres a pharalel

Mae'r symbolau cylched yn Ffigur 6.2 yn dangos dwy lamp ac amedr wedi'u cysylltu mewn cyfres â chell. (Sylwer: dwy neu fwy o gelloedd wedi'u cysylltu â'i gilydd yw batri.)

Mae Ffigur 6.2 yn dangos **cylched gyfres** ac mae Ffigur 6.3 yn dangos **cylched baralel**. Mae'r ddwy gylched yn cynnwys amedr sydd wedi'i gysylltu mewn cyfres â'r batri i fesur y **cerrynt**. Mae'r cydrannau wedi'u cysylltu mewn cyfres mewn dolen, fel bod yr un cerrynt yn mynd drwy bob cydran. Bydd y cerrynt sy'n cael ei fesur yn A, B ac C yr un fath. Mewn cylchedau paralel, mae dwy neu fwy o gydrannau wedi'u cysylltu â'r un pwyntiau (sef cysylltleoedd) ac mae'r cerrynt yn hollti – mae rhywfaint ohono'n llifo drwy bob cydran.

Mae cerrynt yn hollti mewn cysylltle, felly, yn Ffigur 6.3, mae'r cerrynt yn P yn hafal i'r cerrynt yn Q adio'r cerrynt yn R.

Mae'r **cerrynt** mewn cylched yn mesur cyfradd llif trydan o gwmpas y gylched. Rydyn ni'n mesur cerrynt drwy gysylltu amedr â'r gylched mewn cyfres â chydrannau eraill. Rydyn ni'n mesur cerrynt mewn amperau (ampiau), â'r symbol A.

1 Astudiwch y cylchedau yn Ffigur 6.4. Cyfrifwch y cerrynt ym mhob un o'r pwyntiau sydd wedi'u marcio, **a** i **j**, ar y diagramau cylched.

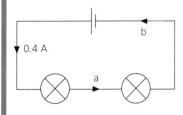

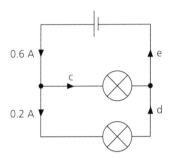

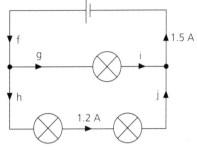

Ffigur 6.4

2 Mewn tŷ domestig, mae'r holl socedi trydanol a'r holl ddyfeisiau domestig wedi'u cysylltu'n baralel â'r prif fwrdd cylched. Mae'r goleuadau'n defnyddio 2.5 A, mae teledu'n defnyddio 0.5 A, mae ffwrn drydanol yn defnyddio 13 A ac mae tegell yn defnyddio 10 A. Beth yw cyfanswm y cerrynt sy'n cael ei dynnu o'r prif fwrdd cylched?

► Foltedd

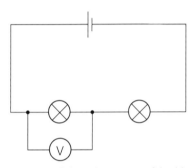

Ffigur 6.5 Foltmedr yn mesur foltedd ar draws un lamp mewn cylched

Mae **foltedd** yn mesur faint o egni mae cydran yn ei drosglwyddo pan mae'n gweithio. Rydyn ni'n mesur foltedd mewn foltiau, V, gan ddefnyddio foltmedr. Rydyn ni'n cysylltu foltmedrau mewn paralel â chydrannau, fel sydd i'w weld yn Ffigur 6.5.

Mewn cylched gyfres, mae'r folteddau ar draws pob cydran yn adio i roi foltedd y cyflenwad. Mewn cylched baralel, mae'r foltedd yr un peth ar draws pob cangen yn y gylched.

Yn Ffigur 6.2, mae'r foltedd ar draws AB adio'r foltedd ar draws BC yn hafal i'r foltedd ar draws AC. Yn Ffigur 6.3, mae'r foltedd ar draws PZ yn hafal i'r foltedd ar draws QY, ac yn hafal i'r foltedd ar draws RX.

3 Mae Ffigur 6.6 yn dangos cell solar 12 V sy'n cael ei defnyddio i redeg tair lamp, Bwlb 1, Bwlb 2, a Bwlb 3.

   a) Mae Bethan yn cysylltu foltmedr ar draws y gell solar. Pa foltedd fyddai hi'n disgwyl ei fesur yn ystod y dydd?

   b) Esboniwch pam byddai ei foltmedr yn rhoi darlleniad o 0 V am hanner nos.

   c) Yn ystod y dydd, mae Bethan yn cysylltu'r foltmedr ar draws pwyntiau A a B yn y gylched ac yn troi switshys 1 a 2 ymlaen. Beth fyddai darlleniad ei foltmedr?

  ch) Esboniwch pam mae gan y gylched oleuo dri switsh. Beth mae pob switsh yn ei wneud?

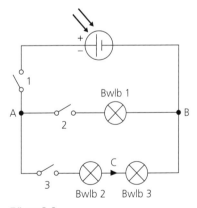

Ffigur 6.6

▶ Gwrthiant mewn cylchedau

Gwrthiant cydran, wedi'i fesur mewn ohmau, Ω, yw ei gwrthwynebiad i lif trydan drwyddi. Mae cydrannau mewn cylchedau electronig yn gweithio ar gerrynt isel, felly mae eu gwrthiant yn tueddu i fod yn uchel. Mae cydrannau ynysu, fel casinau gliniaduron neu ffonau symudol, wedi'u gwneud o ddefnyddiau â gwrthiant uchel iawn fel plastigion.

Cyfuno gwrthyddion mewn cylchedau cyfres a chylchedau paralel

Pan mae dau neu fwy o wrthyddion wedi'u cyfuno â'i gilydd mewn cylched gyfres, mae cyfanswm gwrthiant y gylched yn cynyddu, ac rydyn ni'n ei gyfrifo drwy adio pob gwrthiant. Mae Ffigur 6.7 yn dangos dau wrthydd, R_1 ac R_2, mewn cyfres gyda batri.

Gallwn ni ganfod cyfanswm gwrthiant y gylched hon, R, â'r hafaliad:

$$R = R_1 + R_2$$

Mae cyfuno gwrthyddion yn baralel yn lleihau cyfanswm gwrthiant y gylched. Mae Ffigur 6.8 yn dangos dau wrthydd, R_1 ac R_2, wedi'u trefnu'n baralel gyda batri.

Mewn cylchedau paralel, mae gwrthiant cyfunol dau wrthydd bob amser yn llai na gwrthiant y gwrthydd isaf.

Gallwn ni gyfrifo cyfanswm gwrthiant, R, cylched baralel gan ddefnyddio'r hafaliad:

$$\frac{1}{R} = \frac{1}{R_1} + \frac{1}{R_2}$$

Ffigur 6.7 Dau wrthydd mewn cyfres

Ffigur 6.8 Dau wrthydd paralel

★ Enghraifft wedi ei datrys

Cyfrifwch gyfanswm gwrthiant cylched gyfres sy'n cynnwys gwrthydd 32 Ω a gwrthydd 14 Ω.

Ateb

Cyfanswm y gwrthiant $R = R_1 + R_2 = 32\,\Omega + 14\,\Omega = 46\,\Omega$

✔ Profwch eich hun

4 Cyfrifwch gyfanswm gwrthiant cylched gyfres sy'n cynnwys gwrthydd 4.6 Ω, gwrthydd 1.3 Ω a gwrthydd 2.6 Ω.

5 Mae dau wrthydd 6 Ω wedi'u cysylltu'n baralel. Cyfrifwch gyfanswm gwrthiant y gylched.

★ Enghraifft wedi ei datrys

Mae cylched baralel yn cynnwys gwrthydd 8 Ω mewn paralel â gwrthydd 4 Ω. Cyfrifwch gyfanswm gwrthiant y gylched.

Ateb

$$\frac{1}{R} = \frac{1}{R_1} + \frac{1}{R_2} = \frac{1}{8\,\Omega} + \frac{1}{4\,\Omega}$$

$$= 0.375\,/\Omega \Rightarrow R = \frac{1}{0.375} = 2.67\,\Omega$$

▶ Ffiwsiau

Mae yna ddyfais ddiogelwch o'r enw **ffiws** mewn plygiau dyfeisiau trydanol (Ffigur 6.9). Os yw'r cerrynt sy'n cael ei dynnu o soced y prif gyflenwad yn mynd yn fwy na chyfraddiad uchafswm cerrynt y ffiws, bydd y wifren yn y ffiws yn ymdoddi, gan ddatgysylltu'r prif gyflenwad. Mae ffiwsiau'n cael eu gosod ar wifren fyw y plwg ac maen nhw'n atal gormod o gerrynt rhag llifo ac achosi tân.

Mae'n rhaid gosod ffiws newydd yn lle'r un sydd wedi ymdoddi cyn defnyddio'r ddyfais eto. Mae cyfraddiad ffiws (mewn ampiau) bob amser yn uwch na cherrynt gweithredol normal y ddyfais prif gyflenwad:

- ▸ Ffiwsiau 3 A (coch) – dyfeisiau hyd at 700 W
- ▸ Ffiwsiau 5 A (du) – dyfeisiau rhwng 700 a 1200 W
- ▸ Ffiwsiau 13 A (brown) – dyfeisiau rhwng 1200 a 3000 W.

Ffigur 6.9 Ffiws 13 A safonol a'i symbol cylched

✔ | Profwch eich hun

6 Esboniwch sut mae ffiws yn gweithio.

7 Mae'r pŵer trydanol sydd wedi'i nodi ar sychwr gwallt yn 1300 W. Cyfrifwch gyfraddiad y ffiws dylid ei gosod yn y plwg. Esboniwch eich dewis.

★ | Enghraifft wedi ei datrys

Cyfrifwch y cerrynt sy'n cael ei dynnu o degell prif gyflenwad 2.5 kW, wrth weithredu â foltedd o 230 V, a defnyddiwch y gwerth hwn i benderfynu ar gyfraddiad ffiws y plwg. Defnyddiwch yr hafaliad:

$$\text{cerrynt} = \frac{\text{pŵer}}{\text{foltedd}}$$

Ateb

$2.5 \, kW = 2500 \, W$

$$\text{cerrynt} = \frac{\text{pŵer}}{\text{foltedd}} = \frac{2500 \, W}{230 \, V} = 10.9 \, A$$

Mae ffiws 5 A yn rhy isel, ond byddai ffiws 13 A yn addas.

▶ Deddf Ohm

Yn 1827 fe wnaeth Georg Ohm ddarganfod bod maint y cerrynt sy'n mynd drwy wifren mewn cyfrannedd union â'r foltedd ar draws y wifren – os yw'r foltedd ar ei thraws yn dyblu, bydd y cerrynt drwyddi hefyd yn dyblu. Fe wnaeth Ohm hefyd amrywio dimensiynau a defnydd y gwifrau a darganfod, wrth gadw'r foltedd yn gyson, bod y cerrynt mewn cyfrannedd gwrthdro â gwrthiant y wifren, sy'n golygu y byddai dyblu gwrthiant y wifren (drwy ddyblu ei hyd) yn haneru'r cerrynt. Heddiw, rydyn ni'n crynhoi canfyddiadau Ohm drwy ddefnyddio'r hafaliad:

$$\text{cerrynt} = \frac{\text{foltedd}}{\text{gwrthiant}} \quad \text{neu} \quad I = \frac{V}{R}$$

Mae yna lawer o ffyrdd eraill o ysgrifennu'r berthynas hon:

$$V = IR \quad \text{ac} \quad R = \frac{V}{I}$$

✔ **Profwch eich hun**

8 Mae cerrynt o 2 A yn llifo drwy wrthydd sefydlog 25 Ω. Cyfrifwch y foltedd ar draws y gwrthydd sefydlog.

9 Mae Ffigur 6.10 yn dangos nodweddion trydanol lamp car 12 V. Defnyddiwch y graff i gyfrifo gwrthiant y lamp pan mae'r cerrynt drwy'r lamp yn:

a) 0.2 A

b) 0.6 A

c) 1.0 A.

Ⓗ 10 Mae rheostat (gwrthydd newidiol mawr) yn cael ei gydosod â gwrthiant o 12 Ω. Mae cyflenwad pŵer newidiol 0–12 V yn cael ei gysylltu mewn cyfres ag amedr a'r rheostat. Darganfyddwch y cerrynt drwy'r rheostat, ar gyfer folteddau o 0 V, 4 V, 8 V, a 12 V.

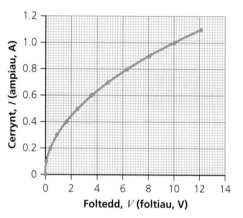

Ffigur 6.10 Graff *I–V* ar gyfer lamp car

▶ **Nodweddion trydanol cydrannau**

Mae Ffigur 6.11 (a) a (b) yn dangos graffiau **nodweddion trydanol** (*I–V*) ar gyfer gwrthydd sefydlog a lamp ffilament.

Term allweddol

Graff nodweddion trydanol Graff cerrynt–foltedd.

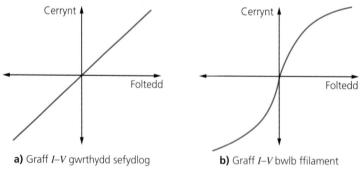

a) Graff *I–V* gwrthydd sefydlog   b) Graff *I–V* bwlb ffilament

Ffigur 6.11 Graffiau nodweddion trydanol (*I–V*) ar gyfer a) gwrthydd sefydlog a b) bwlb ffilament

Mae gwrthyddion sefydlog yn ufuddhau i ddeddf Ohm ac mae eu graffiau *I–V* yn llinol (llinellau syth). Yr uchaf yw gwrthiant y gwrthydd, y mwyaf bas fydd goledd y graff *I–V*. Mae lampau ffilament yn cynhesu wrth i fwy o gerrynt fynd drwyddyn nhw. Mae cynyddu tymheredd y ffilament yn achosi i wrthiant y ffilament gynyddu. Mae graff nodweddion trydanol *I–V* lamp ffilament yn gromlin â'r goledd yn lleihau, fel sydd i'w weld yn Ffigur 6.11 (b).

Sylwch ein bod ni fel arfer yn lluniadu nodweddion trydanol gyda folteddau positif a negatif, oherwydd bod rhai cydrannau (fel deuodau) yn ymddwyn yn wahanol, gan ddibynnu ar i ba gyfeiriad maen nhw wedi'u cysylltu.

Bywyd modern ac egni

⚙ Gwaith ymarferol penodol

Ymchwilio i nodweddion cerrynt-foltedd (*I-V*) cydran

Mae disgybl yn cynnal arbrawf i ymchwilio i sut mae'r cerrynt yn amrywio gyda foltedd mewn lamp ffilament 12 V. Mae Ffigur 6.12 yn dangos diagram cylched o gyfarpar y disgybl.

Y dull

1 Cysylltu'r cyfarpar fel sydd i'w weld yn y diagram cylched, Ffigurv 6.12.
2 Addasu'r gwrthydd newidiol nes bod y darlleniad ar y foltmedr yn mesur 1 V.
3 Mesur a chofnodi'r gwerthoedd cerrynt a foltedd.
4 Ailadrodd camau 2 a 3 ar gyfer folteddau hyd at 12 V fesul 1 V.

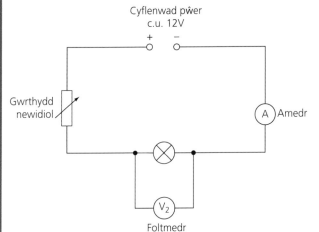

Ffigur 6.12 Diagram cylched arbrawf i ganfod nodweddion *I–V* bwlb ffilament 12 V

Canlyniadau

foltedd, (*V*)	0.0	1.0	2.0	3.0	4.0	5.0	6.0	7.0	8.0	9.0	10.0	11.0	12.0
cerrynt, (*I*)	0.0	1.3	2.4	3.4	4.1	4.6	5.0	5.3	5.5	5.7	5.8	5.9	6.0

Dadansoddi eich canlyniadau

1 Plotiwch graff o'r cerrynt (ar yr echelin-*y*) yn erbyn y foltedd (ar yr echelin-*x*).
2 Tynnwch linell ffit orau ar eich graff.
3 Mae'r disgybl yn awgrymu, pe bai hi'n gosod y cyflenwad pŵer ar 3.5 V, byddai'r cerrynt yn 4.0 A. Nodwch, gyda rheswm, os ydych chi'n meddwl bod y disgybl yn gywir.
4 Mae athrawes y disgybl yn awgrymu ei bod hi'n troi'r cysylltiadau â'r cyflenwad pŵer y ffordd arall ac yn ailadrodd yr arbrawf gyda folteddau negatif. Lluniadwch fraslun o'r graff cyflawn gan gynnwys folteddau positif a hefyd folteddau negatif.

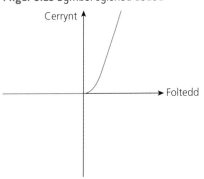

Ffigur 6.13 Symbol cylched deuod

Deuodau

Mae deuodau yn gydrannau trydanol sy'n gadael i drydan fynd drwyddyn nhw i un cyfeiriad yn unig. Mae Ffigur 6.13 yn dangos symbol trydanol deuod.

Rydyn ni'n defnyddio deuodau mewn trawsnewidyddion c.e. i c.u. ac fel goleuadau ystafell, goleuadau allanol neu oleuadau cerbyd. Mae Ffigur 6.14 yn dangos nodwedd drydanol deuod.

Mae graff *I-V* deuod yn dangos, gyda folteddau positif, bod y deuod yn dargludo trydan. Os yw'r cyflenwad pŵer yn cael ei wrthdroi, i roi folteddau negatif, dydy'r deuod ddim yn dargludo o gwbl.

Ffigur 6.14 Nodweddion trydanol deuod

Gwrthyddion golau-ddibynnol a thermistorau

Cydrannau sy'n newid eu gwrthiant gydag arddwysedd golau yw gwrthyddion golau-ddibynnol (LDRs: *light-dependent resistors*). Mae gan lawer o LDRs wrthiant sy'n lleihau wrth i arddwysedd golau gynyddu. Mae Ffigur 6.15 yn dangos sut mae gwrthiant LDR nodweddiadol yn amrywio gydag arddwysedd golau.

Cydrannau trydanol sy'n newid eu gwrthiant yn ôl y tymheredd yw thermistorau. Rydyn ni'n eu defnyddio nhw'n aml fel synwyryddion tymheredd trydanol. Yn y rhan fwyaf o thermistorau, mae'r gwrthiant yn lleihau wrth i'w tymheredd gynyddu, fel sydd i'w weld yn Ffigur 6.16.

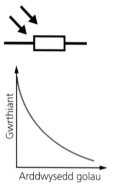

Ffigur 6.15 a) Symbol cylched LDR, **b)** sut mae gwrthiant LDR nodweddiadol yn amrywio gydag arddwysedd golau

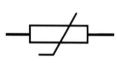
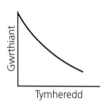

Ffigur 6.16 a) Symbol cylched thermistor, a **b)** sut mae gwrthiant thermistor nodweddiadol yn amrywio gyda thymheredd

▶ Pŵer trydanol

Pŵer trydanol yw cyfradd trosglwyddo trydan i ffurfiau eraill mewn dyfais; mewn geiriau eraill, faint o egni mae'r ddyfais yn gallu ei drawsnewid bob eiliad:

$$\text{pŵer} = \frac{\text{trosglwyddiad egni}}{\text{amser}}$$

Mae dyfeisiau trydanol pwerus iawn, fel peiriannau torri gwair, yn gallu trawsnewid llawer o egni trydanol bob eiliad yn ffurfiau defnyddiol eraill. Rydyn ni'n mesur pŵer trydanol mewn watiau, W.

Hefyd, gallwn ni gyfrifo pŵer trydanol dyfais drwy luosi foltedd a cherrynt y ddyfais â'i gilydd:

$$\text{pŵer trydanol} = \text{foltedd} \times \text{cerrynt}$$

neu

$$P = VI$$

Cerrynt, gwrthiant a phŵer

Os yw $P = VI$ a $V = IR$ (o ddeddf Ohm), mae amnewid am V yn yr hafaliad pŵer yn rhoi:

$$P = (IR) \times I = I^2R$$

neu

$$\text{pŵer} = \text{cerrynt}^2 \times \text{gwrthiant}$$

Mae hwn yn hafaliad defnyddiol i gyfrifo faint o bŵer sy'n cael ei ddefnyddio mewn cylchedau cymhleth. Drwy fesur y cerrynt sy'n llifo drwy gydran, sgwario'r gwerth hwn, yna lluosi â'i gwrthiant, byddwch chi'n canfod pŵer y gydran.

★ Enghreifftiau wedi eu datrys

1 Cyfrifwch bŵer bwlb golau 12 V gyda cherrynt o 0.5 A yn llifo drwyddo.
2 Mae pŵer peiriant torri gwair 230 V yn 2000 W. Cyfrifwch y cerrynt sy'n llifo drwy'r peiriant torri gwair.
3 Mae cerrynt o 0.75 A yn llifo drwy wrthydd 400 Ω. Cyfrifwch bŵer y gwrthydd.

Atebion

1 $P = VI = 12\,V \times 0.5\,A = 6\,W$

2 $P = VI$ felly $I = \dfrac{P}{V} = \dfrac{2000\,W}{230\,V} = 8.7\,A$

3 $P = I^2R = (0.75)^2\,A \times 400\,\Omega = 225\,W$

✔ Profwch eich hun

11 Cyfrifwch bŵer lamp tortsh 6 V sy'n tynnu cerrynt o 0.8 A.

⬇ Crynodeb o'r bennod

- Rydyn ni'n defnyddio symbolau cylched trydanol i gynrychioli cylchedau ar ddiagramau cylched.
- Mewn cylchedau cyfres, mae'r cydrannau wedi'u cysyllu mewn dolen fel bod y cerrynt yr un fath drwy bob cydran, a foltedd y cyflenwad yw cyfanswm y folteddau ar draws pob cydran.
- Mae gan gylchedau paralel ganghennau, ac mae dwy neu fwy o gydrannau wedi'u cysyllu â'r un pwyntiau yn y gylched. Mae cyfanswm y ceryntau ym mhob cangen yn hafal i'r cerrynt o'r cyflenwad, ac ar draws pob cangen, mae'r foltedd yr un peth.
- Rydyn ni'n mesur cerrynt ag amedr, wedi'i gysyllu mewn cyfres mewn cylched.
- Yr amper (neu'r amp), A, yw uned cerrynt.
- Rydyn ni'n mesur foltedd mewn foltiau, V, drwy gysyllu foltmedr yn baralel ar draws cydran.
- Rydyn ni'n mesur gwrthiant mewn ohmau, Ω.
- Mae ychwanegu cydrannau mewn cyfres yn cynyddu cyfanswm gwrthiant cylched; mae ychwanegu cydrannau yn baralel yn lleihau cyfanswm gwrthiant cylched.
- Mae gwrthiant thermistor yn lleihau wrth i'r tymheredd gynyddu. Mae gwrthiant LDR yn lleihau wrth i arddwysedd golau gynyddu.

- Rydyn ni'n cyfrifo cyfanswm gwrthiant, R, dau wrthydd sydd wedi'u cysyllu mewn cyfres â'r hafaliad: $R = R_1 + R_2$
- Gallwn ni gyfrifo cyfanswm gwrthiant, R, dau wrthydd sydd wedi'u cysyllu'n baralel â'r hafaliad:

$$\frac{1}{R} = \frac{1}{R_1} + \frac{1}{R_2}$$

- Mae'r cerrynt sy'n llifo drwy gydran yn dibynnu ar y foltedd ar ei draws: y mwyaf yw'r foltedd, y mwyaf yw'r cerrynt.

$$\text{cerrynt} = \frac{\text{foltedd}}{\text{gwrthiant}} \quad \text{neu} \quad I = \frac{V}{R}$$

- Mae graffiau nodweddion cerrynt–foltedd (I–V) gwifren, lamp ffilament a deuod yn siapiau penodol a gallwn ni eu defnyddio nhw i adnabod y gydran.
- Rydyn ni'n mesur pŵer trydanol, P, mewn watiau, W, ac mae $P = VI$ neu $P = I^2R$
- Mae angen dewis ffiws drydanol ar gyfer plwg dyfais fel ei bod ychydig bach yn fwy na cherrynt gweithredu normal y ddyfais.

Cwestiynau enghreifftiol

1 Mae'r graff yn dangos sut gwnaeth cyfanswm y pŵer trydanol defnyddiol a gafodd ei drosglwyddo gan holl ffermydd gwynt Gogledd Cymru, newid ar yr 2il o Orffennaf.

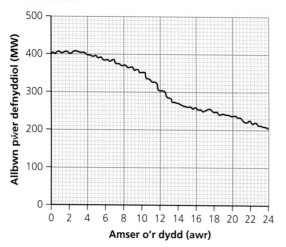

a) Disgrifiwch sut newidiodd cryfder y gwynt yn ystod y dydd. [1]

b) i) Defnyddiwch y graff i ganfod cyfanswm y pŵer trydanol defnyddiol a gafodd ei drosglwyddo am 12.00 o'r gloch. [1]

c) Cyfanswm y pŵer a gafodd ei gyflenwi am 12.00 o'r gloch i'r ffermydd gwynt oedd 600 MW.

Defnyddiwch yr hafaliad:

$$\% \text{ effeithlonrwydd} = \frac{\text{pŵer sy'n cael ei drosglwyddo mewn ffordd ddefnyddiol}}{\text{cyfanswm y pŵer sy'n cael ei gyflenwi}} \times 100$$

i gyfrifo effeithlonrwydd cyfunol holl ffermydd gwynt Gogledd Cymru. [2]

2 Heb fod wrth raddfa

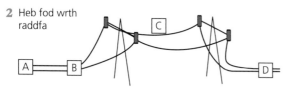

a) Mae rhan o'r Grid Cenedlaethol i'w gweld uchod. Mae blwch A yn cynrychioli fferm pŵer solar.

Defnyddiwch air o'r blwch isod i gopïo a chwblhau'r brawddegau sy'n dilyn. Cewch ddefnyddio pob gair unwaith, fwy nag unwaith neu ddim o gwbl.

pŵer	generadur	peilon	newidydd	cerrynt

i) Yn B, mae'r foltedd yn cael ei gynyddu gan ddefnyddio … . [1]

ii) Mae colledion egni yn C yn cael eu lleihau oherwydd bod y … wedi'i leihau. [1]

iii) Yn D, mae … yn cael ei ddefnyddio i ostwng y foltedd. [1]

b) Mae'r graff yn dangos y galw am drydan ar Ynys Môn yn ystod un diwrnod ym mis Mehefin.

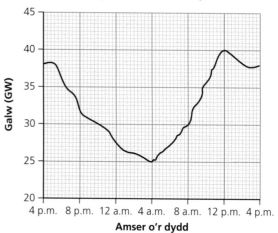

i) Defnyddiwch y graff i ganfod uchafswm y galw. [1]

ii) Rhwng 4 a.m. a 12 p.m. mae'r galw am drydan yn cynyddu. Defnyddiwch y graff i ganfod y cynnydd hwn. [1]

c) Isod mae diagram cynllunio o orsaf drydan pwmpio dŵr Dinorwig. Yn y nos, mae dŵr yn cael ei bwmpio o'r gronfa isaf i'r gronfa uchaf, gan ddefnyddio trydan o'r Grid Cenedlaethol.

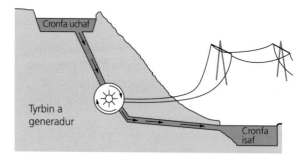

i) Awgrymwch reswm pam mae'r dŵr yn cael ei bwmpio i fyny i'r gronfa uchaf yn y nos. [1]

ii) Roedd Dinorwig yn cael ei defnyddio i gyflenwi trydan i Ynys Môn rhwng 11 a.m. a 12 p.m. Awgrymwch reswm pam. [1]

3 Gallwn ni ddefnyddio'r diagram cylched i ganfod gwrthiant ffiws sy'n cael ei ddefnyddio fel rhan o set model trên trydanol.

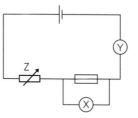

a) Enwch gydrannau X, Y a Z. [3]

Bywyd modern ac egni

b) Defnyddiwch yr hafaliad:

$$\text{gwrthiant} = \frac{\text{foltedd}}{\text{cerrynt}}$$

i gyfrifo gwrthiant y ffiws os yw ei foltedd yn 6 V a'r cerrynt yn 1.5 A. [2]

c) Mae'r ffiws yn cael ei roi yng nghylched oleuo'r rheilffordd sydd i'w gweld isod.

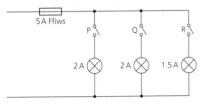

i) Cyfrifwch gyfanswm y cerrynt sy'n cael ei dynnu o'r cyflenwad pan mae switshys P, Q ac R wedi'u pwyso YMLAEN. [2]

ii) Nodwch beth fydd yn digwydd i'r ffiws a'r lampau pan gaiff y tri switsh hyn eu pwyso YMLAEN. [2]

4 Mae gan berchennog tŷ uchafswm o £3000 ar gael i'w wario ar ynysu ei gartref yn well. Mae'r tabl yn dangos gwybodaeth am bob math o ddefnydd ynysu.

Rhan o'r tŷ	Wedi'i ynysu neu beidio	Egni mae'n ei golli yr eiliad (W)	Cost ynysu (£)	Amser talu yn ôl (blynyddoedd)	Arbediad disgwyliedig bob blwyddyn (£ y flwyddyn)
Atig	Dim	4500			
	Blanced drwchus o ffibr gwydr	1200	600	X	200
Wal geudod	Dim	3400			
	Sbwng ehangedig	1400	1800	10	180
Drysau	Pren	1000			
	Plastig UPVC	800	1500	50	Y
Ffenestri	Gwydr sengl	1800			
	Gwydr dwbl	1400	2400	60	40

a) Defnyddiwch yr hafaliadau isod:

$$\text{amser talu yn ôl (blynyddoedd)} = \frac{\text{cost gosod (£)}}{\text{arbedion blynyddol (£ y flwyddyn)}}$$

$$\text{arbedion blynyddol (£ y flwyddyn)} = \frac{\text{cost gosod (£)}}{\text{amser talu yn ôl (blynyddoedd)}}$$

i gyfrifo'r gwerthoedd coll X ac Y. [2]

b) Defnyddiwch wybodaeth o'r tabl i gynghori perchennog y tŷ ynghylch y ffordd orau o wario uchafswm o £3000 ar ddefnydd ynysu. [6]

c) Defnyddiwch y tabl i gyfrifo'r egni sy'n cael ei golli bob eiliad o'r tŷ, pan mae'r tŷ:

i) Heb ei ynysu [1]

ii) Wedi ei ynysu'n llawn [1]

iii) Defnyddiwch eich gwerthoedd o c) i) a ii), i ganfod y gostyngiad canrannol mewn colledion egni o'r tŷ sydd heb ei ynysu, i'r tŷ sydd wedi ei ynysu'n llawn. [2]

5 Mae David yn ymchwilio i sut mae'r cerrynt drwy lamp ffilament 12 V yn amrywio gyda'r foltedd ar draws y lamp, o 0 i 12 V.

a) Mae'r diagram yn dangos darn o'r gylched y mae David yn ei defnyddio. Copïwch y diagram gan ychwanegu foltmedr ac amedr at y gylched. [2]

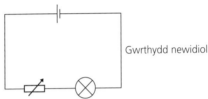

Gwrthydd newidiol

b) Disgrifiwch y dull gallai'r disgybl ei ddefnyddio i gymryd amrediad o ganlyniadau. [3]

c) Mae'r disgybl yn cael y darlleniadau canlynol o gerrynt yn erbyn foltedd ar gyfer y lamp.

Foltedd (V)	Cerrynt (A)
0.0	0.0
0.5	0.8
2.0	1.6
4.0	2.1
6.0	2.4
8.0	2.6
10.0	2.8
12.0	2.9

i) Plotiwch y data ar grid a thynnwch linell ffit orau addas. [3]

ii) Disgrifiwch y patrwm yn y data ar y graff. [2]

ch) Mae'r disgybl yn gwybod mai foltedd gweithredu safonol y lamp yw 12 V. Defnyddiwch yr hafaliad:

$$\text{pŵer} = \text{foltedd} \times \text{cerrynt}$$

i gyfrifo pŵer y lamp ar 12 V. [2]

d) Mae gan lamp debyg wrthiant o 4.8 Ω a'r cerrynt sy'n llifo drwyddi yw 3.0 A. Defnyddiwch yr hafaliad:

$$\text{pŵer} = \text{cerrynt}^2 \times \text{gwrthiant}$$

i gyfrifo pŵer y lamp hon ar gerrynt o 3.0 A. [2]

dd) Mae'r disgybl yn ailadrodd yr arbrawf hwn â gwrthydd sefydlog. Mae'r cerrynt yn 1.5 A pan mae'r foltedd ar ei draws yn 8 V. Ychwanegwch linell at eich graff i ddangos sut mae cerrynt yn amrywio gyda foltedd yn y gwrthydd sefydlog. [2]

7 Cael dŵr glân

Mae'r cyfansoddyn dŵr yn cynnwys atomau o'r elfennau ocsigen a hydrogen wedi'u bondio â'i gilydd yn gemegol. Mae'n hanfodol i fywyd dynol, gan fod tua 60% o'n cyrff yn ddŵr. Er ein bod yn gallu byw am wythnosau neu fisoedd heb fwyd, dim ond am tua thri diwrnod gallwn ni oroesi heb ddŵr. Mae'n rhaid i ddŵr fod yn ddiogel i'w yfed, oherwydd ei fod yn gallu cludo pathogenau sy'n achosi clefydau a sylweddau gwenwynig wedi hydoddi.

▶ Atomau ac elfennau

Mae pob sylwedd wedi'i wneud o atomau

Termau allweddol

Niwclews Canol masfawr atom sydd â gwefr bositif.

Atom Y gronyn lleiaf sy'n gallu bodoli ar ei ben ei hun.

Rhif atomig Nifer y protonau mewn niwclews atom.

Elfen Sylwedd sydd ddim yn gallu cael ei dorri i lawr yn gemegol.

Rhif màs Nifer y protonau a'r niwtronau mewn niwclews atom.

Atomau yw'r gronyn lleiaf sy'n gallu bodoli ar ei ben ei hun. Mae'r rhan fwyaf o fâs yr atom yn dod o'r protonau a'r niwtronau, sydd yn **niwclews** canolog yr atom.

Mae gan bob atom o'r un **elfen** yr un nifer o brotonau yn ei niwclews, ac felly yr un **rhif atomig**. Mae hydrogen yn elfen gydag un proton yn y niwclews, ac felly 1 yw ei rif atomig. Mae gan ocsigen 8 proton yn y niwclews a'i rif atomig yw 8.

Mae'r Tabl Cyfnodol yn rhestru pob elfen hysbys ac yn cynnwys rhif atomig a **rhif màs** atomau pob elfen. Mae gan bob elfen ei symbol ei hun sydd ag un neu ddwy lythyren.

★ | Enghraifft wedi ei datrys

Defnyddiwch y wybodaeth yn Ffigur 7.1 i ganfod y nifer o bob gronyn isatomig mewn atom sodiwm.

Rhif màs ——— $^{23}_{11}$**Na**
Rhif atomig ———

Ffigur 7.1 Symbol cyflawn atom sodiwm sy'n cynnwys gwybodaeth i ganfod y nifer o bob gronyn isatomig

Ateb

Y rhif atomig yw 11, sy'n dweud wrthym bod 11 proton yn y niwclews.

Mae'r un nifer o brotonau ac electronau mewn atom niwtral. Felly, mae'n rhaid bod yna 11 electron hefyd.

Y rhif màs yw 23; gan mai dim ond protonau a niwtronau sydd â màs arwyddocaol, gallwn ni gyfrifo nifer y niwtronau drwy dynnu'r rhif atomig o'r rhif màs:

$23 - 11 = 12$ niwtron yn y niwclews.

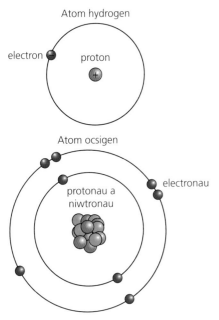

Atom hydrogen

electron • proton ⊕

Atom ocsigen

protonau a niwtronau

electronau

Ffigur 7.2 Adeiledd electronig hydrogen yw 1 ac adeiledd electronig ocsigen yw 2,6

Term allweddol

Isotop Atomau o'r un elfen â'r un rhif atomig ond sydd â rhif màs gwahanol.

Adeiledd electronig

Mae electronau mewn orbit o gwmpas y niwclews mewn plisg. Mae'r electronau'n cael eu llenwi o'r plisgyn mewnol tuag allan. Mae'r plisgyn mewnol yn gallu dal hyd at ddau electron, yna mae'r ddau blisgyn nesaf yn gallu dal uchafswm o wyth electron. Mae Ffigur 7.2 yn dangos adeiledd electronig hydrogen ac ocsigen.

✔ Profwch eich hun

1 Symbol lithiwm yw: $^{7}_{3}\text{Li}$.
   a) Cyfrifwch sawl un o bob gronyn isatomig sydd mewn atom o lithiwm-7.
   b) Rhowch adeiledd electronig lithiwm.
2 Symbol hydrogen yw: $^{1}_{1}\text{H}$.
   a) Enwch y gronyn isatomig sydd ddim yn bresennol yn yr atom hydrogen hwn.
   b) Disgrifiwch safle'r electron yn yr atom hwn.
3 Symbol clorin yw: $^{35}_{17}\text{Cl}$.
   a) Darganfyddwch rif màs yr atom clorin hwn.
   b) Disgrifiwch safle'r niwtronau yn yr atom hwn.

Isotopau

Gwahanol ffurfiau o'r un elfen yw **isotopau**, felly mae eu rhif atomig yr un fath. Gan fod niferoedd gwahanol o niwtronau yn y niwclews, mae eu rhifau màs yn wahanol. Mae Ffigur 7.3 yn dangos isotopau hydrogen. Mae gan bob atom yr un nifer o brotonau, felly yr un elfen ydyn nhw i gyd. Fodd bynnag, mae ganddyn nhw niferoedd gwahanol o niwtronau felly mae ganddyn nhw hefyd rifau màs gwahanol. Mae adweithiau cemegol isotopau yr un fath gan fod ganddyn nhw yr un nifer o electronau wedi'u trefnu yr un fath, ond mae'r priodweddau ffisegol, fel ymdoddbwynt a dwysedd, yn wahanol oherwydd bod y masau yn wahanol.

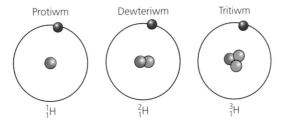

Protiwm   Dewteriwm   Tritiwm

$^{1}_{1}\text{H}$ $^{2}_{1}\text{H}$ $^{3}_{1}\text{H}$

Ffigur 7.3 Adeiledd atomig holl isotopau hydrogen

✔ Profwch eich hun

4 Mae gan glorin ddau isotop: $^{35}_{17}\text{Cl}$ a $^{37}_{17}\text{Cl}$. Disgrifiwch sut mae'r isotopau hyn yn debyg a sut maen nhw'n wahanol i'w gilydd.
5 Esboniwch pam mae gan isotopau o'r un elfen yr un priodweddau cemegol.
6 Esboniwch pam mae priodweddau ffisegol isotopau ychydig bach yn wahanol i'w gilydd.

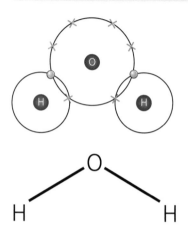

Ffigur 7.4 Diagram dot a chroes a fformiwla adeileddol i ddangos y bondio mewn moleciwl dŵr

▶ Cyfansoddion

Elfennau yw blociau adeiladu pob sylwedd. Allwn ni ddim torri elfennau i lawr yn gemegol ond maen nhw'n gallu uno neu fondio ag elfennau eraill i wneud **cyfansoddion**.

Cyfansoddion cofalent

Mewn moleciwlau dŵr, mae dau atom hydrogen yn bondio ag un atom ocsigen. Mae Ffigur 7.4 yn dangos dau wahanol gynrychioliad o foleciwl dŵr:

- ▶ diagram dot a chroes lle mae electronau plisgyn allanol ocsigen wedi'u dangos fel croesau ac un electron pob atom hydrogen fel dot. Mae'r atomau yn bondio â'i gilydd drwy rannu pâr o electronau sy'n ffurfio **bond cofalent**.
- ▶ fformiwla adeileddol sy'n dangos y bond rhwng yr atomau.

Byddwch chi'n dysgu mwy am fondio cofalent ym Mhennod 18, Defnyddiau at bwrpas.

Gallwn ni ddefnyddio symbolau i ysgrifennu fformiwla foleciwlaidd dŵr: H_2O, lle mae'r 2 yn dangos bod yna ddau atom hydrogen, H, i bob un atom ocsigen, O.

✓ Profwch eich hun

7 Mae ocsigen a hydrogen hefyd yn gallu gwneud moleciwlau hydrogen perocsid. Rhowch fformiwla foleciwlaidd y cyfansoddyn sydd wedi'i wneud o ddau atom hydrogen a dau atom ocsigen wedi uno'n gemegol â'i gilydd.

8 Lluniadwch ddiagram dot a chroes hydrogen perocsid.

9 Lluniadwch ddiagram ffon ar gyfer hydrogen perocsid.

Cyfansoddion ïonig

Mae atomau yn gallu colli neu ennill electronau i ffurfio **ïonau**.

Pan mae ocsigen yn ffurfio cyfansoddion gyda metelau, mae'n gwneud bond ïonig. Er enghraifft, mae magnesiwm yn grŵp 2 a bydd yn colli ei ddau electron allanol i ffurfio ïon 2+ â'r fformiwla Mg^{2+}. Caiff hwn ei ffurfio gan y grym atyniad electrostatig rhwng ïonau sydd â gwefrau dirgroes. Gan fod ocsigen yn anfetel, mae bob amser yn ffurfio'r ïon negatif ac yn cael ei atynnu at ïonau metel positif i ffurfio'r cyfansoddyn ïonig. Mae ocsigen bob amser yn ennill dau electron i ffurfio ïon ocsid â gwefr −2. Symbol ïon ocsid yw O^{2-}. Byddwch chi'n dysgu mwy am fondio ïonig ym Mhennod 18, Defnyddiau at bwrpas.

✓ Profwch eich hun

10 Rhowch symbol yr ïonau canlynol:
- a) Atom calsiwm sydd wedi colli dau electron
- b) Atom magnesiwm sydd wedi colli dau electron
- c) Atom clorin sydd wedi ennill un electron

► Dŵr pur a dŵr 'naturiol'

Dim ond moleciwlau dŵr sydd mewn dŵr **pur**. Dydy dŵr '**naturiol**' ddim yn bur gan ei fod yn cynnwys nwyon wedi hydoddi, ïonau gan gynnwys ïonau metel, carbonadau a nitradau, gronynnau, pathogenau, defnydd organig a phlaleiddiaid.

Mae cyflenwadau dŵr naturiol yn cynnwys:

► dŵr hallt mewn moroedd a chefnforoedd
► dŵr croyw mewn nentydd ac afonydd
► dyfrhaenau (dŵr daear mewn craig athraidd) gallwn ni eu cyrraedd drwy dyllau turio neu ffynhonnau.

Distyllu, dihalwyno ac osmosis gwrthdro

Gallwn ni buro dŵr naturiol drwy ei ddistyllu. Mae Ffigur 7.5 yn dangos cydosodiad distyllu.

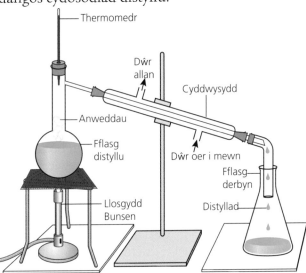

Ffigur 7.5 Cydosodiad arbrawf distyllu syml i echdynnu'r hydoddydd o hydoddiant

Yn Ffigur 7.5 mae dŵr môr yn cael ei roi yn y fflasg fongron. Mae'n cael ei wresogi fel bod y dŵr yn anweddu a'r holl sylweddau sydd wedi hydoddi ynddo, gan gynnwys unrhyw hylifau **cymysgadwy**, yn cael eu gadael ar ôl. Mae'r thermomedr yn mesur tymheredd yr anwedd, sef berwbwynt yr ager (100 °C). Mae'r union ferwbwynt hwn yn dangos bod yr anwedd yn ddŵr pur. Mae'r ager yn teithio i mewn i'r cyddwysydd ac yn oeri'n ddŵr hylifol pur, sy'n cael ei gasglu yn y fflasg gonigol.

Gallwn ni ddefnyddio dihalwyno i gynhyrchu dŵr yfed pur o ddŵr môr. Rydyn ni'n disgrifio dŵr yfed fel dŵr **yfadwy**. Gan fod dihalwyno drwy ddistyllu yn defnyddio cymaint o egni, mae'n anghynaliadwy ar raddfa fawr oni bai bod symiau mawr o egni adnewyddadwy ar gael.

Mae osmosis gwrthdro yn ddull arall o ddihalwyno a phuro dŵr. Mae'r dŵr yn cael ei yrru drwy bilen athraidd ddetholus dan wasgedd uchel. Dim ond y moleciwlau dŵr sy'n ffitio drwy'r mandyllau yn y bilen, gan adael y rhan fwyaf o'r ïonau a'r moleciwlau eraill a oedd wedi hydoddi yn y dŵr sydd ar ôl. Mae'r dull hwn yn defnyddio pilenni drud ac mae'n aneffeithlon, gan ei fod yn cynhyrchu llawer o ddŵr gwastraff. Mae'n cael ei ddefnyddio ar lawer o longau ar y cefnforoedd, fel yr HMS Queen Elizabeth, banerllong Llynges y Deyrnas Unedig, i gynhyrchu dŵr yfadwy.

✓ Profwch eich hun

11 Rhestrwch bedair ffynhonnell dŵr y gallwn ni eu trin i wneud dŵr yfed.

12 Esboniwch y gwahaniaeth rhwng dŵr yfadwy a dŵr naturiol.

13 Cymharwch ddŵr yfadwy a dŵr pur.

► Cyflenwadau dŵr cynaliadwy

Mae dŵr yn **adnodd cyfyngedig**. Mae hyn yn golygu bod angen i ni ddefnyddio dŵr mewn modd cynaliadwy i sicrhau y gallwn ni fyw ein bywydau fel yr hoffen ni nawr, gan gadw cyflenwadau hefyd ar gyfer cenedlaethau'r dyfodol. Dyma sut gallwn ni ddefnyddio adnoddau dŵr yn gynaliadwy:

► defnyddio llai o ddŵr yn ddomestig drwy brynu dyfeisiau sy'n defnyddio llai o ddŵr, meddwl ynghylch pa mor aml rydyn ni'n golchi dillad a dewis planhigion sy'n gallu goddef sychder mewn gerddi.

► defnyddio llai o ddŵr yn fasnachol drwy dyfu cnydau ag angen llai o ddŵr ac, mewn diwydiant, ailgylchu dŵr mewn ffatrïoedd.

► trin dŵr gwastraff i'w wneud yn yfadwy, yn hytrach na defnyddio cyflenwadau dŵr naturiol.

Drwy ddefnyddio dŵr yn gynaliadwy, gallwn ni leihau effaith storio, echdynnu a thrin dŵr ar yr amgylchedd.

Mae echdynnu a storio dŵr o ffynonellau naturiol, i'w ddefnyddio gan bobl, yn gallu newid ecosystemau. Er enghraifft, rydyn ni'n defnyddio Cronfeydd Dŵr Cwm Elan yn y Canolbarth i storio dŵr yfed i'w gyflenwi i Loegr. Cafodd y cronfeydd dŵr eu gwneud yn yr 1800au drwy osod argaeau ar draws afonydd Elan a Chlaerwen. Roedd hyn yn golygu boddi'r cynefinoedd ar y ddwy ochr i'r afon, ac mae hefyd wedi newid faint o ddŵr sy'n llifo i'r môr. Cafodd traphontydd dŵr eu hadeiladu i gludo'r dŵr o Gymru i Loegr.

Tyllau yn y Ddaear sy'n llenwi â dŵr daear yw ffynhonnau. Ffynhonnau dwfn yw tyllau turio, sy'n cael eu cloddio i lawr i gyfarfod â'r dŵr daear. Mae'r twll turio ym Morfa Bychan yng Ngwynedd yn cael ei ddefnyddio fel ffynhonnell dŵr yfed i gwsmeriaid Dŵr Cymru. Mae gostwng y lefel trwythiad drwy ddefnyddio ffynhonnau a thyllau turio yn effeithio ar ecosystemau gan fod llai o ddŵr ar gael, ac maen nhw hefyd yn gallu arwain at ymsuddiant (*subsidence*).

► Trin dŵr

Mae cyflenwadau dŵr naturiol yn cynnwys sylweddau sydd wedi hydoddi o'r creigiau roedd y dŵr yn llifo drostynt. Fel arfer, mae'r rhain yn bresennol ar lefelau diogel. Fodd bynnag, mae llygredd yn gallu effeithio ar ffynonellau dŵr naturiol:

► Mae gwrteithiau yn gallu llifo oddi ar gaeau ac ychwanegu mwy o nitradau.

► Mae plaleiddiaid yn gallu mynd i'r dŵr, gan ychwanegu cemegion wedi hydoddi fyddai ddim yno fel arfer.

► Mae ffatrïoedd yn gallu rhyddhau ïonau metel wedi hydoddi.

Mae lefelau peryglus o sylweddau wedi hydoddi yn gallu arwain at salwch. Mae'n bwysig profi dŵr a monitro lefelau sylweddau a allai fod yn niweidiol. Rydyn ni hefyd yn monitro diwydiannau i'w hatal nhw rhag rhyddhau'r sylweddau i ffynonellau dŵr fel afonydd a chefnforoedd.

Yn y Deyrnas Unedig, caiff dŵr yfed ei gynhyrchu mewn gweithfeydd trin dŵr a'i bwmpio i bob cartref. Mae Ffigur 7.6 yn dangos siart llif o sut rydyn ni'n gwneud y dŵr yfed.

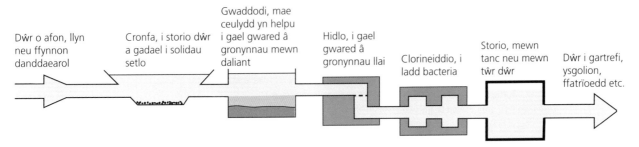

Ffigur 7.6 Y camau wrth drin dŵr yfed

Rydyn ni'n casglu dŵr crai naturiol ac yn ei bwmpio i'r gweithfeydd dŵr. Yna, rydyn ni'n ychwanegu ceulyddion i wneud i'r defnydd gronynnol lynu at ei gilydd mewn lympiau sy'n suddo i waelod y tanc gwaddodi ac yn cael eu tynnu allan. Rydyn ni'n ychwanegu polymer i helpu i gael gwared ag unrhyw ronynnau anhydawdd llai drwy hidlo. Rydyn ni'n ychwanegu fflworid at rai cyflenwadau dŵr i wella iechyd deintyddol y boblogaeth. Y cam olaf yw sicrhau bod y dŵr yn ddiogel i'w yfed drwy ychwanegu nwyon diheintio fel clorin neu oson. Mae'r rhain yn lladd pathogenau. Rydyn ni'n storio'r dŵr mewn tanciau tanddaearol enfawr nes bod ei angen mewn cartrefi, ysgolion a gweithleoedd.

✔ Profwch eich hun

14 Rhowch dri phrif gam trin dŵr i wneud dŵr yfed.

15 Rhestrwch ddau ddiheintydd y gallwn ni eu hychwanegu at ddŵr yfed.

16 Rhowch fformiwla ïon fflworid.

▶ Dŵr caled a dŵr meddal

Does dim halwynau wedi hydoddi mewn dŵr meddal. Mae dŵr glaw yn ddŵr meddal. Wrth i ddŵr glaw lifo dros greigiau, mae rhywfaint o'r halwynau mwynol yn hydoddi. Mae **dŵr caled** yn cynnwys ïonau magnesiwm a chalsiwm wedi hydoddi, sy'n atal sebon rhag ffurfio trochion. Felly, mae a yw dŵr yn galed neu'n feddal yn dibynnu ar ddaeareg yr ardal. Mae gan gartrefi yn Eryri ddŵr meddal gan fod eu cyflenwad dŵr yn dod o lawiad i mewn i gronfeydd dŵr ar dir uchel, ond mae gan Landrindod ddŵr caled o nentydd tanddaearol.

Mae dau fath o galedwch dŵr:

▶ dros dro – os yw calsiwm hydrogen carbonad ($Ca(HCO_3)_2$) wedi hydoddi yn y dŵr.

▶ parhaol – os yw calsiwm sylffad ($CaSO_4$) wedi hydoddi yn y dŵr.

Tabl 7.1 Cymharu nodweddion dŵr meddal a dŵr caled

Term allweddol

Dŵr caled Dŵr â halwynau calsiwm neu fagnesiwm wedi hydoddi ynddo, sydd ddim yn ffurfio trochion gyda sebon.

Dŵr meddal	Dŵr caled
• Ddim yn cynnwys ïonau calsiwm na magnesiwm • Dim blas • Ffurfio trochion yn hawdd gyda sebon • Ffurfio trochion gyda glanedydd	• Yn cynnwys ïonau calsiwm a/neu fagnesiwm • Mae'n well gan lawer o bobl ei flas • Ddim yn ffurfio trochion yn hawdd gyda sebon • Ffurfio trochion gyda glanedydd • Manteision i iechyd gan ei fod yn cynnwys ïonau calsiwm sy'n dda i'r esgyrn a'r galon • Achosi calchgen sy'n gallu cronni ac arwain at fyrstio peipiau a gwneud elfennau gwresogi tegellau a boeleri yn llai effeithlon

Tabl 7.2 Mecanweithiau, manteision ac anfanteision dulliau meddalu dŵr gwahanol

Dull	Effaith	Anfanteision	Manteision
Berwi	Mae'r tymheredd uchel yn achosi i'r calsiwm hydrogen carbonad fynd trwy dadelfeniad thermol i ffurfio calsiwm carbonad sy'n anhydawdd ac yn gallu cael ei hidlo allan	Yn addas ar gyfer caledwch dros dro yn unig. Mae'n gallu achosi i galchgen gronni ar elfennau gwresogi, sy'n eu gwneud nhw'n llai effeithiol ac yn byrhau eu hoes.	Dull syml. Dim ychwanegion. Yn cynhyrchu dŵr yfadwy.
Ychwanegu soda golchi	Mae gwaddod calsiwm carbonad yn ffurfio ac yn cael ei olchi i ffwrdd	Dim ond yn addas ar gyfer dyfeisiau glanhau, fel peiriannau golchi a pheiriannau golchi llestri, gan fod angen ychwanegu ïonau sodiwm. Cemegyn llidus. Mae ïonau sodiwm yn mynd i ddŵr gwastraff.	Ychwanegyn rhad. Mae'n syml i'w ddefnyddio. Gwell perfformiad glanhau, felly mae angen llai o lanedydd. Dyfeisiau'r cartref yn para'n hirach. Bydd angen llai o egni i wresogi dŵr os nad oes calchgen ar yr elfen wresogi. Yn gallu cael gwared ar galedwch dros dro a chaledwch parhaol.
Cyfnewid ïonau	Cyfnewid ïonau calsiwm a magnesiwm am ïonau hydrogen neu sodiwm	Mae angen cyfarpar arbenigol a llawer o waith cynnal a chadw. Mae ïonau sodiwm mewn dŵr yfed wedi cael eu cysylltu â phryderon iechyd fel pwysedd gwaed uchel. Mae ïonau sodiwm yn mynd i ddŵr gwastraff.	Dyfeisiau'r cartref yn para'n hirach. Does dim calchgen yn cronni ym mheipiau'r cartref. Mae'n gallu meddalu symiau mawr o ddŵr. Gwell perfformiad glanhau, felly mae angen llai o lanedydd. Bydd angen llai o egni i wresogi dŵr os nad oes calchgen ar elfennau gwresogi. Yn gallu cael gwared ar galedwch dros dro a chaledwch parhaol. Yn cynhyrchu dŵr yfadwy.

Termau allweddol

Dadelfeniad thermol Defnyddio gwres i dorri sylwedd i lawr i sylweddau symlach.

Gwaddod Solid anhydawdd sy'n cael ei gynhyrchu yn ystod adwaith cemegol mewn hydoddiant.

✔ Profwch eich hun

17 Rhowch un o fanteision dŵr caled ac un o fanteision dŵr meddal.

18 Esboniwch sut mae byw mewn ardal â dŵr caled yn gallu bod yn ddrutach na byw mewn ardal â dŵr meddal.

 Gwaith ymarferol penodol

Defnyddio hydoddiant sebon i ddarganfod faint o galedwch sydd mewn dŵr

Mae cwmnïau dŵr yn cymryd samplau dŵr yn rheolaidd ac yn cwblhau nifer o brofion i ddisgrifio purdeb ac ansawdd y dŵr. Mae'n bwysig mesur caledwch dŵr er mwyn i bobl a busnesau allu ystyried a ydy hi'n werth talu i feddalu'r dŵr ai peidio.

Yn yr arbrawf hwn, mae angen i ddisgybl ganfod caledwch sampl dŵr gan ddefnyddio dull hydoddiant sebon.

Y dull

1 Mesur sampl 50 cm³ o ddŵr i mewn i fflasg gonigol.
2 Ychwanegu 1 cm³ o hydoddiant sebon, rhoi'r topyn i mewn ac ysgwyd y fflasg yn egnïol am 5 eiliad.
3 Ailadrodd cam 2 nes bod trochion yn ffurfio ac yn para am 30 s. Cofnodi cyfanswm cyfaint yr hydoddiant sebon a gafodd ei ychwanegu.
4 Ailadrodd camau 1–3 â samplau 50 cm³ o bob math arall o ddŵr.

Casgliad y disgybl yw bod y samplau dŵr sy'n cynhyrchu trochion ar ôl un diferyn o sebon yn ddŵr meddal. Y mwyaf o ddiferion o sebon sydd eu hangen i wneud trochion, y caletaf yw'r dŵr.

Cwestiynau

1 Yn yr ymchwiliad hwn, nodwch:
   a) y newidyn annibynnol
   b) y newidyn dibynnol
   c) tri newidyn rheolydd.
2 Pa ragofalon diogelwch, os o gwbl, sydd eu hangen ar gyfer yr arbrawf hwn a pham?
3 Sut gallech chi wella cydraniad (newid maint) y canlyniadau?
4 Sut gallech chi wneud y canlyniadau'n fwy dibynadwy (yn debyg bob tro maen nhw'n cael eu hailadrodd)?

▶ Hydoddedd

Hylif di-liw fel arfer yw hydoddiant sy'n ffurfio wrth i hydoddyn fel sodiwm clorid hydoddi mewn hydoddydd fel dŵr. Mae gwahanol symiau o sylweddau yn gallu hydoddi yn yr un cyfaint o ddŵr. Hydoddedd yw màs yr hydoddyn sy'n gallu hydoddi mewn cyfaint o hydoddydd. Mae'n dibynnu ar dymheredd a nodweddion yr hydoddyn. Yn gyffredinol:

▶ Mae hydoddedd solidau yn cynyddu gyda thymheredd.
▶ Mae hydoddedd nwyon yn lleihau gyda thymheredd.

Pan nad oes dim mwy o hydoddyn yn gallu hydoddi, rydyn ni'n dweud bod yr hydoddiant yn ddirlawn. Byddwch chi'n gwybod bod hydoddiant yn ddirlawn os gallwch chi weld ychydig o'r solid yng ngwaelod yr hydoddiant.

→ Gweithgaredd

Cromliniau hydoddedd

Mae'n bosibl canfod hydoddedd solid fel sodiwm carbonad drwy fesur y màs sy'n gallu hydoddi mewn cyfaint penodol o ddŵr ar dymereddau gwahanol.

Mae canlyniadau ymchwiliad i'w gweld yn y tabl isod.

Tymheredd (°C)	Màs (g)
0	0.7
10	1.3
20	2.2
30	4.0
40	4.9

Cwestiynau

1 Defnyddiwch y data i blotio cromlin hydoddedd. Cofiwch, dylai'r newidyn annibynnol (tymheredd) fod ar yr echelin-x a dylai'r newidyn dibynnol (màs) fod ar yr echelin-y. Gwnewch yn siŵr eich bod chi'n ychwanegu llinell ffit orau; dylai hon ddangos y duedd yn y data.

2 Pam mae angen o leiaf pump o ganlyniadau i dynnu llinell ffit orau?

3 Pam na allwch chi fesur hydoddedd sodiwm carbonad ar −10 °C?

4 Pam na allwch chi fesur hydoddedd sodiwm carbonad ar 110 °C?

5 Pa fàs o sodiwm carbonad oedd wedi hydoddi ar 25 °C?

▼ Crynodeb o'r bennod

- Mae elfennau wedi'u gwneud o un math o atom ac allwn ni ddim eu torri nhw i lawr yn gemegol.
- Mae gan isotopau o'r un elfen yr un rhif atomig (yr un nifer o brotonau) ond mae ganddyn nhw rifau màs gwahanol (niferoedd gwahanol o niwtronau).
- Gallwn ni ddisgrifio atomau yn nhermau eu rhif atomig, sy'n dweud wrthych chi beth yw nifer y protonau yn y niwclews a beth yw'r elfen. Mae'r rhif màs yn rhoi gwybodaeth am nifer y protonau a'r niwtronau yn niwclews yr atom.
- Mae electronau'n llenwi plisg o gwmpas y niwclews. Uchafswm nifer yr electronau yn y plisgyn cyntaf yw dau, yna mae lle i wyth yn y ddau blisgyn nesaf.
- Atomau neu grwpiau o atomau â gwefr yw ïonau.
- Mae cyfansoddion wedi'u gwneud o fwy nag un math o atom sydd wedi uno'n gemegol â'i gilydd.
- Dydy dŵr naturiol ddim yn bur gan ei fod yn cynnwys nwyon wedi hydoddi, ïonau, gan gynnwys ïonau metel, carbonadau a nitradau, gronynnau, pathogenau, defnydd organig a phlaleiddiaid.

- Mae dŵr yn adnodd cyfyngedig ac mae'n rhaid i ni ei ddefnyddio mewn modd cynaliadwy.
- Mae dŵr yfed yn cael ei wneud mewn gweithfeydd trin dŵr gan ddefnyddio dŵr naturiol a'i drin drwy ddefnyddio gwaddodi a hidlo i gael gwared â sylweddau anhydawdd a'i ddiheintio ag oson neu glorin.
- Gallwn ni wneud dŵr yfed drwy ddihalwyno dŵr môr drwy ei ddistyllu neu ddefnyddio osmosis gwrthdro.
- Gallwn ni wneud dŵr pur drwy ddistyllu.
- Mae gwahanol fasau o sylweddau yn hydoddi ar dymereddau gwahanol mewn dŵr. Gallwn ni greu cromliniau hydoddedd i ddangos sut mae hydoddedd yn newid gyda thymheredd.
- Mae ïonau magnesiwm a chalsiwm wedi hydoddi yn gallu gwneud dŵr yn galed.
- Gallwn ni feddalu dŵr caled drwy ei ferwi, ychwanegu sodiwm carbonad neu gyfnewid ïonau.
- Mae gan ddŵr caled flas a manteision i iechyd. Fodd bynnag, mae'n gallu arwain at galchgen sy'n gallu gwneud i beipiau fyrstio ac yn gallu lleihau effeithlonrwydd egni elfennau gwresogi.

8 Ein planed

Defnyddiau crai

Mae ein planed, y Ddaear, yn cynnwys yr adnoddau sydd eu hangen arnom ni. Rydyn ni'n defnyddio **defnyddiau crai** naturiol fel metelau, creigiau a mwynau, gan eu prosesu nhw i wneud defnyddiau defnyddiol. Wrth echdynnu a phrosesu defnyddiau crai, mae angen i ni ystyried eu manteision yn erbyn unrhyw effeithiau negyddol ar yr amgylchedd.

Y Tabl Cyfnodol

Mae mater wedi'i wneud o **elfennau** sy'n cyfuno neu'n cymysgu'n gemegol â'i gilydd. Mae'r elfennau wedi'u trefnu yn y Tabl Cyfnodol fel ein bod yn gallu gwneud rhagfynegiadau am eu priodweddau ffisegol a chemegol. Rydyn ni'n eu dosbarthu nhw fel metelau neu anfetelau ar sail eu priodweddau ffisegol. Mae'r rhan fwyaf o elfennau metel i'w cael ar ochr chwith y Tabl Cyfnodol ac yn y canol. Mae'r anfetelau i'w cael ar y dde (Ffigur 8.1).

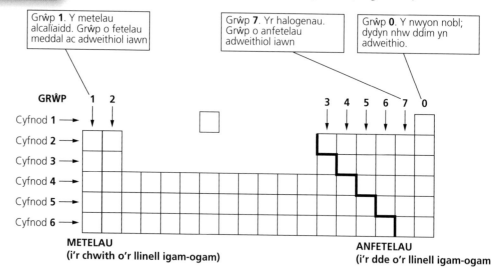

Ffigur 8.1 Y Tabl Cyfnodol

Enw rhesi'r Tabl Cyfnodol yw'r **cyfnodau** ac enw'r colofnau yw'r **grwpiau**. Mae gan bob elfen yn yr un grŵp briodweddau cemegol tebyg gan fod ganddyn nhw'r un trefniad electronig yn eu plisgyn allanol.

✔ Profwch eich hun

1 Beth yw elfen?
2 Ble mae'r elfennau metel yn y Tabl Cyfnodol?
3 Ble mae'r elfennau anfetel yn y Tabl Cyfnodol?
4 Beth yw'r gwahaniaeth rhwng grŵp a chyfnod o elfennau?

Grŵp 1

Mae elfennau Grŵp 1, sef y metelau alcalïaidd, mor adweithiol nes ein bod ni'n eu cadw nhw dan olew neu nwy anadweithiol i'w hatal nhw rhag adweithio. Dim ond mewn cyfansoddion yng nghramen y ddaear maen nhw i'w cael, ond gallwn ni eu puro a'u hechdynnu nhw gan ddefnyddio prosesau ffisegol a chemegol. Fel pob metel, maen nhw'n ddargludyddion, yn loyw (sgleiniog), yn hydwyth (yn gallu cael eu tynnu'n wifrau) ac yn hydrin (yn plygu'n hawdd).

Ffigur 8.2 Metelau Grŵp 1, fel lithiwm, sodiwm a photasiwm

→ Gweithgaredd

Grŵp 1

Tabl 8.1 Metelau Grŵp 1

Elfen	Ymdoddbwynt (°C)	Dwysedd (g/cm³)	Adweithedd â dŵr
Li	181	0.534	Arnofio, hisian
Na	98	0.971	Arnofio, ymdoddi'n bêl, hisian
K	64	0.862	Arnofio, tanio â fflam borffor, hisian
Rb	39	1.532	Gwreichion gwyn ac yn ffrwydro wrth ddod i gysylltiad â dŵr
Cs	28	1.873	Ffrwydro

1 Nodwch y duedd yn yr ymdoddbwyntiau.
2 Defnyddiwch eich gwybodaeth am adeiledd a bondio i esbonio'r duedd yn yr ymdoddbwyntiau.
3 Awgrymwch y gwerth anomalaidd ar gyfer data dwysedd metelau Grŵp 1.
4 Cyfiawnhewch pa fetelau Grŵp 1 sy'n arnofio mewn dŵr a pha rai sy'n suddo mewn dŵr. (Mae dwysedd dŵr tua 1 g/cm³)

Grŵp 7

Enw arall ar elfennau Grŵp 7 yw'r halogenau. Moleciwlau deuatomig yw'r elfennau anfetel hyn.

Mae pob halogen yn adweithiol. Fflworin yw'r anfetel mwyaf adweithiol yn y Tabl Cyfnodol. Mae'r adweithedd yn lleihau wrth i chi fynd i lawr y grŵp. Mae'r halogenau mor adweithiol, dydy eu ffurfiau pur ddim yn bodoli mewn natur. Mae'n rhaid eu hechdynnu nhw gan ddefnyddio dulliau ffisegol a chemegol. Roedd Gwaith Bromin Cymru ar Ynys Môn yn echdynnu bromin o ddŵr môr i'w ddefnyddio fel ychwanegyn at betrol mewn ceir.

Mae lliw y tri halogen cyntaf yn tywyllu wrth i chi fynd i lawr y grŵp: mae fflworin yn nwy melyn golau, mae clorin yn nwy gwyrdd ac mae bromin yn hylif oren.

Ffigur 8.3 Y tri halogen cyntaf

Gweithgaredd

Grŵp 7

Mae'r tabl yn dangos data am halogenau Grŵp 7.

Elfen	Radiws atomig (pm)	Ymdoddbwynt (°C)	Berwbwynt (°C)
F	71	−220	−188
Cl	99	−102	−34
Br	114	−7	59
I	133	113	184

1 Rhowch gyflwr pob elfen ar dymheredd ystafell (25 °C).
2 Mae astatin o dan ïodin yn Grŵp 7. Rhagfynegwch ymdoddbwynt, berwbwynt a lliw yr elfen hon.
3 Esboniwch pam mae'r elfennau hyn i gyd yn yr un grŵp yn y Tabl Cyfnodol.
4 Yr uned, pm, yw picometr $(1 \times 10^{-12}\,\text{m})$. Rhowch radiws atomig ïodin mewn metrau ar ffurf safonol, i ddau ffigur ystyrlon.

Profwch eich hun

5 Ym mha grwpiau yn y Tabl Cyfnodol mae'r metelau alcalïaidd a'r halogenau?
6 Rhestrwch y priodweddau sydd gan y metelau alcalïaidd yn gyffredin â phob metel arall.
7 Disgrifiwch duedd adweithedd elfennau Grŵp 1.
8 Disgrifiwch duedd ymdoddbwynt elfennau Grŵp 7.

▶ Adweithiau cemegol

Mae **adwaith cemegol** yn gwneud sylwedd newydd; does dim atomau'n cael eu creu na'u dinistrio, dim ond eu had-drefnu. Mae hyn yn golygu bod cadwraeth màs yn digwydd (mae'n aros yr un fath).

Gallwn ni fodelu beth sy'n digwydd mewn adwaith cemegol:

▶ Mae'r bondiau yn y cemegion cychwynnol neu'r adweithyddion yn torri.
▶ Mae'r atomau'n ad-drefnu mewn trefn newydd i wneud y cynhyrchion.
▶ Mae bondiau newydd yn ffurfio i wneud y cynhyrchion.

Hafaliadau

Mae hafaliadau yn crynhoi newidiadau cemegol. Rydyn ni'n ysgrifennu'r cemegion cychwynnol (yr adweithyddion) ar y chwith ac yn ysgrifennu'r cynhyrchion ar y dde. Rydyn ni'n defnyddio → (byth =) i ddangos bod adweithyddion yn troi'n gynhyrchion.

Dylech chi allu ysgrifennu a dehongli:

1 Hafaliadau geiriau sy'n cynnwys enwau'r holl sylweddau sy'n cymryd rhan yn yr adwaith. Er enghraifft:

magnesiwm + ocsigen → magnesiwm ocsid

sodiwm + clorin → sodiwm clorid

2 Hafaliadau symbolau cytbwys sy'n cynnwys rhifau o flaen y fformiwlâu cemegol i nodi nifer a math yr atomau sy'n rhan o'r adwaith. Er enghraifft:

$Mg + O_2 \rightarrow 2MgO$

$Na + Cl_2 \rightarrow 2NaCl$

Term allweddol

Adwaith cemegol Newid sy'n ffurfio sylwedd newydd lle mae cyfanswm y màs yn aros yr un fath.

9 Ysgrifennwch hafaliad geiriau ar gyfer adwaith carbon ag ocsigen i gynhyrchu carbon deuocsid.

10 Ysgrifennwch hafaliad geiriau ar gyfer adwaith sodiwm ag elfen arall i gynhyrchu sodiwm ocsid.

11 Ysgrifennwch hafaliad symbolau cytbwys ar gyfer adwaith potasiwm â chlorin.

12 Ysgrifennwch hafaliad symbolau cytbwys ar gyfer adwaith lithiwm â halogen i wneud lithiwm bromid.

▶ Tystiolaeth o blaid cyfansoddiad y Ddaear a'i hatmosffer

Ffurfiodd y Ddaear tua 4.5 biliwn o flynyddoedd yn ôl a dydy hi ddim yr un fath nawr ag yr oedd hi bryd hynny. Mae gwyddonwyr wedi creu rhagdybiaeth sy'n defnyddio modelau a thystiolaeth o'r presennol i esbonio sut mae'r Ddaear wedi newid. Mae'r dystiolaeth yn cynnwys:

▶ Gweithgarwch seismig o ffrwydradau a daeargrynfeydd – drwy astudio sut mae tonnau seismig yn teithio drwy'r Ddaear a dadansoddi'r defnyddiau mewn creigiau, llwyddodd gwyddonwyr i adnabod adeiledd haenog y Ddaear.

▶ Cofnodion ffosiliau a strata (haenau) creigiau – mae'r rhain yn awgrymu bod rhai cyfandiroedd wedi'u cysylltu yn y gorffennol.

▶ Morlinau cyfandiroedd – mae'r rhain yn ffitio fel darnau o jig-so sy'n awgrymu bod Affrica ac America, er enghraifft, yn arfer bod yn un ehangdir.

▶ Archwilio'r gofod – mae tystiolaeth o chwilwyr gofod (*space probes*) yn awgrymu sut gallai atmosffer cynnar y Ddaear fod yn debyg i atmosffer Gwener neu Fawrth heddiw.

▶ Creiddiau iâ – mae samplau o rewlifoedd a rhew parhaol yn yr Arctig yn cynnwys swigod o'r atmosffer hynafol y gallwn ni eu dadansoddi; y dyfnaf yw'r iâ, yr hynaf yw'r samplau aer.

▶ Modelu – mae gwyddonwyr yn defnyddio modelau cyfrifiadurol i ddangos sut gallai esblygiad y Ddaear fod wedi digwydd.

Term allweddol

Platiau tectonig Saith neu wyth slab mawr iawn o graig sy'n gwneud cramen y Ddaear ac yn arnofio ar y fantell.

▶ Adeiledd y Ddaear

Mae gan adeiledd y Ddaear dair haen, ac mae gan bob un briodweddau gwahanol (Ffigur 8.4):

▶ Y craidd – haearn yw canol y Ddaear gan fwyaf, a rhywfaint o nicel ar tua 5500 °C. Mae'r craidd mewnol solid wedi'i amgylchynu â haen allanol o fetel tawdd.

▶ Y fantell – craig led-dawdd o'r enw magma. Pan mae'r magma'n echdorri ar arwyneb y Ddaear, rydyn ni'n ei alw'n lafa.

▶ Y gramen – y rhan solid o'r Ddaear rydyn ni'n byw arni; hyd at 60 km o drwch. Nid un haen gyflawn yw hi; mae hi mewn adrannau o'r enw platiau tectonig.

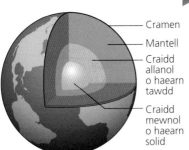

Cramen

Mantell

Craidd allanol o haearn tawdd

Craidd mewnol o haearn solid

Ffigur 8.4 Mae'r Ddaear wedi'i gwneud o dair prif haen

▶ Tectoneg platiau

Cafodd y syniad bod eangdiroedd y Ddaear yn newid dros amser ei gynnig gan Alfred Wegener ar ddechrau'r 1900au yn ei ddamcaniaeth drifft cyfandirol. Ei awgrym ef, oedd bod pob ehangdir gyda'i gilydd i ddechrau mewn archgyfandir enfawr o'r enw Pangea a wnaeth yna rannu'n ddau: Gondwanaland a Laurasia. Fe barhaodd yr eangdiroedd hyn i symud, gan hollti i greu'r cyfandiroedd presennol.

Awgrymodd Wegener hefyd fod y platiau ar ymylon cyfandiroedd yn symud i mewn i'w gilydd, gan achosi i'r arwyneb blygu a ffurfio cadwynau o fynyddoedd. Cyn i Wegener feddwl am y syniad hwn, roedd gwyddonwyr yn credu bod 'crychau' mynyddig wedi ffurfio wrth i gramen y Ddaear oeri ac ymsolido.

Cymerodd hi bron i hanner canrif i ragdybiaeth Wegener gael ei derbyn oherwydd doedd dim tystiolaeth na damcaniaeth ar gyfer sut roedd platiau'r Ddaear yn symud. Dim ond tystiolaeth eilaidd oedd gan Wegener ym morlinau'r cyfandiroedd, a ffosiliau a strata creigiau. Yn yr 1960au, cafwyd tystiolaeth o geryntau darfudiad ym mantell y Ddaear ac, ynghyd â thystiolaeth o newidiadau i faes magnetig y ddaear, cafodd mecanwaith ei sefydlu ar gyfer symudiad y platiau. Yn y pen draw, cafodd damcaniaeth drifft cyfandirol ei derbyn a'i mireinio i roi damcaniaeth tectoneg platiau.

Dydyn ni'n dal ddim yn deall union fecanwaith symudiad y platiau. Mae llawer o wyddonwyr nawr yn credu mai tyniad slabiau – platiau tectonig hŷn, mwy dwys yn suddo i mewn i'r fantell, gan dynnu platiau mwy newydd, llai dwys gyda nhw – sy'n achosi i'r platiau symud, nid y ceryntau darfudiad yn y fantell. Mae damcaniaethau gwyddonol yn datblygu ac yn addasu dros amser wrth i dystiolaeth newydd gael ei chasglu.

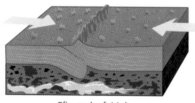

Ffin gydgyfeiriol

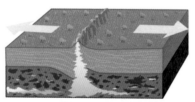

Ffin ddargyfeiriol

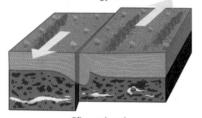

Ffin gadwrol

Ffigur 8.5 Mae platiau'r Ddaear yn symud yn gyson, a ffin platiau yw'r man lle maen nhw'n cwrdd

Ffiniau platiau

Dydy dimensiynau cyffredinol y Ddaear ddim yn newid. Felly, lle mae platiau newydd yn ffurfio, mae'n rhaid cael gwared â'r un cyfaint o hen blatiau. Mae hyn yn digwydd ar ffiniau platiau. Mae tri math o ffiniau platiau (Ffigur 8.5):

Cydgyfeiriol – mae'r platiau'n symud i mewn i'w gilydd. Mae'r plât llai dwys yn codi dros y plât mwy dwys, sy'n cael ei orfodi i lawr ac i mewn i'r fantell. Mae llosgfynyddoedd ffrwydrol yn ffurfio ar hyd y ffin rhwng y platiau (er enghraifft, Mynyddoedd yr Andes yn Ne America). Os yw dwysedd y platiau'n hafal, caiff y ddau blât eu gwthio i fyny i ffurfio mynyddoedd plyg fel yr Himalayas.

Dargyfeiriol – mae'r platiau'n symud oddi wrth ei gilydd, er enghraifft wrth gefnen (*ridge*) yng nghanol cefnfor. Mae hyn yn creu bwlch i'r magma godi ac ymsolido'n graig igneaidd newydd.

Cadwrol – Mae'r platiau'n symud heibio i'w gilydd heb golli nac ennill dim cramen. Pan mae ffiniau cadwrol yn symud, maen nhw'n creu daeargrynfeydd ond nid llosgfynyddoedd. (Mae Ffawt San Andreas yn Ne California yn enghraifft.)

> ✔ **Profwch eich hun**
>
> **13** Nodwch y brif elfen sydd i'w chael yng nghraidd y Ddaear.
> **14** Pa un yw haen fwyaf trwchus y Ddaear? Edrychwch ar Ffigur 8.4.
> **15** Beth mae gwyddonwyr yn meddwl sy'n achosi i'r platiau tectonig symud?
> **16** Ar hyd pa fath o ffin platiau mae mynyddoedd yn cael eu cynhyrchu?

Atmosffer Yr amlen o nwy o gwmpas ein planed.

✓ Profwch eich hun

17 Disgrifiwch gyfansoddiad aer sych modern.

18 Esboniwch sut cafodd nitrogen ei ffurfio yn ein hatmosffer.

19 Rhestrwch dair ffordd y cafodd carbon deuocsid ei dynnu o'n hatmosffer.

▶ Datblygiad yr atmosffer

Newidiodd **atmosffer** y Ddaear wrth i'r blaned oeri, a dechreuodd bywyd. Mae'n anodd bod yn sicr sut datblygodd yr atmosffer, ond mae gwyddonwyr wedi casglu llawer o dystiolaeth i awgrymu bod y model isod yn gywir. Er enghraifft, mae gwyddonwyr wedi canfod bod creigiau igneaidd hen iawn yn cynnwys cyfansoddion haearn ac nid haearn ocsid. Mae hyn yn awgrymu bod y creigiau hyn wedi ffurfio pan oedd lefelau ocsigen yn yr atmosffer yn isel iawn.

▶ I ddechrau, doedd braidd dim atmosffer. Wrth i'r Ddaear ffurfio, cafodd nwyon fel carbon deuocsid, anwedd dŵr ac amonia eu cynhyrchu o echdoriadau folcanig. Mae gwyddonwyr yn meddwl bod yr atmosffer cynnar hwn yn debyg i atmosfferau Mawrth a Gwener heddiw.

▶ Ar ôl 0.5 biliwn o flynyddoedd, fe wnaeth y Ddaear oeri. Fe wnaeth yr anwedd dŵr yn yr atmosffer gyddwyso i wneud moroedd a chefnforoedd, ac fe wnaeth rhywfaint o garbon deuocsid hydoddi i mewn i'r dŵr.

▶ Ar ôl 2.7 biliwn o flynyddoedd, dechreuodd bywyd. Datblygodd cyanobacteria a dechreuodd ffotosynthesis, gan ryddhau ocsigen i'r atmosffer a gan leihau crynodiad y carbon deuocsid. Roedd amonia yn adweithio â'r ocsigen, gan ffurfio nitrogen ac anwedd dŵr. Wrth i fywyd planhigol cymhleth ddatblygu, cafodd mwy fyth o garbon deuocsid ei dynnu o'r aer. Aeth rhywfaint ohono i mewn i storfeydd carbon tymor hir, fel creigiau gwaddodol (sialc a chalchfaen) a thanwyddau ffosil.

▶ Yn y 200 miliwn o flynyddoedd diwethaf, mae cyfansoddiad aer sych wedi bod yn sefydlog: nitrogen (78%), ocsigen (21%), ac argon a nwyon nobl eraill (0.9%). Mae carbon deuocsid, y nwy â'r cyflenwad mwyaf yn yr atmosffer cynnar, bellach wedi mynd yr holl ffordd i lawr i 0.04%.

▶ Echdynnu a phrosesu defnyddiau crai

Mae cramen, atmosffer a chefnforoedd y Ddaear yn darparu defnyddiau crai. Mae'n rhaid i ni eu hechdynnu a'u prosesu nhw er mwyn gallu eu defnyddio nhw:

▶ echdynnu o'r amgylchedd, er enghraifft cloddio

▶ prosesu ffisegol, fel hidlo dŵr y môr i gael gwared â defnyddiau anhydawdd

▶ prosesu cemegol, fel yr adweithiau sy'n tynnu metel o'i gyfansoddyn.

Prif gostau echdynnu a phrosesu defnyddiau crai yw llafur pobl ac egni. Er mwyn i echdynnu a phuro defnydd fod yn broffidiol, mae'n rhaid i'r pris gwerthu fod yn uwch na chost ei gynhyrchu. Y mwyaf o alw sydd am ddefnydd, y mwyaf fydd y pris gwerthu a'r mwyaf fydd yr elw.

▶ Echdynnu adnoddau metel o gramen y Ddaear

Cymysgeddau solid o wahanol sylweddau yw creigiau. Weithiau bydd creigiau'n cynnwys metelau pur, fel yr aur yng Ngwaith Aur Clogau yng ngogledd Cymru; weithiau bydd y metelau'n rhan o gyfansoddion, fel y plwm sylffid yn y creigiau mwyn galena yng Ngwaith Plwm y Mwynglawdd ger Wrecsam.

Mae **mwynau** metel yn fath o greigiau sy'n cynnwys digon o gyfansoddion metel i'w hechdynnu a'u prosesu'n economaidd. Mae yna ddau fath o fwyngloddio i dynnu mwynau o'r Ddaear:

▶ **Mwyngloddio arwyneb** – mae'r mwynau'n agos at arwyneb y Ddaear felly rydyn ni'n tynnu'r uwchbridd a'r graig i wneud pwll. Mae'r dechneg hon yn fwy cyffredin heddiw nag yr oedd yn y gorffennol.

▶ **Mwyngloddio is-arwyneb** – mae hyn yn golygu twnelu o dan arwyneb y Ddaear ac echdynnu'r mwyn heb aflonyddu ar yr arwyneb o gwbl. Un enghraifft dda o hyn yw mwynglawdd copr 3500-mlwydd-oed y Gogarth o dan y bryn yn Llandudno.

Mae mwyngloddio yn effeithio ar yr amgylchedd gan fod symiau mawr o graig wastraff yn cael eu dyddodi mewn tomenni sbwriel enfawr. Mae tirlithriadau'n gallu digwydd os yw'r sbwriel yn ansefydlog, gan beryglu bywydau, ac mae cemegion yn y gwastraff yn gallu halogi pridd a dŵr daear.

Unwaith mae mwyn metel wedi'i fwyngloddio, mae'n rhaid echdynnu'r cyfansoddyn metel a'i drawsnewid yn gemegol i gynhyrchu'r metel pur. Rhaid rhydwytho y cyfansoddion i echdynnu'r metelau, ac mae'r dull yn dibynnu ar adweithedd y metel:

Ar gyfer metelau sy'n is na carbon yn y gyfres adweithedd, rydyn ni'n tynnu ocsigen drwy adweithio â charbon neu garbon monocsid. Ar gyfer metelau mwy adweithiol neu i wneud samplau pur iawn, rydyn ni'n defnyddio electrolysis i ddarparu electronau i'r ïonau metel yn y cyfansoddyn. Mae'n rhaid i'r cyfansoddyn metel fod yn dawdd neu wedi hydoddi mewn dŵr (hydoddiant dyfrllyd) ac mae angen llawer o drydan drud.

Gallwn ni ailgylchu metelau (casglu, ymdoddi, puro ac ailgastio) nifer diddiwedd o weithiau. Mae ailgylchu metelau yn defnyddio llawer llai o egni a does dim angen mwy o fwyngloddio, felly mae'n well i'r amgylchedd.

Term allweddol

Rhydwytho Newid cemegol sy'n golygu tynnu ocsigen neu ennill electronau.

Defnyddio'r ffwrnais chwyth i echdynnu haearn

Sir Fynwy a Morgannwg oedd rhai o safleoedd gwaith haearn cyntaf y Chwyldro Diwydiannol. Mae'r holl ddefnyddiau crai i wneud haearn yn dal i fodoli yn Ne Cymru:

▶ haematit (mwyn haearn)
▶ glo i wneud golosg i wresogi'r ffwrnais chwyth
▶ calchfaen i gael gwared â'r amhureddau.

Mae calchfaen yn mynd trwy dadelfeniad thermol i ffurfio calsiwm ocsid a charbon deuocsid. Mae'r calsiwm ocsid yn adweithio â'r amhureddau silicon deuocsid yn y mwyn haearn i ffurfio calsiwm silicad, neu slag. Rydyn ni'n defnyddio hwn i adeiladu ffyrdd ac i wneud blociau bris ar gyfer tai. Dyma hafaliadau geiriau'r adweithiau hyn:

Dadelfeniad thermol:

$$\text{calsiwm carbonad} \rightarrow \text{calsiwm ocsid} + \text{carbon deuocsid}$$
$$CaCO_3(s) \rightarrow CaO(s) + CO_2(n)$$

Niwtralu:

$$\text{calsiwm ocsid} + \text{silicon ocsid} \rightarrow \text{calsiwm silicad}$$
$$CaO(s) + SiO_2(s) \rightarrow CaSiO_3(h)$$

Term allweddol

Ffwrnais chwyth Tŵr lle caiff mwyn haearn ei rydwytho gan ddefnyddio carbon. Caiff aer poeth ei chwythu i mewn.

Cael adnoddau o'n planed

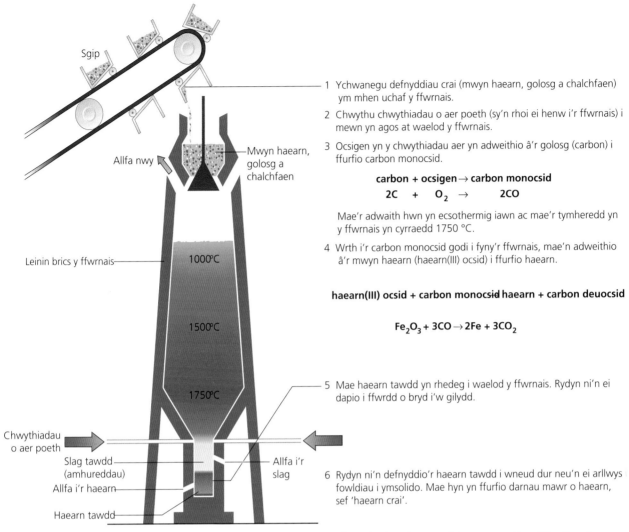

Sgip

Allfa nwy

Mwyn haearn, golosg a chalchfaen

Leinin brics y ffwrnais

1000°C

1500°C

1750°C

Chwythiadau o aer poeth

Slag tawdd (amhureddau)

Allfa i'r haearn

Haearn tawdd

Allfa i'r slag

1 Ychwanegu defnyddiau crai (mwyn haearn, golosg a chalchfaen) ym mhen uchaf y ffwrnais.

2 Chwythu chwythiadau o aer poeth (sy'n rhoi ei henw i'r ffwrnais) i mewn yn agos at waelod y ffwrnais.

3 Ocsigen yn y chwythiadau aer yn adweithio â'r golosg (carbon) i ffurfio carbon monocsid.

carbon + ocsigen → carbon monocsid
$$2C \; + \; O_2 \; \rightarrow \; 2CO$$

Mae'r adwaith hwn yn ecsothermig iawn ac mae'r tymheredd yn y ffwrnais yn cyrraedd 1750 °C.

4 Wrth i'r carbon monocsid godi i fyny'r ffwrnais, mae'n adweithio â'r mwyn haearn (haearn(III) ocsid) i ffurfio haearn.

haearn(III) ocsid + carbon monocsid → haearn + carbon deuocsid
$$Fe_2O_3 + 3CO \rightarrow 2Fe + 3CO_2$$

5 Mae haearn tawdd yn rhedeg i waelod y ffwrnais. Rydyn ni'n ei dapio i ffwrdd o bryd i'w gilydd.

6 Rydyn ni'n defnyddio'r haearn tawdd i wneud dur neu'n ei arllwys i fowldiau i ymsolido. Mae hyn yn ffurfio darnau mawr o haearn, sef 'haearn crai'.

Ffigur 8.6 Mae'r defnyddiau crai yn cael eu hychwanegu yn rhan uchaf y ffwrnais chwyth ac mae'r haearn tawdd yn llifo allan o'r gwaelod. Caiff aer poeth ei chwythu i mewn drwy'r ochrau

▶ Defnyddio electrolysis i echdynnu alwminiwm

Roedd Caergybi ar Ynys Môn yn arfer bod yn gartref i waith mwyndoddi alwminiwm enfawr â chelloedd electrolytig anferthol (Ffigur 8.7).

Yn ystod y broses ddiwydiannol o electrolysis alwminiwm ocsid, mae mwyn o'r enw cryolit yn cael ei ychwanegu at alwminiwm ocsid i ostwng yr ymdoddbwynt. Ar ôl i'r ïonau ymdoddi, maen nhw'n rhydd i symud ac mae'r cymysgedd yn troi'n electrolyt. Mae cynwysyddion dur mawr yn cael eu leinio â chatod carbon (electrod negatif). Mae anodau carbon (electrodau positif) yn cael eu gostwng i mewn i'r electrolyt tawdd i gwblhau'r gylched.

Mae'r ïonau alwminiwm yn cael eu hatynnu at yr electrodau negatif lle maen nhw'n ennill tri electron yr un i gael eu rhydwytho i ffurfio atomau alwminiwm niwtral. Mae'r metel alwminiwm tawdd yn llifo allan o waelod y gell electrolytig.

Caiff yr ïonau ocsid eu hatynnu at yr anod lle maen nhw'n cael eu hocsidio gan golli dau electron yr un i ffurfio atomau ocsigen niwtral. Mae'r atomau ocsigen hyn yn adweithio'n gyflym â charbon yr anod i ffurfio nwy carbon deuocsid, felly mae angen newid yr anodau'n rheolaidd.

Term allweddol

Electrolysis Defnyddio trydan i ddadelfennu sylwedd ïonig i ffurfio sylweddau symlach.

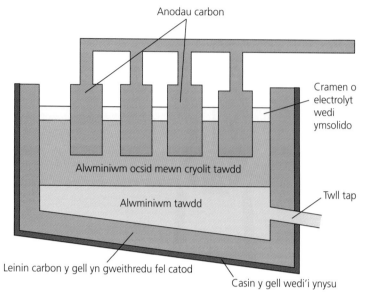

Ffigur 8.7 Defnyddio electrolysis i echdynnu alwminiwm o'i fwyn bocsit

Hafaliadau cyffredinol yr adwaith hwn yw:

$$\text{alwminiwm ocsid} \rightarrow \text{alwminiwm} + \text{ocsigen}$$
$$2Al_2O_3 \rightarrow 4Al + 3O_2$$
$$\text{carbon} + \text{ocsigen} \rightarrow \text{carbon deuocsid}$$
$$C + O_2 \rightarrow CO_2$$

▶ Echdynnu halen

Gallwn ni ganfod sodiwm clorid, neu halen cyffredin, ar ffurf halen craig yn y Ddaear neu wedi hydoddi mewn dŵr môr. Rydyn ni'n defnyddio halen craig, sy'n gymysgedd o halen a chlai, yn uniongyrchol i raeanu ffyrdd, neu gallwn ni ei buro. Mae halen yn ddefnydd crai pwysig i ddiwydiant ac mae hefyd yn cael ei ddefnyddio i goginio. Gallwn ni ei echdynnu yn y ffyrdd canlynol:

▶ Mwyngloddio siafft dwfn – gwneud twnnel fertigol ac mae'r mwynwyr yna'n canghennu allan yn llorweddol i gloddio'r dyddodion halen craig.
▶ Mwyngloddio drwy hydoddiant – gwneud siafft i mewn i'r dyddodion halen a phwmpio dŵr i mewn. Bydd y cyfansoddion hydawdd, gan gynnwys sodiwm clorid, yn hydoddi yn y dŵr. Yna, pwmpio'r hydoddiant i'r arwyneb i'w brosesu ymhellach i gael halen sych.
▶ Prosesu dŵr môr – hidlo dŵr môr cyn anweddu'r dŵr i adael grisialau gwyn o halen môr bwytadwy. Mae halen môr Môn yn enghraifft o hyn.

▶ Echdynnu a defnyddio olew crai

Mae **tanwyddau ffosil**, fel olew, yn bwysig i'w defnyddio fel porthiannau (*feedstocks*) cemegol, yn ogystal â thanwyddau. Mae olew crai i'w gael mewn pocedi o dan greigiau capio. Gallwn ni wneud twll dril i mewn i'r boced a phwmpio olew i'r arwyneb i'w brosesu i wneud ireidiau (*lubricants*), tanwyddau i gerbydau, a phlastigion.

Mae olew crai yn gymysgedd cymhleth o hydrocarbonau. Er mwyn iddo fod yn ddefnyddiol, mae'n rhaid ei wahanu'n gymysgeddau o hydrocarbonau sydd â berwbwyntiau tebyg. Mae hyn yn digwydd mewn purfeydd olew fel yr un yn Aberdaugleddau ar Arfordir Penfro.

Yn anffodus, weithiau caiff olew crai ei ollwng i'r amgylchedd pan aiff rhywbeth o'i le wrth ddrilio, wrth ddatgomisiynu cyfarpar neu o danceri sy'n cludo olew. Mae'r olew yn arnofio ar arwyneb dŵr ac yn effeithio ar gynefinoedd drwy ladd organebau. Mae glanhau gollyngiadau olew yn ddrud iawn ac mae'n gallu cymryd degawdau i adfer y cynefin yn llawn. Mae'n gallu effeithio ar bysgota a thwristiaeth.

Distyllu ffracsiynol

Rydyn ni'n gwresogi olew crai i ffurfio anwedd ac yn ei wahanu mewn proses o'r enw **distyllu ffracsiynol**. Mae'r golofn yn oerach ar y top nag ar y gwaelod. Mae'r hydrocarbonau yn cyddwyso ar dymereddau gwahanol gan ddibynnu ar hydoedd eu cadwynau carbon ac rydyn ni'n defnyddio'r ffracsiynau mewn ffyrdd penodol (Ffigur 8.8).

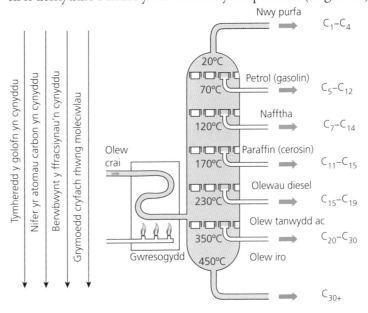

Ffigur 8.8 Gwahanu olew crai mewn colofn ffracsiynu

Cracio

Mae llawer o alw am hydrocarbonau cadwyn fer fel tanwyddau, ac mae rhai â chadwynau hirach yn llai defnyddiol. Felly rydyn ni'n **cracio** (torri'n ddarnau) yr hydrocarbonau cadwyn hir i wneud mwy o'r hydrocarbonau byrrach (mwy defnyddiol). Rydyn ni'n defnyddio'r moleciwlau alcen adweithiol sydd hefyd yn cael eu cynhyrchu i wneud polymerau.

Polymeru

Polymerau yw moleciwlau hir iawn sy'n cael eu gwneud drwy gysylltu llawer o unedau bach sy'n ailadrodd o'r enw **monomerau**. Mae'r moleciwlau alcen sy'n cael eu gwneud o'r broses gracio yn cynnwys bond dwbl C=C adweithiol sy'n caniatáu i'r moleciwlau i uno gyda'i gilydd. Mae Ffigur 8.9 yn dangos sut mae monomerau'n uno i ffurfio polymer.

Mae'r bondiau cryf sy'n dal polymerau at ei gilydd yn golygu eu bod nhw'n wydn iawn. Dydy'r rhan fwyaf o bolymerau ddim yn fioddiraddadwy ac maen nhw'n para am gannoedd o flynyddoedd, gan achosi llygredd a gan effeithio ar ecosystemau. Mae hyn yn broblem sylweddol yng nghefnforoedd y byd lle gallai bywyd morol farw ar ôl bwyta llygredd plastig neu gael ei ddal ynddo.

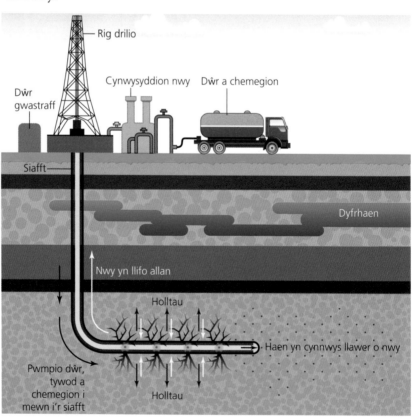

Ffigur 8.9 Mae poly(ethen) yn bolymer cyffredin sydd wedi'i wneud o ethen. Rydyn ni'n gwneud ethen drwy gracio hydrocarbonau cadwyn hir o ffracsiynau trwm olew crai

Ethen

Poly(ethen)

✔ | **Profwch eich hun**

26 Pa un o briodweddau sodiwm clorid sy'n golygu ein bod ni'n gallu ei fwyndoddi drwy hydoddiant?
27 Pa broses sy'n cael ei defnyddio i wahanu olew crai?
28 I beth rydyn ni'n defnyddio'r rhan fwyaf o gynhyrchion olew crai?
29 Enwch yr adwaith cemegol rydyn ni'n ei ddefnyddio i wneud polymerau.

▶ Echdynnu a defnyddio nwy siâl

Mae nwy siâl yn danwydd ffosil sydd i'w gael mewn creigiau mandyllog. Mae dyddodion mawr o nwy siâl yng Nghymru. Rydyn ni'n ei echdynnu drwy ffracio (Ffigur 8.10). Rydyn ni'n drilio siafft i mewn i'r graig er mwyn cyrraedd y dyddodion nwy. Rydyn ni'n pwmpio cymysgedd dan wasgedd uchel o ddŵr, tywod a chemegion i mewn i'r siafft, gan wthio'r hydrocarbonau allan. Rydyn ni'n eu casglu nhw ym mhen y ffynnon i'w prosesu.

Mae cyfansoddiad nwy siâl yr un fath â nwy naturiol, felly gallwn ni ddefnyddio ein cyfarpar a'n rhwydweithiau presennol i brosesu, storio a dosbarthu'r tanwydd. Mae ffracio yn creu swyddi ac yn aml yn cyflwyno gwelliannau i isadeiledd, felly mae yna fanteision economaidd.

Fodd bynnag, mae ffracio'n gallu achosi llygredd os nad ydyn ni'n rheoli'r dŵr gwastraff yn ofalus. Gall hefyd achosi daeargrynfeydd bach. Gan fod nwy siâl yn adnodd cyfyngedig (anadnewyddadwy), dim ond datrysiad tymor canolig yw ffracio i bontio'r bwlch rhwng tanwyddau ffosil traddodiadol a ffynonellau egni adnewyddadwy, cynaliadwy.

Ffigur 8.10 Mae ffracio yn dechneg echdynnu newydd y gallwn ni ei defnyddio i gael nwy siâl

▶ Echdynnu nwyon o'r atmosffer

Mae aer yn gymysgedd o nwyon â gwahanol ferwbwyntiau. Caiff aer sych ei gywasgu a'i oeri i tua –200 °C fel ei fod yn hylifo; mae carbon deuocsid yn ymsolido a gallwn ni ei dynnu allan. Mae gweddill yr aer hylifol yn cael eu basio i mewn i golofn ffracsiynu sy'n boethach ar y gwaelod ac yn oerach ar y top. Mae nwy nitrogen yn anweddu'n gyflym ac yn llifo allan o dop y golofn ffracsiynu. Mae ocsigen hylifol yn llifo allan o waelod y golofn.

▶ Echdynnu biomas

Tanwydd adnewyddadwy sydd wedi'i wneud o fiomas (planhigion, gwastraff anifeiliaid, neu wastraff o'r cartref) yw biodanwydd. Er enghraifft, gallwn ni ddefnyddio ethanol sydd wedi'i wneud drwy eplesu cnydau yn hytrach na phetrol mewn ceir; yn 2021, bioethanol oedd 10% o'r petrol yng Nghymru.

Gallwn ni hefyd ddefnyddio biomas fel **porthiant** cemegol (*chemical feedstock*) – i gynhyrchu bioplastig bioddiraddadwy rydyn ni'n defnyddio olew had rêp a startsh corn o India corn. Mae'n rhaid ffermio, cynaeafu a phrosesu'r cnydau hyn i roi'r porthiannau. Mae tyfu cnydau biomas yn gallu gwthio pris bwyd i fyny a lleihau bioamrywiaeth, oherwydd bod ffermwyr yn gallu dewis tyfu'r rhain, yn hytrach nag amrywiaeth o gnydau bwyd mwy amrywiol.

Yn wahanol i blastigion traddodiadol, mae bioplastigion yn fioddiraddadwy – maen nhw'n torri i lawr yn yr amgylchedd wrth i ficrobau ddefnyddio'r biomas yn y bioplastig fel ffynhonnell bwyd.

✔ Profwch eich hun

30 Pam rydyn ni'n dosbarthu nwy siâl fel tanwydd ffosil?
31 Beth yw'r defnydd crai rydyn ni'n ei ddefnyddio i wneud carbon deuocsid, nitrogen ac ocsigen?
32 Pam mae bioplastigion yn well i'r amgylchedd na pholymerau traddodiadol?
33 Rhowch un enghraifft o gnwd y gallwn ni ei ddefnyddio i wneud bioplastigion.

⚙ Gwaith ymarferol penodol

Paratoi biopolymer gan gynnwys effaith plastigydd

Mae disgybl yn paratoi dau sampl o fiopolymer o startsh tatws. Mae hi'n ychwanegu plastigydd at un o'r samplau, i weld sut mae'n effeithio ar briodweddau'r biopolymer.

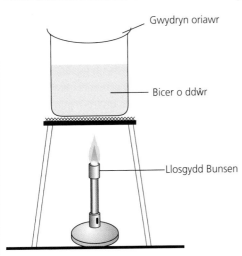

Gwydryn oriawr
Bicer o ddŵr
Llosgydd Bunsen

Ffigur 8.11

Y dull

1 Arllwys 22 cm³ o ddŵr, 4 g o startsh tatws, 3 cm³ o asid hydroclorig a 2 cm³ o bropan-1,2,3-triol i mewn i ficer.
2 Gosod gwydryn oriawr ar ben y bicer a berwi'r cymysgedd yn ysgafn am 15 munud.
3 Tynnu'r cymysgedd oddi ar y gwres ac ychwanegu hydoddiant sodiwm hydrocsid nes bod y pH yn niwtral.
4 Arllwys y cymysgedd i mewn i ddysgl Petri a'i adael i sychu gan gynhyrchu ffilm biopolymer.
5 Ailadrodd camau 1–4 ond heb ychwanegu'r propan-1,2,3-triol.
6 Cymharu'r ddau blastig sydd wedi ffurfio: sut maen nhw'n edrych? Pa mor hawdd maen nhw'n plygu?

Cwestiynau

1 Pa ragofalon diogelwch dylai'r disgybl eu cymryd?
2 Sut mae'r ddwy ffilm yn cymharu â'i gilydd?
3 Enwch y plastigydd.
4 Enwch y polymer.

Hyd oes cynnyrch

Dylai cynhyrchion fod yn wydn, ond mae metelau'n gallu cyrydu drwy ocsidio. Mae cyrydu (neu rydu) yn gwanhau metelau ac yn effeithio ar eu perfformiad. Rydyn ni'n gwneud llawer o wrthrychau metel o aloion gan fod y rhain yn llai adweithiol ac yn cyrydu'n arafach. Gallwn ni hefyd araenu (neu beintio) metelau i'w hamddiffyn nhw rhag yr amgylchedd, gan atal neu arafu cyrydiad.

Gallwn ni ddefnyddio electrolysis i electroplatio gwrthrychau â metel arall. Yr eitem i'w helectroplatio yw'r electrod negatif (catod) mewn hydoddiant dyfrllyd o gyfansoddyn metel. Mae'r metel yn yr hydoddiant hwn yn cael ei ddyddodi ar yr eitem mewn haen denau. Mae'r electrod positif wedi'i wneud o sampl pur o'r metel araenu. Pan fydd cerrynt trydanol yn llifo, bydd atomau metel o'r anod yn cael eu hocsidio ac yn mynd i hydoddiant. Mae'r ïonau metel yn cael eu hatynnu at yr eitem ar y catod, lle maen nhw'n ennill electronau ac yn ffurfio atomau metel niwtral yn yr araen arwyneb. Mae electroplatio yn gyffredin ar gyfer gemwaith a chyllyll a ffyrc, gan ei fod yn edrych yn ddeniadol ac yn gallu amddiffyn rhag traul a chyrydiad.

Mae llawer o gynhyrchion yn cael eu taflu ar ôl eu defnyddio, sy'n effeithio ar yr amgylchedd. I fod yn fwy cynaliadwy, dylen ni ddefnyddio cyn lleied o ddefnyddiau â phosibl, ailddefnyddio cynhyrchion os yw hynny'n bosibl, ac ailgylchu defnyddiau er mwyn osgoi gwastraffu ein defnyddiau crai cyfyngedig.

Crynodeb o'r bennod

- Mae'r Ddaear wedi'i gwneud o graidd haearn solid, wedi'i amgylchynu â haen o haearn tawdd, yna haen o graig hylifol o'r enw magma, ac yn olaf haen o gramen solid ar y tu allan.
- Mae'r gramen wedi'i gwneud o blatiau sy'n symud. Lle maen nhw'n cwrdd, mae llosgfynyddoedd a daeargrynfeydd yn gallu ffurfio.
- Alfred Wegener oedd y cyntaf i awgrymu damcaniaeth drifft cyfandirol.
- Enw'r amlen o nwy o gwmpas y Ddaear yw'r atmosffer.
- Mae'r atmosffer wedi datblygu dros amser ac mae yna nifer o ddamcaniaethau i esbonio sut digwyddodd hyn.
- Mae'n debygol bod yr atmosffer cynnar wedi'i wneud o nwyon folcanig ac roedd siŵr o fod yn debyg i atmosffer Mawrth neu Wener heddiw.
- Cafodd ocsigen ei ffurfio wrth i organebau ddatblygu a dechrau cyflawni ffotosynthesis.
- Cafodd nitrogen ei wneud ar ôl i'r ocsigen adweithio â'r amonia yn yr atmosffer cynnar.
- Gostyngodd lefelau carbon deuocsid oherwydd ffotosynthesis, wrth iddo hydoddi i mewn i'r cefnforoedd a oedd newydd ffurfio ac wrth i greigiau gwaddodol a thanwyddau ffosil ffurfio.
- Gallwn ni ddefnyddio distyllu ffracsiynol i wahanu aer yn garbon deuocsid, ocsigen a nitrogen.
- Mae metelau fel arfer i'w cael mewn mwynau sy'n cael eu mwyngloddio o'r Ddaear.
- Mae angen rhydwytho'r cyfansoddion metel mewn mwynau i echdynnu'r metel o'i gyfansoddyn.
- Caiff haearn ei echdynnu o haematit yn y ffwrnais chwyth drwy ei rydwytho gyda charbon.
- Rydyn ni'n defnyddio electrolysis i echdynnu alwminiwm o'r mwyn bocsit.
- Rydyn ni'n echdynnu olew crai drwy ddrilio, ac yna'n defnyddio distyllu ffracsiynol i'w wahanu.
- Mae cynhyrchion olew crai yn gallu cracio i wneud monomerau, a gallwn ni bolymeru'r rhain i gynhyrchu polymerau.
- Mae polymerau yn anfiodiraddadwy, ond mae biopolymerau wedi'u gwneud o fiomas ac yn fwy ecogyfeillgar gan eu bod nhw'n bioddiraddio.
- Gallwn ni fwyngloddio sodiwm clorid drwy hydoddiant neu o siafft dwfn, neu ei echdynnu o ddŵr môr.
- Mae'r Tabl Cyfnodol yn rhestru pob elfen hysbys. Enw'r colofnau yw'r grwpiau ac enw'r rhesi yw'r cyfnodau.
- Enw elfennau Grŵp 1 yw'r metelau alcalïaidd ac maen nhw'n mynd yn fwy adweithiol wrth i chi fynd i lawr y grŵp.
- Enw elfennau Grŵp 7 yw'r halogenau ac maen nhw'n mynd yn llai adweithiol wrth i chi fynd i lawr y grŵp.
- Mae adwaith cemegol yn gwneud sylwedd newydd ond mae cyfanswm y màs yn aros yn gyson.
- Gallwn ni gynrychioli adweithiau cemegol mewn hafaliadau lle mae adweithyddion yn troi'n gynhyrchion.
- Rhaid i hafaliadau symbolau fod yn gytbwys oherwydd does dim atomau'n cael eu creu na'u dinistrio, dim ond eu had-drefnu mewn adweithiau cemegol.

9 Cynhyrchu cyfansoddion defnyddiol yn y labordy

Mae cemegion yn bwysig i'n bywydau pob dydd. Mae angen i ni ddod o hyd i ffyrdd economaidd a chynaliadwy o wneud a phuro sylweddau, gan effeithio ar yr amgylchedd gyn lleied â phosibl. Mae cemegwyr yn datblygu'r dulliau gorau o wneud sylweddau. Maen nhw'n cydweithio'n agos â pheirianwyr i uwchraddio dulliau swp-gynhyrchu labordy i fod yn brosesau gweithgynhyrchu ar raddfa lawn.

Asidau, basau ac alcalïau

Dechreuodd y Chwyldro Diwydiannol yng Nghymru yng Nghwm Tawe isaf oherwydd bod cyflenwad helaeth o fwynau metel, glo a dŵr yno. Cafodd asid sylffwrig ei gynhyrchu i'w ddefnyddio yn y diwydiant echdynnu metelau.

Asidau yw sylweddau sy'n gallu hydoddi mewn dŵr a rhyddhau ïonau hydrogen mewn hydoddiant ($H^+(d)$). Mae asidau yn adweithio â chemegion o'r enw basau. Mae basau yn cynnwys cyfansoddion metel fel ocsidau a charbonadau metel.

Mae rhai basau, fel amonia, yn hydoddi mewn dŵr. Yr enw ar fasau hydawdd yw alcalïau ac mae'r rhain yn rhyddhau ïonau hydrocsid ($OH^-(d)$) i mewn i hydoddiant.

Gallwn ni ddefnyddio **dangosyddion** asid-bas i ganfod a ydy hylif yn asid neu'n fas. Mae'r sylweddau hyn yn rai sydd ag un lliw mewn hydoddiannau asid a lliw arall mewn hydoddiannau alcali. Mae Tabl 9.1 yn dangos lliwiau dangosyddion cyffredin mewn asidau a basau.

Tabl 9.1 Lliwiau dangosyddion cyffredin mewn hydoddiant asid neu alcali

Dangosydd	Lliw mewn asid	Lliw mewn alcali
Litmws	Coch	Glas
Methyl oren	Coch	Melyn
Ffenolffthalein	Di-liw	Pinc

Y raddfa pH

Mae'r raddfa pH yn mesur pa mor asidig yw sylwedd drwy fesur crynodiad ïonau hydrogen mewn hydoddiant.

Mae Ffigur 9.1 yn dangos y raddfa pH:

▶ mae pH < 7 yn hydoddiannau asidig.
▶ mae pH = 7 yn hydoddiannau niwtral.
▶ mae pH > 7 yn hydoddiannau alcalïaidd.

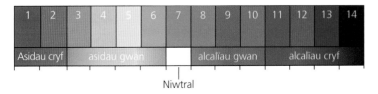

Ffigur 9.1 Mae'r raddfa pH yn dangos asidedd hydoddiannau

✓ Profwch eich hun

1 Pa ïon y mae asid yn ei ryddhau i hydoddiant?
2 Sut mae basau'n debyg i alcalïau?
3 Sut mae basau'n wahanol i alcalïau?
4 Pa liw yw litmws wrth ei ychwanegu at asid hydroclorig?
5 Pa liw yw ffenolffthalein wrth ei ychwanegu at sodiwm hydrocsid?

Gallwn ni fesur pH hydoddiant gyda dangosydd cyffredinol. Mae hwn yn gymysgedd o wahanol lifynnau sy'n newid lliw ar wahanol werthoedd pH. Mae'r dangosydd cyffredinol yn gallu bod yn hydoddiant y gallwn ni ei ychwanegu at sylwedd, neu ar ddarn o bapur amsugnol.

I fesur pH hydoddiant mae angen:

▶ Ychwanegu dangosydd cyffredinol.
▶ Cymharu'r lliw â'r siart lliw a darllen y gwerth pH. Mae Ffigur 9.1 yn dangos lliwiau graddfa'r Dangosydd Cyffredinol.

Mae'n gallu bod yn anodd dehongli'r lliwiau ar y raddfa pH. I gael canlyniadau mwy manwl gywir, gallwn ni ddefnyddio chwiliedydd pH (Ffigur 9.2). Mae'n bwysig graddnodi'r chwiliedydd pH fel bod y canlyniadau'n fanwl gywir.

Ffigur 9.2 Mae chwiliedydd pH yn mesur y pH yn ôl dargludedd ac mae cofnodydd data yn cofnodi'r wybodaeth

Termau allweddol

Niwtralu Adwaith cemegol rhwng asid a bas i wneud halwyn.

Halwyn Cyfansoddyn ïonig niwtral sy'n cael ei gynhyrchu o adwaith niwtralu.

✔ **Profwch eich hun**

6 Sut byddech chi'n dosbarthu hydoddiant â pH o 7.00001?
7 Beth mae'r raddfa pH yn ei fesur?
8 Pa ddangosydd asid–bas gallwn ni ei ddefnyddio i ganfod pH hydoddiant?
9 Pam mae defnyddio chwiliedydd pH yn fwy dibynadwy na defnyddio dangosydd i ganfod pH hydoddiant?

▶ Halwynau

Pan fydd asid yn adweithio â bas, bydd adwaith cemegol yn digwydd. Rydyn ni'n gwybod hyn oherwydd bod sylweddau newydd yn ffurfio. Niwtralu yw enw'r broses lle mae asid a bas yn adweithio â'i gilydd i ffurfio halwyn. Mae halwynau yn cael eu gwneud wrth i'r ïon positif o'r bas gymryd lle'r ïon hydrogen yn yr asid. Mae Tabl 9.2 yn dangos y berthynas rhwng yr asid a'r halwyn gan ddefnyddio halwynau sodiwm fel yr enghraifft.

Tabl 9.2 Enwau'r halwynau y mae gwahanol asidau'n eu cynhyrchu

Asid	Enw mewn halwyn	Enghraifft o halwyn sodiwm
Asid hydroclorig, HCl	clorid	Sodiwm clorid, $NaCl$
Asid nitrig, HNO_3	nitrad	Sodiwm nitrad, $NaNO_3$
Asid sylffwrig, H_2SO_4	sylffad	Sodiwm sylffad, Na_2SO_4

Mae halwynau'n gallu bod yn anhydawdd neu'n hydawdd. Halwynau anhydawdd:

▶ dydyn nhw ddim yn hydoddi mewn dŵr,
▶ gallwn ni eu hechdynnu nhw o hydoddiant drwy hidlo,
▶ maen nhw'n cynnwys copr carbonad, er enghraifft.

Halwynau hydawdd:

▶ maen nhw'n hydoddi mewn dŵr,
▶ gallwn ni eu hechdynnu nhw o hydoddiant drwy risialu,
▶ maen nhw'n cynnwys copr sylffad, sinc sylffad, potasiwm nitrad ac amoniwm nitrad, er enghraifft.

Cam 1 YR ADWAITH
• Adweithio'r asid â sylwedd anhydawdd (e.e. metel, ocsid metel, carbonad metel, hydrocsid metel) i gynhyrchu'r halwyn dan sylw
• Ychwanegu'r sylwedd hwn nes nad yw'n adweithio mwyach
• Efallai y bydd angen gwresogi'r adwaith hwn

↓

Cam 2 HIDLO'R GORMODEDD I FFWRDD
• Hidlo unrhyw fetel/ocsid metel/ carbonad metel/hydrocsid metel sydd dros ben, i ffwrdd

↓

Cam 3 GRISIALU'R HALWYN
• Gwresogi'r hydoddiant i anweddu rhywfaint o ddŵr nes bod grisialau'n dechrau ffurfio
• Gadael i'r hydoddiant oeri – bydd mwy o risialau'n ffurfio
• Hidlo'r grisialau halwyn i ffwrdd
• Gadael i'r grisialau i sychu

Ffigur 9.3 Golwg gyffredinol ar sut i wneud halwynau anhydawdd

Metelau ac asidau

Mae gan Gymru gyflenwad cyfoethog o fetelau a chyfansoddion metelau yn ei chreigiau. Mae yna hanes hir o fwyngloddio metelau sy'n mynd yn ôl mor bell â'r Oes Efydd. Heddiw, does dim mwyngloddiau metel ar waith yng Nghymru, ond mae pobl yn dal i allu ymweld â nhw fel twristiaid a dysgu am fwyngloddio yn y gorffennol.

Mae metelau sy'n uwch na hydrogen yn y gyfres adweithedd yn adweithio ag asidau. Pan fydd metel yn adweithio ag asid, bydd halwyn metel a nwy hydrogen yn ffurfio. Hafaliad geiriau cyffredinol yr adwaith hwn yw:

$$\text{metel} + \text{asid} \rightarrow \text{halwyn metel} + \text{hydrogen}$$

Pan mae metel magnesiwm solid yn adweithio â hydoddiant o asid hydroclorig, gallwn ni arsylwi eferwad (*effervescence*), fel sydd i'w weld yn Ffigur 9.4. Mae'r swigod yn dangos bod nwy wedi ffurfio. Mae angen i ni brofi'r nwy i'w adnabod. Os oes hydrogen yn bresennol mewn tiwb profi, bydd prennyn wedi'i gynnau sy'n cael ei ddal yn agos at ei geg yn tanio â sŵn pop gwichlyd.

Gan ein bod ni'n gwybod bod nwy wedi ffurfio a bod hwn yn sylwedd newydd, gallwn ni ddod i'r casgliad bod newid cemegol wedi digwydd.

Mae'r adwaith hwn hefyd yn cynhyrchu cynnydd yn y tymheredd, a gallwn ni arsylwi ar hyn drwy fonitro'r adwaith â thermomedr. Gan fod y tymheredd yn cynyddu, gallwn ni ddod i'r casgliad bod hwn yn adwaith ecsothermig.

Mae magnesiwm yn adweithio ag asid hydroclorig i ffurfio magnesiwm clorid a hydrogen. Hafaliadau'r adwaith hwn yw:

$$\text{magnesiwm} + \text{asid hydroclorig} \rightarrow \text{magnesiwm clorid} + \text{hydrogen}$$

$$Mg(s) + 2HCl(d) \rightarrow MgCl_2(d) + H_2(n)$$

Mae magnesiwm clorid yn hydawdd iawn ac yn ffurfio hydoddiant di-liw, felly dydy hi ddim yn hawdd gweld y cynnyrch hwn. Ond pe baem yn anweddu'r dŵr i ffwrdd, fel sydd i'w weld yn Ffigur 9.5, byddai'n gadael y grisialau magnesiwm clorid ar ôl.

Ocsidau metel ac asidau

Mae ocsidau metelau yn fasau ac felly maen nhw'n adweithio ag asidau i ffurfio halwyn metel a dŵr. Hafaliad geiriau cyffredinol yr adwaith hwn yw:

$$\text{ocsid metel} + \text{asid} \rightarrow \text{halwyn metel} + \text{dŵr}$$

Ffigur 9.4 Magnesiwm yn hisian wrth iddo adweithio ag asid gan ryddhau nwy hydrogen

Dysgl anweddu

Gwresogi

Ffigur 9.5 Y dull anweddu i echdynnu halwynau wedi hydoddi o hydoddiant

Ffigur 9.6 Y dull hidlo sy'n gallu echdynnu solidau anhydawdd o hylif

Twndis hidlo
Papur hidlo
Solid (gweddill) yn casglu ar y papur hidlo
Fflasg gonigol
Hylif (hidlif) yn casglu yn y fflasg

Pan mae copr(II) ocsid solid du yn adweithio â hydoddiant o asid sylffwrig, gallwn ni weld yr hydoddiant yn newid lliw o ddi-liw i las. Mae'r newid lliw hwn yn dangos bod sylwedd newydd wedi ffurfio ac adwaith cemegol wedi digwydd.

Mae'r halwyn copr, copr sylffad, yn hydawdd iawn ac yn ffurfio'r hydoddiant glas. I gael sampl sych pur o'r halwyn hwn, yn gyntaf mae'n rhaid i ni wneud yn siŵr bod yr asid i gyd wedi'i niwtralu. Gallwn ni wneud hyn drwy ychwanegu gormodedd (gormod) o gopr(II) ocsid nes bod rhywfaint o'r solid du yn dal i fod heb adweithio. Yna, bydd angen hidlo'r hydoddiant, fel sydd i'w weld yn Ffigur 9.6, i gael gwared â'r copr(II) ocsid sydd heb adweithio. Rydyn ni'n casglu **hidlif** yr hydoddiant copr(II) sylffad. Rydyn ni'n anweddu'r dŵr i adael y grisialau halwyn solid. Grisialu yw enw'r broses hon.

Ar ôl casglu'r grisialau copr(II) sylffad glas, rydyn ni'n eu sychu nhw'n dyner â phapur amsugnol neu'n eu rhoi nhw mewn ffwrn sychu i gael gwared ag unrhyw ddŵr sydd ar ôl.

Hafaliadau'r adwaith hwn yw:

$$\text{copr(II) ocsid} + \text{asid sylffwrig} \rightarrow \text{copr(II) sylffad} + \text{dŵr}$$

$$CuO(s) + 2H_2SO_4(d) \rightarrow CuSO_4(d) + H_2O(n)$$

▶ Hydrocsidau metel ac asidau

Mae hydrocsidau metel yn fasau ac mae llawer ohonynt yn hydawdd mewn dŵr, gan ffurfio hydoddiannau alcaliaidd (alcalïau). Hafaliad geiriau cyffredinol adwaith hydrocsidau metel ag asidau yw:

$$\text{hydrocsid metel} + \text{asid} \rightarrow \text{halwyn metel} + \text{dŵr}$$

Pan fydd hydoddiant asid nitrig yn cael ei ychwanegu at hydoddiant potasiwm hydrocsid, bydd adwaith cemegol yn digwydd. Mae'n anodd arsylwi ar yr adwaith hwn oherwydd ei fod yn ffurfio dŵr a halwyn metel hydawdd, ac mae'r ddau o'r rhain yn ddi-liw. Mae cynnydd bach yn y tymheredd yn dangos bod adwaith wedi digwydd. Gallwn ni fonitro'r adwaith â chwiliedydd pH i fesur sut mae'r pH yn newid wrth ychwanegu un hydoddiant at y llall.

Gallwn ni ddefnyddio grisialu i gael sampl sych pur o'r halwyn hydawdd. Rydyn ni'n rhoi'r hydoddiant halwyn mewn dysgl anweddu ac yn ei wresogi nes bod hydoddiant dirlawn poeth wedi'i wneud, gyda grisialau'n ffurfio ar yr ymyl. Yna, rydyn ni'n tynnu'r ddysgl anweddu oddi ar y gwres ac yn gadael i'r hydoddiant oeri. Mae hydoddedd yr halwyn sydd wedi hydoddi yn lleihau wrth i'r tymheredd ostwng, ac mae mwy o risialau'n ffurfio. Gan ddefnyddio sbatwla, gallwn ni dynnu'r grisialau allan a'u sychu nhw'n dyner â phapur amsugnol neu eu rhoi nhw mewn ffwrn sychu.

Hafaliadau'r adwaith hwn yw:

$$\text{potasiwm hydrocsid} + \text{asid nitrig} \rightarrow \text{potasiwm nitrad} + \text{dŵr}$$

$$KOH(d) + HNO_3(d) \rightarrow KNO_3(d) + H_2O(n)$$

Carbonad metel ac asidau

Craig waddodol yw calchfaen, ac mae'n cynnwys llawer o galsiwm carbonad. Mae'n dal i gael ei mwyngloddio yng Nghymru heddiw ac roedd yn cael ei phrosesu i ffurfio cynhyrchion eraill mewn lleoliadau fel Gwaith Calch y Mwynglawdd Wrecsam. Mae calsiwm carbonad yn fas. Mae'n cael ei ddefnyddio wrth adeiladu ffyrdd a'i ychwanegu at gaeau ffermwyr i gynyddu pH y pridd ac i helpu i wella cynnyrch cnydau.

Mae carbonadau metel yn fasau ac yn adweithio ag asidau, gan ffurfio halwynau metel, dŵr a nwy carbon deuocsid. Hafaliad geiriau cyffredinol yr adwaith hwn yw:

> carbonad metel + asid → metel + dŵr + carbon deuocsid
> halwyn

Mae sodiwm carbonad yn alcali ac felly mae'n gallu adweithio ag asidau, naill ai fel solid neu mewn hydoddiant. Pan mae sodiwm carbonad yn adweithio ag asid hydroclorig, mae yna eferwad ac mae'r tymheredd yn cynyddu. Gallwn ni gasglu'r nwy y mae'n ei gynhyrchu a'i brofi drwy ei yrru drwy ddŵr calch. Mae nwy carbon deuocsid yn achosi i'r dŵr calch droi'n gymylog oherwydd bod gwaddod gwyn anhydawdd yn ffurfio.

Hafaliadau'r adwaith hwn yw:

> sodiwm + asid → sodiwm + dŵr + carbon
> carbonad hydroclorig clorid deuocsid
>
> $Na_2CO_3(s) + 2HCl(d) \rightarrow 2NaCl(d) + H_2O(h) + CO_2(n)$

Term allweddol

Gwaddod Solid anhydawdd sy'n cael ei gynhyrchu yn ystod adwaith cemegol mewn hydoddiant.

Amonia ac asidau

Ar dymheredd ystafell, mae amonia yn nwy hydawdd iawn sy'n ddi-liw ond yn ddrewllyd. Mae'n adweithio'n rhwydd ag asidau ac mae'n gallu hydoddi mewn dŵr i ffurfio hydoddiant alcalïaidd o amoniwm hydrocsid. Dyma hafaliadau adwaith amonia â dŵr:

> amonia + dŵr → amoniwm hydrocsid
>
> $NH_3(n) + H_2O(h) \rightarrow NH_4OH(d)$

Mae nwy amonia yn gallu adweithio'n uniongyrchol â nwyon asidig fel hydrogen clorid. Hafaliadau'r adwaith hwn yw:

> amonia + hydrogen clorid → amoniwm clorid
>
> $NH_3(n) + HCl(n) \rightarrow NH_4Cl(s)$

Mae hydoddiant amonia neu amoniwm hydrocsid yn

✔ | **Profwch eich hun**

14 Ysgrifennwch hafaliad geiriau a hafaliad symbolau cytbwys ar gyfer:
   a) Adwaith copr carbonad ac asid sylffwrig
   b) Adwaith sinc ag asid sylffwrig
   c) Adwaith calsiwm ag asid nitrig
   ch) Amoniwm hydrocsid ag asid hydroclorig
15 Esboniwch pam na fyddech chi byth yn gwneud potasiwm nitrad o adwaith potasiwm ag asid nitrig.

adweithio'n rhwydd ag asid i wneud halwyn a dŵr. Er enghraifft, gall hydoddiant amonia adweithio ag asid nitrig i wneud amoniwm nitrad a dŵr. Dydy'r adwaith hwn ddim yn achosi newid gweladwy ond mae'n ecsothermig, ac felly gallwn ni ddefnyddio thermomedr i'w fonitro. Gan ei fod yn adwaith niwtralu, gallwn ni hefyd ddefnyddio dangosydd i'w fonitro. Hafaliadau'r adwaith hwn yw:

$$\text{hydoddiant} + \text{asid nitrig} \rightarrow \text{amoniwm nitrad} + \text{dŵr}$$
$$\text{amonia}$$

$$NH_4OH(d) + HNO_3(d) \rightarrow NH_4NO_3(d) + H_2O(h)$$

Paratoi halwynau defnyddiol

Mae disgybl yn paratoi sampl sych pur o sinc sylffad o bowdr sinc ocsid ac asid sylffwrig gwanedig. Mae Ffigur 9.7 yn dangos ei chyfarpar.

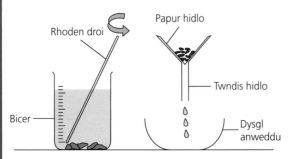

Ffigur 9.7

Y dull

1 Cydosod y cyfarpar fel sydd i'w weld yn y diagram.
2 Gwresogi 50 cm³ o asid sylffwrig gwanedig yn ysgafn mewn bicer 250 cm³ at 50 °C.
3 Ychwanegu 5 g o bowdr sinc ocsid a'i droi. Gadael i hwn oeri.
4 Hidlo'r cymysgedd wedi'i oeri.
5 Rhoi'r hidlif mewn dysgl anweddu a'i wresogi nes bod cyfaint yr hydoddiant wedi haneru.
6 Tynnu'r ddysgl anweddu a'i gadael hi mewn man cynnes nes bod yr hylif i gyd wedi anweddu.
7 Defnyddio sbatwla i dynnu'r grisialau a'u rhoi nhw ar bapur amsugnol i'w sychu.

Cwestiynau

1 Nodwch ddiben y rhagofalon diogelwch y mae'n rhaid i'r disgybl eu cymryd.
2 Nodwch ddiben cam 4.
3 Nodwch ddiben cam 5.
4 Ysgrifennwch hafaliad geiriau a hafaliad symbolau cytbwys ar gyfer yr adwaith hwn.

▶ Gwneud copr carbonad

Mae copr(II) carbonad yn halwyn metel anhydawdd. Gallwn ni ddefnyddio adwaith gwaddodi i'w baratoi:

▶ Ychwanegu powdr calsiwm carbonad gwyn at hydoddiant copr(II) clorid glas.
▶ Bydd copr(II) carbonad solid glas yn ffurfio mewn hydoddiant di-liw o galsiwm clorid.
▶ Gallwn ni wahanu copr(II) carbonad drwy ei hidlo a'i gasglu fel y **gweddill**.

> **Term allweddol**
>
> **Gweddill** Y solid sy'n cael ei gasglu yn y papur hidlo ar ôl hidlo cymysgedd.

Hafaliadau'r adwaith hwn yw:

$$\text{calsiwm(II) carbonad} + \text{copr(II) clorid} \rightarrow \text{copr(II) carbonad} + \text{sodiwm clorid}$$

$$CaCO_3(d) + CuCl_2(d) \rightarrow CuCO_3(s) + CaCl_2(d)$$

Cael adnoddau o'n planed

► Dewis llwybr adwaith

Wrth wneud halwyn, mae'n bwysig gwerthuso'r holl ddulliau y mae'n bosibl eu defnyddio. Meddyliwch am y canlynol:

► **Risg** – Dylech chi ddefnyddio'r cemegion lleiaf peryglus (mae Ffigur 9.8 yn rhoi ystyron symbolau perygl). Peidiwch â defnyddio ffynonellau gwres oni bai bod hynny'n hanfodol.
► **Sgiliau** – Oes gennych chi'r sgiliau i gwblhau'r dull yn ddiogel? Os nad oes, pa hyfforddiant sydd ei angen arnoch chi?
► **Purdeb** – I gael halwyn pur iawn, defnyddiwch gam puro fel hidlo. Gallech chi brofi'r purdeb drwy ddefnyddio cromatograffaeth neu drwy fesur yr ymdoddbwynt.
► **Cynnyrch** – Ceisiwch osgoi trosglwyddo sylweddau o un llestr adweithio i un arall heb fod angen, er mwyn lleihau colledion a sicrhau'r cynnyrch mwyaf posibl.
► **Amser** – Os nad oes gennych chi lawer o amser, efallai y bydd angen i chi ddefnyddio dull cyflymach. Efallai y bydd rhaid i chi gyfaddawdu ar agweddau eraill fel cynnyrch, purdeb neu faint eich grisialau. Er enghraifft, i gael grisialau mawr, mae angen anweddu'r hydoddydd yn araf, ond os yw amser yn brin, defnyddiwch wres i gael grisialau llai yn gyflym.

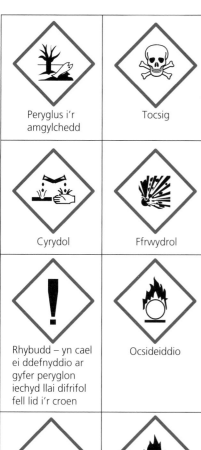

Peryglus i'r amgylchedd — Tocsig — Cyrydol — Ffrwydrol — Rhybudd – yn cael ei ddefnyddio ar gyfer peryglon iechyd llai difrifol fell lid i'r croen — Ocsideiddio — Nwy dan wasgedd — Fflamadwy — Peryglon iechyd tymor hir fel carsinogenedd

Ffigur 9.8 Y symbolau perygl cyffredin sydd i'w gweld ar gemegion

▼ Crynodeb o'r bennod

- Mae pH asidau yn llai na 7 ac maen nhw'n rhyddhau ïonau $H^+(d)$ i mewn i hydoddiant.
- Mae basau yn adweithio ag asidau mewn adweithiau cemegol niwtralu.
- Basau hydawdd yw alcalïau; mae eu pH yn fwy na 7 ac maen nhw'n rhyddhau ïonau $OH^-(d)$ i mewn i hydoddiant.
- Graddfa logarithmig yw'r raddfa pH i fesur asidedd hydoddiannau o 0 i 14.
- Mae pH cemegion niwtral yn 7.
- Mae ocsidau metel, hydrocsidau metel, carbonadau metel ac amonia yn fasau.
- Pan fydd metel yn adweithio ag asid, bydd yn cynhyrchu halwyn a hydrogen.
- Pan fydd ocsid metel neu hydrocsid metel yn adweithio ag asid, bydd yn cynhyrchu halwyn a dŵr.
- Pan fydd carbonad metel yn adweithio ag asid, bydd yn cynhyrchu halwyn, dŵr a charbon deuocsid.
- Pan fydd amonia'n adweithio ag asid, bydd yn cynhyrchu halwyn.
- Mae amonia'n hydoddi mewn dŵr i wneud amoniwm hydrocsid, sy'n alcali.
- Mae halwynau'n gallu bod yn hydawdd neu'n anhydawdd.
- Rydyn ni'n gwneud halwynau anhydawdd mewn adweithiau gwaddodi.
- Mae llawer o ddulliau o wneud halwynau hydawdd, a rhaid i gemegwyr werthuso'r dulliau a dewis yr un â'r risg lleiaf ac sy'n gwneud y cynnyrch gorau yn yr amser sydd ar gael.

▶ Cwestiynau enghreifftiol

1 Mae'r cyflenwad dŵr cyhoeddus rydyn ni'n ei ddefnyddio yn y cartref yn mynd drwy nifer o gamau trin cyn iddo fod yn ddiogel i'w yfed.

   a) Enwch un sylwedd y mae'n bosibl ei ddefnyddio i ddiheintio'r dŵr. [1]

   b) Esboniwch pam nad ydyn ni'n defnyddio distyllu yn aml i gynhyrchu dŵr yfed. [2]

   c) Weithiau, rydyn ni'n disgrifio dŵr fel dŵr caled. Rhowch symbolau'r ddau ïon sy'n achosi i ddŵr fod yn galed. [2]

   ch) Disgrifiwch ddull y gallwn ni ei ddefnyddio i ganfod caledwch dŵr. [6]

2 Mae cyflenwad dŵr cynaliadwy diogel yn hanfodol i fywyd. Dim ond moleciwlau dŵr sydd mewn dŵr pur, a'i fformiwla gemegol yw H_2O.

   a) Darganfyddwch nifer yr atomau mewn moleciwl dŵr. [1]

   b) Enwch yr elfennau sy'n gwneud dŵr. [1]

   c) Esboniwch pam rydyn ni'n disgrifio dŵr fel cyfansoddyn. [2]

   ch) Esboniwch pam dydy dŵr tap ddim yn ddŵr pur. [1]

3 Dechreuodd Alwminiwm Môn gynhyrchu alwminiwm yn 1971 ac roedden nhw'n gwneud 145,000 tunnell fetrig o alwminiwm y flwyddyn. Y defnydd crai oedd alwminiwm ocsid, wedi'i echdynnu o fwyn bocsit.

   a) Ysgrifennwch hafaliad geiriau ar gyfer electrolysis alwminiwm ocsid. [2]

   b) Esboniwch, yn nhermau electronau, beth sy'n digwydd i'r alwminiwm yn yr alwminiwm ocsid. [3]

   c) Esboniwch pam mae angen anodau carbon newydd yn aml. [2]

4 Rydyn ni'n echdynnu defnyddiau crai mewn gwahanol ffyrdd.

   a) Nodwch y dull echdynnu cywir ar gyfer pob defnydd crai drwy dynnu llinell. [4]

Defnydd crai	Dull echdynnu
Nitrogen	Mwyngloddio drwy hydoddiant
Nwy siâl	Distyllu ffracsiynol
Halen	Mwyngloddio arwyneb
Haematit	Ffracio

   b) Mae olew crai yn gymysgedd cymhleth o hydrocarbonau. Enwch y broses rydyn ni'n ei defnyddio i wahanu olew crai. [1]

   c) Enwch y broses rydyn ni'n ei defnyddio i wneud defnydd cychwynnol polymer. [1]

5 Mae sinc yn elfen ac yn fwyn hanfodol yn y deiet i fodau dynol. Weithiau dydy pobl ddim yn bwyta digon o gyfansoddion sinc yn eu deiet a gallan nhw gymryd atchwanegion i atal salwch. Gallwn ni droi sinc yn sinc sylffad hydawdd i'w ddefnyddio mewn atchwanegion, ac mae'n hawdd i'r corff ei amsugno.

   a) Ar raddfa fach, gallwn ni wneud sinc sylffad drwy roi metel sinc mewn asid. Nodwch yr arsylwadau y byddech chi'n eu gwneud. [3]

   b) Enwch yr asid y gallwn ni ei ddefnyddio i wneud sinc sylffad o sinc. [1]

   c) Disgrifiwch ddull i echdynnu sampl sych pur o'r sinc sylffad o gymysgedd yr adwaith. [3]

6 Mae Gorsaf Drydan Penfro yn defnyddio nwy naturiol i gynhyrchu 2181 MW o bŵer. I atal unrhyw nwyon asidig rhag llygru'r atmosffer, mae'r rhain yn cael eu tynnu cyn i'r nwyon gwastraff gael eu rhyddhau i'r atmosffer.

   a) Rhowch enw'r math o sylwedd y byddai'n bosibl ei ddefnyddio i gael gwared â'r nwyon gwastraff. [1]

   b) Un nwy asidig gwastraff yw nitrogen deuocsid, sy'n gallu hydoddi mewn dŵr i wneud asid. Enwch yr asid. [1]

   c) Ysgrifennwch hafaliad symbolau cytbwys ar gyfer adwaith calsiwm ocsid (CaO) ag asid sylffwrig (H_2SO_4). [2]

Ein lle yn y Bydysawd

Mae'r Ddaear yn wrthrych bach iawn yng ngofod enfawr y **Bydysawd**. Mae'r Bydysawd yn cynnwys pob gofod, amser, mater ac egni. Mae mor fawr ac yn cynnwys cymaint o wahanol wrthrychau, mae'n anodd ei ddelweddu. Gallwn ni ddefnyddio rhannau o'r sbectrwm electromagnetig i ddelweddu gwrthrychau yn y gofod i gael gwell darlun o raddfa, adeiledd ac ymddygiad y Bydysawd.

▶ Arsylwi ar y Bydysawd

Y sbectrwm electromagnetig

Termau allweddol

Sbectrwm electromagnetig Teulu o ddonnau sydd i gyd yn teithio ar yr un buanedd, sef c, buanedd golau (3×10^8 m/s yng ngwactod y gofod).

Seren Gwrthrych yn y gofod sy'n allyrru pelydriad electromagnetig oherwydd ymasiad niwclear hydrogen ac elfennau ysgafn eraill.

Planed Gwrthrych sfferig yn y gofod, mewn orbit o gwmpas seren, â digon o gryfder disgyrchiant i glirio gwrthrychau eraill allan o'i orbit.

Mae'r lluniau drwy'r bennod hon i gyd wedi cael eu tynnu ag amrywiaeth o wahanol delesgopau a chamerâu ar y ddaear ac yn y gofod, gan ddefnyddio rhannau gwahanol o'r sbectrwm electromagnetig.

Mae'r Bydysawd wedi'i drochi ym mhob rhan o'r sbectrwm yn gyson. Mae gwrthrychau masfawr a phoeth iawn fel sêr, tyllau du, sêr niwtron a chanol galaethau yn cynhyrchu tonnau ym mhob gwahanol ran o'r sbectrwm. Mae gwrthrychau oerach â llai o egni, fel planedau a gofod cefndir y Bydysawd, yn allyrru tonnau electromagnetig â llai o egni fel tonnau radio, microdonnau ac isgoch. Mae Ffigur 10.1 yn dangos y sbectrwm electromagnetig cyflawn.

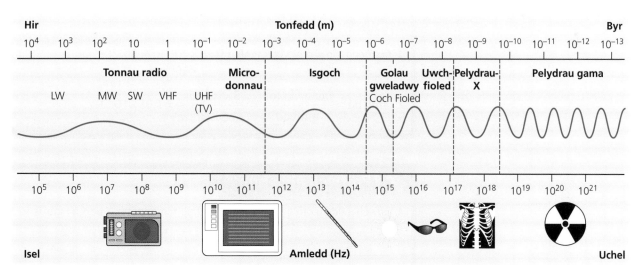

Ffigur 10.1 Y sbectrwm electromagnetig

Tonnau radio sydd â'r egnïon isaf, yn nodweddiadol tua 1×10^{-24} J; mae egni golau gweladwy o gwmpas 4×10^{-19} J; a phelydrau gama sydd â'r egnïon mwyaf, yn nodweddiadol dros 2×10^{-14} J.

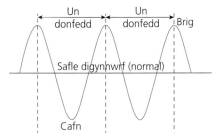

Ffigur 10.2 Tonfedd ton ardraws

Buanedd, amledd a thonfedd

Tonnau ardraws yw tonnau electromagnetig, a'r **donfedd**, wedi'i mesur mewn metrau, yw'r pellter mae ton yn ei gymryd i'w hailadrodd ei hun dros un gylchred. Mae Ffigur 10.2 yn dangos hyn.

Mae **tonfeddi** tonnau radio hyd at ddegau o gilometrau o hyd, ac mae pelydrau gama cyn lleied â 10^{-13} m (0.000 000 000 000 1 m).

Amledd ton electromagnetig yw nifer y tonnau sy'n pasio pwynt mewn 1 eiliad. Rydyn ni'n mesur amledd gydag uned o'r enw hertz (Hz), lle mae 1 Hz = 1 don yr eiliad. Mae amleddau tonnau electromagnetig yn amrywio o 100 000 Hz ar gyfer tonnau radio hyd at 10^{22} Hz (10 000 000 000 000 000 000 000 ton yr eiliad) ar gyfer pelydrau gama.

Mae'r hafaliad ton yn rhoi'r berthynas rhwng buanedd, amledd a thonfedd tonnau'r sbectrwm electromagnetig:

$$\text{buanedd ton} = \text{amledd} \times \text{tonfedd}$$

★ | Enghreifftiau wedi eu datrys

1 Mae gan y golau oren sy'n cael ei allyrru o'r Haul donfedd o 6×10^{-7} m ac amledd o 5×10^{14} Hz. Cyfrifwch fuanedd ton y golau oren.

2 Uchafswm tonfedd arsylladwy telesgop gofod isgoch James Webb yw 28.5×10^{-6} m. Os yw buanedd tonnau electromagnetig yn 3×10^{8} m/s, defnyddiwch yr hafaliad:

$$\text{amledd} = \frac{\text{buanedd ton}}{\text{tonfedd}}$$

i gyfrifo amledd y tonnau isgoch hyn.

Atebion

1 buanedd ton = amledd × tonfedd = 5×10^{14} Hz × 6×10^{-7} m
$$= 3 \times 10^{8} \text{ m/s}$$

2 amledd $= \dfrac{\text{buanedd ton}}{\text{tonfedd}} = \dfrac{3 \times 10^{8} \text{ m/s}}{28.5 \times 10^{-6} \text{ m}} = 1.05 \times 10^{13}$ Hz

---

✔ | Profwch eich hun

1 Enwch y ddwy ran goll o'r sbectrwm electromagnetig, X ac Y, o'r tabl isod:

tonnau radio	X	isgoch	golau gweladwy	Y	pelydrau-X	pelydrau gama

2 Pa ran o'r sbectrwm electromagnetig sydd â'r:
   a) tonfedd hiraf
   b) amledd uchaf
   c) egni isaf.

3 Cyfrifwch fuanedd y tonnau uwchfioled y mae'r Haul yn eu hallyrru â thonfedd o 15×10^{-9} m, ac amledd o 20×10^{15} Hz.

Ein planed

▶ Delweddu'r Bydysawd

Rydyn ni'n defnyddio pob rhan o'r sbectrwm electromagnetig i arsylwi ar y Bydysawd. Mae Tabl 10.1 yn crynhoi'r nodweddion allweddol.

Tabl 10.1 Nodweddion allweddol y Bydysawd, a'r rhannau o'r sbectrwm electromagnetig rydyn ni'n eu defnyddio i arsylwi arnynt

Rhan o'r sbectrwm	Arsyllfa ar y Ddaear neu ar loeren (ac enghraifft)	Enghraifft o'r gwrthrychau mae'n eu delweddu
Tonnau radio	Y Ddaear Telesgopau radio ATCA yn Ne Cymru Newydd	Sêr, comedau, planedau a galaethau. Mae signalau radio yn arbennig o ddefnyddiol i astudio gwrthrychau ag egni a thymheredd cymharol isel, fel y cymylau nwy sy'n cael eu cynhyrchu gan uwchnofâu sy'n ffrwydro wrth i sêr newydd ffurfio.
Microdonnau	Lloeren yn bennaf Chwilotwr Cefndir Cosmig NASA Ⓤ	Yr Haul a'r Pelydriad Cefndir Microdonnau Cosmig (CMBR) – gweddillion y pelydriad a gafodd ei adael ar ôl y Glec Fawr.
Isgoch	Lloeren Telesgop James Webb	Gall isgoch fynd drwy gymylau llwch trwchus yn y gofod, felly mae telesgopau isgoch yn arbennig o dda am arsylwi ar **fannau lle mae sêr yn ffurfio, ar blanedau a chanol galaethau**.
Golau gweladwy	Y Ddaear neu loeren Telesgop Gofod Hubble	Yr Haul, planedau, lleuadau a galaethau. Mae Ffigur 10.15 isod yn dangos detholiad o ddelweddau o'r planedau a gafodd eu tynnu gan Delesgop Gofod Hubble.
Uwchfioled	Lloeren Y Chwilotwr Uwchfioled Eithafol	Yr Haul, galaethau a phlanedau. Mae gwrthrychau poeth â llawer o egni yn cynhyrchu symiau mawr o belydriad uwchfioled.
Pelydrau-X / pelydrau gama	Lloeren Arsyllfa Pelydr-X Chandra	Sêr a thyllau du. Caiff pelydrau-X (a phelydrau gama) eu cynhyrchu wrth i ddisgyrchiant sugno mater i mewn i'r gwrthrychau mwyaf eithafol yn y Bydysawd, fel tyllau du.

Termau allweddol

Galaeth Casgliad pell o sêr mewn gofod, a phob un mewn orbit o gwmpas craidd disgyrchiant cyffredin (twll du masfawr fel arfer).

Uwchnofa Y ffrwydrad enfawr sy'n digwydd pan fydd y defnydd ymasiad niwclear mewn seren gawr fasfawr yn dod i ben a'r seren yn mewnffrwydro (yn cwympo i mewn arni ei hun).

✔ Profwch eich hun

4 Pa rannau o'r sbectrwm electromagnetig sydd ddim ond yn gallu cael eu gweld o'r gofod gan ddefnyddio arsyllfeydd mewn lloerenni mewn orbit?

5 Pa ran o'r sbectrwm electromagnetig rydyn ni'n ei ddefnyddio i ddelweddu'r defnydd sy'n cael ei sugno i mewn i dwll du?

6 Pam mae tonnau isgoch yn ddefnyddiol iawn i ddelweddu sêr ifanc poeth?

▶ Pellteroedd a ffurfiadau'r Bydysawd

Cysawd yr Haul

Unedau cymharol – cymharu pellteroedd a masau yng Nghysawd yr Haul

Mae'n anodd mesur pellteroedd a masau yn y gofod. Gan fod y rhifau mor enfawr, mae ein hunedau pellter a màs cyffredin yn llawer rhy fach. Mae'r unedau yn Nhabl 10.2 yn gymharol i'r Ddaear a'r Haul, lle mae màs yr Haul yn 1 a radiws orbit y Ddaear yn 1.

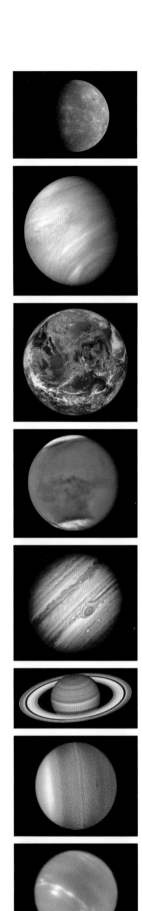

Tabl 10.2 Rhai gwerthoedd cymharol gyda'u gwerthoedd gwirioneddol mewn unedau SI

Uned gymharol		Gwerth gwirioneddol ac uned SI
Màs y Ddaear, $M_{\oplus}$ Radiws cymedrig y Ddaear, $R_{\oplus}$		$M_{\oplus} = 6 \times 10^{24}\,kg$ $R_{\oplus} = 6\,371\,000\,m = 6.371 \times 10^6\,m$
Y pellter cymedrig o'r Ddaear i'r Haul, sef 1 uned seryddol (1 AU)		$1\,US = 149\,598\,000\,000\,m$ $(1.5 \times 10^{11}\,m)$
Màs yr Haul, $M_{\odot} = 1$ màs solar Radiws yr Haul, $R_{\odot} = 1$ radiws solar		$M_{\odot} = 2 \times 10^{30}\,kg = 333\,333\,M_{\oplus}$ $R_{\odot} = 7 \times 10^8\,m = 0.0046\,AU$

Mae Tabl 10.3 yn dangos data am y planedau sydd yng Nghysawd yr Haul; unedau cymharol yw'r rhai gorau i'w defnyddio. Fel arfer, bydd pellteroedd wedi'u rhoi mewn AU a masau wedi'u rhoi mewn $M_{\oplus}$.

Tabl 10.3 Y planedau yng Nghysawd yr Haul

Planed	Symbol	Radiws orbit cymedrig (mewn AU)	Cyfnod orbitol (mewn blynyddoedd Daear)	Radiws cymedrig (mewn $R_{\oplus}$)	Màs (mewn $M_{\oplus}$)	Tymheredd arwyneb cymedrig (mewn °C)	Hyd diwrnod (mewn diwrnodau Daear)
Mercher	☿	0.39	0.24	0.38	0.06	165	59
Gwener	♀	0.72	0.62	0.95	0.82	465	243
Y Ddaear	⊕	1.0	1.0	1.0	1.0	15	1.0
Mawrth	♂	1.5	1.9	0.53	0.11	−65	1.1
Iau	♃	5.2	12	11	320	−110	0.4
Sadwrn	♄	9.6	29	9.5	95	−140	0.5
Wranws	♅	19	84	4.0	15	−195	0.7
Neifion	♆	30	170	3.9	17	−200	0.6

Ffigur 10.3 Planedau Cysawd yr Haul (heb fod wrth raddfa).

Ein planed

▶ Pa mor fawr yw Cysawd yr Haul?

Mae maes disgyrchiant yr Haul yn estyn yn bell iawn i'r gofod, ond ar ryw bwynt rhwng yr Haul a'r sêr cyfagos, mae tynfa disgyrchiant yr Haul yn mynd yn llai na thynfa disgyrchiant y sêr cyfagos. Mae hyn yn digwydd ar tua 125 000 AU – dros 4000 gwaith yn bellach i ffwrdd na'r blaned Neifion. Rydyn ni'n defnyddio'r pwynt hwn fel 'ymyl' Cysawd yr Haul. Yn ôl y diffiniad hwn, mae **Cysawd yr Haul** yn cynnwys:

▶ un seren (yr Haul)
▶ wyth planed (yn eu trefn: y planedau creigiog mewnol (Mercher; Gwener; y Ddaear; a Mawrth); a'r planedau allanol, y cewri nwy (Iau; Sadwrn; Wranws; a Neifion)
▶ pum corblaned (Plwton; Ceres; Haumea; Makemake; ac Eris)
▶ 214 lleuad; lloeren naturiol i blaned neu gorblaned yw **lleuad** (fel ein Lleuad ni):
  • Mae gan y blaned Mawrth ddwy leuad: Phobos a Deimos.
  • Mae gan y blaned Iau 79 lleuad, gan gynnwys ei phedair lleuad fwyaf: Io; Callisto; Europa; a Ganymede (y lleuad fwyaf yng Nghysawd yr Haul).
  • Sadwrn sydd â'r nifer mwyaf o leuadau, sef 82, gan gynnwys ei lleuad fwyaf, Titan, sydd â'i harwyneb creigiog ei hun ac atmosffer trwchus o nitrogen a methan yn bennaf.
▶ un gwregys asteroidau (rhwng Mawrth ac Iau)
▶ llawer o gomedau cyfnod byr a chyfnod hir (fel comed Halley)
▶ cylch cymylog allanol o wrthrychau rhewllyd bach, o'r enw cwmwl Oort.

Mae Ffigur 10.4 yn dangos sut mae Cysawd yr Haul yn edrych o'r gofod.

Y raddfa nesaf i fyny yw'r grŵp o sêr sydd agosaf aton ni – ein galaeth, y Llwybr Llaethog. Mae Ffigur 10.5 yn dangos map o'r Llwybr Llaethog wrth edrych arno oddi uchod ac mae Ffigur 10.6 yn ddiagram o'r Llwybr Llaethog wedi'i luniadu o'r ochr.

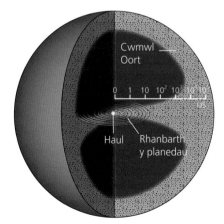

Ffigur 10.4 Cysawd yr Haul o'r gofod

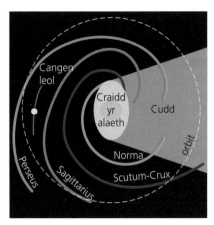

Ffigur 10.5 Y Llwybr Llaethog oddi uchod

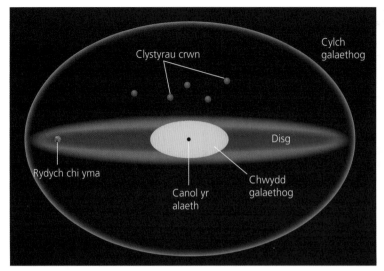

Ffigur 10.6 Y Llwybr Llaethog o'r ochr

✔ Profwch eich hun

9 Beth yw'r prif wrthrychau yng Nghysawd yr Haul?

10 a) Beth yw 'lleuad'?

 b) Y planedau Iau a Sadwrn sydd â'r niferoedd mwyaf o leuadau. Pam mae gan rhain fwy o leuadau na phlanedau eraill yn eich barn chi?

11 a) Beth yw 'blwyddyn golau' (b-g)?

 b) Faint o unedau seryddol (US) sydd mewn 1 b-g?

Y flwyddyn golau

Mae'r Llwybr Llaethog yn lle mawr iawn. Mae'r uned seryddol (AU), sef yr un rydyn ni'n ei defnyddio i gymharu pellteroedd o fewn Cysawd yr Haul, yn rhy fach. Yr uned rydyn ni'n ei defnyddio yw'r **flwyddyn golau** (b-g). Rydyn ni'n diffinio 1 flwyddyn golau (1 b-g) fel y pellter y mae golau'n ei deithio mewn 1 flwyddyn.

Gan fod buanedd golau yn 300 000 000 m/s; mae 365.25 diwrnod mewn 1 flwyddyn; mae 24 awr ym mhob diwrnod; mae 60 munud ym mhob awr; mae 60 eiliad ym mhob munud:

$$1 \text{ flwyddyn} = 365.25 \text{ diwrnod} \times 24 \text{ awr} \times 60 \text{ mun} \times 60 \text{ s} = 31\,557\,600 \text{ s}$$

ac

$$1 \text{ flwyddyn golau (b-g)} = 300\,000\,000 \text{ m/s} \times 31\,557\,600 \text{ s}$$
$$= 9\,467\,280\,000\,000\,000 \text{ m}$$

Mae Cysawd yr Haul tua 1.5 b-g ar draws.

Mae galaeth y Llwybr Llaethog yn 100 000 b-g ar draws. Mae ein seren agosaf, Proxima Centauri, 4.2 b-g i ffwrdd. Mae'r alaeth arall agosaf, Andromeda, 2.5 miliwn b-g i ffwrdd, ac mae'r Bydysawd tua 13.77 biliwn b-g ar draws.

▶ Yr Haul

Mae'r Haul yn seren maint canolig sydd tua 4.5 biliwn o flynyddoedd oed. Dyma'r gwrthrych mwyaf yng Nghysawd yr Haul ac mae'r gwrthrychau eraill i gyd mewn orbit o'i gwmpas. Mae'r Haul yn cynhyrchu ei allbwn pŵer drwy gyflawni **ymasiad niwclear** yn ei graidd. Mae niwclysau hydrogen yn cael eu gwthio a'u hasio at ei gilydd ar dymereddau eithafol o uchel (tua 15 miliwn °C) a gwasgeddau enfawr (tua 265 biliwn atm), ac mae rhywfaint o'u màs yn cael ei drawsnewid yn egni pelydriad sy'n cael ei allyrru allan i'r gofod.

Wrth i'r pelydriad symud allan o graidd yr Haul, mae'n teithio drwy ei atmosffer. Mae'r gwres yn cynhyrchu ceryntau darfudiad

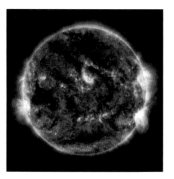

Ffigur 10.7 Brychau haul a fflerau solar ar arwyneb yr Haul

sy'n achosi i atmosffer yr Haul symud yn gyson. Mae hyn yn creu mannau poethach ac oerach ar yr arwyneb. Mae'r mannau oerach yn edrych fel 'brychau haul' tywyll ar arwyneb yr Haul ac mae'r mannau poethach yn gweithredu fel mannau lle caiff defnydd solar ei fwrw allan o arwyneb yr Haul gan ffurfio fflerau solar (Ffigur 10.7).

Mae fflerau solar masfawr yn gallu effeithio ar atmosffer y Ddaear, sydd fel arfer yn ein hamddiffyn ni rhag pelydriad niweidiol o'r gofod. Mae hyn yn gallu achosi problemau ac ymyriant â systemau telathrebu ar y Ddaear, a hyd yn oed yn gallu diffodd gridiau pŵer ar y Ddaear, gan darfu ar fywydau llawer o bobl.

▶ Dadansoddi'r golau o sêr a galaethau eraill

Gallwn ni wahanu golau o sêr a galaethau i'w sbectrwm o liwiau (neu donfeddi) â phrism. Mae elfennau ar dymereddau uchel hefyd yn cynhyrchu sbectrwm nodweddiadol, sef sbectrwm allyrru (Ffigur 10.8).

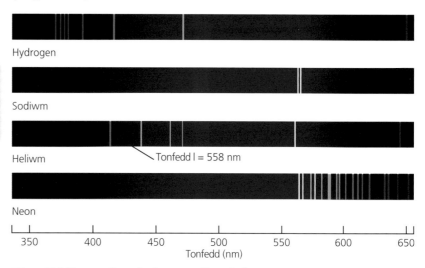

Ffigur 10.8 Spectra allyrru hydrogen, sodiwm, heliwm a neon

Ffigur 10.9 Spectra amsugno

Pan mae golau o wahanol elfennau'n mynd drwy nwy sy'n cynnwys yr elfen honno (er enghraifft, goleuo golau sbectrwm hydrogen drwy gymysgedd o nwyon hydrogen a heliwm, fel yn atmosffer seren), mae'r nwy hydrogen yn amsugno lliwiau'r sbectrwm, sy'n cyfateb i hydrogen, gan ffurfio sbectrwm amsugno (Ffigur 10.9).

Mae sbectra amsugno yn ffordd o adnabod elfennau gwahanol ar sêr sy'n bell oddi wrth y Ddaear; sbectrosgopeg serol yw hyn.

Rhuddiad

Ar rai sêr, mae'n ymddangos fel bod y llinellau sbectrol wedi'u 'symud' tuag at donfeddi uwch, sy'n eu gwneud nhw ychydig bach yn fwy 'coch'. Mae'r patrymau'n aros yr un fath, ond mae pob llinell yn y sbectrwm yn symud yr un faint tuag at ben coch y sbectrwm gweladwy. Enw'r effaith hon yw rhuddiad (Ffigur 10.10).

Mae rhuddiad yn digwydd oherwydd bod y gofod yn ehangu ac rydyn ni'n galw hyn yn rhuddiad cosmolegol, fel sydd wedi'i fodelu yn Ffigur 10.11.

Mae arwyneb balŵn yn cynrychioli'r Bydysawd, ac rydyn ni'n lluniadu ton o olau ar arwyneb y balŵn cyn ei enchwythu. Wrth i'r balŵn gael ei enchwythu, mae arwyneb y balŵn (y Bydysawd) yn ehangu ac mae'r don o olau yn ymestyn, gan gynyddu tonfedd y golau tuag at ben coch y sbectrwm gweladwy.

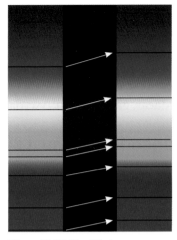

Ffigur 10.10 Rhuddiad

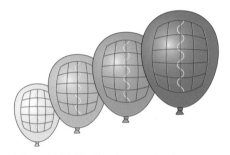

Ffigur 10.11 Rhuddiad cosmolegol

✔ Profwch eich hun

12 **a)** Beth yw 'sbectrwm allyrru'?

   b) Sut mae sbectrwm allyrru yn wahanol i sbectrwm amsugno?

13 Esboniwch sut gallwn ni ddefnyddio sbectra allyrru'r elfennau sydd yma ar y Ddaear i ganfod cyfansoddiad cemegol sêr o'u sbectra.

14 Beth yw 'rhuddiad'?

▶ Esblygiad y Bydysawd

Damcaniaeth Cyflwr Sefydlog v Damcaniaeth y Glec Fawr

Yn 1929 cyhoeddodd y seryddwr o America, Edwin Hubble, ei arsylwadau ar ehangiad y Bydysawd. Roedd ei arsylwadau, yn seiliedig ar alaethau 'cyfagos', yn dangos bod pawb yn symud oddi wrth y Ddaear. Mae arsylwadau modern i gyd yn dangos yr un patrwm – mae'r Bydysawd yn ehangu. I esbonio'r arsylwadau hyn, cafodd dwy ddamcaniaeth eu llunio ar ddiwedd yr 1940au.

Damcaniaeth Cyflwr Sefydlog

Cafodd y ddamcaniaeth Cyflwr Sefydlog ei chynnig gan y seryddwr Fred Hoyle, ac yn ei ddamcaniaeth, er bod y Bydysawd yn ehangu, mae mater newydd yn cael ei greu yn gyson i gadw'r Bydysawd mewn 'cyflwr sefydlog'. Yn ôl y ddamcaniaeth Cyflwr Sefydlog, does gan y Bydysawd ddim dechrau na diwedd, ac mae'n edrych yr un fath ym mhob man drwy'r amser.

Damcaniaeth y Glec Fawr

Cafodd damcaniaeth y Glec Fawr ei chynnig yn wreiddiol gan y ffisegwr Georges Lemaitre yn 1931, (er mai Fred Hoyle oedd y cyntaf i'w galw hi'n ddamcaniaeth 'Y Glec Fawr'). Fe wnaeth Lemaitre gynnig bod y Bydysawd wedi dod i fodolaeth o un pwynt (a gafodd ei alw'n ddiweddarach yn Glec Fawr), lle cafodd holl fàs, egni, a gofod y Bydysawd ei greu. Yna, fe wnaeth y pwynt hwn ehangu tuag allan dros amser i greu'r Bydysawd fel rydyn ni'n ei weld heddiw.

Rhuddiad yn rhoi tystiolaeth o blaid damcaniaeth y Glec Fawr

Mae'r ddwy ddamcaniaeth esblygol yn dweud bod y Bydysawd yn ehangu. Mae tonfeddi'r golau sy'n cael ei allyrru gan wrthrychau sy'n symud oddi wrthym yn cael eu cynyddu (rhuddiad) tuag at ben coch y sbectrwm gweladwy (fel sydd i'w weld yn Ffigur 10.10). Y pellaf i ffwrdd yw'r gwrthrych, y mwyaf yw'r rhuddiad, felly y cyflymaf mae'n symud. Mae arsylwadau'n dangos bod rhuddiad yn digwydd i bron pob gwrthrych yn y Bydysawd gweladwy. Defnyddiodd Hubble ei fesuriadau i ffurfio'r casgliad bod y Bydysawd yn ehangu. Mae arsylwadau modern yn cadarnhau ei gasgliad. Mae Ffigur 10.12 yn dangos set ddata wreiddiol Hubble.

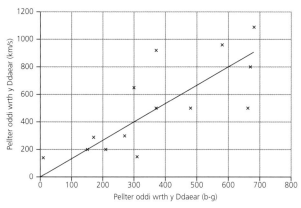

Ffigur 10.12 Data Edwin Hubble o 1929

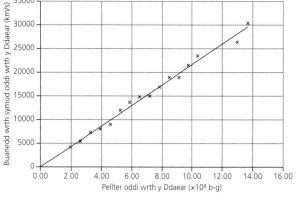

Ffigur 10.13 Data uwchnofâu modern

Mae Ffigur 10.13 yn dangos y data modern. Sylwch fod graddfeydd echelin-x y ddau graff yn Ffigurau 10.12 a 10.13 yn wahanol iawn. Byddai data Hubble i gyd yng nghornel chwith isaf y graff uwchnofâu modern!

Y casgliad cyntaf i'w ffurfio o'r data hyn yw mai'r pellaf oddi wrth y ddaear yw gwrthrych, y cyflymaf mae'n symud oddi wrthym ni. Nid yn unig y mae'r Bydysawd yn mynd yn fwy, ond mae'n mynd yn fwy ar gyfradd sy'n cynyddu, h.y. mae'n cyflymu. Yr ail gasgliad y gallwn ni ei ffurfio, yw os yw'r Bydysawd yn ehangu, a'i fod ar ryw adeg yn y gorffennol yn llai, os ydych chi'n allosod am yn ôl, ar ryw adeg yn y gorffennol pell iawn, dim ond pwynt oedd y Bydysawd – y Glec Fawr. Wrth weithio am yn ôl, cafodd y Bydysawd ei greu tua 13.77 mil miliwn o flynyddoedd yn ôl (Ffigur 10.14).

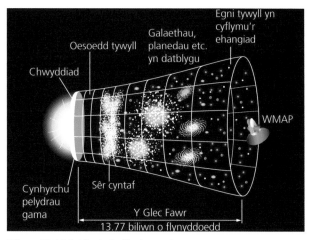

Ffigur 10.14 Esblygiad y Bydysawd

Pelydriad Cefndir Microdonnau Cosmig yn rhoi tystiolaeth o blaid damcaniaeth y Glec Fawr

Er bod y ddamcaniaeth Cyflwr Sefydlog hefyd yn gallu esbonio data rhuddiad, nid oedd yn gallu esbonio darganfyddiad pelydriad cefndir microdonnau yn y Bydysawd. Dim ond damcaniaeth y Glec Fawr sy'n gallu esbonio hyn. Daeth y Bydysawd i fodolaeth o ganlyniad i ffrwydrad enfawr 13.77 biliwn o flynyddoedd yn ôl, a byth ers hynny, mae'r Bydysawd wedi bod yn ehangu. Ar adeg y Glec Fawr, mae'n rhaid bod symiau enfawr o egni wedi cael eu creu ar ffurf pelydrau gama. Wrth i'r Bydysawd ehangu, mae tonfeddi'r pelydrau gama hyn wedi cynyddu i droi'n ficrodonnau.

Mae'r Bydysawd yn llawn o'r microdonnau hyn, a heddiw rydyn ni'n eu galw nhw'n Belydriad Cefndir Microdonnau Cosmig (*Cosmic Microwave Background Radiation*: CMBR). Mae'r lloeren WMAP wedi gwneud map o'r CMBR.

Mae'r lliwiau gwahanol ar y map yn cynrychioli newidiadau bach i arddwysedd y CMBR. Heb y newidiadau bach hyn, fyddai mater ddim wedi clystyru at ei gilydd i ffurfio sêr a galaethau.

✔ Profwch eich hun

15 Enwch y ddwy ddamcaniaeth sy'n cystadlu ar gyfer esblygiad y Bydysawd.

16 Yn ôl damcaniaeth y Glec Fawr, pryd cafodd y Bydysawd ei greu?

17 Beth yw'r CMBR?

18 Beth mae 'map' yr WMAP o'r CMBR yn ei ddangos i ni?

⬇ Crynodeb o'r bennod

- Mae'r sbectrwm electromagnetig yn deulu o donnau sydd ag amrywiaeth o wahanol donfeddi, amleddau ac egnïon, ond sydd i gyd yn teithio ar fuanedd golau.
- buanedd ton = amledd × tonfedd
- mae yna ddwy ddamcaniaeth ar gyfer y Bydysawd: y ddamcaniaeth Cyflwr Sefydlog a Damcaniaeth y Glec Fawr; mae'r ddwy wedi newid dros amser.
- Mae'r ddamcaniaeth Cyflwr Sefydlog a hefyd damcaniaeth y Glec Fawr yn gallu esbonio ehangiad y Bydysawd gyda rhuddiad, ond dim ond y Glec Fawr sy'n gallu esbonio Pelydriad Cefndir Microdonnau Cosmig (CMBR).
- Gallwn ni dynnu lluniau o'r Bydysawd â systemau ar y Ddaear a llongau gofod, a'u trawsyrru nhw i'r Ddaear, ac yna eu defnyddio nhw i astudio ffurfiadau yn y Bydysawd.
- Y flwyddyn golau yw'r pellter y mae golau'n ei deithio mewn un flwyddyn.

- Mae sbectra amsugno yn rhoi gwybodaeth i ni am gyfansoddiad a symudiad cymharol sêr a galaethau.
- Mae Cysawd yr Haul yn cynnwys yr Haul, planedau (planedau creigiog, cewri nwy, a chorblanedau), lleuadau, gwregys asteroidau, comedau a Chwmwl Oort.
- Mae radiws yr Haul tua 200 gwaith yn fwy na radiws y Ddaear, ac mae tua 333 000 gwaith yn fwy masfawr.
- Ymasiad niwclear yw ffynhonnell egni'r Haul, ac mae yna fannau oerach ar arwyneb yr Haul o'r enw brychau haul; ac mae'r Haul yn allyrru fflerau solar enfawr sy'n gallu effeithio ar systemau telathrebu ar y Ddaear.
- Gallwn ni ddefnyddio data am y planedau a gwrthrychau eraill yng Nghysawd yr Haul i adnabod patrymau a chymharu gwrthrychau.

Byd llawn bywyd

Mae ecoleg yn golygu astudio sut mae organeba yn rhyngweithio â'u hamgylchedd. Mae pethau byw yn gweddu i'w hamgylchedd, ond mae rhai rhywogaethau'n goroesi tra bod eraill ddim. Dros amser, mae rhywogaethau'n newid, neu'n mynd yn ddiflanedig ac mae rhai yn ymddangos oherwydd prosesau dethol naturiol ac esblygiad.

I astudio ecoleg ardal, rydyn ni'n adnabod rhywogaethau ac yn mesur eu niferoedd a'u dosbarthiad.

▶ Bioamrywiaeth

Term allweddol

Ecosystem Cymuned neu grŵp o organebau byw ynghyd â'r cynefin lle maen nhw'n byw, a'r rhyngweithiadau rhwng cydrannau byw ac anfyw yr ardal.

Bioamrywiaeth yw nifer ac amrywiaeth y rhywogaethau o blanhigion ac anifeiliaid mewn ardal benodol. Gall yr 'ardal' fod yn unrhyw faint – gallech chi sôn am fioamrywiaeth ar draeth, yng Nghymru, neu yn Ewrop, er enghraifft.

Mewn **ecosystem** sy'n ffynnu, mae llawer o rywogaethau'n gallu goroesi, felly mae bioamrywiaeth yn mesur iechyd ecosystem dros amser.

▶ Addasu i'r amgylchedd

Mae rhywogaethau yn addasu i'w hamgylchedd. Mae nodweddion yn datblygu sy'n helpu'r organebau i oroesi. Bydd dwy rywogaeth sy'n perthyn yn agos mewn amgylcheddau gwahanol yn addasu mewn ffyrdd gwahanol. Dyma'r math o addasiadau:

▶ Morffolegol – addasiadau adeileddol i'r organeb yn fewnol neu'n allanol, er enghraifft lliw ffwr, hyd coes, siâp petal neu pendics llai o faint.
▶ Ymddygiadol – yr amser o'r dydd pan mae'r anifail yn weithgar neu'r math o fwyd mae'n ei fwyta (mae 'ymddygiadau' planhigion yn gyfyngedig iawn).

Mae Ffigur 11.1 yn dangos addasiadau cactws. Mae gan anifeiliaid addasiadau hefyd. Mae'r teigr yn enghraifft gyffredin. Mae teigrod yn ysglyfaethwyr; maen nhw'n gweld yn dda iawn gan gynnwys yn y tywyllwch pan maen nhw fwyaf gweithgar, gan fod hyn yn rhoi mantais iddyn nhw dros eu hysglyfaeth. Mae eu llygaid ar flaen eu pen hefyd i roi canfyddiad da o ddyfnder. Mae ganddyn nhw grafangau mawr a dannedd miniog i ddal a lladd ysglyfaeth. Mae cyhyrau eu coesau'n bwerus er mwyn iddyn nhw allu rhedeg ar ôl ysglyfaeth, ac mae eu cynffon yn helpu â'u cydbwysedd wrth redeg. Yn olaf, mae'r streipiau yn eu ffwr yn torri amlinell eu corff ac yn ei gwneud hi'n anoddach i'w hysglyfaeth eu gweld nhw.

Mae gan organebau sydd wedi addasu'n dda i'w hamgylchedd fantais wrth gystadlu am adnoddau hanfodol fel bwyd, ac oherwydd eu bod nhw'n fwy tebygol o oroesi nag organebau sydd heb addasu cystal, mae ganddyn nhw well siawns o ddod o hyd i gymar (yn achos anifeiliaid) ac atgenhedlu. Mae data am niferoedd organeb a'i dosbarthiad yn yr amgylchedd yn dweud wrthym pa mor llwyddiannus yw organeb mewn amgylchedd. Gall nodweddion organeb awgrymu pam mae'n llwyddiannus neu'n aflwyddiannus.

Coesyn cnodiog sy'n gallu storio dŵr

Dail wedi lleihau i bigau i leihau colledion dŵr

System o wreiddiau hir i gyrraedd dŵr sy'n ddwfn o dan y ddaear

Ffigur 11.1 Mae gan y cactws addasiadau eithafol iawn gan fod ei amgylchedd yn y diffeithdir hefyd yn eithafol

Osgoi amodau amgylcheddol anffafriol

Gall fod yn anodd i rai anifeiliaid oroesi yn ystod gaeafau caled. Mae tymereddau isel a phrinder bwyd yn gallu cynyddu cyfradd marwolaethau. Mae'r gaeaf yn digwydd yn rheolaidd bob blwyddyn, felly mae organebau'n gallu addasu. Dyma rai enghreifftiau o addasiadau:

> **Mudo** – poblogaeth anifeiliaid yn gadael yr ardal ac yn mynd i amgylchedd cynhesach, gan ddychwelyd y gwanwyn canlynol.
> **Gaeafgysgu** – mae'r anifeiliaid yn mynd i ryw fath o gyflwr cwsg, lle mae eu **metabolaeth** yn araf iawn a dydyn nhw ddim yn symud (er mwyn defnyddio llai o egni). Maen nhw'n bwyta llawer cyn gaeafgysgu, fel bod digon o fwyd wedi'i storio yn eu corff i bara drwy'r gaeaf.

Mae enghreifftiau eraill o addasiadau i amodau gaeaf caled yn cynnwys tyfu ffwr i ynysu'r corff, a newid lliw ffwr i wyn i roi cuddliw yn yr eira.

Term allweddol
Metabolaeth Yr holl adweithiau cemegol sy'n digwydd mewn organeb fyw.

→ Gweithgaredd

Bioamrywiaeth yn y DU

Mae'r graff yn dangos data o adroddiad UK Biodiversity Partnership ar gyfer 2010.

Dros gyfnod yr astudiaeth, mae poblogaethau adar môr wedi cynyddu, mae poblogaethau adar dŵr ac adar gwlyptir wedi aros yn eithaf sefydlog, ond mae niferoedd adar coetir ac adar tir fferm wedi lleihau.

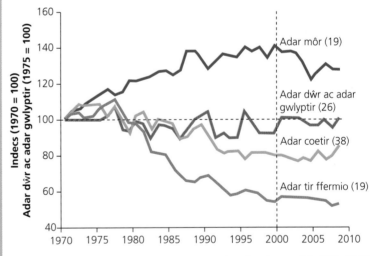

Ffigur 11.2 Newidiadau i boblogaethau mathau gwahanol o adar yn y DU, 1970–2008. Mae'r rhifau mewn cromfachau yn dynodi nifer y rhywogaethau a gafodd eu monitro

Cwestiynau

1 Awgrymwch reswm posibl dros y lleihad yn nifer yr adar coetir ers 1970.
2 Awgrymwch reswm posibl dros y lleihad yn nifer yr adar tir fferm ers 1970.
3 Mae'r graff yn mynd hyd at 2008. Pe bai data pellach wedi cael eu cyhoeddi ar gyfer 2010, beth ydych chi'n meddwl bydden nhw'n ei ddangos? Esboniwch eich ateb.

Gwaith ymarferol penodol

Ymchwilio i ffactorau sy'n effeithio ar ddosbarthiad a thoreithrwydd rhywogaeth

Mae'r ymchwiliad hwn yn cynnwys samplu ardal. Mae'n rhaid gwneud hyn os yw'r ardal yn rhy fawr i edrych arni i gyd. Pryd bynnag y mae sampl yn cael ei gymryd:

1 Mae'n rhaid iddo fod yn ddigon mawr i fod yn gynrychiadol o'r ardal. Mewn mannau sy'n cynnwys amgylcheddau gwahanol (er enghraifft, nant, glaswelltir, llwybrau), mae'n bwysig cymryd sampl o bob math o ardal.
2 Mae'n rhaid ei gymryd ar hap, i osgoi tuedd ddamweiniol.

Mae grŵp o ddisgyblion yn amcangyfrif nifer y planhigion llygad y dydd ar gae ysgol. Maen nhw'n defnyddio cwadradau i hapsamplu, er mwyn gallu amcangyfrif nifer y planhigion llygad y dydd sy'n tyfu yn y cynefin hwn.

Mae cyfrifiad syml yn cael ei ddefnyddio i amcangyfrif cyfanswm nifer y planhigion llygad y dydd yng nghynefin cyfan cae'r ysgol.

Y dull

1 Gosod dau dâp mesur 20 m ar ongl sgwâr ar hyd dwy o ymylon yr arwynebedd sydd i'w arolygu.
2 Rholio dau ddis 20 ochr i benderfynu ar y cyfesurynnau.
3 Rhoi cwadrad 1 m^2 yn y pwynt lle mae'r cyfesurynnau'n cwrdd.
4 Cyfrif nifer y planhigion llygad y dydd yn y cwadrad a chofnodi'r canlyniadau.
5 Ailadrodd camau 2–4 ar gyfer o leiaf 25 cwadrad.

Mae'r hafaliad canlynol yn cael ei ddefnyddio i amcangyfrif cyfanswm nifer y planhigion yn y cae:

Nifer y planhigion llygad y dydd yn y cynefin

$$= \frac{\text{cyfanswm y nifer}}{\text{yn y samplau}} \times \frac{\text{cyfanswm yr arwynebedd (m}^2\text{)}}{\text{cyfanswm arwynebedd y sampl (m}^2\text{)}}$$

Cyfanswm arwynebedd = 400 m^2 (20 m × 20 m)
Cyfanswm arwynebedd y sampl = nifer y cwadradau 1 m^2 gafodd eu defnyddio

★ **Enghraifft wedi ei datrys**

Cyfanswm nifer y cwadradau = 25

Cyfanswm arwynebedd y sampl = 25 m^2

Cyfanswm nifer y llygaid y dydd sydd wedi'u cyfrif yn y sampl = 128

Nifer y planhigion llygad y dydd yn y cynefin

$$= 128 \times \frac{400}{25} = 2048$$

Dadansoddi'r canlyniadau

1 Pam maen nhw'n rholio disiau, yn hytrach na dewis ble i osod y cwadradau?
2 Pam mae'n bwysig cyfrif o leiaf 25 cwadrad?
3 Amcangyfrif yw'r ateb y mae'r hafaliad hwn yn ei roi. Sut gallech chi wneud yr amcangyfrif hwn yn fwy manwl gywir?
4 Pam byddai'r dull hwn yn amhriodol i amcangyfrif nifer y buchod coch cwta ar gae'r ysgol?

 Profwch eich hun

1 Beth yw addasiad morffolegol?
2 Sut mae gaeafgysgu'n helpu rhywogaeth i oroesi mewn amgylchedd oer?
3 Awgrymwch pam, wrth samplu gan ddefnyddio cwadradau, y byddai angen i chi gymryd mwy o samplau mewn ardal o goetir nag ar gae chwarae ysgol.

 # Dosbarthiad

I astudio'r nifer enfawr o rywogaethau ar y Ddaear, rydyn ni'n rhoi organebau mewn grwpiau. Yn gyffredinol, rydyn ni'n gallu rhannu planhigion yn amrywiaethau blodeuol ac anflodeuol, ac anifeiliaid yn fertebratau (ag asgwrn cefn) ac infertebratau (heb asgwrn cefn). Ond nid dyma sut mae gwyddonwyr yn grwpio pethau byw. Mae ganddyn nhw system fwy cymhleth a manwl sy'n cynnwys llawer mwy o grwpiau. Mae gan bob grŵp nodweddion tebyg a nodweddiadol. Er enghraifft, mae gwallt gan bob mamolyn (y grŵp mae bodau dynol yn perthyn iddo) ac maen nhw'n bwydo eu hepil â llaeth.

Ffigur 11.3 Dyma *Oniscus asellus* – sydd hefyd yn cael ei adnabod fel pryf lludw, gwrach y lludw a mochyn coed, yn dibynnu ar ble rydych chi'n byw! Byddai defnyddio'r enwau 'lleol' hyn yn gallu achosi dryswch, felly mae gwyddonwyr yn cadw at yr enw gwyddonol

Mae gan bob rhywogaeth enw gwyddonol, ac mae gan rai enw 'cyffredin' hefyd. Mae'r enw gwyddonol, sydd bob tro'n cynnwys dau air, yn cael ei ddefnyddio gan wyddonwyr ledled y byd. Mae hyn yn golygu bod pawb yn y gymuned wyddonol yn gwybod pa organeb sydd dan sylw. Mae enwau cyffredin yn amrywio mewn ieithoedd gwahanol (a hyd yn oed mewn rhanbarthau gwahanol o'r un wlad), felly mae defnyddio'r rhain yn gallu peri dryswch. Mae gan bryf lludw (Ffigur 11.3), er enghraifft, sawl enw gwahanol mewn rhannau gwahanol o Gymru, gan gynnwys 'gwrach y lludw', 'mochyn coed', 'crech y lludw' a 'pryf twca'. Yn fwy na hynny, mae'r enwau hyn i gyd yn cael eu defnyddio ar gyfer pob math o bryf lludw, ond mae 35 rhywogaeth wahanol ohono yn y DU.

Cafodd y system o ddefnyddio dau air mewn enw gwyddonol (y system finomaidd) ei datblygu gan y botanegydd o Sweden, Carl Linnaeus, yn y 18fed ganrif. Yr enw cyntaf yw enw genws yr organeb (grŵp o rywogaethau sy'n perthyn yn agos i'w gilydd) a'r ail enw yw'r rhywogaeth. Er enghraifft, mae gan y cathod mawr i gyd yr un enw cyntaf, Panthera, ond ail enwau gwahanol. *Panthera leo* yw'r llew, *Panthera tigris* yw'r teigr a *Panthera pardus* yw'r panther.

Nid dim ond nodweddion allanol sy'n bwysig wrth ddosbarthu organebau. Rhaid ystyried anatomi mewnol hefyd, a gallwn ni hefyd ddefnyddio dilyniannodi genynnol i grwpio organebau.

Dilyniannodi genynnol

Gall gwyddonwyr ddadansoddi DNA organeb a darganfod pa enynnau sy'n bresennol a'u safle ar y cromosomau. Y tebycaf i'w gilydd yw dilyniannau genynnol dwy organeb, yr agosaf yw'r berthynas rhwng y ddwy. Rydyn ni wedi defnyddio hyn i gadarnhau dosbarthiad rhai organebau, a hefyd i ddangos camgymeriadau ac ailddosbarthu rhai eraill. Er enghraifft, cyn 2016, roedden ni'n meddwl bod jiraffod i gyd yn perthyn i'r un rhywogaeth, ond roedd rhaid eu hailddosbarthu a'u rhannu nhw'n bedair rhywogaeth wahanol.

Term allweddol

DNA Asid deocsiriboniwclëig – y cemegyn sydd mewn genynnau ac sy'n rheoli'r broses o gynhyrchu proteinau mewn celloedd.

Cromosom Ffurfiad tebyg i edau sydd wedi'i wneud o DNA, ac sy'n bodoli yng nghnewyllyn celloedd.

> ✔ **Profwch eich hun**
>
> 4 Pam mae gwyddonwyr yn rhoi enwau gwyddonol i organebau?
> 5 Dyma enwau gwyddonol pedair rhywogaeth o froga:
>   **a)** *Rana temporaria*   **b)** *Pelodytes punctatus*
>   **c)** *Hyla arboea*   **ch)** *Rana iberica*
>   Pa rai o'r rhywogaethau hyn sy'n perthyn agosaf i'w gilydd? Esboniwch eich ateb.
> 6 I beth rydyn ni'n defnyddio dilyniannodi genynnau wrth ddosbarthu?

▶ Esblygiad a dethol naturiol

Amrywiad

Dros gyfnodau hir, mae poblogaethau anifeiliaid a phlanhigion yn newid mewn ffyrdd sy'n eu gwneud nhw'n fwy addas i'w hamgylchedd. Enw'r newid graddol hwn yw esblygiad. Os yw amgylchedd yn newid yn sylweddol, gall addasiadau newydd esblygu ar gyfer yr amodau newydd.

Ffigur 11.4 Mae genynnau gefeilliaid unfath yn union yr un fath, ond mae rhai gwahaniaethau rhyngddyn nhw o hyd

Er mwyn i esblygiad ddigwydd, rhaid i boblogaethau o bethau byw ddangos amrywiad – hynny yw, bod yr unigolion yn y boblogaeth ddim yn unfath. Genynnau organeb sy'n rheoli ei nodweddion, a bydd setiau gwahanol o enynnau'n achosi amrywiad naturiol; gan mai genynnau sy'n eu hachosi nhw, mae'n bosibl etifeddu'r mathau hyn o amrywiad. Gallwn ni ystyried bod yr amrywiadau hyn yn bodoli'n naturiol.

Mewn bodau dynol, yr unig bobl sydd â genynnau'n union yr un fath yw gefeilliaid unfath (neu enedigaethau lluosog eraill), gan eu bod nhw'n cael eu ffurfio pan fydd un gell wy wedi'i ffrwythloni yn hollti. Serch hynny, mae hyd yn oed gefeilliaid unfath yn amrywio (Ffigur 11.4). Amrywiad amgylcheddol yw hwn, ac mae'n cael ei achosi gan ddylanwad yr amgylchedd – oherwydd digwyddiadau heb eu cynllunio (fel creithiau o glwyfau) ac oherwydd dewisiadau personol yr unigolyn (steil gwallt, tyllu'r corff, tatŵau, er enghraifft).

Gall rhai amrywiadau fod yn ganlyniad i gyfuniad o ffactorau genynnol ac amgylcheddol – mae gan daldra a phwysau, er enghraifft, gydrannau genetig ond mae deiet hefyd yn effeithio arnynt.

Dim ond amrywiadau sy'n digwydd yn naturiol sy'n gallu arwain at esblygiad, oherwydd dydy amrywiadau amgylcheddol ddim yn gallu cael eu trosglwyddo.

Dethol naturiol

Mae damcaniaeth dethol naturiol yn cynnig mecanwaith i ddisgrifio sut mae esblygiad yn digwydd. Mae'n un o ddamcaniaethau enwocaf gwyddoniaeth, a Charles Darwin oedd y cyntaf i'w chyflwyno.

Yn yr 1830au, aeth Darwin ar fordaith i wneud darganfyddiadau gwyddonol ar y llong H.M.S. Beagle. Fe wnaeth ddarganfod llawer o rywogaethau newydd a sylwi bod rhywogaethau gwahanol yn amrywiadau ar fodel cyffredin, a bod yr amrywiadau yn gysylltiedig ag amgylchedd neu ffordd o fyw'r organeb.

Gyda gwyddonydd arall, Alfred Russel Wallace, datblygodd Darwin ei ddamcaniaeth dethol naturiol i esbonio'r dystiolaeth. Dyma oedd ei ddamcaniaeth:

▶ Mae'r mwyafrif o anifeiliaid a phlanhigion yn cael llawer mwy o epil nag sy'n gallu goroesi, felly mae'r epil mewn cystadleuaeth i oroesi. Dyma syniad gorgynhyrchu.
▶ Dydy'r epil ddim i gyd yr un fath; maen nhw'n dangos amrywiad.
▶ Mae rhai amrywiaethau mewn gwell sefyllfa i oroesi nag eraill, gan eu bod nhw'n fwy addas i'r amgylchedd. Y rhain fydd y mwyaf tebygol o oroesi i fridio (goroesiad y cymhwysaf).
▶ Bydd y rhai sy'n goroesi yn bridio ac yn trosglwyddo eu nodweddion **etifeddol** i'r genhedlaeth nesaf (ar y pryd, doedd pobl ddim yn gwybod am fodolaeth genynnau).
▶ Dros lawer o genedlaethau, bydd y nodweddion gorau yn mynd yn fwy cyffredin ac yn y pen draw, yn lledaenu i bob unigolyn. Bydd y rhywogaeth wedi newid (esblygu).

Enw Darwin ar ei ddamcaniaeth oedd damcaniaeth dethol naturiol. Mae'r ddamcaniaeth wedi cael ei mireinio ychydig dros amser, ond mae hi'n dal i gael ei derbyn gan y rhan fwyaf o wyddonwyr fel y mecanwaith ar gyfer esblygiad.

Term allweddol

Etifeddol Rhywbeth sy'n gallu cael ei etifeddu (oherwydd mai genynnau sy'n ei achosi).

7 Pa un o'r amrywiadau canlynol mewn bodau dynol sydd ddim yn amrywiad 'naturiol' (ddim yn cael ei achosi gan enynnau'r unigolyn)?

a) Lliw llygaid   **b)** Siâp y clustiau

c) Golwg byr   **ch)** Hyd gwallt

8 Pam byddai esblygiad yn amhosibl pe na byddai amrywiad mewn rhywogaeth?

9 Pam mae nodweddion 'manteisiol' yn fwy tebygol o gael eu trosglwyddo i'r genhedlaeth nesaf o gymharu â nodweddion 'anfanteisiol'?

Crynodeb o'r bennod

- Gallwn ni ddefnyddio bioamrywiaeth fel mesur o iechyd system fiolegol dros amser.
- Mae organebau (planhigion ac anifeiliaid) yn addasu i'w hamgylchedd ac mae hyn yn eu galluogi nhw i gystadlu am adnoddau a chymar.
- Gallwn ni ddefnyddio data (niferoedd a dosbarthiad organeb, nodweddion organeb) i ymchwilio i lwyddiant organeb mewn amgylchedd.
- Mae organebau yn defnyddio strategaethau fel gaeafgysgu a mudo i osgoi amodau amgylcheddol anffafriol.
- Rydyn ni'n dosbarthu organebau (planhigion, anifeiliaid, micro-organebau) drwy grwpio organebau â nodweddion tebyg mewn ffordd resymegol.
- Gallwn ni wahaniaethu rhwng grwpiau gwahanol o organebau yn ôl nodweddion nodweddiadol.
- Rydyn ni'n defnyddio dilyniannodi genynnol fel offeryn i gadarnhau ac weithiau i ailddosbarthu rhywogaethau.
- Nid yw dosbarthiad o reidrwydd yn cael ei ddangos fel nodweddion allanol.
- Mae yna resymau dros ddefnyddio enwau gwyddonol (y system finomaidd a ddatblygwyd gan Linnaeus) yn lle enwau 'cyffredin'.
- Mae dethol naturiol yn rym pwysig er mwyn gyrru esblygiad.
- Mae amrywiad yn digwydd yn naturiol oherwydd gwahanol enynnau.
- Mae unigolion sydd â nodweddion manteisiol yn fwy tebygol o lwyddo i atgenhedlu; caiff genynnau'r unigolion hyn eu trosglwyddo i'r cenedlaethau nesaf.

12 Trosglwyddo ac ailgylchu maetholion

Mae angen egni ar ffurf maetholion mewn bwyd ar bob peth byw. Mae planhigion yn gwneud bwyd drwy gyfrwng **ffotosynthesis**, ac mae anifeiliaid yn bwyta bwyd. Mae maetholion yn brin, ac mae'n rhaid eu hailgylchu nhw'n gyson.

▶ Cadwynau bwydydd a gweoedd bwyd

Mae egni'n cyrraedd ein planed ar ffurf golau haul. Mae'r egni hwn yn symud o organeb i organeb drwy gadwynau bwydydd. Mae planhigion yn defnyddio ffotosynthesis i droi egni golau'r haul yn egni cemegol wedi'i storio, felly nhw yw'r cynhyrchwyr a nhw sy'n dod gyntaf yn bron pob cadwyn fwyd. Dim ond tua 5% o'r egni yng ngolau'r haul y mae planhigion yn llwyddo i'w ddal.

Wrth i lysysyddion fwyta planhigion, caiff peth o'r egni ei drosglwyddo i'r ysyddion yn y gadwyn fwyd. Pan mae cigysydd yn bwyta'r llysysydd, mae'r broses o drosglwyddo egni yn cael ei hailadrodd. Mae egni'n symud o gigysyddion i garthysyddion (*scavengers*) a dadelfenyddion, dau fath o organeb sy'n bwydo ar organebau marw. Dydy'r holl egni sydd wedi'i storio gan lysysyddion ddim ar gael i'r cigysyddion sy'n eu bwyta nhw; caiff llawer ohono ei ddefnyddio mewn prosesau bywyd fel symud, tyfu, atgyweirio celloedd ac atgenhedlu. Caiff rhywfaint ei golli mewn gwastraff ac ar ffurf gwres yn ystod resbiradaeth.

Meddyliwch am y gadwyn fwyd, a'r llif egni drwyddi, pan fyddwn ni'n bwyta pysgodyn fel tiwna. Yn gyntaf, mae plancton planhigol (algâu microsgopig) yn defnyddio egni'r haul. Yna, mae'r egni hwnnw'n cael ei drosglwyddo i blancton anifail, yna i bysgod bach, yna i bysgod mwy, yna i diwna ac yna i ni. Ni yw'r cigysyddion uchaf yn y gadwyn fwyd hon.

plancton planhigol → plancton anifail → pysgod bach → pysgod mawr → tiwna → pobl

Ym myd natur mae'r cadwynau bwydydd yn aml yn cydgysylltu, oherwydd bod y mwyafrif o organebau yn bwyta llawer o bethau gwahanol ac yn cael eu bwyta gan nifer o anifeiliaid gwahanol hefyd. Gweoedd bwyd yw'r enw ar gadwynau bwydydd wedi'u cydgysylltu. Mae Ffigur 12.1 yn dangos enghraifft, ond mae hi wedi'i gor-symleiddio wrth ystyried pob perthynas fwydo sy'n bodoli yn yr amgylchedd hwn.

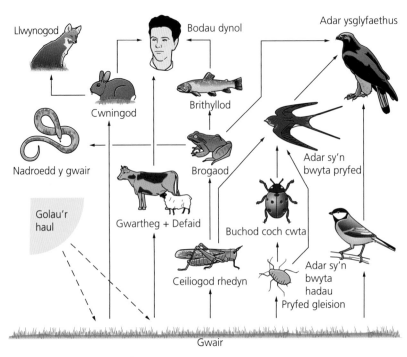

Llwynogod

Bodau dynol

Adar ysglyfaethus

Cwningod

Brithyllod

Adar sy'n bwyta pryfed

Nadroedd y gwair

Brogaod

Golau'r haul

Gwartheg + Defaid

Buchod coch cwta

Adar sy'n bwyta hadau

Ceiliogod rhedyn

Pryfed gleision

Gwair

Ffigur 12.1 Enghraifft o we fwyd

▶ Cyd-ddibyniaeth organebau

Mewn unrhyw **gynefin**, mae'r organebau byw yn gyd-ddibynnol (yn rhyngweithio â'i gilydd mewn ffyrdd pwysig).

Efallai bydd planhigion yn dibynnu ar infertebratau ac anifeiliaid eraill ar gyfer peilliad neu i wasgaru eu hadau. Mae llawer o blanhigion yn cael eu peillio gan bryfed. Efallai bydd anifeiliaid yn gwasgaru hadau sy'n sownd wrth eu ffwr neu'n bwyta ffrwythau sy'n cynnwys hadau sydd yna'n cael eu gadael yng ngwastraff yr anifail, sy'n gweithio fel gwrtaith! Mae anifeiliaid yn dibynnu ar blanhigion, naill ai'n uniongyrchol neu'n anuniongyrchol, am fwyd a hefyd am gysgod.

Mae rhyngweithiadau hefyd yn cynnwys rhai sy'n achosi niwed, er enghraifft, ysglyfaethu, parasitedd, clefydau a **chystadleuaeth**.

▶ Pyramidiau niferoedd a biomas

Gallwn ni ddangos perthnasoedd bwydo fel pyramidiau (Ffigur 12.2 a Ffigur 12.3). Mae lled pob bloc yn y pyramid yn arwydd o nifer (neu fàs) y math hwnnw o organeb ar y lefel fwydo honno.

Gallwn ni ddefnyddio'r pyramidiau hyn i ddysgu mwy am yr egni sydd ar gael i organebau sy'n byw y tu mewn i arwynebedd neu gyfaint penodol. Mae gwahanol ffyrdd o lunio'r pyramidiau:

▶ Mae **pyramid niferoedd** yn dangos nifer yr organebau ym mhob uned arwynebedd neu uned gyfaint ar bob lefel fwydo.
▶ Mae **pyramid biomas** yn dangos màs sych y defnydd organig ym mhob uned arwynebedd neu uned gyfaint ar bob lefel fwydo.

Mae pyramidiau biomas yn rhoi darlun mwy cywir na phyramidiau niferoedd. Weithiau nid yw pyramidiau niferoedd yn siâp pyramid mewn gwirionedd. Edrychwch ar Ffigur 12.4.

Termau allweddol

Cynefin Y man lle mae organeb yn byw.
Cystadleuaeth Perthynas rhwng organebau (o'r un rhywogaeth neu o rywogaethau gwahanol) lle mae angen adnodd cyfyngedig arnyn nhw (er enghraifft, bwyd, golau neu ddŵr).

Yma mae'r cynhyrchwyr (coed) yn llawer mwy na'r pryfed sy'n bwydo arnynt. Mae un goeden yn cynnal miloedd o bryfed, felly mewn pyramid niferoedd mae'r bloc ar y gwaelod, sy'n cynrychioli planhigion, yn fwy cul na bloc y llysysyddion. Fodd bynnag, mae coeden yn pwyso llawer mwy na'r holl bryfed sy'n bwydo arni gyda'i gilydd, felly bydd pyramid biomas yn siâp pyramid.

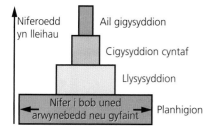

Ffigur 12.2 Pyramid niferoedd ar gyfer cadwyn fwyd glaswelltir

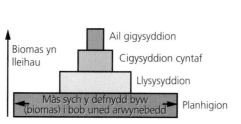

Ffigur 12.3 Pyramid biomas ar gyfer yr un gadwyn fwyd glaswelltir ag sydd yn Ffigur 12.2

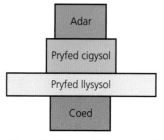

Ffigur 12.4 Enghraifft o byramid niferoedd sydd y siâp 'anghywir'

✔ Profwch eich hun

1 Ydy pob cadwyn fwyd yn dechrau â phlanhigion?
2 Nodwch un ffordd y gall planhigion ddibynnu ar anifeiliaid.
3 Nodwch un ffordd y gall anifeiliaid ddibynnu ar blanhigion.
4 Dan ba amgylchiadau fydd pyramid niferoedd ddim yn siâp pyramid?

→ Gweithgaredd

Cyfrifo effeithlonrwydd trosglwyddiadau egni mewn cadwyn fwyd

Mae faint o egni y mae organebau'n ei gymryd i mewn ar wahanol gamau mewn cadwyn fwyd yn cael ei gyfrifo fel sydd i'w weld yn Nhabl 12.1 isod.

Tabl 12.1 Egni sy'n cael ei gymryd i mewn ym mhob cam yn y gadwyn fwyd

Cam	Cyfanswm yr egni, mewn kJ
Cynhyrchwyr	97 000
Ysyddion cam un	7 000
Ysyddion cam dau	600
Ysyddion cam tri	50

Gallwn ni gyfrifo effeithlonrwydd yr egni sy'n cael ei drosglwyddo ar unrhyw gam fel hyn:

$$\text{effeithlonrwydd} = \frac{\text{egni yn y cam diweddarach}}{\text{egni yn y cam cynharach}} \times 100\%$$

Cwestiynau

1 Cyfrifwch effeithlonrwydd trosglwyddo egni ym mhob cam yn y gadwyn fwyd.
2 Ym mhob cam, mae'r effeithlonrwydd yn eithaf isel. Awgrymwch resymau am hyn.
3 Gan ddefnyddio'r data, amcangyfrifwch yr egni fyddai'n cael ei gadw mewn ysydd cam pedwar.
4 Awgrymwch pam mae'n annhebygol bod yna gam pump yn y gadwyn fwyd hon.

▶ Y gylchred garbon

Efallai mai carbon yw'r elfen bwysicaf, gan fod pob peth byw ar ein planed yn seiliedig ar garbon. Mae cyflenwad y carbon ar y Ddaear yn gyfyngedig, felly, mae angen ailgylchu'r carbon sydd ar y blaned er mwyn adnewyddu'r cyflenwad yn gyson. Mae Ffigur 12.5 yn dangos sut mae hyn yn digwydd.

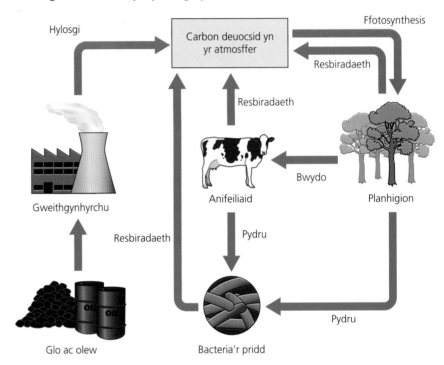

Ffigur 12.5 Y gylchred garbon

Mae planhigion gwyrdd yn defnyddio proses o'r enw ffotosynthesis i droi carbon deuocsid yn yr aer yn fwyd. Mae anifeiliaid yn cael eu carbon drwy fwyta planhigion (neu anifeiliaid eraill). Mae'r carbon mewn anifeiliaid a phlanhigion marw yn cael ei ryddhau yn ôl i'r atmosffer drwy broses pydru. Mae'r bacteria sy'n gwneud hyn yn rhyddhau carbon deuocsid wrth resbiradu. Mae anifeiliaid a phlanhigion byw hefyd yn resbiradu, ac felly maen nhw'n rhoi carbon deuocsid yn ôl yn yr atmosffer.

Cafodd tanwyddau ffosil eu gwneud filiynau o flynyddoedd yn ôl o gyrff marw planhigion ac anifeiliaid. Gan nad oedd y rhain wedi dadelfennu'n llwyr, cafodd y carbon ynddynt ei 'gloi' yn y tanwyddau ffosil. Mae llosgi tanwyddau ffosil yn rhyddhau'r carbon hwn ar ffurf carbon deuocsid, sy'n ychwanegu at y lefelau yn yr atmosffer. Dim ond yn y 200 mlynedd diwethaf y mae pobl wedi dechrau echdynnu a llosgi tanwyddau ffosil ar raddfa fawr. Hefyd, mae bodau dynol wedi clirio darnau enfawr o goedwig, naill ai i gyflenwi coed neu i greu tir ffermio newydd. Roedd y coed a gafodd eu torri yn arfer amsugno llawer o garbon deuocsid ar gyfer ffotosynthesis. Mae'r cyfuniad hwn o losgi tanwyddau ffosil a chlirio coedwigoedd wedi amharu ar gydbwysedd y gylchred garbon, gan achosi cynnydd yn y carbon deuocsid sydd yn yr atmosffer.

▶ Yr effaith tŷ gwydr a chynhesu byd-eang

Cynhesu byd-eang yw un o'r prif broblemau amgylcheddol sy'n wynebu'r byd heddiw. Rydyn ni'n meddwl mai'r effaith tŷ gwydr sy'n ei achosi. Mae Ffigur 12.6 yn rhoi crynodeb o'r effaith tŷ gwydr.

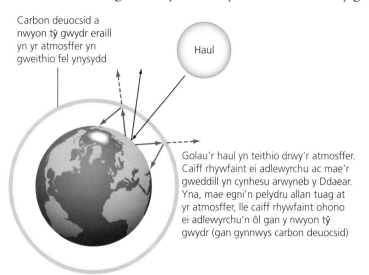

Carbon deuocsid a nwyon tŷ gwydr eraill yn yr atmosffer yn gweithio fel ynysydd

Haul

Golau'r haul yn teithio drwy'r atmosffer. Caiff rhywfaint ei adlewyrchu ac mae'r gweddill yn cynhesu arwyneb y Ddaear. Yna, mae egni'n pelydru allan tuag at yr atmosffer, lle caiff rhywfaint ohono ei adlewyrchu'n ôl gan y nwyon tŷ gwydr (gan gynnwys carbon deuocsid)

Ffigur 12.6 Yr effaith tŷ gwydr

Mae angen yr effaith tŷ gwydr i gynnal tymereddau sy'n gallu cynnal bywyd ar y Ddaear, ac mae'r effaith wedi bodoli erioed. Fodd bynnag, mae'r 'cynnydd' yn yr effaith tŷ gwydr sydd wedi'i achosi gan weithgareddau dynol, yn cael effaith sylweddol ar hinsawdd ac amaethyddiaeth, ac yn achosi i lenni iâ y pegynnau ymdoddi, sy'n golygu bod lefel y môr yn codi.

Mae'r golau gweladwy o'r Haul yn mynd drwy'r atmosffer. Mae rhywfaint yn cael ei amsugno, ond mae'r rhan fwyaf ohono'n cyrraedd arwyneb y Ddaear. Mae rhan o'r golau gweladwy hwn yn cael ei hadlewyrchu i'r gofod oddi ar arwynebau cefnforoedd, ond mae rhywfaint yn cael ei amsugno gan y tir. Yna, mae'r pelydriad sydd wedi'i amsugno yn cael ei allyrru eto yn ôl i fyny i'r atmosffer, ar donfedd lawer hirach (ar ffurf pelydriad isgoch). Mae haen o garbon deuocsid a nwyon tŷ gwydr eraill yn yr atmosffer (methan ac anwedd dŵr yn bennaf) yn amsugno'r pelydriad isgoch hwn. Mae'r cynnydd mewn nwyon tŷ gwydr (carbon deuocsid o losgi tanwyddau ffosil yn bennaf) yn golygu bod mwy o egni'n cael ei amsugno a llai yn dianc yn ôl i'r gofod, gan achosi cynhesu byd-eang.

> **Term allweddol**
>
> **Pelydriad isgoch** Pelydriad electromagnetig rydyn ni'n gallu ei deimlo fel gwres.

▶ Datrysiadau posibl i gynhesu byd-eang

Gall bodau dynol gymryd camau i leihau problem y cynnydd yn y carbon deuocsid yn yr atmosffer.

Defnyddio llai o danwyddau ffosil

Gall llywodraethau, diwydiant ac unigolion:

▶ ddefnyddio pŵer niwclear ac adnewyddadwy yn hytrach na'r pŵer sy'n cael ei gynhyrchu drwy losgi glo, olew a nwy.
▶ ailgylchu neu ailddefnyddio cymaint o ddefnyddiau ag sy'n bosibl, er mwyn defnyddio llai o danwyddau ffosil i gynhyrchu defnyddiau newydd yn eu lle.

- datblygu a defnyddio cerbydau sy'n defnyddio tanwydd yn fwy effeithlon.
- defnyddio llai o egni yn y cartref, er enghraifft drwy ynysu yn effeithiol, gostwng tymheredd y gwres canolog, defnyddio bylbiau golau egni isel, peidio â gadael dyfeisiau yn segur, a defnyddio boeleri sy'n defnyddio tanwydd yn effeithlon a'u gwasanaethu'n rheolaidd.
- defnyddio trafnidiaeth gyhoeddus (bysiau a threnau) yn hytrach na cherbydau personol, neu rannu ceir pan fydd hynny'n bosibl.
- gwella allyriadau tanwyddau. Mae'n bosibl cael gwared ar rai o'r nwyon niweidiol sy'n cael eu cynhyrchu wrth losgi tanwyddau ffosil cyn iddyn nhw gyrraedd yr atmosffer. Ar hyn o bryd, dim ond ar raddfa fawr mae hyn yn ymarferol, mewn gorsafoedd trydan er enghraifft.

Dal carbon

Mae dal carbon yn gallu lleihau allyriadau carbon deuocsid gorsafoedd trydan o tua 90%. Mae'n broses dri cham:

1 Dal y CO_2 o orsafoedd trydan a ffynonellau diwydiannol eraill.
2 Ei gludo, drwy bibellau fel arfer, i fannau storio.
3 Ei storio'n ddiogel mewn safleoedd daearegol fel meysydd olew a glo sydd wedi'u disbyddu.

▶ Ailgylchu maetholion

Mae cyflenwad y maetholion ar y blaned yn gyfyngedig, felly mae'n hanfodol eu hailgylchu nhw. Gall organebau gael eu bwyta gan rai eraill sydd yna'n cael maetholion, a phan fydd organebau'n marw, bydd y maetholion sydd ynddyn nhw'n cael eu rhyddhau wrth i ficro-organebau dorri eu cyrff i lawr yn ystod pydredd. Yna bydd organebau eraill, fel planhigion, yn gallu cymryd y maetholion. Fel hyn, mae'r prosesau sy'n cael gwared â defnyddiau mewn cydbwysedd â'r prosesau sy'n rhoi'r defnyddiau yn ôl.

Mae nitrogen, sy'n hanfodol ar gyfer twf gan ei fod yn cael ei ddefnyddio i wneud proteinau, yn cael ei ailgylchu. Mae'r gylchred nitrogen i'w gweld yn Ffigur 12.7. Mae bacteria **sefydlogi nitrogen** yn y pridd yn newid nitrogen o'r aer yn nitradau, ac yna mae planhigion yn gallu ei amsugno a'i ddefnyddio. Mae bacteria sefydlogi nitrogen hefyd i'w cael yng ngwreiddiau un grŵp o blanhigion, sef y codlysiau (pys, ffa a meillion), mewn ffurfiadau arbennig o'r enw gwreiddgnepynnau. Mae'r nitradau sy'n cael eu hamsugno gan y planhigion yn cael eu pasio i'r anifeiliaid sy'n bwyta'r planhigion, ac yn y pendraw mae'r nitrogen yn cael ei ddychwelyd i'r pridd yn nhroeth ac ymgarthion anifeiliaid, a phan fydd organebau marw'n pydru. Mae'r nitrogen mewn gwastraff a phydredd ar ffurf amonia, sydd wedi cael ei gynhyrchu drwy dorri i lawr proteinau ac wrea. Dydy planhigion ddim yn gallu defnyddio hwn yn uniongyrchol. Mae bacteria yn y pridd yn trawsffurfio'r amonia yn nitradau, sydd yna'n cael eu hamsugno gan blanhigion. Mae bacteria dadnitreiddio yn dychwelyd nitrogen i'r aer.

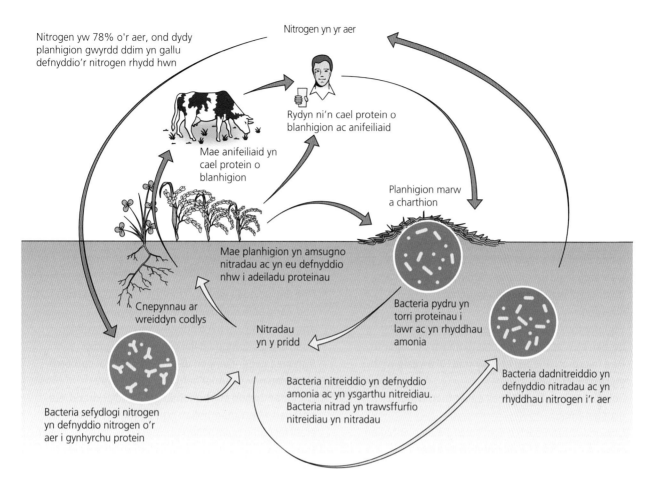

Nitrogen yn yr aer

Nitrogen yw 78% o'r aer, ond dydy planhigion gwyrdd ddim yn gallu defnyddio'r nitrogen rhydd hwn

Rydyn ni'n cael protein o blanhigion ac anifeiliaid

Mae anifeiliaid yn cael protein o blanhigion

Planhigion marw a charthion

Mae planhigion yn amsugno nitradau ac yn eu defnyddio nhw i adeiladu proteinau

Cnepynnau ar wreiddyn codlys

Nitradau yn y pridd

Bacteria pydru yn torri proteinau i lawr ac yn rhyddhau amonia

Bacteria nitreiddio yn defnyddio amonia ac yn ysgarthu nitreidiau. Bacteria nitrad yn trawsffurfio nitreidiau yn nitradau

Bacteria dadnitreiddio yn defnyddio nitradau ac yn rhyddhau nitrogen i'r aer

Bacteria sefydlogi nitrogen yn defnyddio nitrogen o'r aer i gynhyrchu protein

Ffigur 12.7 Y gylchred nitrogen

✔ | Profwch eich hun

5 Enwch y broses mewn organebau byw sy'n tynnu carbon deuocsid o'r atmosffer.

6 Sut mae'r carbon sydd mewn organebau marw yn mynd yn ôl i'r atmosffer?

7 Pam mae'r egni sy'n cael ei belydru o'r Ddaear yn cael ei amsugno gan yr haen o garbon deuocsid yn yr atmosffer i raddau mwy na'r egni sy'n cael ei belydru o'r Haul?

8 Sut mae datgoedwigo yn cyfrannu at yr effaith tŷ gwydr?

9 Pam mae nitrogen yn bwysig i bethau byw?

- Mae cadwynau bwydydd a gweoedd bwyd yn dangos egni sy'n cael ei ddefnyddio mewn ffordd ddefnyddiol rhwng organebau.
- Gallwn ni grwpio anifeiliaid yn ôl sut maen nhw'n bwydo (e.e. llysysydd, cigysydd).
- Gallwn ni ddefnyddio pyramidiau niferoedd a biomas i ddangos cyfrannau'r organebau o fathau bwydo gwahanol mewn amgylchedd.
- Mae organebau'n aml yn gyd-ddibynnol: gall planhigion ddibynnu ar infertebratau ac anifeiliaid eraill ar gyfer peilliad, i wasgaru hadau ac i'w hamddiffyn nhw rhag anifeiliaid sy'n pori etc.; mae anifeiliaid yn dibynnu ar blanhigion naill ai'n uniongyrchol neu'n anuniongyrchol am fwyd a chysgod.
- Ysglyfaethu, clefydau a chystadleuaeth yw'r prif bethau sy'n achosi marwolaeth mewn poblogaeth.
- Mae micro-organebau yn chwarae rôl bwysig wrth gylchu maetholion.
- Golau'r haul yw ffynhonnell egni'r rhan fwyaf o ecosystemau.
- Dim ond canran bach o egni solar y mae planhigion gwyrdd yn ei ddal i'w ddefnyddio ar gyfer ffotosynthesis.
- Mae yna golled egni ar bob cam yn y gadwyn fwyd oherwydd defnyddiau gwastraff a gwres sy'n cael ei ryddhau yn ystod resbiradaeth.
- Mae carbon yn cael ei ailgylchu drwy ffotosynthesis, cadwynau bwydydd, resbiradaeth a hylosgiad.
- Mae bacteria a ffyngau yn cyfrannu at y gylchred garbon drwy fwydo ar ddefnyddiau gwastraff o organebau a phlanhigion ac anifeiliaid marw.

- Mae gweithgareddau dynol yn effeithio ar lefelau carbon deuocsid yn yr atmosffer (drwy losgi tanwyddau ffosil a chlirio coedwigoedd).
- Mae'r effaith tŷ gwydr yn cael ei hachosi wrth i'r Ddaear amsugno ac allyrru pelydriad electromagnetig. Mae rhai nwyon yn yr atmosffer yn amsugno'r pelydriad hwn, felly mae'r blaned yn cadw mwy o wres nag y byddai hi fel arall.
- Mae'r effaith tŷ gwydr yn broses naturiol sydd ei hangen i gynnal bywyd ar y Ddaear, ond mae'n bosibl y gall cynyddu'r effaith tŷ gwydr effeithio'n sylweddol ar hinsawdd, llenni iâ, lefelau'r môr ac amaethyddiaeth.
- Mae datrysiadau wedi'u cynnig ar gyfer cynhesu byd-eang er mwyn lleihau effaith dyn ar yr amgylchedd (e.e. llai o ddibyniaeth ar danwyddau ffosil drwy ddefnyddio llai o egni a defnyddio ffynonellau egni amgen di-garbon. Mae dal carbon o simneiau diwydiannol hefyd yn gallu helpu.
- Caiff maetholion eu rhyddhau yn ystod pydredd, e.e. nitradau. Mae'r maetholion hyn yn mynd i organebau eraill fel bod y maetholion yn cael eu hailgylchu; mewn cymuned sefydlog, mae'r prosesau sy'n cael gwared â defnyddiau mewn cydbwysedd â'r prosesau sy'n rhoi'r defnyddiau yn ôl.
- Mae nitrogen yn cael ei ailgylchu hefyd drwy weithgaredd bacteria pridd a ffyngau sy'n gweithredu fel dadelfenyddion. Mae'r micro-organebau hyn yn troi proteinau ac wrea yn amonia, sydd yna'n cael ei droi'n nitradau. Mae planhigion yn cymryd y rhain drwy'u gwreiddiau ac yn eu defnyddio nhw i wneud protein newydd.

▶ Cwestiynau enghreifftiol

1 Mae damcaniaeth y Glec Fawr a damcaniaeth Cyflwr Sefydlog yn ddwy ddamcaniaeth sy'n cystadlu â'i gilydd ynghylch tarddiad y Bydysawd. Gallwn ni ddefnyddio'r ddwy ddamcaniaeth NEU un ddamcaniaeth yn unig i esbonio'r arsylwadau isod. Copïwch a chwblhewch y tabl. Ticiwch (✓) y blychau i ddangos os yw un o'r ddwy ddamcaniaeth, neu'r ddwy, yn gallu esbonio'r arsylwad. [2]

Arsylwad	Damcaniaeth y Glec Fawr yn ei esbonio	Damcaniaeth Cyflwr Sefydlog yn ei esbonio
Mae'r golau o alaethau pell yn dangos rhuddiad		
Gallwn ni arsylwi ar alaethau i bob cyfeiriad		
Gallwn ni arsylwi ar y Pelydriad Cefndir Microdonnau Cosmig i bob cyfeiriad		
Mae'n ymddangos bod galaethau sy'n bellach i ffwrdd yn symud yn gyflymach na galaethau agos.		

2 Mae'r diagram isod yn dangos rhannau'r sbectrwm electromagnetig.

Saeth X

tonnau radio	micro-donnau	isgoch	golau gweladwy	uwchfioled	pelydrau-x	pelydrau gama

Saeth Y

Nodwch pa saeth sy'n cynrychioli:

a) Tonfedd yn cynyddu

b) Amledd yn cynyddu

c) Egni'n lleihau [3]

U 3 Mae'r Ffigur yn plotio mesuriadau modern o gyflymder encilio galaethau (symud oddi wrth y Ddaear) yn erbyn eu pellter i ffwrdd mewn blynyddoedd golau.

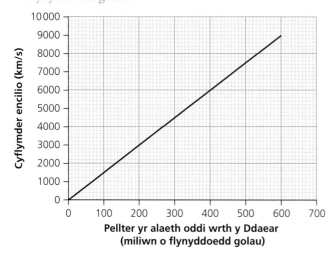

a) Nodwch y patrwm yn y graff. [2]

b) Mae Telesgop Gofod Hubble wedi gweld bod Galaeth UGC 12591 400 miliwn b-g oddi wrth y Ddaear. Defnyddiwch y Ffigur i ganfod cyflymder encilio UGC 12591. Nodwch yr uned gyda'ch ateb. [2]

c) Rydyn ni'n diffinio cysonyn Hubble, H_0, fel:

$$H_0 = \frac{\text{cyflymder encilio}}{\text{pellter yr alaeth oddi wrth y Ddaear}}$$

Defnyddiwch yr hafaliad hwn, a'ch ateb i ran b) i ganfod cyflymder encilio Uwchglwstwr Galaeth Boötes, sydd 800 miliwn blwyddyn golau i ffwrdd. [2]

4 Roedd gwyddonwyr yn astudio poblogaethau dwy fuwch goch gota ym Mhrydain – y fuwch goch gota dau smotyn (*Adalia bipunctata*) a'r fuwch goch gota deg smotyn (*Adalia decempunctata*). Er ei henw, mae'r fuwch goch gota dau smotyn yn gallu bod â hyd at 15 smotyn – naill ai smotiau du ar gefndir coch, neu smotiau coch ar gefndir du. Mae *Adalia decempunctata* yn dangos llawer o amrywiad. Gall fod ganddi hyd at 15 smotyn ac mae ei lliw sylfaenol yn gallu bod yn lliw hufen, melyn, oren, coch, brown, porffor neu ddu.

Defnyddiwch y wybodaeth uchod i ateb y cwestiynau canlynol:

a) Sut rydych chi'n gwybod bod y fuwch goch gota dau smotyn a'r fuwch goch gota deg smotyn yn ddwy rywogaeth wahanol? [1]

b) Sut gallwch chi ddweud bod y ddwy rywogaeth yn perthyn yn agos i'w gilydd? [1]

c) Wrth ysgrifennu eu hadroddiad, mae'r gwyddonwyr yn defnyddio enwau gwyddonol y rhywogaethau bob amser. Pam mae hyn yn well na defnyddio'r enw cyffredin? [2]

ch) Awgrymwch pam gallai disgrifiad o'r lliw a nifer y smotiau fod yn annigonol i ddweud pa rywogaeth yw pa un. [2]

d) Beth sy'n achosi'r amrywiad mewn lliw a'r nifer o smotiau yn y rhywogaethau hyn? [1]

5 Mae'r clefyd malaria yn cael ei gludo gan fosgitos. Yng nghanol yr 20fed ganrif, cafodd y pryfleiddiad DDT ei ddefnyddio i ladd mosgitos yn nwyrain Affrica. Roedd yn effeithiol iawn, ond roedd gan rai mosgitos imiwnedd naturiol (genynnol) i DDT. Cafodd y pryfleiddiad ei ddefnyddio dros ardal fawr, a bu bron i falaria gael ei ddileu. Fodd bynnag, erbyn diwedd yr 20fed ganrif roedd mosgitos a malaria yn fwy cyffredin eto, a'r tro hwn roedd DDT yn llawer llai effeithiol. Awgrymwch sut mae dethol naturiol yn gallu esbonio'r digwyddiadau hyn. [6]

6 Isod mae enghraifft o gadwyn fwyd.

gwair → llygoden → neidr → eryr

a) Beth yw'r ffynhonnell egni ym mhob cadwyn fwyd? [1]

b) Awgrymwch pam nad ydy'r holl egni yn y gwair ar gael i'r llygoden. [3]

c) Isod mae rhai pyramidiau niferoedd. Pa un yw'r mwyaf cywir ar gyfer y gadwyn fwyd enghreifftiol sydd wedi'i rhoi? [1]

ch) Esboniwch pam mae pyramidiau biomas yn tueddu i fod yn fwy cywir na phyramidiau niferoedd. [2]

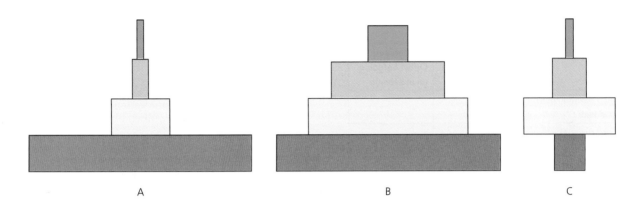

A   B   C

7 Mae'r diagram yn dangos maint y cap iâ ym Mhegwn y Gogledd yn 1979 a 2010.

Medi 1979   Medi 2010

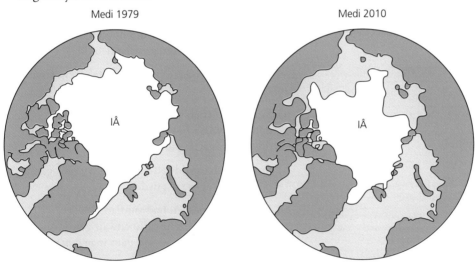

IÂ   IÂ

a) Cynhesu byd-eang sy'n achosi'r effaith hon. Beth yw enw'r broses y mae'r rhan fwyaf o wyddonwyr yn credu sy'n achosi cynhesu byd-eang? [1]

b) Pam mae'n bwysig bod y ddau ddiagram yn dangos maint y cap iâ yn yr un mis yn y ddwy flwyddyn? [2]

c) Awgrymwch reswm pam bydd gwyddonwyr yn parhau i fesur y capiau iâ, yn hytrach na dim ond dibynnu ar ddata o 1979 a 2010. [2]

ch) Pam mae'n destun pryder bod y capiau iâ yn lleihau? [2]

d) Nodwch un arall o effeithiau posibl cynhesu byd-eang ac esboniwch pam mae'r effaith rydych chi wedi'i nodi yn broblem. [2]

13 Diogelu ein hamgylchedd

Mae'r amgylchedd a'i fioamrywiaeth yn newid oherwydd effaith bodau dynol. Mae cynhyrchion dieisiau yn effeithio ar y byd o'n cwmpas ni. Fodd bynnag, rydyn ni nawr yn gwneud ymdrech i fyw'n fwy cynaliadwy, i drin ein cynhyrchion gwastraff yn fwy cyfrifol ac i gynnal bioamrywiaeth.

▶ Cemegion a chadwynau bwydydd

Mae angen ychydig bach o rai metelau ar bethau byw, ond mae gormod yn niweidiol. Mae rhai metelau trwm, fel plwm a mercwri, yn wenwynig mewn meintiau bach hyd yn oed. Prosesau diwydiannol a mwyngloddio sy'n gyfrifol am y rhan fwyaf o lygredd gan fetelau trwm. Roedd llygredd plwm o gerbydau'n llosgi petrol â phlwm ynddo yn arfer bod yn broblem, ond erbyn hyn does dim plwm yn y rhan fwyaf o betrol.

Mae plaleiddiaid yn gemegion gwenwynig sy'n cael eu defnyddio i ladd plâu amaethyddol, fel arfer drwy chwistrellu cnydau. Mae rhai o'r rhain yn cymryd amser i dorri i lawr, ac felly bydd olion ohonyn nhw ar ffrwythau a llysiau yn y siopau. Pan gaiff plaleiddiaid eu gadael yn y pridd, mae glaw'n gallu eu golchi nhw i afonydd a nentydd. Hefyd, mae chwistrelli plaleiddiaid yn gallu drifftio yn yr awyr y tu hwnt i'r ardal sy'n cael ei chwistrellu.

Yn y DU mae defnyddio'r cemegion hyn yn cael ei reoli; mae rhai wedi'u gwahardd. Mae Asiantaeth yr Amgylchedd yn monitro lefelau llygryddion oherwydd weithiau bydd damweiniau'n achosi lefelau llygredd uchel. Mae problemau'n codi os aiff y cemegion hyn i'r gadwyn fwyd.

Yn yr 1950au, dechreuodd llawer o bobl ym Minemata, Japan, ddangos symptomau gwenwyno mercwri, a bu farw 20 ohonyn nhw. Roedd ffatri ar gyrion bae Minemata yn defnyddio mercwri, ond doedd dim gollyngiad mawr wedi digwydd. Er hynny, roedd planhigion microsgopig wedi amsugno'r mercwri, ac roedd y planhigion hyn yn rhan o'r gadwyn fwyd ddynol (Ffigur 13.1).

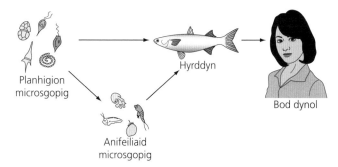

Ffigur 13.1 Rhan o'r we fwyd yn ardal Bae Minemata. Roedd y bobl yn bwyta amrywiaeth o bysgod a physgod cregyn eraill heblaw am hyrddiaid, ond roedd y rhain i gyd yn bwyta'r planhigion a'r anifeiliaid microsgopig.

Digwyddodd y gwenwyno fel hyn:

1 Amsugnodd y planhigion microsgopig y mercwri oedd yn y dŵr.
2 Bwytaodd yr anifeiliaid microsgopig lawer o blanhigion, ac felly cynyddodd y mercwri yn yr anifeiliaid hyn.
3 Bwytaodd y pysgod lawer iawn o'r planhigion a'r anifeiliaid microsgopig, ac felly cododd lefel y mercwri yn y pysgod yn uwch fyth.
4 Roedd y pysgod yn wenwynig oherwydd lefelau'r mercwri ynddyn nhw. Pan gafodd llawer o bysgod eu bwyta gan bobl, roedd y lefelau mercwri'n gwneud y bobl hynny'n sâl iawn neu'n eu lladd nhw.

Enw'r broses lle mae lefelau gwenwyn yn cynyddu wrth symud ar hyd cadwyn fwyd yw **biogynyddiad**. Yr organebau sydd ar frig unrhyw gadwyn fwyd, fel bodau dynol, fydd yn cronni'r lefelau uchaf o unrhyw wenwyn sy'n mynd i mewn i'r gadwyn.

Llygredd gan garthion a gwrteithiau

Weithiau bydd glaw yn golchi'r carthion a'r gwrteithiau sydd yn y pridd ar dir fferm i nentydd ac afonydd. Mae hyn yn cychwyn proses o'r enw **ewtroffigedd**, sy'n gallu lladd pysgod ac anifeiliaid eraill:

1 Mae'r carthion neu'r gwrtaith yn achosi cynnydd yn nhwf planhigion microsgopig.
2 Mae bywyd byr gan blanhigion, felly mae nifer y planhigion marw yn y dŵr yn cynyddu.
3 Mae bacteria'n pydru cyrff y planhigion ac mae poblogaeth y bacteria yn cynyddu'n sydyn.
4 Mae'r bacteria hyn yn defnyddio ocsigen ar gyfer resbiradaeth, felly mae lefel yr ocsigen yn y dŵr yn gostwng.
5 Mae anifeiliaid fel pysgod yn marw oherwydd does dim digon o ocsigen yn y dŵr.

Hefyd, gall planhigion microsgopig dyfu cymaint, fel eu bod nhw'n ffurfio blanced gyfan dros yr arwyneb, ac yn atal y golau sydd ei angen ar y planhigion ar y gwaelod i oroesi.

Plastigion a'u gwaredu

Rydyn ni'n defnyddio plastigion mewn amrywiaeth eang o ffyrdd ac rydyn ni'n cynhyrchu tua 422 miliwn tunnell fetrig o gynhyrchion plastig bob blwyddyn. Yn anffodus, dim ond am gyfnod byr rydyn ni'n defnyddio llawer o'r plastigion hyn. Fe wnaeth y Deyrnas Unedig yn unig gynhyrchu bron 50 miliwn tunnell fetrig o blastig gwastraff yn 2020. Dydy plastig ddim yn torri i lawr, felly mae gwastraff plastig yn aros yn yr amgylchedd am byth. Mae llawer o'r gwastraff hwn yn mynd i'r moroedd yn y diwedd, lle mae'n torri'n ddarnau llai o'r enw microplastigion.

Dyma'r problemau amgylcheddol â phlastigion:

▶ Mae'r rhan fwyaf o blastigion yn anfioddiraddadwy.
▶ Mae plastigion yn cronni mewn safleoedd tirlenwi a gan nad ydyn nhw'n torri i lawr, mae'n rhaid dod o hyd i safleoedd tirlenwi newydd wrth i rai eraill lenwi.
▶ Dim ond unwaith rydyn ni'n defnyddio llawer o blastigion, felly rydyn ni'n cynhyrchu llawer o wastraff plastig.
▶ Mae llawer o blastig yn cyrraedd y cefnforoedd, lle mae'n gallu lladd anifeiliaid sy'n amlyncu microplastigion neu'n cael eu dal mewn eitemau plastig.
▶ Mae cemegion gwenwynig o blastig mewn cadwynau bwydydd.
▶ Dydy hi ddim yn hawdd llosgi plastig gan ei fod yn rhyddhau nwyon gwenwynig.
▶ Mae rhai plastigion yn anodd ac yn ddrud i'w hailgylchu.
▶ Mae plastigion gwahanol yn cael eu hailgylchu mewn ffyrdd gwahanol, felly mae'n rhaid gwahanu'r mathau o blastig cyn eu hailgylchu nhw.
▶ Rydyn ni'n cynhyrchu plastigion o olew crai, felly mae eu cynhyrchu nhw'n cynhyrchu nwyon tŷ gwydr ac yn defnyddio adnoddau tanwydd cyfyngedig.

Profwch eich hun

1 Sut mae plaleiddiaid yn cyrraedd afonydd a nentydd?
2 Pan mae cemegion gwenwynig yn mynd i mewn i amgylchedd, pam mae hyn yn broblem arbennig i organebau ar ben uchaf cadwynau bwydydd?
3 Pan mae ewtroffigedd yn digwydd, pa organebau sy'n cael gwared ar ocsigen o'r dŵr?

Term allweddol

Bioddiraddadwy Rhywbeth sy'n gallu cael ei dorri i lawr gan ficro-organebau yn yr amgylchedd.

Profwch eich hun

4 Pam mae plastigion yn achosi problemau mewn safleoedd tirlenwi?

5 Nodwch gysylltiad rhwng plastigion a chynhesu byd-eang.

6 Pam mae'n anodd gwaredu plastigion drwy eu llosgi nhw?

7 Ym mha ffordd mae plastigion yn fygythiad i iechyd dynol?

Ailgylchu plastig

Mae yna ddau brif ddull o leihau faint o blastig sydd yn yr amgylchedd: ailgylchu ac ailddefnyddio. Mae ailddefnyddio yn golygu defnyddio'r eitem blastig eto, ac mae ailgylchu yn golygu troi'r plastig yn eitem newydd. Mae bron pob gwlad yn ailgylchu mwy o blastig erbyn hyn, ond nid yw'n cael ei ailgylchu gymaint â defnyddiau eraill o hyd. Mae ailgylchu plastig yn lleihau'r pwysau ar safleoedd tirlenwi ac yn golygu bod llai o angen i gynhyrchu plastigion newydd o olew crai, sy'n gwarchod adnoddau naturiol cyfyngedig. Fodd bynnag, mae ailgylchu rhai plastigion yn gallu bod yn ddrud ac mae angen gwaith prosesu diwydiannol. Does dim un o'r anfanteision hyn yn berthnasol i ailddefnyddio, ond nid yw ailddefnyddio bob amser yn bosibl.

▶ Dinistrio cynefin

Term allweddol

Cynefin Y man lle mae organeb yn byw.

Dros amser, mae organebau byw yn esblygu i weddu i'w **cynefin**. Os yw'r cynefin yn newid, efallai na fydd yr organeb yn gallu byw yno. Mae bodau dynol yn gallu achosi newidiadau enfawr i gynefin yn gyflym iawn. Gall anifeiliaid golli eu cyflenwad bwyd, safleoedd cysgod neu safleoedd nythu, ac weithiau byddwn ni'n mynd ati i glirio planhigion. Dyma rai enghreifftiau o fodau dynol yn achosi newidiadau i gynefinoedd:

▶ Clirio tir ar gyfer tai, diwydiant, mannau masnachol a ffyrdd.
▶ Dinistrio ardal drwy chwarela.
▶ Dympio defnyddiau gwastraff (tirlenwi, dympio anghyfreithlon, gwaredu gwastraff niwclear).
▶ Defnyddio tir ar gyfer amaethyddiaeth, a defnyddio plaleiddiaid yn gysylltiedig â hynny. Mae hyn yn un o brif achosion datgoedwigo, er enghraifft.
▶ Gwahanol fathau o lygredd.

Termau allweddol

Bioamrywiaeth Yr amrywiaeth o rywogaethau o organebau byw mewn ardal benodol.

Ecosystem Cymuned neu grŵp o organebau byw ynghyd â'r cynefin lle maen nhw'n byw, a'r rhyngweithiadau rhwng cydrannau byw ac anfyw'r ardal.

Weithiau, mae dinistrio cynefinoedd yn gallu bygwth difodiant i rywogaethau mewn perygl, ond mae bob amser yn arwain at golli rhywogaethau a llai o **fioamrywiaeth**.

Mae bioamrywiaeth yn gwneud amgylchedd yn llawer mwy diddorol, ond mae hefyd yn gwneud yr **ecosystem** yn fwy sefydlog ac yn gallu gwrthsefyll newid yn well. Er enghraifft, os oes amrywiaeth eang o rywogaethau i ysglyfaethwr fwydo arnynt, fydd lleihau niferoedd un o'r rhywogaethau hynny ddim yn bygwth ei fodolaeth.

▶ Mesurau i sicrhau cynaliadwyedd

Defnyddio llai o blastig

Rydyn ni'n gwneud ac yn defnyddio 20 gwaith yn fwy o blastig nag roedden ni 50 mlynedd yn ôl. Dydy ymdrechion i ddefnyddio llai o blastigion heb fod yn llwyddiannus iawn. Mae pobl Gorllewin Ewrop yn defnyddio tua 4% yn fwy o blastig bob blwyddyn (ond heb yr ymdrech i ddefnyddio llai o blastig, byddai'r cynnydd wedi bod yn fwy).

Ailddefnyddio eitemau plastig

Dydy hi ddim yn bosibl ailddefnyddio pob eitem blastig, ond rydyn ni'n ailddefnyddio rhai eitemau plastig yn naturiol (er enghraifft, cynwysyddion bwyd plastig anhyblyg, tegelli a beiros). Mae eitemau y bydden ni'n gallu eu hailddefnyddio, ond rydyn ni'n aml yn eu defnyddio nhw unwaith yn unig, yn cynnwys bagiau plastig, poteli diodydd a chwpanau. Mae pobl wedi ceisio ailddefnyddio mwy ar yr eitemau hyn drwy:

- hyrwyddo poteli diodydd a chwpanau y gallwn ni eu hailddefnyddio
- trethu bagiau plastig – yn 2015 cyflwynodd y Deyrnas Unedig 'dreth bag plastig' 5c ac yn 2021 rydyn ni nawr yn defnyddio 83% yn llai o fagiau untro o gymharu â 2014.
- gwahardd bagiau plastig yn gyfan gwbl mewn llawer o rannau o Asia ac Affrica.

✔ Profwch eich hun

8 Pam mae'n ddymunol cynnal bioamrywiaeth mewn amgylchedd?
9 Esboniwch y gwahaniaeth rhwng ailddefnyddio ac ailgylchu.
10 Nodwch un broblem gydag ailgylchu plastig.
11 Awgrymwch reswm pam gallai defnyddio defnydd pecynnu cardbord fod yn well i'r amgylchedd na phlastig bioddiraddadwy.

→ Gweithgaredd

Ailgylchu plastig

Mae Ffigur 13.2 yn dangos cyfradd ailgylchu defnydd pecynnu plastig yn y DU yn 2008–2020. Targed y DU ar gyfer ailgylchu plastig yw 50% erbyn 2025 a 55% erbyn 2030. Dechreuodd awdurdodau lleol gasglu defnydd i'w ailgylchu yn 2007, ond ni chafodd hyn ei gyflwyno ar draws y wlad gyfan ar unwaith.

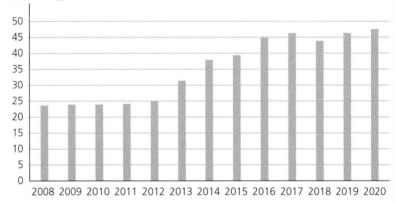

% cyfradd ailgylchu

Ffigur 13.2 Cyfraddau ailgylchu canrannol defnydd pecynnu plastig yn y DU (Ffynhonnell: DEFRA)

Cwestiynau

1 Faint wnaeth y gyfradd ailgylchu ganrannol gynyddu rhwng 2012 a 2016?
2 Awgrymwch reswm pam nad oedd llawer o newid yn y gyfradd ailgylchu rhwng 2008 a 2011.
3 Awgrymwch reswm pam mae'r gyfradd ailgylchu wedi gwastadu rhwng 2017 a 2020.
4 Gan dybio bod y duedd bresennol yn parhau, ydych chi'n meddwl bydd y DU yn taro'r targed o ailgylchu 50% o blastigion erbyn 2025? Rhowch resymau dros eich ateb.

Defnydd pecynnu bioddiraddadwy

Beth yw 'defnydd pecynnu cynaliadwy'? Dyma rai enghreifftiau:

- Defnyddio bagiau papur neu ffabrig yn lle bagiau plastig untro.
- Defnyddio cardbord neu bapur wedi'i ailgylchu yn lle plastig i becynnu eitemau.
- Datblygu 'bioplastigion' bioddiraddadwy o ddefnyddiau planhigol. Er bod micro-organebau yn gallu torri'r plastigion hyn i lawr, mae'r broses yn gallu cymryd llawer o flynyddoedd.
- Gwerthu diodydd mewn cartonau cardbord neu boteli gwydr yn lle poteli plastig.

▶ Problemau amgylcheddol sy'n cael eu hachosi gan wastraffau dynol

Problemau tirlenwi

Yn aml, byddwn ni'n gwaredu gwastraff drwy ei gladdu mewn safleoedd tirlenwi. Dydy'r rhan fwyaf o blastigion ddim yn fioddiraddadwy, felly mae safleoedd tirlenwi yn llenwi'n gyflym. Mae safleoedd tirlenwi yn achosi amrywiaeth o broblemau amgylcheddol:

▶ Mae defnyddiau gwastraff mewn safleoedd tirlenwi yn gallu cynhyrchu tocsinau. Mae'r rhain yn tryddiferu (*seep*) drwy'r pridd ac yn gallu mynd i mewn i ddyfrffyrdd. Mae'r broses hon yn cael ei gwneud yn waeth gan lawiad, sy'n hydoddi rhai tocsinau ac yn eu cludo nhw i mewn i'r pridd.

▶ Mae cywasgu gwastraff yn gallu gostwng lefelau ocsigen. Mae hyn yn annog twf micro-organebau anaerobig sy'n cynhyrchu methan, nwy tŷ gwydr.

Gwastraff cartrefi

Mae gwastraff cartrefi yn aml yn cynnwys eitemau sy'n cynnwys sylweddau tocsig i'r amgylchedd:

▶ Mae batrïau yn cynnwys sylweddau tocsig, fel asid sylffwrig, mercwri, nicel, cadmiwm a phlwm, yn ogystal â lithiwm, sy'n gallu achosi tanau neu ffrwydradau.

▶ Mae bylbiau golau bach fflwroleuol egni isel yn cynnwys symiau bach o fercwri, sy'n docsig iawn (dydy bylbiau LED ddim yn beryglus).

▶ Mae hen ffonau symudol yn cynnwys tocsinau, fel plwm, mercwri, arsenig, cadmiwm, clorin a bromin. Os ydyn ni'n gwaredu'r rhain mewn safleoedd tirlenwi, gall y sylweddau hyn ollwng i'r dŵr daear a mynd i afonydd a nentydd yn y pendraw. Mae ffonau symudol hefyd yn cynnwys batrïau lithiwm.

Carthion

Mae carthion yn cynnwys gwastraff o ddraeniau a thoiledau cartrefi. Mae'r dŵr gwastraff yn cael ei ddychwelyd i afonydd, ond mae'n rhaid ei drin oherwydd ei fod yn cynnwys bacteria sy'n gallu bod yn beryglus ac mae'n gallu achosi llygredd (gweler tudalen 104). Mewn gweithfeydd trin carthion, mae solidau'n cael eu gadael i setlo ac mae bacteria yn torri gwastraff mân i lawr i ffurfio cynhyrchion diberygl. Mae'n rhaid troi'r gwastraff i'w awyru, oherwydd bod angen ocsigen ar facteria i resbiradu'n aerobig. Dim ond yn rhannol bydden nhw'n torri'r gwastraff i lawr drwy resbiradu'n anaerobig, ac mae diffyg ocsigen yn gallu annog twf bacteria niweidiol. Ar ôl trin y dŵr, mae'n ddiogel i'w ollwng i mewn i afonydd. Gallwn ni ddefnyddio'r gwastraff solid sy'n weddill ar ôl ei drin fel gwrtaith, er bod rheoliadau ynghylch sut i'w ddefnyddio i dawelu pryderon posibl am iechyd.

▶ Rhywogaethau dangosol biolegol

Gallwn ni ganfod llygredd dŵr yn ôl gostyngiad yn y lefel ocsigen neu newid i'r pH, a gallwn ni fesur rhai llygryddion yn uniongyrchol. Gall gwyddonwyr hefyd fesur lefel gyffredinol llygredd drwy ddefnyddio **rhywogaethau dangosol**. Pan fydd rhai rhywogaethau rydyn ni'n disgwyl eu gweld yn absennol, mae'n bosibl bod llygredd yn bresennol. Mae rhai planhigion ac anifeiliaid yn gallu goddef mwy o lygredd, ac efallai y byddwn ni'n gweld y rhain.

Organebau tebyg i blanhigion yw cennau, ac maen nhw'n tyfu ar greigiau, waliau a choed. Rydyn ni'n eu defnyddio nhw fel dangosyddion llygredd aer. Mae Ffigur 13.3 yn dangos cennau sydd i'w cael mewn aer glân a chennau o ardaloedd â lefelau llygredd gwahanol.

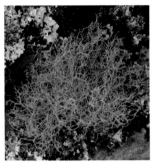

Ffigur 13.3 Cennau o ardaloedd â lefelau llygredd gwahanol. Dim ond mewn aer heb lygredd mae'r cen cyntaf yn gallu goroesi, ond mae'r cen olaf yn gallu goroesi lefelau llygredd uchel.

⚙ Gwaith ymarferol penodol

Ymchwilio i ddefnyddio rhywogaethau dangosol fel arwyddion o lygredd

Roedd dwy fferm, Fferm y Felin a Fferm Hafod, yn agos at y nant ac roedd gwyddonwyr yn credu bod carthion o un fferm, neu o'r ddwy, yn mynd i'r nant. Cafodd samplau eu cymryd o'r nant mewn pum lle, sydd wedi'u labelu'n A–E ar Ffigur 13.4.

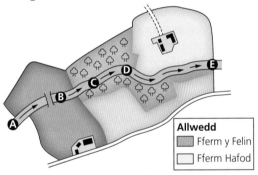

Allwedd
- ▨ Fferm y Felin
- ☐ Fferm Hafod

Ffigur 13.4 Map o ardal yr astudiaeth

Y dull

1. Casglu dŵr mewn cynhwysydd mawr.
2. Crafu rhwyd ar hyd gwely'r nant a throsglwyddo'r infertebratau yn y rhwyd i'r blwch.
3. Adnabod yr organebau, a chofnodi'r nifer o bob math o infertebrat yn y tabl.
4. Arllwys cynnwys y blwch yn ofalus yn ôl i'r nant.
5. Ailadrodd camau 1–4 yn y lleoliadau eraill.
   Mae'r tabl yn dangos canlyniadau'r astudiaeth.

Man samplu	Nifer o bob rhywogaeth a gafodd eu canfod bob m²							
	Nymff pryf y cerrig	Nymff cleren Fai	Berdys dŵr croyw	Larfa pryf pinc	Mwydyn coch	Lleuen ddŵr	Cynrhonyn cynffon llygoden fawr	Mwydyn y llaid
A	11	15	5	12	0	2	0	0
B	0	0	3	4	6	16	12	3
C	0	0	3	8	8	14	2	0
D	0	0	4	10	4	6	0	0
E	0	0	0	4	12	20	2	0

Dadansoddi'r canlyniadau

1. Awgrymwch newidynnau y mae angen eu rheoli wrth gymryd y samplau mewn mannau gwahanol.
2. Awgrymwch sut byddai hi wedi bod yn bosibl gwneud y canlyniadau hyn yn fwy manwl gywir.
3. O'r canlyniadau a'r wybodaeth yn y tabl, beth yw eich casgliadau am lefelau llygredd yn y nant a'r hyn sy'n debygol o fod yn ei achosi?

Ansawdd dŵr	Rhywogaethau sy'n bresennol
Dŵr glân	Nymff pryf y cerrig, nymff cleren Fai
Llygredd isel	Berdysyn dŵr croyw, larfa pryf pric
Llygredd cymedrol	Lleuen ddŵr, cynrhonyn coch
Llygredd uchel	Mwydyn y llaid, cynrhonyn cwtfain

▶ Datblygiad cynaliadwy

Materion yn ymwneud â chyflenwad a galw

Mae'r boblogaeth ddynol yn cynyddu, sy'n cynyddu'r effeithiau niweidiol ar yr amgylchedd. Mae angen mwy o le ar gyfer tai, ffyrdd, diwydiant, mwyngloddio, amaethyddiaeth a thirlenwi. Mae gan asiantaethau'r llywodraeth ran bwysig i'w chwarae o ran monitro, gwarchod a gwella'r amgylchedd. Wrth gynnig datblygiad, mae angen asesu ei effaith amgylcheddol, gan gynnwys effeithiau ar unrhyw rywogaethau mewn perygl. Mae'r wybodaeth hon yn helpu awdurdodau i benderfynu a ddylen nhw gymeradwyo'r datblygiad, ei wrthod, neu ei newid i leihau'r effaith ar fioamrywiaeth.

Mae'r cynnydd yn y boblogaeth yn golygu bod angen defnyddio mwy o adnoddau (bwyd, tanwyddau a defnyddiau) sy'n arwain at ddifrod amgylcheddol (er enghraifft, clirio coedwigoedd i gyflenwi mwy o dir ffermio).

✔ | **Profwch eich hun**

12 Esboniwch sut gallai safleoedd tirlenwi gyfrannu at gynhesu byd-eang.

13 Beth yw rhywogaeth ddangosol?

14 Esboniwch y gwahaniaeth rhwng Safle o Ddiddordeb Gwyddonol Arbennig a pharc cenedlaethol.

15 Mae 'coridorau tir' yn cael eu defnyddio i gysylltu gwarchodfeydd natur bach. Esboniwch y rheswm dros hyn.

Term allweddol

Mewnfridio Bridio unigolion sy'n perthyn yn agos i'w gilydd ac sydd felly'n rhannu llawer o alelau tebyg.

▶ Cynnal bioamrywiaeth

Mae bioamrywiaeth wedi cael sylw ym Mhennod 11 Byd llawn bywyd. Mae ymdrechion i gynnal bioamrywiaeth yn cynnwys y canlynol:

▶ **Safleoedd o Ddiddordeb Gwyddonol Arbennig** – ardaloedd sydd wedi'u gwarchod yn gyfreithiol gan fod rhywogaethau planhigion neu anifeiliaid prin yno. Yng Nghymru, sefydliad Cyfoeth Naturiol Cymru sy'n penderfynu ar y safleoedd.

▶ **rhaglenni bridio mewn caethiwed** – bridio rhywogaethau o anifeiliaid sydd mewn perygl dan amodau gwarchodedig mewn swau a pharciau bywyd gwyllt, yna eu rhyddhau nhw yn ôl i'r gwyllt.

▶ **parciau cenedlaethol** – ardaloedd o dirwedd hardd sydd heb ei datblygu rhyw lawer, lle mae cyfyngiadau ar adeiladu a gweithgareddau masnachol.

▶ **banciau hadau** – storio hadau rhywogaethau o blanhigion sydd mewn perygl er mwyn gallu eu tyfu nhw eto pe baen nhw'n mynd yn ddiflanedig yn y gwyllt. Mae hadau'n gallu egino i dyfu planhigion newydd ar ôl cannoedd o flynyddoedd.

Problemau â gwarchodfeydd natur

Yn aml, mae gwarchodfeydd natur lleol yn fach ac ar wahân. Os nad yw anifeiliaid yn gallu symud rhwng darnau o gynefin addas, mae'n gallu ei gwneud hi'n anoddach iddyn nhw ddod o hyd i fwyd neu gymar. Mae hyn yn lleihau'r siawns y bydd rhywogaeth yn goroesi. Un ffordd o oresgyn y broblem hon yw creu coridorau tir i gysylltu gwarchodfeydd â'i gilydd. Mae hyn yn caniatáu i anifeiliaid symud rhwng cynefinoedd ac yn ei gwneud yn haws iddyn nhw gael adnoddau. Mae hefyd yn helpu i gynnal amrywiaeth enynnol yr organebau drwy leihau **mewnfridio**.

▶ Adennill tir

Weithiau, bydd ardaloedd diwydiannol yn cau a safleoedd tirlenwi'n mynd yn llawn. Mae'n gallu bod yn anodd adfer y safleoedd hyn i'w defnyddio nhw mewn ffyrdd eraill. Efallai y bydd rhaid clirio adeiladau ac mae'n bosibl y bydd tocsinau'n bresennol yn y pridd. Gallwn ni ailblannu ar dir wedi'i adennill neu ei ddefnyddio fel mannau preswyl neu fasnachol (i osgoi datblygu cefn gwlad). Yn 1961 dechreuodd project adennill tir yng Nghwm Tawe Isaf, un o ganolfannau hanesyddol y diwydiant metelau. Cafodd adfeilion diwydiannol a thomenni sbwriel eu clirio, cafodd coed a phlanhigion sy'n gallu goddef metelau eu plannu, a chafodd ardal siopa newydd ei hadeiladu.

Crynodeb o'r bennod

- Mae metelau trwm, o wastraff diwydiannol a mwyngloddio, a phlaleiddiaid yn gallu mynd i mewn i'r gadwyn fwyd.
- Mae metelau trwm a phlaleiddiaid yn gallu cronni at lefelau tocsig mewn anifeiliaid (biogynyddiad).
- Mewn dŵr sydd wedi'i lygru gan garthion heb eu trin a gwrteithiau, mae planhigion microsgopig yn tyfu'n gyflym; mae marwolaeth y rhain yn arwain at gynnydd yn nifer y bacteria sy'n eu torri nhw i lawr, sy'n achosi i lefel yr ocsigen sydd wedi hydoddi yn y dŵr ostwng; gall anifeiliaid fygu, yn eu plith pysgod sy'n byw yn y dŵr.
- Mae yna faterion amgylcheddol yn ymwneud â gwaredu plastigion. Dydyn nhw ddim yn bioddiraddio, felly maen nhw'n llenwi safleoedd tirlenwi. Mae ailgylchu yn atal hyn ac yn golygu ein bod ni'n defnyddio llai o adnoddau naturiol.
- Mae defnyddio mwy o dir ar gyfer adeiladu, mwyngloddio, tirlenwi ac amaeth yn dinistrio cynefinoedd, sy'n achosi i rywogaethau gael eu colli ac yn lleihau bioamrywiaeth.
- Mae mesurau i sicrhau cynaliadwyedd yn cynnwys cynlluniau arbed, ailddefnyddio, ailgylchu a defnyddio defnyddiau pecynnu bioddiraddadwy.
- Mae yna broblemau'n gysylltiedig â chael gwared â gwastraff mewn modd anghynaliadwy mewn safleoedd tirlenwi.
- Mae cartrefi yn cynhyrchu sylweddau sy'n docsig i'r amgylchedd (carthion, a gwastraff sy'n cynnwys sylweddau tocsig, fel batrïau, bylbiau golau egni isel a hen ffonau symudol); mae'r rhain yn effeithio ar yr amgylchedd.
- Rydyn ni'n defnyddio micro-organebau i drin carthion, fel bod y dŵr gwastraff yn gallu llifo i afonydd.
- Mae monitro amgylcheddol yn gallu defnyddio rhywogaethau byw (cennau i fonitro llygredd aer neu infertebratau fel dangosyddion llygredd dŵr) a dangosyddion anfyw (lefelau pH a lefelau ocsigen mewn dŵr).
- Mae yna angen am ddatblygiad cynaliadwy, ond mae defnyddio mwy o adnoddau a pharhau i'w cyflenwi nhw, yn effeithio ar yr amgylchedd.
- Gallwn ni gynnal bioamrywiaeth gan ddefnyddio rhaglenni bridio mewn caethiwed, cronfeydd hadau ac ardaloedd wedi eu gwarchod.
- Mae coridorau rhwng gwarchodfeydd natur yn caniatáu i boblogaethau o rywogaethau symud ac yn atal arunigo.
- Mae adennill tir a oedd yn arfer cael ei ddefnyddio ar gyfer diwydiant a thirlenwi yn bwysig ar gyfer datblygiad cynaliadwy.

► Cwestiynau enghreifftiol

1 Dyma gadwyn fwyd dŵr croyw wedi'i symleiddio.

ffytoplancton → swoplancton → pysgod → adar sy'n bwyta pysgod

(planhigion microsgopig) → (anifeiliaid microsgopig) → (gwahanol fathau) → (e.e. adar ysglyfaethus)

Roedd y pryfleiddiad DDT yn arfer cael ei ddefnyddio ar raddfa eang yn yr 1950au a'r 1960au. Fe wnaeth poblogaethau adar ysglyfaethus ostwng, ac roedd lefelau uchel o DDT ynddyn nhw. Doedd y pryfleiddiad ddim yn eu lladd nhw, ond roedd yn achosi iddyn nhw gynhyrchu wyau â phlisg tenau iawn. Roedd rhain yn torri, gan ladd yr adar ifanc y tu mewn.

a) Roedd DDT yn cael ei ddefnyddio ar dir ffermio. Awgrymwch sut aeth DDT i mewn i amgylcheddau dŵr croyw. [1]

b) Awgrymwch pam mai dim ond ar yr adar sy'n bwyta pysgod roedd hyn yn effeithio, nid yr organebau cyn y rhain yn y gadwyn fwyd. [2]

c) Mae gwrteithiau sy'n cael eu defnyddio ar ffermydd hefyd yn gallu achosi difrod i amgylcheddau dŵr croyw oherwydd proses ewtroffigedd. Esboniwch sut mae'r broses hon yn digwydd. [5]

2 Gwastraff trefol bioddiraddadwy (GTB) yw gwastraff o aelwydydd sy'n pydru mewn safleoedd tirlenwi i gynhyrchu methan, nwy tŷ gwydr cryf. Mae'r graff yn dangos faint o GTB gafodd ei anfon i safleoedd tirlenwi yng ngwledydd y Deyrnas Unedig rhwng 2010 a 2015.

a) Awgrymwch pam mae ffigurau Lloegr yn llawer uwch na ffigurau'r gwledydd eraill. [1]

b) Pa wlad oedd â'r lleihad mwyaf yn y GTB a gafodd ei anfon i safleoedd tirlenwi rhwng 2010 a 2015? [1]

c) Awgrymwch pam mae'n syniad da anfon llai o GTB i safleoedd tirlenwi. [2]

ch) Nodwch un ffordd mae gwastraff arall, nid GTB, yn gallu achosi difrod amgylcheddol. [1]

d) Mae safleoedd tirlenwi yn llenwi'n gynt nag oedden nhw yn y gorffennol, er bod llai o wastraff yn cael ei anfon iddynt. Awgrymwch reswm dros yr anghysondeb hwn. [3]

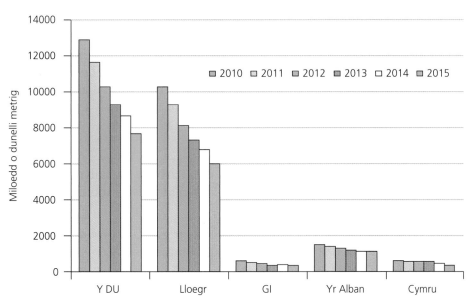

Ffynhonnell: Dadansoddwr Data Gwastraff, ystadegau Defra

Ffactorau sy'n effeithio ar iechyd bodau dynol

Mae nifer o ffactorau'n effeithio ar iechyd bodau dynol, gan gynnwys geneteg, ffordd o fyw a'r amgylchedd. Rydyn ni nawr yn gwybod am enynnau a sut maen nhw'n effeithio ar y ffordd mae organebau'n datblygu. Gallwn ni hefyd ddefnyddio ein gwybodaeth am enynnau i atal rhai clefydau. Mae dewisiadau ffordd o fyw yn cael effeithiau mawr ar ein hiechyd.

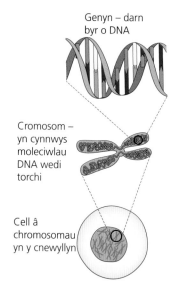

Ffigur 14.1 Adeiledd genyn mewn perthynas â DNA a chromosomau

Genyn – darn byr o DNA

Cromosom – yn cynnwys moleciwlau DNA wedi torchi

Cell â chromosomau yn y cnewyllyn

► Deunydd etifeddiad

DNA yw'r cemegyn sy'n gwneud genynnau. Mae'n rheoli adeiledd a gweithredoedd y corff ac yn pennu nodweddion etifeddol drwy reoli cynhyrchu proteinau.

Yng nghnewyllyn cell, mae'r moleciwlau DNA hir wedi'u dirdroi i greu ffurfiadau o'r enw **cromosomau**. Darn byr o DNA sy'n ffurfio cod ar gyfer un protein yw genyn (Ffigur 14.1).

Mae DNA wedi'i wneud o ddwy gadwyn hir sy'n cynnwys moleciwlau siwgr a ffosffad bob yn ail. Mae'r adeiledd hwn, sy'n debyg i ysgol, wedi'i ddirdroi i ffurfio 'helics dwbl' (math o sbiral). Mae pedwar bas mewn DNA; mae adenin (A) yn bondio'n wan â thymin (T), ac mae gwanin (G) yn cysylltu â chytosin (C). Mae trefn y basau hyn ar hyd yr asgwrn cefn siwgr-ffosffad yn amrywio mewn moleciwlau DNA gwahanol. Y dilyniant hwn o fasau sy'n ffurfio'r cyfarwyddiadau, mewn math o god, i gynhyrchu proteinau. Mae'n pennu trefn yr **asidau amino** sy'n cael eu defnyddio i wneud protein penodol (Ffigur 14.2).

Mae cromosomau mewn cnewyllyn yn ffurfio parau sy'n cynnwys yr un genynnau â'i gilydd – mae un aelod o bob pâr yn dod o'r tad, a'r llall o'r fam. Mae gan enynnau ffurfiau gwahanol o'r enw alelau. Er enghraifft, mae gan y genyn ar gyfer lliw llygaid alelau glas a brown. Er eu bod nhw'n cynnwys yr un genynnau, efallai na fydd gan y cromosomau mewn pâr yr un alelau. Bodolaeth alelau sy'n creu amrywiad mewn rhywogaeth.

Term allweddol
Asid amino Grŵp cemegol mae proteinau'n ffurfio ohono.

Geneteg a thermau genetig

Mae angen i chi wybod a deall y termau arbenigol canlynol sy'n cael eu defnyddio ym maes geneteg. Byddwn ni'n rhoi esboniad pellach yn nes ymlaen yn y bennod:

► **Genyn** Darn o DNA sy'n ffurfio cod ar gyfer un protein.
► **Alel** Un o'r ffurfiau gwahanol ar yr un genyn.
► **Cromosom** Darn o DNA sy'n cynnwys llawer o enynnau; mae i'w gael yn y cnewyllyn ac mae'n weladwy yn ystod cellraniad.
► **Genoteip** Cyfansoddiad genetig unigolyn (e.e. BB, Bb, bb).
► **Ffenoteip** Sut mae'r genoteip i'w weld (er enghraifft, llygaid glas, gwallt cyrliog, blodau coch).
► **Trechol** Alel sy'n ymddangos yn y ffenoteip pryd bynnag y mae'n bresennol (yn cael ei nodi â phriflythyren – er enghraifft **B**).

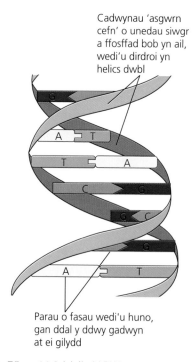

Cadwynau 'asgwrn cefn' o unedau siwgr a ffosffad bob yn ail, wedi'u dirdroi yn helics dwbl

Parau o fasau wedi'u huno, gan ddal y ddwy gadwyn at ei gilydd

Ffigur 14.2 Adeiledd DNA

▶ **Enciliol** Alel sy'n cael ei guddio pan mae alel trechol yn bresennol (yn cael ei nodi â llythyren fach – er enghraifft **b**).

▶ **F1 ac F2** Ffurf gryno o ddynodi cenhedlaeth gyntaf (F1) ac ail genhedlaeth (F2) croesiad genetig.

▶ **Homosygaidd/homosygot** Mae homosygot yn cynnwys dau alel unfath ar gyfer y genyn dan sylw – mae'n homosygaidd.

▶ **Heterosygaidd/heterosygot** Mae heterosygot yn cynnwys dau alel gwahanol ar gyfer y genyn dan sylw – mae'n heterosygaidd.

▶ Etifeddiad monocroesryw

Etifeddiad monocroesryw yw'r enw rydyn ni'n ei roi i etifeddu un genyn. Mae dau gopi o bob genyn yn y corff, un gan bob rhiant. Mae'r gametau yn cynnwys un copi o bob genyn. Dydy'r copïau ddim o reidrwydd yr un fath, oherwydd bod gan bob genyn fersiynau gwahanol o'r enw alelau. Efallai y bydd gan unigolion ddau o'r un alel ar gyfer genyn penodol (homosygaidd) neu ddau alel gwahanol (heterosygaidd).

★ | Enghraifft wedi ei datrys

Wrth edrych ar etifeddiad y nodweddion tal a byr mewn planhigion pys:

- Mae'r alel tal (T) yn drechol i'r alel byr (t)
- Mae'r alel trechol yn ymddangos yn y ffenoteip pryd bynnag y mae'n bresennol. Felly, mae'r genoteipiau TT a hefyd Tt yn rhoi planhigion tal.
- Er mwyn cynhyrchu'r ffenoteip byr, mae'n rhaid i ddau alel byr enciliol fod yn bresennol (tt).

Dangoswch groesiad rhwng planhigyn tal homosygaidd (TT) a phlanhigyn byr homosygaidd (tt), gan ddilyn yr etifeddiad dros ddwy genhedlaeth.

Ateb

- Mae pob gamet sy'n cael ei gynhyrchu gan y planhigyn tal (TT) yn cynnwys alel T.
- Mae pob gamet sy'n cael ei gynhyrchu gan y planhigyn byr yn cynnwys yr alel t.
- Pryd bynnag y bydd paill o un planhigyn yn ffrwythloni wy o'r llall, bydd yn creu hedyn sy'n cynnwys un o bob alel (Tt). Rydyn ni'n galw'r planhigion heterosygaidd hyn yn genhedlaeth F1.
- Pan mae planhigyn F1 yn cynhyrchu gametau, bydd eu hanner yn cynnwys yr alel T a'r hanner arall yn cynnwys yr alel t. Os yw paill F1 yn ffrwythloni wy o blanhigyn F1 arall, mae llawer o gyfuniadau'n bosibl.
- I ganfod yr holl gyfuniadau posibl hyn, mae angen defnyddio sgwâr Punnett. Nodwch y gametau ar gyfer pob unigolyn er mwyn canfod y cyfuniadau (Ffigur 14.3).

  Yn y sgwâr Punnett, mae tri o'r posibiliadau yn cynhyrchu planhigion tal (TT neu Tt) ac un yn cynhyrchu planhigyn byr (tt). Felly, mae planhigion tal dair gwaith yn fwy tebygol na phlanhigion byr ac, os caiff llawer o epil eu cynhyrchu, bydd cymhareb planhigion tal:byr o gwmpas 3:1.

→

Term allweddol

Sgwâr Punnett Tabl sy'n dangos croesiadau gametau posibl mewn croesiad genynnol.

	Gametau gwrywol	
	T	t
Gametau benywol T	TT	Tt
Gametau benywol t	Tt	tt

Ffigur 14.3 Sgwâr Punnett ar gyfer uchder planhigion

Gallwch chi ddefnyddio sgwâr Punnett i gyfrifo unrhyw groesiad, ond dylech chi gofio dau groesiad cyffredin:

▶ Mae Aa × Aa yn rhoi cymhareb 3:1 o ffenoteipiau trechol:enciliol.
▶ Mae Aa × aa yn rhoi cymhareb 1:1 o ffenoteipiau trechol:enciliol.

✓ Profwch eich hun

1 Beth yw siâp moleciwl DNA?
2 Pam mae gan unigolion ddau gopi o bob genyn?
3 Beth yw alel?
4 Esboniwch pam gallai fod gan unigolyn un alel ar gyfer nodwedd benodol, er nad yw'n dangos y nodwedd honno.

▶ Clefydau etifeddol ac annormaleddau cromosomau

Dydy genynnau rhywogaeth ddim yn aros yr un fath. Mae alelau a nodweddion newydd yn ymddangos drwy'r amser. Yr hyn sy'n achosi newidiadau i enynnau yw **mwtaniadau**:

▶ Newid ar hap i adeiledd genyn yw mwtaniad.
▶ Mae mwtaniadau yn gyffredin iawn. Mae ymbelydredd ïoneiddio neu rai cemegion yn gallu cynyddu cyfradd mwtaniadau.
▶ Mae'r rhan fwyaf o fwtaniadau'n gwneud gwahaniaethau mor fach fel nad ydyn ni'n gallu gweld unrhyw effaith.
▶ Os bydd newid i'w weld, gall fod yn niweidiol, neu weithiau'n fuddiol.
▶ Caiff mwtaniadau yn y celloedd rhyw (y **gametau**) eu pasio i'r genhedlaeth nesaf. Dydy hyn ddim yn wir am fwtaniadau yng nghelloedd y corff.

Gall rhai mwtaniadau gynhyrchu alel sy'n achosi clefyd. Mae'n bosibl etifeddu'r alel hwn, ac felly'r clefyd. Mae'r clefyd **ffibrosis cystig** yn enghraifft o hyn, lle mae'r ysgyfaint a'r system dreulio yn llenwi â mwcws trwchus. Mae hyn yn effeithio ar brosesau anadlu a threulio bwyd, ac mae'n lleihau disgwyliad oes. Mae alel ffibrosis cystig yn enciliol, felly rhaid i unigolyn fod ag alel ar gyfer y clefyd ar y ddau gromosom er mwyn i'r clefyd ymddangos. Mae gan rai pobl un alel ffibrosis cystig ac un 'normal'. Dydy pobl sy'n

Iechyd, ffitrwydd a chwaraeon

heterosygaidd ar gyfer nodwedd enciliol ffibrosis cystig ddim yn dioddef o'r clefyd, ond maen nhw'n gallu ei drosglwyddo i'w plant; maen nhw'n **gludyddion**.

Mae clefyd Huntington yn enghraifft arall o glefyd etifeddol. Mae'r cyflwr hwn yn effeithio ar yr ymennydd. Alel trechol sy'n ei achosi.

Sgrinio genynnol a chynghori geneteg

Gallwn ni ddarganfod genynnau unigolyn drwy gyfrwng sgrinio genynnol, sy'n gallu datgelu a ydy oedolyn yn gludydd clefyd genynnol, neu a ydy ffoetws sy'n datblygu wedi etifeddu clefyd. Mae sgrinio a chynghori yn helpu cyplau sy'n cynllunio ar gyfer cael babi neu fenywod beichiog a'u partneriaid, i wneud penderfyniadau gwybodus am y risg o gael plentyn sy'n dioddef o gyflwr.

Gweithgaredd

Cynghori geneteg a materion moesegol

Mae cynghori geneteg yn ystyried materion emosiynol, a does dim atebion 'cywir'. Trafodwch y ddau senario hyn, gan sicrhau eich bod chi'n parchu safbwyntiau a phryderon pobl eraill.

1 Mae symptomau clefyd Huntington yn datblygu o gwmpas 30–50 oed. Does dim modd trin y clefyd, ac mae'n angheuol yn y pen draw. Os oes gan riant y clefyd, gallai ei blentyn fod yn wynebu risg. Ydych chi'n meddwl ei fod yn syniad da i rywun 16 oed â hanes teulu o'r clefyd gael prawf genynnol?

2 Gallai rhai pobl derfynu beichiogrwydd os ydyn nhw'n gwybod bod gan y ffoetws anhwylder genynnol, hyd yn oed os gallai'r plentyn fyw â'r cyflwr am beth amser. Trafodwch y materion moesegol sy'n gysylltiedig â'r sefyllfa hon.

Annormaleddau cromosomau

Mae rhai cyflyrau genynnol yn cael eu hachosi gan namau wrth ffurfio gametau sy'n arwain at nifer annormal o gromosomau. Mae syndrom Down yn enghraifft o hyn; mae'n cael ei achosi gan bresenoldeb tri chopi o gromosom 21. Mae'n digwydd pan mae cell sberm neu gell wy yn ffurfio'n annormal, fel bod gan y gamet ddau gopi o gromosom 21 yn hytrach na'r un arferol.

▶ Ffordd o fyw ac iechyd

Mae ffordd o fyw a'r amgylchedd yn gallu cael effaith fawr ar iechyd bodau dynol. Dyma rai ffactorau sy'n niweidio iechyd:

- cyffuriau, gan gynnwys alcohol
- gordewdra
- anhwylderau bwyta
- ysmygu
- deiet gwael
- llygryddion.

Alcohol

Mae yfed gormod o alcohol yn gallu arwain at broblemau iechyd ac at broblemau ymddygiadol a chymdeithasol. Mae camddefnyddio alcohol yn cynyddu'r risg o glefyd y galon, strôc, clefyd yr afu/iau, canserau'r afu/iau, y coludd, y geg a'r fron, a pancreatitis, ac mae'n gallu gwneud ymddygiad rhywun yn fwy peryglus. Mae'r problemau cymdeithasol yn gallu cynnwys diweithdra, ysgariad, cam-drin domestig a digartrefedd. Bod yn gaeth i alcohol yw alcoholiaeth.

Gordewdra

Mae gordewdra yn cynyddu'r risg o glefyd cardiofasgwlar (clefyd y galon a strociau), pwysedd gwaed uchel, rhai canserau, a diabetes math 2.

Yn 2019 roedd 61% o boblogaeth Cymru dros bwysau neu'n ordew ac yn y DU, yn 2015, yr amcangyfrif oedd bod y GIG yn gwario £6.1 biliwn y flwyddyn ar drin gordewdra a chyflyrau cysylltiedig. Drwy leihau cyfradd gordewdra, bydden ni'n gallu rhyddhau arian i drin cyflyrau eraill.

Bwyta gormod heb wneud digon o ymarfer corff sy'n achosi gordewdra. Mae deiet gwael yn gallu arwain at ordewdra os yw'n cynnwys gormod o siwgrau a brasterau.

Cyfrifo BMI

Gallwn ni ddefnyddio indecs màs y corff (*body mass index:* BMI) i asesu a ydy rhywun dros bwysau neu'n ordew. Rydyn ni'n cyfrifo BMI fel hyn:

$$BMI = \frac{\text{màs mewn kg}}{(\text{taldra mewn m})^2}$$

Rydyn ni'n ystyried bod BMI dros 30 yn ordew. Fodd bynnag, mae BMI yn gallu bod yn gamarweiniol, yn arbennig i blant ac athletwyr. Mae cyfansoddiad cyrff plant ac oedolion yn wahanol, felly wrth ystyried BMI plant mae'n well cymharu â phlant eraill yr un oed yn unig. Mae athletwyr yn adeiladu màs eu cyhyrau felly, yn ôl mesuriadau BMI, mae llawer ohonynt yn 'ordew'!

> ### ★ | Enghraifft wedi ei datrys
>
> Yn ôl y Swyddfa Ystadegau Gwladol, mae gan ddynion yn y Deyrnas Unedig fàs cyfartalog o 83.6 kg a thaldra cyfartalog o 1.75 m. Beth yw BMI dyn cyfartalog?
>
> Ateb
>
> $$BMI = \frac{\text{màs mewn kg}}{(\text{taldra mewn m})^2} = \frac{83.6}{1.75 \times 1.75} = \frac{83.6}{3.0625} = 27.3$$

Anorecsia

Anhwylder bwyta a salwch meddwl yw anorecsia sy'n rhoi delwedd aflunedig o'r corff i bobl; maen nhw'n meddwl eu bod nhw'n dew, hyd yn oed os ydyn nhw dan bwysau mewn gwirionedd. Mae pobl ag anorecsia yn ceisio cadw eu pwysau i lawr drwy gyfyngu ar eu bwyta a/neu wneud ymarfer corff gormodol. Mae hyn, i bob pwrpas, yn golygu eu bod nhw'n newynu. Mae anorecsia yn gallu cael effeithiau tymor hir:

- cyhyrau ac esgyrn gwan
- problemau o ran mynd yn feichiog
- colli chwant rhyw
- problemau â'r galon, yr ymennydd a'r system nerfol
- problemau â'r arennau neu'r coluddion
- system imiwnedd wan.

▶ Ysmygu ac iechyd

Rydyn ni'n gwybod bod ysmygu yn niweidio'r ysgyfaint. Dyma'r cemegion niweidiol mewn mwg tybaco:

- **Carsinogenau** – cemegion sy'n achosi canser (43 o sylweddau gwahanol).
- **Tar** – sylwedd gludiog sy'n llenwi'r bronciolynnau a'r alfeoli.
- **Nicotin** – cemegyn caethiwus sydd hefyd yn niweidio'r ysgyfaint yn uniongyrchol.
- **Carbon monocsid** – nwy gwenwynig sy'n ei gwneud hi'n anoddach i gelloedd coch y gwaed gludo ocsigen.
- Amonia, fformaldehyd, hydrogen cyanid ac arsenig, sy'n bresennol mewn symiau bach.

Dyma effeithiau posibl ysmygu ar iechyd:

- canser yr ysgyfaint
- canserau eraill (e.e. yn y geg, yr oesoffagws, y bledren, yr aren a'r pancreas)
- emffysema (niwed i furiau'r alfeoli)
- risg uwch o glefyd y galon.

Mae ysmygu'n cael effeithiau niweidiol ar gymdeithas, nid dim ond ar yr ysmygwr unigol. Mae pobl eraill yn gallu anadlu'r mwg i mewn ac mae'r 'ysmygu goddefol' hwn yn gallu cynyddu'r risg o ganserau. Yn 2019 roedd cost problemau iechyd cysylltiedig ag ysmygu i Lywodraeth y DU o gwmpas £12.6 biliwn y flwyddyn, gan gynnwys talu am ofal a thriniaeth, a cholli cynhyrchedd oherwydd salwch gweithwyr.

▶ Deiet

Mae dwy nodwedd bwysig yn pennu a ydy deiet yn iach neu'n aniach:

1 Cyfanswm cymeriant egni.
2 Cydbwysedd y gwahanol faetholion.

Mae'r cyfanswm cymeriant egni sy'n cael ei argymell yn amrywio ar gyfer gwahanol bobl, gan ddibynnu ar oed, pwysau a thaldra. Mae angen data am ffordd o fyw unigolyn, a'i hanes meddygol, er mwyn gwneud argymhelliad cywir.

RI, GDA ac RDA

Mae yna ganllawiau ar gyfer gwerthoedd cymeriant dyddiol maetholion o'r enw cymeriant cyfeirio (*reference intake:* RI) neu ganllawiau symiau dyddiol (*guideline daily amounts:* GDA) – y symiau sydd eu hangen i gynnal corff iach.

Ffigur 14.4 Label golau traffig ar fwyd

Math arall o ganllaw yw'r lwfans beunyddiol argymelledig (*recommended daily allowance:* RDA) ar gyfer fitaminau a mwynau – mae angen symiau penodol o'r rhain i gadw'r corff yn iach.

Labelu bwyd

Er mwyn i'r defnyddiwr wneud penderfyniadau am ei ddeiet, mae labeli cynhyrchion bwyd yn rhoi gwybodaeth benodol:

▸ **'Goleuadau traffig' bwyd**: mae system yr Asiantaeth Safonau Bwyd yn dangos labeli lliw gwyrdd, ambr neu goch ar y pecyn i roi syniad sydyn o gydbwysedd y maetholion yn y bwyd. Mae'r label yn dangos a ydy swm braster, braster dirlawn, siwgrau a halen yn y cynnyrch yn isel, yn ganolig neu'n uchel.

▸ **Dyddiad 'defnyddio erbyn'**: ni ddylid bwyta bwyd ar ôl ei ddyddiad 'defnyddio erbyn' oherwydd y risg o wenwyn bwyd. Mae i'w weld ar fwydydd risg uchel, fel pysgod, cynnyrch cig, bwydydd parod, a chynnyrch llaeth. Mae bwyd sydd wedi pasio ei **ddyddiad 'ar ei orau cyn'** yn dal i fod yn ddiogel i'w fwyta, ond efallai na fydd ei ansawdd cystal. Mae'n rhaid i fwydydd sydd wedi'u pecynnu ddangos naill ai dyddiad 'defnyddio erbyn' neu ddyddiad 'ar ei orau cyn'.

▸ **Rhestr o'r cynhwysion a'u symiau**: rhaid i bob bwyd wedi'i becynnu sy'n cynnwys mwy nag un cynhwysyn ddangos rhestr o'r cynhwysion yn nhrefn maint, a'r symiau o wahanol grwpiau maetholion, gan gynnwys siwgr a halen (fel arfer fesul 100g).

▶ Cymeriant halen

Mae halen (sodiwm clorid) yn aml yn cael ei ychwanegu at fwyd wedi'i brosesu fel cyflasyn neu gadwolyn. Mae halen yn angenrheidiol er mwyn i'n cyrff weithio'n iawn, ond mae gormod yn gallu cael effeithiau niweidiol.

Mae dim digon o halen yn gysylltiedig â chrampiau yn y cyhyrau, pendro, a tharfu ar electrolytau. Mae gormod o halen yn y deiet yn gallu arwain at bwysedd gwaed uchel (sy'n cynyddu'r risg o glefyd y galon a strociau). Mae gofynion halen unigolion yn gallu amrywio, gan ddibynnu ar faint o ymarfer corff neu waith corfforol maen nhw'n ei wneud a faint o halen maen nhw'n ei golli mewn chwys.

Termau allweddol

Electrolyt Hydoddiant sy'n cynnwys ïonau.

Homeostasis Cynnal amgylchedd mewnol cyson.

> ✓ **Profwch eich hun**
>
> **5** Mae James yn 'gludydd' ffibrosis cystig. Beth mae hyn yn ei olygu?
> **6** Pam mae athletwyr weithiau'n cael eu hasesu'n anghywir yn ordew?
> **7** Pa sylwedd mewn tybaco sy'n ei wneud yn gaethiwus?
> **8** Beth yw carsinogen?
> **9** Esboniwch y gwahaniaethau rhwng dyddiad 'defnyddio erbyn' a dyddiad 'ar ei orau cyn'.

▶ Diabetes

Glwcos yw prif ffynhonnell egni'r corff, ond gall crynodiadau uchel ohono niweidio celloedd, ac felly mae angen cadw ei lefel o fewn amrediad diogel. Mae hyn yn enghraifft o *homeostasis*. Os aiff lefel glwcos y gwaed yn rhy uchel ar ôl pryd o fwyd, mae'r hormon

Iechyd, ffitrwydd a chwaraeon

inswlin, sy'n cael ei ryddhau gan y pancreas i lif y gwaed, yn gallu gostwng y lefel. Mae inswlin yn trawsnewid glwcos hydawdd yn garbohydrad anhydawdd o'r enw glycogen, sy'n cael ei storio yn yr afu/iau. Mae'r pancreas yn rhyddhau ail hormon, sef glwcagon, os aiff lefel y glwcos yn rhy isel.

Mae diabetes yn golygu naill ai nad yw'r corff yn cynhyrchu unrhyw inswlin neu dim ond ychydig, neu nad yw'n gallu ymateb i'r inswlin mae'n ei gynhyrchu. Os na chaiff ei drin, bydd lefel y glwcos yn y gwaed yn mynd yn beryglus o uchel.

Mae **diabetes math 1** (y mwyaf cyffredin ymysg pobl ifanc) yn golygu bod y corff yn stopio cynhyrchu inswlin. O ganlyniad, bydd lefel glwcos y gwaed yn cynyddu drwy'r amser a bydd y corff yn ceisio cael gwared â'r glwcos gormodol yn y troeth. Mae meddygon yn rhoi diagnosis o ddiabetes yn ôl presenoldeb glwcos yn y troeth.

Os na chaiff diabetes ei drin, bydd lefel glwcos y gwaed yn codi mor uchel nes bod y claf yn marw. Allwn ni ddim gwella'r cyflwr, ond gallwn ni ei reoli:

▸ Gall y claf chwistrellu inswlin i'w hun (fel arfer cyn pob pryd o fwyd) i gymryd lle'r inswlin naturiol sydd ddim yn cael ei gynhyrchu mwyach.

▸ Rhaid rheoli'r deiet yn ofalus. Rhaid i'r claf fwyta'r swm cywir o garbohydrad (sef ffynhonnell glwcos) i gyd-fynd â faint o inswlin gafodd ei chwistrellu.

▸ Fel arfer, mae'r claf yn profi lefel glwcos y gwaed sawl gwaith bob dydd i ofalu nad yw'r lefel yn rhy uchel nac yn rhy isel.

Mae diabetes math 2 yn fwy cyffredin ymysg pobl hŷn ac mae'n digwydd pan mae'r corff yn stopio ymateb yn iawn i'r inswlin sy'n cael ei gynhyrchu. Mae'n llai difrifol, ac fel arfer gallwn ni ei drin â chyffuriau neu drwy reoli'r deiet. Mae diabetes math 2 yn gysylltiedig â gordewdra ac mae nifer yr achosion o ddiabetes math 2 yn cynyddu'n ddramatig yn y DU.

⚙ | Gwaith ymarferol penodol

Ymchwiliad i gynnwys egni bwyd

Mae'r egni sydd wedi'i gynnwys mewn bwyd yn cael ei ryddhau wrth iddo losgi. Os ydyn ni'n defnyddio bwyd sy'n llosgi i wresogi cyfaint hysbys o ddŵr, gallwn ni fesur y cynnydd yn y tymheredd. Bydd cyfrifiad syml yn amcangyfrif faint o egni sydd wedi'i storio yn y bwyd.

Mae'r cyfarpar yn cael ei gydosod fel sydd i'w weld yn Ffigur 14.5.

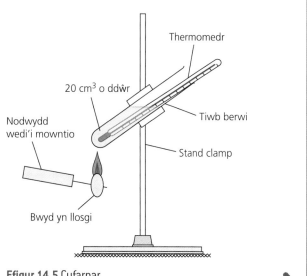

Ffigur 14.5 Cyfarpar

<table>
<tr><td>

Y dull

1 Cofnodi tymheredd y dŵr cyn dechrau'r arbrawf.
2 Mesur a chofnodi màs y bwyd.
3 Rhoi'r bwyd ar dân a'i osod yn ei le.
4 Dal y bwyd yno nes ei fod wedi llosgi'n llwyr.
5 Cofnodi tymheredd y dŵr eto.
6 Ailadrodd yr arbrawf ar gyfer bwydydd eraill.

</td><td>

Dadansoddi'r canlyniadau

1 Pam mae màs y bwyd yn cael ei fesur cyn ei losgi?
2 Ar ôl i fflam y bwyd ddiffodd, dylai'r disgyblion geisio ailgynnau'r fflam. Awgrymwch reswm dros hyn.
3 Er ein bod ni'n gallu eu defnyddio nhw i gymharu bwydydd, dydy'r gwerthoedd egni bwyd ddim yn fanwl gywir. Mae'r arbrawf hwn yn rhoi amcangyfrif llawer rhy isel o'r egni sydd yn y bwyd. Awgrymwch resymau am hyn.

</td></tr>
</table>

▶ Astudiaethau epidemiolegol

Mae astudiaeth epidemiolegol yn edrych ar ddosbarthiad cyflyrau iechyd neu glefydau a'r hyn sy'n eu hachosi nhw (neu ffactorau risg cysylltiedig) mewn poblogaeth neu ardal. Er enghraifft, gallai astudiaeth ddangos cysylltiadau posibl rhwng yfed alcohol a chanser yr afu/iau. Mae eraill wedi dangos cysylltiad rhwng deiet, gordewdra a diabetes math 2. Mae angen y math hwn o astudiaeth oherwydd dydy achosion unigol ddim yn darparu tystiolaeth ddilys o blaid nac yn erbyn **cydberthyniad**. Er enghraifft, dydy datgan 'Fe wnaeth fy nhaid ysmygu sigaréts am 40 mlynedd heb gael canser yr ysgyfaint erioed' ddim yn rhoi tystiolaeth nad yw ysmygu yn cynyddu'r risg o ganser yr ysgyfaint – yr unig beth mae'n ei olygu yw nad yw pawb sy'n ysmygu yn cael canser yr ysgyfaint yn awtomatig. Mae'r rhan fwyaf o astudiaethau epidemiolegol yn cymharu grwpiau o bobl â gwahanol nodweddion neu ffyrdd o fyw ac yn ymchwilio i weld a ydy hyn yn arwain at ganlyniadau gwahanol.

Mae'r ffactorau hyn yn cynyddu hyder yng nghanlyniadau astudiaethau epidemiolegol:

▶ Rhaid i samplau fod yn ddigon mawr. Efallai na fydd grwpiau bach yn nodweddiadol o'r boblogaeth.
▶ Dylai proffil samplau gyfateb, cyn belled â phosibl. Wrth gymharu dau grŵp, mae'n hawdd sicrhau cyfran hafal o wrywod a benywod yn y ddau grŵp, a strwythur oed tebyg. Gallwn ni oresgyn dylanwad ffactorau sy'n anoddach eu rheoli drwy ddefnyddio samplau mawr.

Mae'n bwysig deall nad yw cydberthyniad yn golygu achosiaeth. Er enghraifft, rhwng 2000 a 2009, roedd cydberthyniad cryf yn yr Unol Daleithiau rhwng mewnforio olew crai a bwyta cyw iâr, ond yn amlwg dydy bwyta cyw iâr ddim yn rhoi hwb i fewnforion olew.

Term allweddol

Cydberthyniad Cysylltiad rhwng dau neu fwy o bethau sy'n golygu, pan fydd un yn newid, bod y llall hefyd yn newid mewn ffordd y gallwn ni ei rhagweld.

▶ Llygryddion ac iechyd

Metelau trwm

Rydyn ni wedi gweld bod llygredd mercwri mewn dŵr yn Japan wedi achosi marwolaethau (tudalen 103). Mae llygredd plwm wedi bod yn broblem ar raddfa ehangach.

Mae llygredd plwm yn tueddu i ddigwydd yn araf, ac mae'n gallu lladd pobl. Mae plwm i'w gael mewn paentiau plwm a oedd yn cael eu defnyddio yn y gorffennol. Roedd peipiau dŵr yn arfer cael eu gwneud o blwm felly roedd pobl yn yfed plwm gyda'u dŵr yfed, ond mae'r rhan fwyaf o'r rhain wedi'u newid erbyn hyn. Mae symptomau gwenwyn plwm yn cynnwys ymddygiad ymosodol, colli sgiliau datblygiadol mewn plant, colli chwant bwyd a cholli cof, ac anaemia (nifer isel o gelloedd coch y gwaed).

Iechyd, ffitrwydd a chwaraeon

Llygryddion atmosfferig

Rydyn ni naill ai'n gwybod neu'n amau bod amrywiaeth o lygryddion aer yn niweidiol i iechyd dynol, yn enwedig i bobl sydd eisoes yn dioddef o glefyd yr ysgyfaint neu asthma. Yn eu plith, mae:

Gronynnau (llwch, mwg a gronynnau llai) o lawer o ffynonellau gwahanol. Os ydyn ni'n anadlu'r rhain i mewn, maen nhw'n gallu achosi llid ar feinweoedd yr ysgyfaint.

Nwyon asidig (ocsidau nitrus, sylffwr deuocsid) sy'n cael eu cynhyrchu'n bennaf drwy losgi tanwyddau ffosil. Mae'r rhain yn llidus i'r llwybrau anadlu.

Oson: nwy llidus arall sy'n gallu ffurfio wrth i ocsidau nitrus ryngweithio â golau'r haul.

Carbon monocsid: nwy sy'n atal mewnlifiad ocsigen i'r gwaed ac sy'n gallu lladd pobl sy'n mewnanadlu symiau mawr ohono. Mae allyriadau cerbydau yn gallu ei gynhyrchu, ond yn aml caiff pobl eu lladd o ganlyniad i ddiffyg gwaith cynnal a chadw ar foeleri domestig os yw'r cyflenwad aer yn gyfyngedig.

⬇ Crynodeb o'r bennod

- Mae cromosomau yn cynnwys moleciwlau DNA sy'n pennu nodweddion etifeddol ac sydd i'w cael mewn parau. Genynnau yw darnau o foleciwlau DNA ar barau o gromosomau sy'n pennu nodweddion etifeddol. Ffurfiau gwahanol o enynnau o'r enw alelau sy'n achosi amrywiad.
- Mae moleciwl DNA yn cynnwys dau edefyn wedi'u dirdroi i ffurfio helics dwbl, wedi'u huno gan fondiau gwan rhwng parau cyflenwol o fasau (A a T; C a G).
- Gallwn ni ddefnyddio sgwariau Punnett i esbonio canlyniadau croesiadau monocroesryw.
- Rydyn ni'n defnyddio'r termau genoteip, ffenoteip, enciliol, trechol ac alel mewn geneteg.
- Mae rhai alelau yn gallu achosi clefydau etifeddol (e.e. clefyd Huntington a ffibrosis cystig).
- Mae goblygiadau i sgrinio genynnol a'r cynghori sy'n digwydd wedyn, a phroblemau moesegol yn codi os yw unigolyn yn gwybod am debygolrwydd o ddioddef clefyd genynnol o flaen llaw.
- Mae genynnau newydd yn ffurfio o ganlyniad i newidiadau (mwtaniadau) mewn genynnau sy'n bodoli eisoes. Gall mwtaniadau fod yn ddiberygl, yn fanteisiol neu'n niweidiol a gallan nhw gael eu trosglwyddo o rieni i epil.
- Mae annormaleddau cromosomau mewn bodau dynol yn gallu achosi cyflyrau genetig, e.e. syndrom Down.
- Mae yfed gormod o alcohol yn cael effeithiau tymor byr a thymor hir ar y corff ac ar gymdeithas. Mae caethiwed yn gallu digwydd o ganlyniad i yfed alcohol yn barhaus.
- Gallwn ni gyfrifo Indecs Màs y Corff (*Body Mass Index*: BMI) a'i ddefnyddio i asesu gordewdra. Mae gan BMI gyfyngiadau, yn arbennig i blant ac athletwyr.

- Mae anorecsia a gordewdra yn cael effeithiau cymdeithasol ac economaidd, ac yn niweidio pobl yn y tymor hir. Mae risgiau iechyd yn gysylltiedig â gordewdra, sef clefydau'r system gardiofasgwlar a diabetes.
- Mae ysmygu yn cael effeithiau niweidiol ar y corff ac ar gymdeithas.
- Mae astudiaethau epidemiolegol yn rhoi gwybodaeth i ni am effaith ffordd o fyw (e.e. ysmygu, yfed alcohol, deiet) ar iechyd, ond mae'n rhaid i'r astudiaethau hyn ddilyn egwyddorion gwyddonol.
- Mae'r Canllaw Swm Dyddiol (GDA) a'r Lwfans Dyddiol Argymelledig (RDA) yn berthnasol i ddeiet dan reolaeth.
- Mae labeli bwyd yn cynnwys system 'goleuadau traffig', dyddiadau defnyddio erbyn, a symiau a gwerthoedd egni maetholion a chydrannau eraill bwyd, gan gynnwys halen a siwgr.
- Mae peidio â bwyta digon o halen yn arwain at symptomau fel crampiau yn y cyhyrau, pendro, a tharfu ar electrolytau. Mae yna risgiau'n gysylltiedig â bwyta gormod o halen (pwysedd gwaed uchel, strôc).
- Mae diabetes yn arwain at lefel uchel o siwgr (glwcos) yn y gwaed. Mae meddygon yn defnyddio presenoldeb glwcos mewn troeth i roi diagnosis o ddiabetes.
- Mae inswlin yn cyfrannu at reoli glwcos yn y gwaed. Mae diabetes math 1 yn golygu nad yw'r corff yn cynhyrchu digon o inswlin; mae diabetes math 2 yn golygu nad yw celloedd y corff yn ymateb i'r inswlin sy'n cael ei gynhyrchu. Gallwn ni reoli diabetes math 1 a math 2.
- Mae llygryddion yn effeithio ar iechyd bodau dynol, e.e. llygryddion atmosfferig yn gysylltiedig ag asthma, metelau trwm.

15 Diagnosis a thriniaeth

Mae gallu delweddu problem feddygol fewnol neu anaf heb lawdriniaeth yn arwain at ganlyniadau llawer gwell i gleifion. Gallwn ni drin rhai cyflyrau meddygol gan ddefnyddio cyffuriau sydd wedi'u profi i sicrhau eu bod nhw'n ddiogel. Gallwn ni drin cyflyrau eraill gan ddefnyddio pelydriad ïoneiddio.

▶ Diagnosis

Delweddu meddygol

Mae **delweddu meddygol** ffurfiadau yn y corff yn defnyddio:

▶ tonnau sain amledd uchel, o'r enw uwchsain
▶ y tonnau â'r egni uchaf yn y sbectrwm electromagnetig (pelydrau-X a phelydrau gama) (gweler Ffigur 10.1)
▶ meysydd magnetig arddwysedd uchel ar gyfer delweddu cyseiniant magnetig (MRI).

Mae pelydrau-X a phelydrau gama yn enghreifftiau o **belydriad ïoneiddio**, sy'n gallu niweidio neu ladd celloedd byw. Mae uwchsain a hefyd MRI yn defnyddio pelydriad sydd ddim yn ïoneiddio.

Uwchsain

Mae gan y tonnau **uwchsain** rydyn ni'n eu defnyddio ar gyfer delweddu meddygol amleddau rhwng 2 a 20 MHz (2 000 000 Hz i 20 000 000 Hz), sy'n rhoi amrediad tonfedd o tua 0.1 mm i 1 mm iddyn nhw y tu mewn i feinweoedd dynol. Mae hyn yn golygu bod uwchsain yn ddefnyddiol i ddelweddu gwrthrychau y tu mewn i'r corff sydd tua'r maint hwn neu'n fwy. Mae Ffigur 15.1 yn dangos sgan uwchsain o fabi dynol, yng nghroth ei fam.

Mae uwchsain yn gallu teithio drwy feinweoedd meddal y corff, ond mae'n cael ei adlewyrchu oddi ar ffiniau rhwng gwahanol feinweoedd. Mae'r peiriant yn mesur yr oediad amser rhwng anfon yr uwchsain a'i dderbyn yn ôl. Mae cyfrifiadur yn prosesu'r oediadau amser i gyd ac yn cynhyrchu delwedd o'r corff o dan y chwiliedydd uwchsain.

Dydy uwchsain ddim yn ïoneiddio celloedd byw, felly mae'n ddiogel i sganio ffoetysau. Rydyn ni hefyd yn defnyddio uwchsain i ddelweddu cymalau ac i ymchwilio i lif gwaed drwy'r prif bibellau gwaed a'r galon.

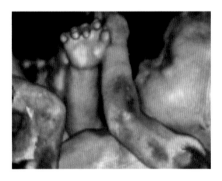

Ffigur 15.1 Babi dynol yng nghroth ei fam

Delweddu Cyseiniant Magnetig (MRI: *Magnetic Resonance Imaging*)

Mae **MRI** yn fath arall o ddelweddu meddygol sydd ddim yn ïoneiddio. Mae'r claf yn cael ei roi mewn maes magnetig pwerus a newidiol ac mae pylsiau o donnau radio yn cael eu hanfon i mewn i'r corff. Mae'r pylsiau tonnau radio yn rhyngweithio â'r protonau ym moleciwlau meinwe'r corff, gan achosi iddyn nhw allyrru pwls

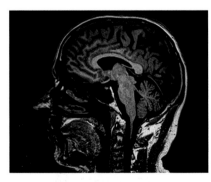

Ffigur 15.2 Delwedd MRI o'r pen

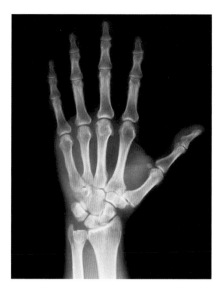

Ffigur 15.3 Pelydr-X o'r llaw

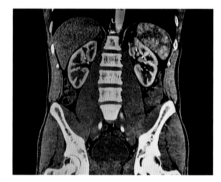

Ffigur 15.4 Sgan CAT o'r abdomen

radio gwahanol yn ôl. Mae'r holl bylsiau sy'n cael eu hanfon yn ôl allan o'r corff yn cael eu cyfuno i gynhyrchu delwedd o'r corff (Ffigur 15.2).

Rydyn ni'n defnyddio MRI ar amrywiaeth eang o rannau o gyrff plant ac oedolion. Mae'n gallu cynhyrchu 'tafellau' o ddelweddau drwy'r corff, felly mae'n ddefnyddiol i ddelweddu meinweoedd meddal ag esgyrn o'u cwmpas nhw, fel yr ymennydd a'r asgwrn cefn.

Pelydrau-X a sganiau CAT

Tonnau electromagnetig ag egni uchel, amledd uchel a thonfedd fer yw pelydrau-X. Mae pelydrau-X yn gallu mynd drwy feinweoedd meddal y corff, ond mae esgyrn yn eu hamsugno nhw. Mae hyn yn eu gwneud nhw'n ddelfrydol i ddelweddu dannedd a thoresgyrn.

I gynhyrchu delwedd pelydr-X safonol 2 ddimensiwn, mae'r tonnau'n mynd drwy'r corff ac yn cael eu hamsugno ar wahanol gyfraddau gan wahanol feinweoedd ac esgyrn y corff. Mae'r pelydrau-X sy'n pasio drwodd yn cael eu dal gan ganfodydd, gan wneud delwedd (Ffigur 15.3).

Mae'r ddelwedd yn negatif – mae'r mannau lle caiff pelydrau-X eu hamsugno i'w gweld yn olau, ac mae'r mannau lle maen nhw'n pasio drwodd yn ddu. Mae meinweoedd meddal, sy'n amsugno pelydrau-X yn rhannol, i'w gweld yn llwyd.

Mae **sganiau CAT** (tomograffeg echelinol gyfrifiadurol/ *computerised axial tomography*) neu CT (tomograffeg gyfrifiadurol/ *computed tomography*) yn defnyddio peiriant pelydr-X sy'n sganio o gwmpas echelin, gyda'r rhan o'r corff sydd i'w delweddu yn y canol.

Wrth i'r peiriant pelydr-X symud o gwmpas yr echelin, mae'n cymryd delweddau pelydr-X o bob ongl ac mae cyfrifiadur yn cyfuno'r delweddau i roi llun manwl iawn (Ffigur 15.4).

Caiff sganiau CAT eu gwneud mewn 'tafelli' sy'n pentyrru ar ei gilydd i wneud llun 3-dimensiwn. Mae hyn yn ddefnyddiol iawn i lawfeddygon sydd angen gweld darn o'r corff o bob ochr iddo.

Mae sganiau CAT yn ddefnyddiol i fesur a monitro tiwmorau canser, gan gynnwys niwed i esgyrn ac organau mewnol, ac i archwilio am strociau.

Camerâu gama

Mae pelydrau gama yn dod o niwclysau defnyddiau ymbelydrol. Mae pelydrau gama yn ïoneiddio, felly maen nhw'n beryglus i gelloedd byw, gan achosi canserau neu ladd celloedd. Mae gan belydrau gama egnïon uwch na phelydrau-X, felly maen nhw'n gallu mynd drwy'r rhan fwyaf o ddefnyddiau,

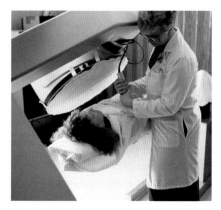

Ffigur 15.5 Camera gama meddygol

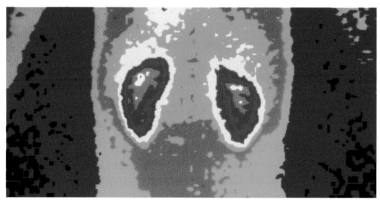

Ffigur 15.6 Delwedd pelydrau gama yn dangos dwy aren sy'n gweithio

gan gynnwys croen, meinweoedd meddal ac esgyrn. Rydyn ni'n defnyddio pelydrau gama i ddelweddu organau a phibellau gwaed.

Mae defnydd o'r enw olinydd, sy'n allyrru pelydrau gama, yn cael ei gysylltu'n gemegol â chyffur sy'n cael ei amsugno gan y rhan o'r corff sydd i'w ddelweddu. Mae'r olinydd yn cael ei chwistrellu i lif gwaed y claf sy'n ei gludo i'r organ darged. Mae'r organ yn amsugno'r olinydd, ac wrth iddo allyrru pelydrau gama bydd camera gama yn eu canfod nhw (Ffigur 15.5). Mae Ffigur 15.6 yn dangos dwy aren sy'n gweithio yn allyrru pelydrau gama.

Mae delweddau pelydrau gama yn ddefnyddiol i fonitro sut mae organ yn gweithio. Er enghraifft, os nad yw rhan o aren yn gweithio, dydy'r cyffur ddim yn cydio yno a does dim pelydrau gama'n cael eu hallyrru.

✔ Profwch eich hun

1 Enwch y ddwy dechneg ddelweddu feddygol sydd ddim yn ïoneiddio.
2 Enwch y ddwy dechneg ddelweddu feddygol sy'n defnyddio pelydrau-X.
3 Pa dechneg ddelweddu feddygol sy'n defnyddio olinyddion ymbelydrol?
4 Pa dechneg ddelweddu fyddai orau i archwilio twf ffoetws?

▶ Triniaeth

Cyffuriau

Rydyn ni'n trin llawer o glefydau cyffredin â **chyffuriau**:

▸ i ddinistrio **pathogenau** heintus (mae gwrthfiotigau'n lladd bacteria)
▸ i drin canserau
▸ i leddfu **symptomau** clefydau, ond heb ladd y pathogen (mae paracetamol ac ibuprofen yn lleddfu poen ac yn gostwng twymynau).

Yn ogystal â'u heffeithiau llesol, yn aml mae gan gyffuriau **sgil effeithiau**. Os yw'r sgil effeithiau'n ddifrifol, mae'n bwysig penderfynu a ydy budd y cyffur yn werth y sgil effaith.

Un enghraifft dda o gyffur cyffredin sy'n cael effeithiau cadarnhaol a sgil effeithiau hefyd yw aspirin, meddyginiaeth lleddfu poen. Rydyn ni hefyd yn defnyddio aspirin i drin clefyd cardiofasgwlar (clefyd y galon), gan ei fod yn lleihau'r risg o dolchennau a thrawiadau ar y galon. Un sgil effaith anffafriol yw ei fod yn gallu achosi gwaedu a briwiau yn y stumog.

Yn ôl rhai astudiaethau meddygol, mewn cleifion sydd eisoes wedi cael trawiad ar y galon neu strôc, mae cymryd aspirin yn ddyddiol yn atal tuag 1 o bob 50 rhag cael problemau pellach â'r galon. Fodd bynnag, mae'n achosi gwaedu yn y stumog mewn tuag 1 o bob 400 claf. Felly mae buddion y driniaeth tuag wyth gwaith yn uwch na'r risg o sgil effaith.

Profi cyffuriau

Pan fydd cyffur newydd posibl yn cael ei ddarganfod, mae'n mynd drwy broses brofi hir a thrwyadl cyn cael ei ryddhau at ddefnydd cyffredinol. Gall yr amser datblygu ar gyfer cyffur newydd fod mor hir â 20 mlynedd. Mae llawer o gamau i gymeradwyo cyffur:

Profi rhag-glinigol

1 Canfod cyffur posibl drwy ymchwil. Caiff ei brofi gan ddefnyddio modelau cyfrifiadurol ac ar gelloedd dynol sydd wedi eu tyfu y tu allan i'r corff mewn labordy. Mae llawer o gyffuriau'n methu ar y cam hwn am nad ydyn nhw'n gweithio'n dda iawn neu am eu bod yn niweidio celloedd.
2 Profi'r cyffur ar anifeiliaid, sy'n cael eu monitro am sgil effeithiau. Mae pryderon moesegol yn gysylltiedig â phrofi ar anifeiliaid:

- I rai pobl, mae profi ar anifeiliaid yn dderbyniol os oes manteision pendant i fodau dynol, os nad oes ffordd arall o brofi ac os yw'r anifeiliaid yn dioddef cyn lleied â phosibl.
- I bobl eraill, mae'n annerbyniol oherwydd dydy hi ddim bob amser yn bosibl profi'r manteision i fodau dynol, gallai dulliau profi eraill gynhyrchu'r un canlyniadau ac mae anifeiliaid yn dioddef.

3 Cynnal treial clinigol ar y cyffur. Mae'n cael ei brofi ar wirfoddolwyr iach, mewn dosiau isel iawn i ddechrau.

4 Cynnal arbrofion clinigol pellach i bennu'r dos optimwm ar gyfer y cyffur.

Profi clinigol

5 Yna, mae'r cyffur yn cael ei dreialu ar sampl o wirfoddolwyr sydd â'r clefyd neu'r cyflwr sydd i'w trin, i weld a yw'n fwy effeithiol na thriniaethau presennol. Bydd y grŵp prawf yn cael y cyffur a'r grŵp rheolydd yn cael plasebo.

6 Os yw'r cyffur yn pasio'r profion hyn i gyd, caiff ei drwyddedu ar gyfer defnydd cyffredinol.

Termau allweddol

Treial clinigol Proses o brofi cyffur newydd ar wirfoddolwyr.

Plasebo Fersiwn sy'n edrych yn union yr un fath â'r cyffur go iawn, ond sydd ddim yn effeithio ar y corff dynol.

✔ | **Profwch eich hun**

5 Beth yw cyffur?
6 Beth yw'r gwahaniaeth rhwng 'sgil effaith' a 'symptom'?
7 Nodwch beth yw ystyr 'plasebo'.
8 Ym mha ffyrdd rydyn ni'n ystyried bod profi cyffuriau ar anifeiliaid yn anfoesegol?

Therapi pelydriad ïoneiddio

Mae therapi pelydriad ïoneiddio yn defnyddio pelydriad alffa (α), beta (β), a gama (γ) – cynhyrchion dadfeiliad niwclear – i drin clefydau fel canserau. Mae'r rhain yn fathau o belydriad ïoneiddio oherwydd eu bod nhw'n gallu niweidio neu ladd celloedd byw.

Ymbelydredd a phelydriad niwclear

Mae ymbelydredd yn ffenomen ffisegol sy'n digwydd yn naturiol. Mae niwclysau rhai atomau yn ansefydlog. I fynd yn fwy sefydlog, gallan nhw allyrru gronynnau neu belydrau o belydriad niwclear (Ffigur 15.7) sy'n cymryd egni o niwclews yr atom:

▸ gronynnau alffa (α)
▸ gronynnau beta (β)
▸ pelydrau gama (γ).

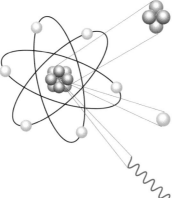

Pelydriad alffa (α)
Gronynnau yw'r rhain, nid pelydrau, ac maen nhw'n teithio ar tua 10% o fuanedd golau. Mae gronyn α yn union yr un fath â niwclews heliwm – mae'n cynnwys 2 broton a 2 niwtron wedi'u cysylltu â'i gilydd.

Pelydriad beta (β)
Electronau cyflym yw'r rhain sy'n dod o'r niwclews. Maen nhw'n teithio ar tua 50% o fuanedd golau.

Pelydriad gama (γ)
Ton electromagnetig yw hon. Mae'n teithio ar fuanedd golau (3×10^8 m/s). Mae ganddi egni uchel iawn.

Ffigur 15.7 Pelydriad alffa, beta a gama

▸ Niwclysau heliwm yw gronynnau alffa. Y rhain yw'r math o belydriad sy'n ïoneiddio fwyaf a'r lleiaf treiddgar – mae dalen o bapur tenau, neu'r croen, yn gallu eu hamsugno nhw.

▸ Electronau â llawer o egni (cyflymder) yw gronynnau beta, ac maen nhw'n cael eu bwrw allan o niwclews atom sy'n dadfeilio. Mae eu gallu i ïoneiddio yn gymedrol a bydd rhai milimetrau o alwminiwm neu Perspex yn eu hamsugno nhw.

▸ Tonnau electromagnetig ag egni uchel yw pelydrau gama. Y rhain sy'n ïoneiddio leiaf, ond sydd fwyaf treiddgar – maen nhw'n gallu mynd trwy lawer o gentimetrau o blwm.

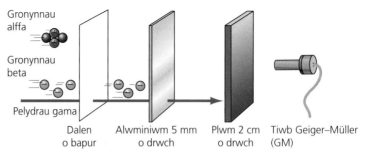

Ffigur 15.8 Treiddiad pelydriad alffa, beta a gama

Gronynnau alffa

Gronynnau beta

Pelydrau gama

Dalen o bapur

Alwminiwm 5 mm o drwch

Plwm 2 cm o drwch

Tiwb Geiger–Müller (GM)

Mae'r egni sy'n cael ei allyrru ar ffurf pelydriad alffa, beta neu gama yn symud allan o'r atomau ac oddi wrthyn nhw, gan ladd neu niweidio unrhyw feinwe ddynol sydd yn y ffordd. Gallwn ni ddefnyddio'r briodwedd hon i drin celloedd canser sy'n tyfu'n afreolus, gan fod y celloedd hyn yn fwy tueddol o gael eu niweidio gan belydriad sy'n ïoneiddio a byddan nhw'n marw neu'n atgynhyrchu'n arafach. Un o sgil effeithiau'r therapi hwn yw bod y driniaeth hefyd yn effeithio ar rai celloedd iach. Fel gyda phrofi cyffuriau, mae'n rhaid ystyried buddion therapi pelydriad ïoneiddio gan gymharu'r rhain â'r risg o sgil effeithiau posibl.

Hanner oes

Mae dadfeiliad ymbelydrol yn digwydd ar hap, yn unol â deddfau tebygolrwydd. Mewn casgliad o 120 atom ymbelydrol, allwch chi ddim dweud pa atomau fydd yn dadfeilio mewn amser penodol, yn yr un ffordd ag na allwch chi ddweud pa rai o 120 dis fydd yn taflu tri. Yr hyn y gallwch chi ei ddweud yw, os taflwch chi 120 dis, y tebygolrwydd yw y bydd un o bob chwech yn dangos tri, felly byddech chi'n disgwyl i 20 ohonyn nhw ddangos tri.

Mae gan unrhyw atom mewn isotop ymbelydrol yr un siawns ag unrhyw un arall o ddadfeilio. Gallwn ni fynegi hwn fel **hanner oes** – yr amser mae'n ei gymryd i hanner yr atomau mewn unrhyw sampl ddadfeilio, fel bod yr actifedd yn haneru. Ar gyfer unrhyw un math o atom, mae'r hanner oes yn gyson. Mae isotopau ymbelydrol sydd â hanner oesau hir iawn yn aros yn ymbelydrol am amser hir iawn, ond mae isotopau sydd â hanner oesau byr iawn dim ond yn aros yn ymbelydrol am ffracsiynau o eiliadau.

Uned actifedd ymbelydrol yw'r becquerel, Bq, sydd wedi'i henwi ar ôl Henri Becquerel, y dyn wnaeth ddarganfod ymbelydredd yn 1896. Mae actifedd o 1 Bq yn gywerth ag 1 dadfeiliad ymbelydrol yr eiliad, sy'n werth eithaf isel. Mae gan wifren 0.5 g iridiwm-192 (allyrrydd beta sy'n cael ei ddefnyddio i drin tiwmorau canseraidd ar y croen) gyfanswm actifedd o 160 000 000 000 000 Bq (160 × 10^{12} Bq)!

Mae Ffigur 15.9 yn dangos graff dadfeiliad ymbelydrol iridiwm-192.

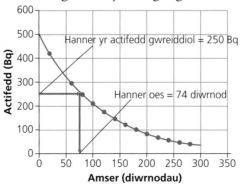

Ffigur 15.9 Graff dadfeiliad ymbelydrol iridiwm-192

Gallwch chi weld o'r graff bod actifedd cychwynnol y sampl o iridiwm-192 yn 500 Bq. Yr hanner oes yw'r amser mae'n ei gymryd i'r actifedd fynd i lawr i (500/2 =) 250 Bq ac mae hyn yn digwydd mewn 74 diwrnod. Mae gan bob isotop ymbelydrol graff dadfeiliad â siâp tebyg i hwn.

Ffigur 15.10 Radiotherapi allanol

Radiotherapi

Mae **radiotherapi** sy'n defnyddio priodweddau pelydriad niwclear i drin canserau. Mae dau fath o radiotherapi:

▸ **radiotherapi allanol** sy'n defnyddio peiriant i dargedu ffynhonnell allanol o belydrau-X neu belydrau gama at y tiwmor (Ffigur 15.10). Rydyn ni'n defnyddio pelydrau gama neu belydrau-X oherwydd bod angen iddyn nhw fynd o'r peiriant, drwy'r aer a threiddio drwy'r croen. Mae gan y radioisotopau rydyn ni'n eu defnyddio i gynhyrchu'r ymbelydredd, hanner oesau hir, felly maen nhw'n aros yn ymbelydrol am amser hir.

▸ **radiotherapi mewnol** sy'n defnyddio radioisotopau â hanner oesau byr. Mae'r radioisotopau yn cael eu cysylltu'n gemegol â moleciwlau cyffuriau sy'n targedu organau yn y corff. Mae'r rhain yn cael eu chwistrellu i'r corff neu eu llyncu fel diod. Rydyn ni'n defnyddio allyrwyr beta ar gyfer radiotherapi mewnol gan eu bod nhw'n gallu treiddio pellter cymharol fyr i mewn i feinweoedd y corff, gan ladd celloedd tiwmor ond nid y meinweoedd o'u cwmpas nhw.

Cemotherapi

Mae **cemotherapi** yn golygu defnyddio cyffuriau cemegol i ladd celloedd mewn tiwmorau canseraidd. Mae'r cyffuriau yn niweidio celloedd canser fel nad ydyn nhw'n gallu atgynhyrchu, sy'n arafu lledaeniad y tiwmor. Mae rhai mathau o gemotherapi yn amhenodol ac yn gallu lladd celloedd canser yn unrhyw le yn y corff, ac mae rhai mathau wedi'u targedu at organau penodol. Mae cemotherapi'n aml yn achosi sgil effeithiau difrifol, mae'n gwneud i gleifion deimlo'n sâl, yn achosi iddyn nhw golli eu gwallt ac yn lladd celloedd iach. Wrth drin canser, byddwn ni'n aml yn defnyddio cemotherapi a radiotherapi gyda'i gilydd.

✔ Profwch eich hun

9 Beth yw'r tri math o ddadfeiliad ymbelydrol?

10 Beth mae pelydriad ïoneiddio'n gallu ei wneud i gelloedd byw?

11 Beth yw 'hanner oes' isotop ymbelydrol?

12 Mae Tabl 15.1 yn dangos dadfeiliad ymbelydrol sampl o ïodin-131, isotop ymbelydrol rydyn ni weithiau'n ei ddefnyddio i drin problemau â'r chwarren thyroid.

a) Plotiwch graff o actifedd (echelin-*y*) yn erbyn amser (echelin-*x*).

b) Tynnwch linell (grom) ffit orau drwy eich pwyntiau.

c) Defnyddiwch eich graff i fesur hanner oes ïodin-131.

Tabl 15.1

Amser (diwrnodau)	0	4	8	12	16	20	24	28	32
Actifedd (Bq)	800	566	400	283	200	141	100	71	50

⚙ Gwaith ymarferol penodol

Darganfod hanner oes model o ffynhonnell ymbelydrol

Mae disgybl yn cynnal arbrawf i ddarganfod hanner oes ciwbiau fel model o ffynhonnell ymbelydrol. Mae hi'n defnyddio 50 ciwb, ac mae gan bob ciwb un wyneb wedi'i dywyllu. Mae ciwb wedi 'dadfeilio' os yw'n syrthio â'r wyneb wedi'i dywyllu tuag i fyny.

➡

Y dull

1 Rhoi 50 ciwb mewn twb plastig ac yna eu taflu nhw i mewn i hambwrdd plastig.
2 Ystyried bod pob ciwb sy'n glanio â'r wyneb wedi'i dywyllu tuag i fyny wedi dadfeilio – tynnu'r rhain allan, eu cyfrif a'u cofnodi nhw.
3 Rhoi gweddill y ciwbiau sydd heb ddadfeilio yn ôl yn y twb plastig a'u taflu nhw eto.
4 Ailadrodd cam 2.
5 Ailadrodd cam 3 a 4 eto 8 gwaith – 10 tafliad i gyd.
6 Cydgasglu canlyniadau 10 disgybl gwahanol a oedd yn cynnal yr un arbrawf.

Canlyniadau

Mae'r disgybl yn casglu'r canlyniadau isod (Tabl 15.2):

Tabl 15.2

Tafliad	0	1	2	3	4	5	6	7	8	9	10
Nifer wedi dadfeilio	0	8	7	6	5	4	3	3	2	2	2
Nifer heb ddadfeilio	50	42	35	29	24	20	17	14	12	10	9

Mae Tabl 15.3 yn dangos canlyniadau 10 disgybl wedi'u cydgasglu ar gyfer nifer y ciwbiau heb ddadfeilio:

Tabl 15.3

Rhif y tafliad	Disgybl										
	1	2	3	4	5	6	7	8	9	10	Cyfanswm
0	50	50	50	50	50	50	50	50	50	50	
1	42	43	42	42	43	42	42	42	43	42	
2	35	36	36	36	36	36	35	36	36	36	
3	30	30	30	31	30	31	30	30	30	31	
4	25	26	25	26	26	26	26	25	26	26	
5	21	22	22	22	21	22	21	22	22	22	
6	18	18	19	18	19	18	18	18	19	19	
7	15	16	16	16	15	16	15	16	16	15	
8	13	13	14	13	13	13	14	13	13		
9	10	11	12	11	11	12	11	11	12	11	
10	9	9	10	10	9	9	10	9	10	9	

Dadansoddi'r canlyniadau

1 Cyfrifwch GYFANSWM nifer y ciwbiau sydd heb ddadfeilio ar ôl pob tafliad.
2 Plotiwch graff o gyfanswm y ciwbiau sydd heb ddadfeilio (echelin-*y*) yn erbyn rhif y tafliad (echelin-*x*).
3 Tynnwch linell ffit orau addas.
4 Defnyddiwch y graff i ganfod hanner oes y ciwbiau.

Crynodeb o'r bennod

- Rydyn ni'n defnyddio pelydrau gama a phelydrau-X o'r sbectrwm electromagnetig wrth wneud diagnosis o glefydau ac anafiadau.
- Mae triniaethau â chyffuriau yn gallu cael effeithiau cadarnhaol a sgil effeithiau anffafriol posibl.
- Mae cyffuriau newydd yn mynd trwy brofion clinigol cyn cael eu rhyddhau i'w defnyddio ar y boblogaeth gyffredinol. Mae'r broses o brofi clinigol yn gallu cynnwys profi ar anifeiliaid, sy'n codi materion moesegol.
- Yr enw ar allyriadau ymbelydrol o radioisotopau a rhannau tonfedd fer y sbectrwm electromagnetig yw pelydriad ïoneiddio. Mae'r rhain yn niweidio neu'n lladd celloedd byw.
- Mae camerâu gama yn gallu canfod pelydrau gama sy'n cael eu hallyrru gan ffynhonnell radioisotop o gelloedd canser. Gallwn ni ddefnyddio cyffuriau sy'n effeithio ar organ darged benodol yn unig i gludo'r radioisotopau i'r organau hynny yn y corff.
- Gall radioisotopau allyrru: gronynnau alffa (niwclysau heliwm); gronynnau beta (electronau cyflym sy'n cael eu bwrw allan o niwclews atom sy'n dadfeilio); neu belydriad gama. Mae gan y rhain wahanol bwerau treiddio ac ïoneiddio.
- Mae pelydriad ïoneiddio yn gallu rhyngweithio ag atomau neu foleciwlau mewn celloedd byw, gan wneud niwed i DNA. Mae celloedd canser yn haws eu niweidio ac yn marw neu'n atgynhyrchu'n arafach – felly gallwn ni ddefnyddio pelydriad ïoneiddio i drin canserau; radiotherapi yw hyn.
- Mae radiotherapi allanol yn defnyddio ffynhonnell allanol o belydrau-X neu belydrau gama i dargedu tiwmor a'i drin. Mae radiotherapi mewnol yn defnyddio radioisotop fel diod neu wedi'i chwistrellu i wythïen.
- Hanner oes radioisotop yw'r amser mae'n ei gymryd i actifedd sampl o'r radioisotop haneru.
- Gallwn ni ddefnyddio allyriadau a hanner oes radioisotop i ddewis y radioisotop mwyaf addas at ddiben meddygol.
- Mae cemotherapi yn defnyddio cyffuriau i ladd celloedd canser ac rydyn ni'n aml yn ei ddefnyddio ar y cyd â radiotherapi.
- Mae delweddu meddygol yn defnyddio pelydriad electromagnetig neu donnau sain i greu delweddau o'r corff dynol i ddangos clefyd, gwneud diagnosis ohono neu ei archwilio.
- Mae uwchsain, pelydr-X (archwiliadau pelydr-X safonol a sganwyr CAT) ac MRI i gyd yn ddulliau delweddu meddygol.

16 Ymladd clefydau

Wrth i ni ddysgu sut i drin heintiau a chlefydau, mae disgwyliad oes wedi cynyddu. Fodd bynnag, mae clefydau newydd yn ymddangos, a gallwn ni ddatblygu triniaethau a brechiadau newydd. Mae gwybod sut mae ein cyrff yn gwrthsefyll heintiau yn helpu'r datblygiadau hyn.

▶ Micro-organebau a chlefydau

Rydyn ni'n defnyddio'r term micro-organeb i ddisgrifio organebau y mae angen microsgop i'w gweld, gan gynnwys firysau, bacteria, ffyngau microsgopig, a phrotistiaid. Mae yna tua 10 miliwn triliwn o ficro-organebau i bob bod dynol ar y blaned; mae rhai yn 'dda' i iechyd dynol, mae rhai yn 'ddrwg' a dydy'r rhan fwyaf ddim yn dda nac yn ddrwg.

Gall rhai micro-organebau achosi clefydau ac mae rhai yn achosi anghyfleustra, fel difetha ein bwyd. Yr enw ar y rhai sy'n achosi clefydau yw pathogenau. Mae llawer o ficro-organebau yn cyflawni swyddogaethau hanfodol. Mae gennym ni facteria ar ein croen sy'n helpu i'w gadw mewn cyflwr da, ac mae eraill yn y coludd yn ein helpu ni i dreulio bwyd. Mae difetha bwyd yn sgil effaith anffodus i un o weithredoedd hanfodol micro-organebau, sef torri organebau marw i lawr er mwyn ailgylchu'r maetholion sydd ynddynt.

Amddiffyniadau rhag haint

Mae'r corff dynol yn amddiffyn ei hun rhag pathogenau mewn dwy ffordd. Yn gyntaf, mae ganddo nodweddion sy'n atal pathogenau rhag mynd i mewn i'r corff. Os yw hynny'n aflwyddiannus, bydd y system imiwnedd yn cychwyn ar ei gwaith i ladd unrhyw bathogenau sy'n mynd i mewn.

Mae croen dynol yn rhwystr anhreiddiadwy, ac mae'n gorchuddio bron pob rhan o'r corff. Pan nad yw wedi'i dorri, mae'n dda iawn am atal micro-organebau rhag mynd i mewn. Os caiff y croen ei niweidio, bydd y gwaed yn tolchennu i gau'r bwlch, gan selio'r clwyf wrth i'r croen wella ac adfer y rhwystr. Fodd bynnag, dydy'r gwaed ddim yn tolchennu'n ddigon cyflym i atal micro-organebau yn llwyr. Gall pathogenau hefyd fynd i mewn drwy agoriadau yn y corff, lle nad oes croen.

Mae cymunedau o ficro-organebau, o'r enw fflora'r croen, yn byw ar arwyneb ein croen. Maen nhw wedi addasu'n dda i'r cynefin, felly mae'n gallu bod yn anodd i unrhyw bathogen ymsefydlu.

Unwaith y bydd pathogenau'n mynd i mewn i'r corff, bydd celloedd gwyn y gwaed yn gweithio i'w lladd nhw. Mae'r gwaed yn lle delfrydol i'n system imiwnedd, gan ei fod yn cylchredeg i bob rhan o'r corff ac yn gallu cyrraedd unrhyw heintiau. Mae dau fath o gelloedd gwyn y gwaed (Ffigur 16.1) yn ymosod ar ficro-organebau sy'n llifo i mewn:

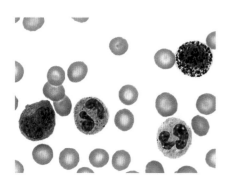

Ffigur 16.1 Iriad gwaed yn dangos ffagocyt a lymffocyt

▶ Mae ffagocytau yn amlyncu (*ingest*) micro-organebau ac yn eu treulio nhw.
▶ Mae lymffocytau yn cynhyrchu cemegion o'r enw gwrthgyrff, sy'n dinistrio micro-organebau, a gwrthdocsinau, sy'n niwtralu

unrhyw wenwynau mae'r pathogenau'n eu cynhyrchu. (Un rheswm pam mae pathogenau'n achosi heintiau yw oherwydd eu bod nhw'n cynhyrchu cemegion sy'n wenwynig i gelloedd dynol).

▶ Antigenau a gwrthgyrff

Er mwyn ymosod ar ficro-organebau sy'n llifo i mewn i'r corff, mae'n rhaid i'r system imiwnedd eu hadnabod nhw a gwahaniaethu rhyngddyn nhw a chelloedd y corff ei hun. Mae gan bob cell batrymau o foleciwlau o'r enw antigenau ar yr arwyneb, ac mae'r patrwm yn wahanol ym mhob unigolyn. Os yw celloedd gwyn y gwaed yn dod ar draws celloedd estron sydd ddim yn cynnwys y patrwm 'cywir' o antigenau, maen nhw'n ymosod arnyn nhw.

Mae ffagocytau yn ymosod ar unrhyw gelloedd ag antigenau estron. Mae lymffocytau yn ymateb drwy gynhyrchu cemegion penodol o'r enw gwrthgyrff; mae'r gwrthgyrff maen nhw'n eu cynhyrchu'n dibynnu ar yr antigenau maen nhw'n eu canfod. Mae'r gwrthgyrff yn gallu dinistrio'r micro-organebau neu eu glynu nhw at ei gilydd fel bod ffagocytau'n gallu amlyncu llawer ar unwaith.

Celloedd cof

 Pan fydd y corff yn darganfod pathogen newydd, fydd ganddo ddim gwrthgyrff penodol ar gyfer ei antigenau. Mae'r ffagocytau'n ymosod, ond mae'r lymffocytau'n cymryd amser i ddatblygu gwrthgyrff. Yn ystod y cyfnod hwn, gall y pathogen gyrraedd lefelau sy'n achosi symptomau clefyd. Unwaith y bydd y lymffocytau wedi gwneud y gwrthgyrff, fodd bynnag, maen nhw'n ffurfio celloedd cof ar gyfer y clefyd hwnnw. Os bydd yr un pathogen yn cael ei ddarganfod eto, bydd y celloedd cof yn cynhyrchu'r gwrthgyrff priodol yn gyflym iawn, a chaiff y pathogen ei ddileu cyn bod yr haint yn gafael.

Unwaith y bydd yr unigolyn wedi cynhyrchu gwrthgyrff, fe fydd yn imiwn i'r clefyd. Weithiau, fel yn achos y frech goch, bydd yr imiwnedd yn para am byth. Mae rhai micro-organebau, fodd bynnag, yn gallu osgoi'r imiwnedd hwn os oes **mwtaniad** yn digwydd fel eu bod nhw'n cynhyrchu antigenau gwahanol. Er enghraifft, mae firws y ffliw yn mwtanu'n aml ac yn gyflym iawn, gan gynhyrchu antigenau newydd. Gallwch chi gael ffliw sawl gwaith, gan fod eich corff yn methu ag adnabod yr antigenau newydd hyn sy'n wahanol i heintiau blaenorol.

> **✔ Profwch eich hun**
>
> 1 Beth yw ystyr y term 'pathogen'?
> 2 Esboniwch rôl tolchennu'r gwaed o ran amddiffyn y corff.
> 3 Pa fath o gell wen y gwaed sy'n cynhyrchu gwrthgyrff?
> 4 Esboniwch pam mae pobl yn gallu dal y ffliw sawl gwaith.

▶ Brechu

Er y gallwn ni ddatblygu imiwnedd naturiol i glefydau, mae'n well peidio â dal rhai heintiau difrifol o gwbl. Gall brechiadau roi imiwnedd i ni rhag clefydau bacteriol a chlefydau firol.

Pan gewch chi eich brechu yn erbyn clefyd, cewch chi eich chwistrellu â phathogenau marw neu wan sy'n methu achosi symptomau. Mae gan y rhain antigenau o hyd, felly gall eich lymffocytau ymateb ac adeiladu celloedd cof. O ganlyniad, byddwch chi'n imiwn i'r clefyd hwnnw. Dydy'r micro-organebau sydd wedi'u hanactifadu ddim yn gallu atgynhyrchu yn y corff, felly dydy'r ymateb imiwn i'r brechlyn ddim cystal ag ydyw pan fyddwch chi wedi cael y clefyd ei hun. Caiff pigiadau 'cyfnerthu' eu rhoi ar ôl y brechiad cyntaf i gynyddu'r ymateb imiwn. Weithiau, yn hytrach na defnyddio'r pathogen cyfan, dim ond antigenau neu ddarnau o antigenau fydd yn y brechlyn.

Gwneud penderfyniadau am frechlynnau

Mae llawer o bobl yn meddwl ei bod yn gwneud synnwyr i'w plant fod yn imiwn rhag clefydau difrifol, a rhieni sy'n gwneud y penderfyniad i'w brechu nhw. Weithiau, dydy'r penderfyniad ddim yn un hawdd:

▶ Mae'r brechiad yn aml yn golygu cael pigiad, sy'n gallu codi ofn ar blant ifanc neu eu brifo nhw.

▶ Fel arfer, mae rhai sgil effeithiau gan frechiadau. Dydy'r rhain ddim yn ddifrifol fel arfer, er enghraifft, llid o gwmpas safle'r pigiad neu deimlo'n wael am gyfnod byr; yn anaml, gallan fod yn fwy difrifol, fel adweithiau alergaidd.

▶ Yn 1998 fe wnaeth astudiaeth wyddonol ansicr ar y brechlyn MMR (yn erbyn y frech goch, clwy'r pennau a rwbela) awgrymu bod yna gysylltiad ag awtistiaeth. Penderfynodd llawer o rieni beidio â brechu eu plant a bu cynnydd yn nifer yr achosion o'r frech goch (clefyd difrifol, hyd yn oed angheuol) dros y 15 mlynedd nesaf. Yn fwy diweddar, mae cyfraddau brechu wedi codi eto.

Wrth wneud penderfyniadau, dylai pobl ystyried risgiau brechu yn erbyn risgiau'r clefyd. Mae'n bwysig deall:

▶ Fel pob meddyginiaeth a thriniaeth, rhaid i frechlynnau fodloni safonau diogelwch caeth a chael eu profi'n glinigol cyn cael eu cymeradwyo i'w defnyddio (tudalen 124).

▶ Mae brechlynnau'n achosi sgil effeithiau, ond er mwyn cael eu cymeradwyo bydd rhaid i'r rhain fod yn ysgafn a/neu yn eithriadol o brin.

▶ Mae'r cyngor gorau yn dod gan feddygon a gwyddonwyr sy'n arbenigo mewn clefydau. Efallai na fydd adroddiadau yn y cyfryngau'n gywir nac yn wyddonol. Dydy'r cyfryngau cymdeithasol na barn y cyhoedd ddim yn ddibynadwy.

▶ Gwrthfiotigau

Cemegion yw gwrthfiotigau sy'n dinistrio bacteria neu'n arafu eu twf. Mae'r rhan fwyaf o wrthfiotigau wedi cael eu datblygu o gynhyrchion sy'n cael eu gwneud gan organebau byw; caiff penisilin ei gynhyrchu'n naturiol gan ffwng. Mae'r penisilin rydyn ni'n ei ddefnyddio'n glinigol yn cael ei syntheseiddio o'r cynnyrch naturiol. Mae'n gweithio drwy wanhau cellfuriau bacteria fel eu bod nhw'n cymryd dŵr i mewn ac yn byrstio (mae gwrthfiotigau eraill yn gweithio mewn ffyrdd gwahanol). Pan fydd claf yn cymryd gwrthfiotigau, byddan nhw'n teithio o gwmpas yn y gwaed. Dydyn nhw ddim yn effeithiol yn erbyn firysau oherwydd bod y firysau'n mynd i mewn i gelloedd y corff, felly dydy'r gwrthfiotigau ddim yn gallu eu cyrraedd nhw.

Ymwrthedd i wrthfiotig

Mae rhai rhywogaethau bacteria wedi esblygu ymwrthedd i'r rhan fwyaf o'r gwrthfiotigau rydyn ni'n eu defnyddio'n glinigol. Mae'r cyfryngau yn galw'r bacteria hyn yn 'arch-fygiau'. Mae MRSA (*staphylococcus aureas*) (sydd ag ymwrthedd i methisilin; Ffigur 16.2) yn fath ymwrthol o facteriwm cyffredin, sydd fel arfer yn cael ei

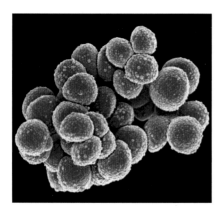

Ffigur 16.2 Bacteria *Staphylococcus aureus* sydd ag ymwrthedd i methisilin, MRSA

gludo ar y croen lle gall achosi cornwydydd a heintiau croen ysgafn. Os yw'n mynd drwy'r croen gall achosi cyflyrau sy'n bygwth bywyd, fel gwenwyn gwaed.

Mae mwtaniad yn gallu rhoi ymwrthedd i wrthfiotig i facteria. Mae bacteria yn atgynhyrchu'n gyflym iawn, felly gall genyn ymwrthol newydd sydd wedi'i achosi gan fwtaniad, ledaenu'n gyflym iawn. Bydd defnyddio'r gwrthfiotig ar raddfa eang yn lladd yr holl facteria sydd ddim yn ymwrthol, gan adael y rhai ymwrthol yn unig. Yna, bydd y gwrthfiotig yn ddiwerth i frwydro yn erbyn y rhywogaeth bacteria dan sylw.

Mae MRSA yn arbennig o beryglus mewn ysbytai, lle mae pobl eisoes yn sâl neu mae ganddyn nhw glwyfau o ddamweiniau neu lawdriniaethau. Mae'r mesurau i reoli MRSA yn disgyn i ddau gategori – atal heintiau a brwydro yn erbyn esblygiad ymwrthedd.

I atal heintiau:

▶ Mae cleifion sy'n mynd i'r ysbyty yn cael eu sgrinio ar gyfer MRSA.
▶ Mae staff yr ysbyty'n golchi eu dwylo ar ôl bod i'r toiled, cyn ac ar ôl bwyta a chyn cyffwrdd cleifion. Dylai'r cyhoedd yn gyffredinol ymarfer hylendid da hefyd.
▶ Mae ysbytai'n argymell bod ymwelwyr yn golchi eu dwylo neu'n defnyddio gel i lanhau eu dwylo wrth fynd i mewn i wardiau.
▶ Mae mesurau hylendid llym yn cael eu defnyddio gydag unrhyw driniaeth sy'n ymwneud ag agoriadau'r corff neu glwyfau.

I arafu datblygiad ymwrthedd:

▶ Mae meddygon yn osgoi rhoi presgripsiwn ar gyfer gwrthfiotigau os yn bosibl – er enghraifft, os yw haint yn ysgafn a gall y corff ei oresgyn heb wrthfiotigau.
▶ Wrth roi gwrthfiotigau, bydd meddygon yn amrywio pa fath. Mae defnyddio llawer o unrhyw un gwrthfiotig yn cynyddu'r risg y bydd yn mynd yn aneffeithiol.

✔ | Profwch eich hun

5 Esboniwch pam mae brechlyn yn rhoi imiwnedd, hyd yn oed pan mae'r pathogen sydd ynddo wedi marw.

6 Esboniwch pam mae angen brechiadau 'cyfnerthu' yn aml i gael imiwnedd llawn.

7 Beth yw'r gwahaniaeth rhwng gwrthgorff a gwrthfiotig?

8 Pam mae poblogaeth bacteria'n gallu datblygu imiwnedd rhag gwrthfiotig mor gyflym?

⚙ | Gwaith ymarferol penodol

Ymchwiliad i effeithiau gwrthfiotigau ar dwf bacteria

Mae disgyblion yn cael plât agar wedi'i hau â bacteria o flaen llaw, pedwar gwahanol gyfrwng gwrthficrobaidd, wedi'u labelu'n A–CH, a phedair disg bapur ddi-haint. Maen nhw'n dilyn y weithdrefn ganlynol, ar ôl golchi eu dwylo a glanhau'r man gweithio â diheintydd yn gyntaf.

Y dull

1 Mae'r disgyblion yn gweithio'n agos iawn at losgydd Bunsen wedi'i oleuo. Maen nhw'n fflamio gefel a'i defnyddio i godi disg papur hidlo a'i dipio hi yng ngwrthfiotig A.

2 Gadael i'r ddisg sychu am 5 munud ar ddysgl Petri ddi-haint agored, wrth ymyl llosgydd Bunsen wedi'i oleuo.

3 Ailadrodd camau 1 a 2 ar gyfer gwrthfiotigau B, C ac CH.

4 Dal plât agar, wedi'i hau â bacteria o flaen llaw, â'i ben i lawr. Rhannu'r sail yn bedair adran, wedi'u labelu'n A, B, C, CH, drwy luniadu croes â'r marciwr (Ffigur 16.3).

Iechyd, ffitrwydd a chwaraeon

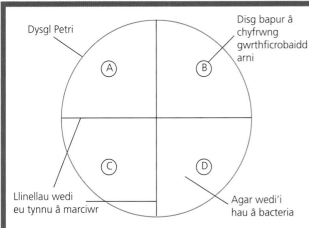

Dysgl Petri

A

Disg bapur â chyfrwng gwrthficrobaidd arni

B

C

D

Llinellau wedi eu tynnu â marciwr

Agar wedi'i hau â bacteria

Ffigur 16.3 Dysgl Petri wedi'i pharatoi

5 Fflamio gefel ac yna ei defnyddio i godi disg gwrthfiotig A. Gyda'r ddysgl Petri y ffordd iawn i fyny, codi'r caead ar ongl a rhoi'r ddisg ar yr agar yng nghanol adran A.

6 Ailadrodd cam 5 ar gyfer y tair disg arall.

7 Tapio'r caead yn dynn a magu'r dysglau (â'u pennau i lawr) am 2–3 diwrnod ar 20–25 °C.

8 Arsylwi ar y platiau heb eu hagor nhw a chofnodi lled y parth clir o gwmpas pob cyfrwng gwrthficrobaidd.

Dadansoddi'r canlyniadau

1 Pam rydyn ni'n argymell gweithio'n agos iawn at losgydd Bunsen wedi'i oleuo?

2 Esboniwch y rheswm dros godi caead y ddysgl Petri ar ongl.

3 Esboniwch y rheswm pam dylid cadw'r tymheredd magu'n bell o dan 37 °C.

4 Esboniwch yn fanwl pam mae cyfryngau gwrthficrobaidd mwy effeithiol yn cynhyrchu parthau clir mwy o gwmpas y ddisg.

⬇ Crynodeb o'r bennod

- Mae rhai micro-organebau yn ddiberygl ac yn cyflawni swyddogaethau hanfodol, ond mae rhai, sef pathogenau, yn achosi clefydau.
- Mae croen didoriad yn rhwystr rhag micro-organebau. Mae tolchennau gwaed yn selio clwyfau ac yn atal micro-organebau rhag mynd i mewn i'r corff.
- Mae rhai celloedd gwyn yn y gwaed yn amlyncu micro-organebau ac mae rhai eraill yn cynhyrchu gwrthgyrff a gwrthdocsinau.
- Weithiau bydd rhaid i bathogenau gystadlu â phoblogaeth naturiol y micro-organebau sydd yn y corff.
- Mae brechu yn amddiffyn pobl rhag clefydau heintus.
- Mae rhai ffactorau penodol yn gallu dylanwadu ar benderfyniadau rhieni i adael i'w plant gael eu brechu ai peidio. Mae angen tystiolaeth wyddonol gadarn wrth wneud y penderfyniadau hyn, yn hytrach na dibynnu ar y cyfryngau a barn y cyhoedd.
- Moleciwlau sy'n cael eu hadnabod gan y system imiwnedd yw antigenau. Mae rhai o gelloedd gwyn y gwaed, sef lymffocytau, yn adnabod antigenau ac yn secretu gwrthgyrff penodol i'r antigenau hynny.

- Mae gwrthgyrff yn dinistrio pathogenau neu'n helpu celloedd gwyn y gwaed i'w dinistrio nhw.
- Mae brechlynnau yn cynnwys pathogenau anactif neu antigenau neu rannau o antigenau sy'n deillio o organebau sy'n achosi clefydau. Mae brechlynnau yn ysgogi cynhyrchu gwrthgyrff i amddiffyn rhag bacteria a firysau.
- ⓤ Mae celloedd cof sy'n cael eu cynhyrchu ar ôl haint naturiol neu frechiad yn gallu gwneud gwrthgyrff penodol yn gyflym iawn os byddwn ni'n dod ar draws yr un antigen am yr ail dro.
- Mae ffliw yn gallu digwydd sawl gwaith, ond mae imiwnedd rhag y frech goch fel arfer yn para am byth.
- Cemegion yw gwrthfiotigau, gan gynnwys penisilin, sy'n cael eu cynhyrchu'n wreiddiol gan organebau byw, fel ffyngau. Mae gwrthfiotigau yn lladd bacteria sy'n heintio'r corff neu'n eu hatal nhw rhag tyfu.
- Mae ymwrthedd mewn bacteria, fel mewn MRSA, yn digwydd o ganlyniad i orddefnyddio gwrthfiotigau. Mae meddygon ac ysbytai yn defnyddio mesurau rheoli ar gyfer MRSA.

Ymarfer corff a ffitrwydd mewn bodau dynol

Mae ymarfer corff yn dda i'n hiechyd. Wrth i fodau dynol symud, rydyn ni'n gwneud gwaith sydd angen egni. Cyfangiad cyhyrau sy'n achosi symudiad, dan reolaeth y system nerfol.

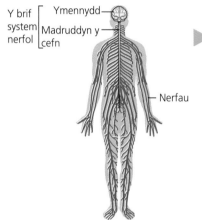

Ffigur 17.1 Y system nerfol ddynol

▶ Y system nerfol

Mae gan y system nerfol ddwy ran (Ffigur 17.1):

- ▶ Y **brif system nerfol**: yr ymennydd a madruddyn y cefn.
- ▶ Y **system nerfol berifferol**: yr holl nerfau sy'n canghennu oddi ar y brif system nerfol ac yn lledaenu drwy'r corff i gyd, gan gynnwys i'r cyhyrau.

Impylsau nerfol sy'n rheoli'r cyhyrau, sef signalau trydanol sy'n cael eu cludo gan y **niwronau** (nerfgelloedd).

Mae impylsau nerfol hefyd yn teithio'n ôl o'r cyhyrau i'r brif system nerfol, i roi gwybodaeth i'r ymennydd am y cyhyrau.

▶ Y sgerbwd a symudiad

Mae'r sgerbwd dynol wedi'i wneud o asgwrn a chartilag. Ei swyddogaethau yw amddiffyn organau hanfodol, darparu mannau i gyhyrau gydio ynddyn nhw, a chynnal y corff gydag esgyrn anhyblyg. Mae esgyrn ar wahân â chymalau symudol yn caniatáu symudiad. Mae mathau gwahanol o gymalau yn y sgerbwd:

- ▶ Dydy'r **cymalau clo** rhwng yr esgyrn yn y penglog ddim yn symud.
- ▶ Mae'r **cymalau colfach** (*hinged joints*) yn y penelin a'r pen-glin yn gweithio fel colfachau ac yn caniatáu symudiad i un cyfeiriad.
- ▶ Mae'r **cymalau pelen a chrau** yn yr ysgwydd a'r cluniau yn caniatáu i esgyrn gylchdroi.

Adeiledd cymal synofaidd

Mae llawer o'r cymalau symudol yn y corff yn gymalau synofaidd, ac mae hylif synofaidd yn iro'r rhain. Mae Ffigur 17.2 yn dangos adeiledd cymal synofaidd a sut mae ei ddarnau'n gweithio.

(Image labels: Y brif system nerfol — Ymennydd, Madruddyn y cefn; Nerfau)

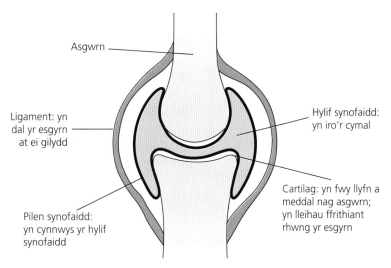

Asgwrn

Ligament: yn dal yr esgyrn at ei gilydd

Hylif synofaidd: yn iro'r cymal

Pilen synofaidd: yn cynnwys yr hylif synofaidd

Cartilag: yn fwy llyfn a meddal nag asgwrn; yn lleihau ffrithiant rhwng yr esgyrn

Ffigur 17.2 Cymal synofaidd

Cyhyrau gwrthweithiol

Dim ond wrth gyfangu y mae cyhyrau'n gweithio – maen nhw'n gallu tynnu, ond byth gwthio. Mae hyn yn golygu bod un cyhyr yn symud cymal i un cyfeiriad ac un arall yn ei symud yn ôl. Yr enw ar y parau hyn o gyhyrau sy'n gwrthwynebu ei gilydd, er enghraifft y cyhyrau sy'n symud yr elin, yw parau gwrthweithiol. Mae'r cyhyr deuben yn cyfangu i blygu'r penelin, ac mae'r cyhyr triphen gwrthweithiol yn cyfangu i'w sythu eto (Ffigur 17.3).

Problemau iechyd gyda'r esgyrn a'r cymalau

Mae clefydau ac anafiadau yn gallu niweidio'r cymalau. Un clefyd cyffredin yn y cymalau yw osteoarthritis, lle mae'r cartilag ar y ddau ben i esgyrn yn torri i lawr. Mae'r esgyrn yn gwasgu gyda'i gilydd gan achosi poen, chwydd a phroblemau symud.

Mae llawer o ffactorau yn cynyddu'r risg o ddatblygu osteoarthritis: oed (mae'r risg yn cynyddu wrth i chi fynd yn hŷn), anafiadau blaenorol i'r cymal, hanes teulu, rhywedd (mae'n fwy cyffredin ymysg menywod) a gordewdra.

Mae anafiadau i gymalau, sy'n arbennig o gyffredin ymysg mabolgampwyr, yn cynnwys rhwygo ligamentau a difrod i'r cartilag. Mae difrod i'r cartilag yn achosi symptomau dros dro sy'n debyg i osteoarthritis, ond mae'r anaf yn gallu ymateb i orffwys. Bydd angen llawdriniaeth os yw'r difrod i'r cartilag yn ddifrifol. Mae difrod i ewynnau yn gallu amrywio o ymestyn y ligament (ysigiad (*sprain*)) i'w rwygo'n rhannol neu'n llwyr. Fel anafiadau i'r cartilag, mae mân anafiadau i'r ligamentau yn gwella ar eu pen eu hunain, ond mae angen llawdriniaeth ar gyfer anafiadau mwy difrifol.

Os yw cymalau wedi cael llawer o ddifrod, gallwn ni ddefnyddio llawdriniaeth i osod cymalau artiffisial o blastig a metel yn eu lle.

Mae tri phrif fath o dorasgwrn (Ffigur 17.4):

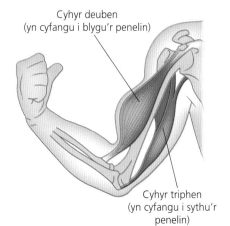

Cyhyr deuben (yn cyfangu i blygu'r penelin)

Cyhyr triphen (yn cyfangu i sythu'r penelin)

Ffigur 17.3 Pan mae cyhyr yn cyfangu, mae ei gyhyr gwrthweithiol yn llaesu

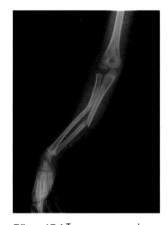

Ffigur 17.4 Torasgwrn syml

▶ **Torasgwrn syml** – gall yr asgwrn fod wedi cracio neu wedi torri'n llwyr, ond dydy'r asgwrn sydd wedi torri ddim yn mynd drwy'r croen.

▶ **Torasgwrn agored** – mae'r asgwrn sydd wedi torri yn mynd trwy'r croen.

▶ **Ysigiad asgwrn** (*greenstick fracture*) – mae'r asgwrn yn plygu ac yn torri ar un ochr yn unig. Mae'r toresgyrn hyn yn fwy cyffredin ymysg plant ifanc, gan fod eu hesgyrn yn feddalach.

Profwch eich hun

1 Awgrymwch pam mae cymalau clo i'w cael yn y penglog.
2 Beth yw swyddogaeth y gewynnau mewn cymal?
3 Esboniwch pam mae'r cyhyrau sy'n symud cymalau i'w cael mewn parau gwrthweithiol bob amser.
4 Awgrymwch pam dydy ysigiad asgwrn (*greenstick fracture*) bron byth yn digwydd mewn oedolion.

▶ Gwybodaeth fathemategol am symudiad

Gallwn ni ddefnyddio'r mesurau canlynol i ddisgrifio mudiant gwrthrych:

▸ **pellter** (wedi'i fesur mewn metrau, m): pa mor bell mae'r gwrthrych yn teithio, neu pa mor bell yw'r gwrthrych o bwynt penodol
▸ **amser** (wedi'i fesur mewn eiliadau, s): y cyfwng amser rhwng dau ddigwyddiad neu'r amser ers i'r mudiant ddechrau
▸ **buanedd** (wedi'i fesur mewn metrau yr eiliad, m/s): mesur pa mor gyflym neu araf mae'r gwrthrych yn symud. Gallwn ni ddefnyddio'r hafaliad canlynol i gyfrifo buanedd y gwrthrych:

$$\text{buanedd} = \frac{\text{pellter}}{\text{amser}}$$

▸ **cyflymder** (wedi'i fesur mewn metrau yr eiliad, m/s, i gyfeiriad penodol): mesur pa mor gyflym neu araf (y buanedd) mae'r gwrthrych yn symud i gyfeiriad penodol (chwith, dde, gogledd neu dde)
▸ **cyflymiad** neu arafiad (wedi'i fesur mewn metrau yr eiliad yr eiliad, m/s^2): cyfradd cyflymu neu arafu'r gwrthrych, sef cyfradd newid cyflymder. Gallwn ni gyfrifo cyflymiad drwy ddefnyddio'r hafaliad:

$$\text{cyflymiad neu arafiad} = \frac{\text{newid mewn cyflymder}}{\text{amser}}$$

Mesur **sgalar** yw buanedd gan mai dim ond maint sydd ganddo; mae cyflymder yn fesur **fector** gan fod ganddo gyfeiriad yn ogystal â maint.

 Enghreifftiau wedi eu datrys

1 Usain Bolt sy'n dal record byd y 200 m i ddynion, ar ôl iddo ei redeg mewn 19.19 eiliad yn 2009. Beth oedd ei fuanedd cyfartalog?
2 Mewn ras 100 m, fe wnaeth Usain Bolt gyrraedd cyflymder o 28.5 m/s ar ôl 3 eiliad. Beth oedd ei gyflymiad?

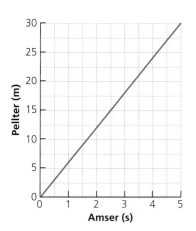

Ffigur 17.5 Graff pellter–amser rhedwr

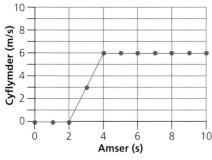

Ffigur 17.6 Graff cyflymder–amser beiciwr

Graffiau mudiant

Gallwn ni ddefnyddio graffiau i ddisgrifio a dadansoddi mudiant gwrthrychau. Mae dau fath o graff mudiant: graffiau pellter-amser a graffiau cyflymder-amser.

Graffiau pellter–amser

Mae graff pellter-amser yn ein galluogi ni i fesur buanedd gwrthrych sy'n symud. Mae Ffigur 17.5 yn dangos graff pellter-amser rhywun sy'n rhedeg ar fuanedd cyson o 3 m/s.

Llinellau llorweddol syth sy'n cynrychioli gwrthrychau disymud. Goledd neu raddiant graff pellter-amser yw buanedd y gwrthrych.

Graffiau cyflymder–amser

Mae graff cyflymder-amser yn rhoi mwy o wybodaeth i ni na graff pellter-amser. Mae'r graff yn Ffigur 17.6 yn dangos beiciwr sydd:

▸ yn llonydd am 2 eiliad
▸ yn cyflymu ar 3 m/s² am 2 eiliad
▸ yn symud ar gyflymder cyson o 6 m/s am 6 s

Goledd neu raddiant graff cyflymder-amser yw cyflymiad y gwrthrych. Y pellter mae'r gwrthrych wedi'i deithio yw'r arwynebedd o dan y graff cyflymder-amser (yn Ffigur 17.6, mae'n 42 m).

⚙ Gwaith ymarferol penodol

Darganfod cyflymiad gwrthrych sy'n symud

Mae disgyblion yn astudio cyflymiad pêl sboncen sy'n teithio i lawr ramp. Mae Ffigur 17.7 yn dangos y cyfarpar.

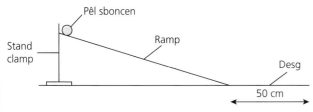

Ffigur 17.7

Y dull

1 Gosod y ramp uchder o 10 cm uwchben y ddesg.

2 Gwneud marc 50 cm o ddiwedd y ramp.

3 Rhyddhau'r bêl sboncen o dop y ramp a dechrau'r stopwatsh ar yr un pryd.

4 Pwyso'r botwm lap ar y stopwatsh wrth i'r bêl gyrraedd gwaelod y ramp.

5 Stopio'r stopwatsh wrth i'r bêl sboncen gyrraedd y marc 50 cm.

6 Cofnodi'r amser mae'r bêl yn ei gymryd i deithio i lawr y ramp (amser lap) a chyfanswm yr amser.

7 Ailadrodd camau 1–6, gan gynyddu'r uchder fesul 5 cm bob tro hyd at 25 cm.

8 Ailadrodd yr holl arbrawf ddwywaith eto.

Canlyniadau

Yna, mae angen i'r disgyblion brosesu'r canlyniadau fel hyn:

1 Cyfrifo'r amser mae'r bêl yn ei gymryd i deithio 50 cm ar hyd y fainc; dyma gyfanswm yr amser – amser lap.

2 Cyfrifo'r cyflymder yng ngwaelod y ramp gan ddefnyddio'r fformiwla

$$\text{cyflymder} = \frac{0.5}{\text{amser cymedrig mae'n ei gymryd i deithio 50 cm ar hyd y fainc}}$$

3 $$\text{cyflymiad} = \frac{\text{cyflymder ar waelod y ramp}}{\text{amser cymedrig i gyrraedd gwaelod y ramp}}$$

4 Plotio graff o uchder y ramp yn erbyn y cyflymiad.

Dadansoddi'r canlyniadau

1 Esboniwch y rheswm dros fesur yr amser mae'r bêl yn ei gymryd i symud 50 cm ar ôl gadael y ramp.

2 Awgrymwch ffynonellau cyfeiliornad posibl yn yr arbrawf hwn (ar wahân i gyfeiliornad dynol).

3 Un ffordd o gymryd y mesuriadau fyddai drwy ddefnyddio adwyon golau a chofnodydd data. Awgrymwch pam gallai hyn wella ansawdd y canlyniadau.

4 Beth ddylai gael ei gymharu i asesu:
   a) Ailadroddadwyedd yr arbrawf hwn?
   b) Atgynyrchioldeb yr arbrawf hwn?

✔ Profwch eich hun

5 Esboniwch y gwahaniaeth rhwng buanedd a chyflymder.

6 Mae ceffyl yn cerdded ar 2 m/s ac yn tuthio (*trots*) ar 3.8 m/s. Mae'n teithio mewn llinell syth, gan gerdded am 30 eiliad ac yna'n tuthio am 30 eiliad. Pa mor bell mae'n teithio?

7 Ar graff cyflymder–amser unigolyn yn cerdded, beth mae llinell syth, lorweddol yn ei ddweud wrthych chi am symudiad yr unigolyn?

▶ Y system gardiofasgwlar

Mae'r system gardiofasgwlar yn cynnwys y galon a'r pibellau gwaed (rhydwelïau, gwythiennau a chapilarïau). Dyma system gludiant y corff, ac mae'n cludo ocsigen, carbon deuocsid, cemegion bwyd a gwastraffau o un rhan o'r corff i un arall. Oherwydd bod system y gwaed yn cyrraedd pob rhan o'r corff, mae hefyd yn chwarae rhan ddefnyddiol yn y system imiwnedd (tudalen 129).

Mae'r gwaed yn cael ei bwmpio gan y galon, ac mae'n symud o gwmpas y corff mewn rhydwelïau, gwythiennau a chapilarïau. Pan fydd y gwaed yn gadael y galon, bydd yn teithio i'r organau mewn rhydwelïau. Mae'r rhydwelïau yn canghennu i ffurfio llawer o gapilarïau bach, sy'n cludo'r gwaed drwy'r organau. Mae'r capilarïau yn uno i ffurfio gwythiennau, sy'n cludo'r gwaed yn ôl i'r galon.

Mae Ffigur 17.8 yn dangos adeiledd system cylchrediad mamolyn. Sylwch fod y diagram wedi'i symleiddio.

Mae calon mamolion wedi'i rhannu'n ddau hanner. Mae'r hanner ar y chwith yn derbyn gwaed o'r ysgyfaint ac yn ei bwmpio i weddill y corff. Mae'r hanner ar y dde yn derbyn gwaed o'r corff ac yn ei bwmpio i'r ysgyfaint. Mae'r gwaed yn teithio mewn dwy gylchred ar wahân (**system cylchrediad dwbl**) o gwmpas y corff: y cylchrediad ysgyfeiniol i'r ysgyfaint ac yn ôl i'r galon, a'r cylchrediad systemig i weddill y corff ac yn ôl i'r galon (Ffigur 17.8).

Term allweddol

System cylchrediad dwbl System gwaed lle mae'r gwaed yn teithio drwy'r galon ddwywaith ym mhob cylchdaith o gwmpas y corff.

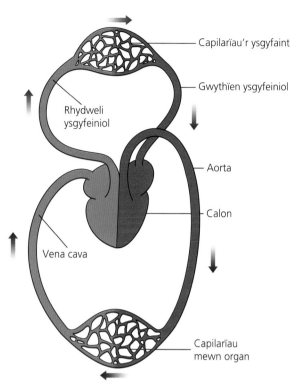

Capilarïau'r ysgyfaint

Gwythïen ysgyfeiniol

Rhydweli ysgyfeiniol

Aorta

Calon

Vena cava

Capilarïau mewn organ

Ffigur 17.8 Adeiledd system cylchrediad mamolyn. Mae'r saethau'n dangos cyfeiriad llif y gwaed

Y galon

Mae gwaed yn cael ei symud o gwmpas y corff wrth i'r galon bwmpio. Pan mae cyhyr y galon yn cyfangu, mae'n rhoi grym ar y gwaed ac yn ei wthio allan i'r rhydwelïau.

Mae Ffigur 17.9 yn dangos sut mae'r gwaed yn llifo drwy'r galon. Mae'r ochr dde yn pwmpio gwaed dadocsigenedig ac mae'r ochr chwith yn pwmpio gwaed ocsigenedig. Mae mur y fentrigl chwith yn llawer mwy trwchus na mur y fentrigl dde, gan fod rhaid iddo bwmpio gwaed o gwmpas y corff i gyd. Dim ond i'r ysgyfaint mae'n rhaid i'r fentrigl dde bwmpio gwaed.

Mae gwaed yn llifo drwy'r galon i un cyfeiriad yn unig, o'r atria i'r fentriglau ac yna allan o'r rhydwelïau ar y top. Mae'r falfiau rhwng yr atria a'r fentriglau yn atal ôl-lifiad o'r fentriglau i'r atria, ac mae'r falfiau ar ddechrau'r aorta a'r rhydweli ysgyfeiniol yn gwneud yn siŵr nad yw'r gwaed sydd wedi gadael y galon yn cael ei sugno'n ôl pan fydd y fentriglau'n ymlacio.

Termau allweddol

Gwaed ocsigenedig Gwaed â llawer o ocsigen ynddo.

Gwaed dadocsigenedig Gwaed heb lawer o ocsigen ynddo.

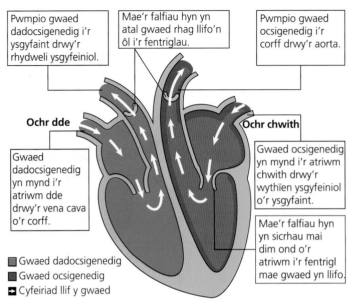

Pwmpio gwaed dadocsigenedig i'r ysgyfaint drwy'r rhydweli ysgyfeiniol.

Mae'r falfiau hyn yn atal gwaed rhag llifo'n ôl i'r fentriglau.

Pwmpio gwaed ocsigenedig i'r corff drwy'r aorta.

Ochr dde

Ochr chwith

Gwaed dadocsigenedig yn mynd i'r atriwm dde drwy'r vena cava o'r corff.

Gwaed ocsigenedig yn mynd i'r atriwm chwith drwy'r wythïen ysgyfeiniol o'r ysgyfaint.

Mae'r falfiau hyn yn sicrhau mai dim ond o'r atriwm i'r fentrigl mae gwaed yn llifo.

■ Gwaed dadocsigenedig
■ Gwaed ocsigenedig
➡ Cyfeiriad llif y gwaed

Ffigur 17.9 Llif y gwaed drwy'r galon

Y pibellau gwaed

Mae tri math o bibellau gwaed – rhydwelïau, gwythiennau a chapilarïau. Mae gan bob un adeiledd gwahanol, sy'n gysylltiedig â'i swyddogaeth.

Mae rhydwelïau yn cludo gwaed dan wasgedd uchel oddi wrth y galon. Mae'n rhaid i'r rhydwelïau allu gwrthsefyll y gwasgedd hwnnw. Mae'r rhydwelïau yn cyflenwi gwaed i nifer mawr o gapilarïau bach, sy'n cludo'r gwaed drwy'r organau. Mae cyfnewid defnyddiau yn digwydd yn y capilarïau. Mae ocsigen a maetholion yn cael eu cyflenwi i gelloedd ac mae cynhyrchion gwastraff (gan gynnwys carbon deuocsid) yn cael eu codi. Mae capilarïau yn gul iawn, felly mae'r gwaed yn llifo'n araf ac mae'n bosibl cyfnewid defnyddiau.

Mae'r capilarïau'n rhyddhau eu gwaed i'r gwythiennau, sy'n mynd ag ef yn ôl i'r galon. Mewn gwythiennau, does dim pwls ac mae gwasgedd y gwaed wedi gostwng. Mae'r gwaed yn cael ei ddychwelyd i'r galon ar yr un gyfradd ag y mae'n gadael, ond does dim pwls gan wythiennau. Cyhyrau'r corff sy'n symud y gwaed yn y gwythiennau. Mae cyfangiad y cyhyrau hyn, wrth iddyn nhw gyflawni eu swyddogaeth arferol, yn gwasgu muriau tenau'r gwythiennau ac felly'n symud y gwaed. Y falfiau sy'n rheoli cyfeiriad llif y gwaed, gan ei atal rhag llifo'n ôl tuag at y capilarïau. Does dim angen falfiau mewn rhydwelïau oherwydd bod y pwls yn sicrhau bod y gwaed yn llifo i'r cyfeiriad cywir.

Mae Tabl 17.1 yn dangos nodweddion y gwahanol bibellau gwaed, a sut mae eu hadeiledd yn gysylltiedig â'u swyddogaeth. Mae adeiledd y pibellau i'w weld yn Ffigur 17.10 hefyd.

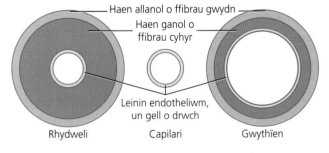

Haen allanol o ffibrau gwyn

Haen ganol o ffibrau cyhyr

Leinin endotheliwm, un gell o drwch

Rhydweli   Capilari   Gwythïen

Ffigur 17.10 Adeiledd rhydweli, capilari a gwythïen (nid yw'r lluniadau wrth raddfa)

Tabl 17.1 Adeiledd a swyddogaeth pibellau gwaed

Pibell	Nodwedd adeileddol	Cyswllt â'i swyddogaeth
Rhydweli	Mur cyhyrol trwchus	Gwrthsefyll pwysedd gwaed uchel
	Pwls	Gwthio gwaed drwy'r bibell
Gwythïen	Mur sy'n fwy tenau na rhydweli	Dim angen gwrthsefyll pwysedd gwaed uchel – mae'n caniatáu i'r cyhyrau o amgylch y bibell i wasgu'r gwaed ac yn achosi iddo symud
	Falfiau	Sicrhau symudiad y gwaed tuag at y galon yn unig
	Lwmen mawr (bwlch yng nghanol y bibell)	Cynyddu cyfradd llif y gwaed
Capilari	Mur trwch un gell yn unig	Caniatáu i ddefnyddiau symud i mewn ac allan yn hawdd drwy gyfrwng trylediad
	Llif y gwaed yn araf iawn	Yn caniatáu amser i ddefnyddiau gael eu cyfnewid
	Rhwydweithiau helaeth ym mhob organ	Mae pob cell yn agos at gapilari – yn gallu cyfnewid mwy o ddefnyddiau

Term allweddol

Haemoglobin Pigment coch yng nghelloedd coch y gwaed sy'n cludo ocsigen.

Gwaed

Cydrannau gwaed yw:

▶ **Plasma** – rhan hylifol y gwaed, sy'n cludo sylweddau sy'n hydawdd mewn dŵr gan gynnwys bwyd wedi'i dreulio, carbon deuocsid, wrea, halwynau a hormonau.
▶ **Celloedd coch y gwaed** – mae'r celloedd hyn yn cludo ocsigen o gwmpas y corff, wedi'u cysylltu â'r pigment coch **haemoglobin**.
▶ **Celloedd gwyn y gwaed** – mae sawl math gwahanol o gelloedd gwyn y gwaed, gan gynnwys ffagocytau a lymffocytau (tudalen 129).
▶ **Platennau** – darnau o gelloedd yw'r rhain sy'n helpu'r gwaed i dolchennu. Mae tolchennu yn helpu i atal haint (tudalen 129).

Disgiau deugeugrwm yw celloedd coch y gwaed – yn grwn ac yn wastad, gyda phantiad yn eu canol (Ffigur 17.11). Mae eu siâp yn cynyddu arwynebedd yr arwyneb ar gyfer amsugno ocsigen. Maen nhw'n goch oherwydd eu bod nhw'n cynnwys yr haemoglobin, sy'n amsugno ocsigen. Mae celloedd coch aeddfed y gwaed yn anarferol oherwydd does ganddyn nhw ddim cnewyllyn, sy'n gwneud lle i fwy o haemoglobin yn eu cytoplasm.

Mae ffagocytau yn amlyncu bacteria (Ffigur 17.12). Celloedd gwyn y gwaed yw'r rhain sy'n gallu newid siâp a hefyd symud, gan wasgu drwy fylchau bach ym muriau'r capilarïau a mynd i mewn i'r hylif meinweol i ymladd yn erbyn heintiau.

Ochr

Arwyneb

Ffigur 17.11 Adeiledd cell goch y gwaed

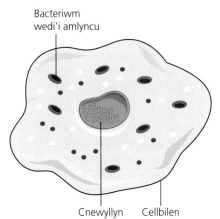

Bacteriwm wedi'i amlyncu

Cnewyllyn   Cellbilen

Ffigur 17.12 Adeiledd ffagocyt (math o gell wen y gwaed)

▶ Mesur ymateb y corff i ymarfer corff

Gallwn ni fesur ffitrwydd corfforol drwy gasglu data cyn, yn ystod ac ar ôl ymarfer corff:

▶ Gallwn ni ddefnyddio **cyfradd y pwls** i fesur cyfradd curiad y galon. Mae cyfradd normal curiad y galon i oedolyn sy'n gorffwys rhwng 60–100 curiad y munud ond mae'n amrywio gydag oed, rhywedd a ffitrwydd corfforol.
▶ **Amser adfer** yw'r amser mae'n ei gymryd i gyfradd curiad y galon fynd yn ôl i'r gwerth wrth orffwys ar ôl ymarfer corff. Mae gwell ffitrwydd corfforol yn lleihau'r amser adfer.
▶ Mae'r **gyfradd anadlu** yn cynyddu yn ystod ymarfer corff er mwyn darparu'r ocsigen ychwanegol sydd ei angen yn y cyhyrau. Yn ystod ymarfer corff dwys, gall y gyfradd anadlu gynyddu o gyfradd nodweddiadol wrth orffwys o 15 anadl y munud hyd at 40–50 anadl y munud.

Dros y tymor hir, mae hyfforddiant yn galluogi'r cyhyrau i ddefnyddio ocsigen yn fwy effeithlon a bydd y galon yn mynd yn gryfach, sy'n golygu ei bod hi'n gallu cyflenwi mwy o waed i'r cyhyrau gyda phob curiad. Mae'r gyfradd anadlu a'r amser adfer yn lleihau, yn ogystal â chyfradd y pwls wrth orffwys.

✔ Profwch eich hun

8 Yn y galon, pam mae mur y fentrigl chwith yn fwy trwchus na mur y fentrigl dde?

9 Esboniwch pam mae angen falfiau mewn gwythiennau ond nid mewn rhydwelïau.

10 Pa rai o gydrannau'r gwaed sy'n ymwneud â chludo sylweddau?

11 Awgrymwch reswm pam mae amser adfer yn ffordd well o fesur ffitrwydd na chyfradd pwls.

⬇ Crynodeb o'r bennod

- Mae angen egni ar gyhyrau i wneud gwaith.
- Mae'r system nerfol yn cynnwys y brif system nerfol (yr ymennydd a madruddyn y cefn) a'r system nerfol berifferol.
- Impylsau nerfol (signalau trydanol sy'n cael eu cludo gan nerfgelloedd, neu niwronau) sy'n achosi cyfangiadau cyhyrau.
- Mae cyhyrau gwrthweithiol (fel y cyhyrau deuben a thriphen) yn symud cymalau i ddau gyfeiriad dirgroes.
- Mae cymal synofaidd yn cynnwys cartilag, gewynnau, hylif synofaidd a philen synofaidd.
- Mae clefydau (osteoarthritis) ac anafiadau (rhwygo gewynnau) yn gallu cyfyngu ar symudiad cymalau. Os yw cymalau wedi cael llawer o ddifrod, gallwn ni osod cymalau artiffisial yn eu lle.
- Mae gwahanol fathau o dorasgwrn: syml, agored ac ysigiad (*greenstick*).
- Mae cymalau clo i'w cael yn y penglog, cymalau colfach yn y penelin a'r pen-glin, a chymalau pelen a chrau yn yr ysgwydd a'r glun.
- Gallwn ni ddefnyddio graffiau pellter–amser a chyflymder–amser i ddadansoddi symudiad.
- Gall hafaliadau mathemategol roi gwybodaeth am symudiad:

$$buanedd = \frac{pellter}{amser}$$

$$cyflymiad \ neu \ arafiad = \frac{newid \ mewn \ cyflymder}{amser}$$

- Gallwn ni ddefnyddio graffiau cyflymder–amser i ganfod cyflymiad a phellter teithio.
- Mae'r system gardiofasgwlar ddynol yn cynnwys y galon (gyda fentriglau, falfiau ac atria), gwythiennau, rhydwelïau, capilarïau.
- Mae system gwaed bodau dynol yn system cylchrediad dwbl.
- Mae yna berthynas rhwng adeiledd pibellau gwaed a'u swyddogaeth (mae gan y rhydwelïau furiau trwchus, cyhyrol; mae gan y gwythiennau furiau teneuach a falfiau i atal ôl-lifiad gwaed; un gell yw trwch capilarïau er mwyn caniatáu cyfnewid sylweddau).
- Mae gwaed wedi'i wneud o gelloedd coch y gwaed (sy'n cynnwys haemoglobin i gludo ocsigen), celloedd gwyn y gwaed i frwydro yn erbyn heintiau, plasma i gludo sylweddau a phlatennau sy'n cyfrannu at broses ceulo.
- Gallwn ni gymryd mesuriadau i fonitro cyfradd pwls, y gyfradd anadlu a'r amser adfer.
- Mae ymarfer corff yn effeithio ar anadlu (effeithiau tymor byr: mae'r gyfradd anadlu yn cynyddu er mwyn darparu'r ocsigen a gwaredu carbon deuocsid; effeithiau tymor hir: mae'r corff yn dod yn fwy effeithlon wrth gludo ocsigen).
- Mae ymarfer corff yn cael effeithiau ffisiolegol ar gyfradd curiad y galon ac amser adfer (effeithiau tymor byr: mae cyfradd curiad y galon yn cynyddu, mae allbwn y galon yn cynyddu; effeithiau tymor hir: mae cyhyrau'r galon yn cryfhau, mae cyhyr y galon yn dod yn fwy effeithlon).

► Cwestiynau enghreifftiol

1 Roedd Gregor Mendel yn gweithio gyda phlanhigion pys. Mewn pys, mae coden werdd yn drechol i goden felyn. Croesodd Mendel ddau blanhigyn pys heterosygaidd (yn cynnwys un alel gwyrdd ac un alel melyn), y ddau ohonynt â chodennau gwyrdd, ond roedd y ddau yn cario'r hyn roedd e'n ei alw'n 'ffactor' melyn. Ailadroddodd y croesiad hwn 580 o weithiau, a chynhyrchodd y planhigion 428 o godennau gwyrdd a 152 o godennau melyn.

a) Beth ydyn ni'n galw 'ffactorau' Mendel heddiw? [1]

b) Cynrychiolwch y 'ffactor' gwyrdd â G a'r un melyn gyda g. Lluniadwch sgwâr Punnett o groesiad Mendel (Gg × Gg) a nodwch gymhareb ddisgwyliedig codennau gwyrdd i godennau melyn. [3]

c) Beth oedd cymhareb wirioneddol codennau gwyrdd : codennau melyn yng nghanlyniadau Mendel? [2]

ch) Dydy'r gymhareb wirioneddol ddim yr un fath â'r gymhareb ddisgwyliedig. Pam nad yw hyn yn golygu bod y gymhareb ddisgwyliedig yn anghywir? [1]

d) O'r 428 o godennau gwyrdd, faint (yn fras) fyddech chi'n disgwyl eu bod nhw'n homosygaidd (GG)? [2]

2 Mae'r tabl isod yn dangos gofynion egni bodau dynol gwrywol ar wahanol oedrannau:

Oed (blynyddoedd)	Gofyniad egni bob dydd (kcal/dydd)
5	1482
10	2032
15	2820
19–24	2772
45–54	2581
65–74	2294

a) Awgrymwch reswm pam mae'r gofyniad egni'n mynd i lawr ar ôl 15 oed. [2]

b) Pwysau cymedrig gwrywod rhwng 19–24 oed yw 76 kg. Cyfrifwch eu gofyniad egni i bob kg o bwysau'r corff. [2]

c) Gofyniad egni cymedrig merched 15 oed yw 2390 kcal/dydd. Awgrymwch pam mae'r ffigur hwn yn is na ffigur y bechgyn. [2]

ch) Wrth gymharu gofynion egni plant 5 oed ac oedolion, awgrymwch reswm pam byddai hi'n well defnyddio cilocalorïau i bob kg o bwysau'r corff bob dydd, yn hytrach na dim ond kcal/dydd. [1]

3 Mae 8 disgybl yn modelu dadfeiliad ymbelydrol gan ddefnyddio ciwbiau. Mae pob disgybl yn cael 50 ciwb ac mae gan bob ciwb smotyn gwyn ar un wyneb. Maen nhw'n defnyddio'r dull canlynol:

a) Pob disgybl yn taflu 50 ciwb.

b) Tynnu pob ciwb sydd â smotyn gwyn yn wynebu i fyny.

c) Cyfrif a chofnodi nifer y ciwbiau sydd ar ôl.

ch) Taflu'r ciwbiau sydd ar ôl.

d) Ailadrodd camau b), c) ac ch) nes bod y ciwbiau wedi cael eu taflu 8 gwaith.

Mae'r tabl yn dangos canlyniadau un disgybl; a chanlyniadau'r disgyblion i gyd gyda'i gilydd.

Rhif y tafliad	Nifer y ciwbiau sydd ar ôl	
	Canlyniadau un disgybl	Canlyniadau cyfunol
0	50	400
1	42	340
2	36	290
3	30	240
4	26	210
5	22	170
6	18	150
7	16	130
8	13	110

a) Mae David yn dweud bod y set gyfunol o ganlyniadau'n fwy ailadroddadwy na set un disgybl o ganlyniadau. Nodwch a ydych chi'n cytuno neu'n anghytuno â David. Esboniwch eich ateb. [2]

b) Mae rhan o'r canlyniadau cyfunol wedi'u plotio. Plotiwch y graff eto gyda gweddill y data a thynnwch linell addas. [3]

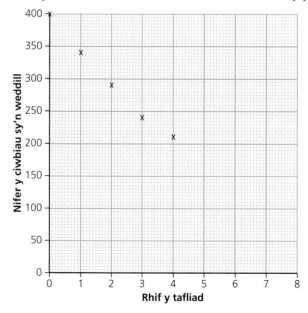

c) Mae David yn defnyddio'r graff cyflawn o b) i ganfod hanner oes y ciwbiau. Defnyddiwch y graff cyflawn i ganfod yr hanner oes. Dangoswch eich gwaith cyfrifo ar y graff. [2]

ch) Mae hanner oes protactiniwm-234 yn 77 s. Mae actifedd cychwynnol sampl yn cael ei fesur yn 80 cyfrif yr eiliad. Cyfrifwch yr amser mae'n ei gymryd i'r actifedd ostwng i 10 cyfrif yr eiliad. [2]

4 Mae'r tabl yn dangos dull dadfeilio a hanner oes rhai radioisotopau sy'n cael eu defnyddio at ddibenion meddygol.

Radioisotop	Dull dadfeilio	Hanner oes
Carbon-14	Beta	5730 mlynedd
Telwriwm-133	Beta	12 munud
Tecneciwm-99	Gama	6 awr
Cobalt-60	Beta a gama	5 mlynedd
Americiwm-241	Alffa	432 mlynedd
Astatin-211	Alffa	7.2 awr

Dewiswch y radioisotop mwyaf addas i'r tasgau isod a rhowch resymau dros eich dewis. Defnyddiwch ddata o'r tabl yn unig.

a) Radiotherapi mewnol ar diwmor canser drwy chwistrellu'r radioisotop yn uniongyrchol i mewn i'r tiwmor. [3]

b) Ffynhonnell pelydrau gama ar gyfer radiotherapi allanol. [3]

c) Radio-olinydd i ganfod llif gwaed drwy aren. [3]

5 Mae gwartheg yn cael brechlyn rhag tarwden (*ringworm*), haint ffwngaidd. Mae lefelau'r gwrthgyrff yn eu gwaed yn cael eu monitro dros gyfnod sy'n cynnwys brechlyn cyfnerthu. Dyma'r canlyniadau:

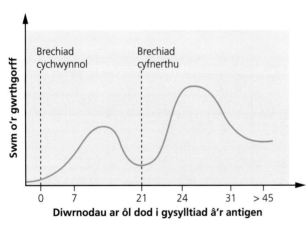

a) Pa gelloedd gwyn y gwaed sy'n cynhyrchu gwrthgyrff? [1]

b) Pa derm fydden ni'n ei ddefnyddio i ddisgrifio tarwden, fel organeb sy'n gallu achosi clefyd? [1]

c) Sut mae'r celloedd gwaed yn adnabod tarwden, er mwyn dechrau cynhyrchu gwrthgyrff? [1]

ch) Pa dystiolaeth sy'n dangos y bydd angen rhoi brechlyn cyfnerthu pellach i'r gwartheg? [1]

d) Weithiau rydyn ni'n rhoi gwrthfiotigau i wartheg fel rhagofal, er eu bod nhw'n iach. Esboniwch pam mae'r arfer hwn yn cael ei anghymell mewn ymdrech i arafu esblygiad 'arch-fygiau'. [3]

6 Mae'r diagram yn dangos yr esgyrn a'r cyhyrau yn rhan uchaf y fraich.

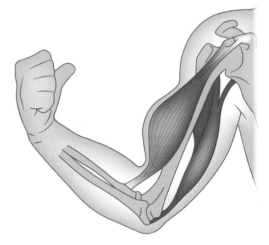

a) Enwch y **ddau fath** o gymal sydd i'w gweld yn y diagram. [2]

b) Nodwch gyflyrau (cyfangu neu laesu) y cyhyrau deuben a thriphen pan mae'r fraich yn syth. [1]

c) Mae'r cyhyrau deuben a thriphen yn gyhyrau gwrthweithiol. Nodwch ystyr y term hwn. [1]

ch) Enwch y cydrannau canlynol mewn cymal fel cymal yr ysgwydd:

  i) Yr hylif sy'n iro'r cymal. [1]

  ii) Y feinwe sy'n dal esgyrn y cymal at ei gilydd. [1]

  iii) Y feinwe sy'n lleihau ffrithiant yn y cymal. [1]

7 Mae gwythiennau faricos yn cael eu hachosi wrth i furiau'r gwythiennau wanhau ac ymestyn ac mae'r falfiau'n mynd yn llai effeithiol. Mae gwythiennau'r coesau yn troi'n chwyddedig ac yn helaethach, ac maen nhw'n ymddangos yn las neu'n borffor tywyll.

a) Beth yw swyddogaeth y falfiau yn y gwythiennau? [1]

b) Pam nad oes angen falfiau mewn rhydwelïau? [1]

c) Awgrymwch pam mae gwythiennau faricos yn waeth ar ôl cyfnod hir o sefyll. [2]

ch) Awgrymwch pam mae coesau rhywun â gwythiennau faricos yn teimlo'n drwm. [1]

d) Mae ymarfer corff yn un ffordd o drin gwythiennau faricos. Yn ystod ymarfer corff, mae'r cyhyrau'n cyfangu'n gyson. Awgrymwch reswm pam gallai hyn helpu â gwythiennau faricos. [1]

Graph labels: Brechiad cychwynnol, Brechiad cyfnerthu, Swm o'r gwrthgorff, Diwrnodau ar ôl dod i gysylltiad â'r antigen, 0 7 21 24 31 > 45

18 Defnyddiau at bwrpas

Wrth ddylunio gwrthrychau, rhaid i ddylunwyr ystyried priodweddau'r defnyddiau maen nhw'n bwriadu eu defnyddio. Mae defnyddio'r defnydd anghywir yn gallu cael effaith ddifrifol ar edrychiad a theimlad gwrthrychau, a sut maen nhw'n gweithio.

▶ Bondio

Ar lefel atomig a moleciwlaidd, mae defnyddiau wedi'u gwneud o ronynnau (atomau a moleciwlau), sy'n bondio â'i gilydd. Y prif fathau o fondio yw ïonig, cofalent a metelig.

Bondio ïonig

Cyfansoddion ïonig yw rhai lle mae bondiau ïonig yn uno'r gronynnau. Caiff bondiau ïonig eu ffurfio gan yr **atyniad electrostatig** rhwng gronynnau â gwefrau dirgroes (**ïonau**). Mae atomau ar eu mwyaf sefydlog pan mae ganddyn nhw blisgyn allanol llawn o electronau. Mae atomau sydd â phlisg allanol eithaf llawn (anfetelau) yn tueddu i ennill electronau ac felly'n datblygu gwefr negatif (gan droi'n **anionau**). Bydd atomau ag ychydig iawn o electronau yn eu plisgyn allanol (metelau) yn tueddu i golli'r electronau hynny ac yn datblygu gwefr bositif (gan ffurfio **catïonau**). Os yw atom metelig yn adweithio ag atom anfetelig, bydd y metel yn rhoi un neu fwy o electronau i'r anfetel, a bydd y ddau ïon wedi'u gwefru wedyn yn bondio â'i gilydd. Mae Ffigur 18.1 (diagram 'dot a chroes') yn dangos y broses hon ar gyfer ffurfio sodiwm clorid.

Atom sodiwm, 2.8.1

Atom clorin, 2.8.7

Ïon sodiwm, Na^+, 2.8

Ïon clorid, Cl^-, 2.8.8

Ffigur 18.1 Pan mae atom sodiwm ac atom clorin yn adweithio, mae'r atom sodiwm yn colli electron i ffurfio ïon sodiwm â gwefr bositif, Na^+ (catïon) ac mae'r atom clorin yn ennill electron i ffurfio ïon clorid â gwefr negatif, Cl^- (anion)

Mae gan y ddau ïon nawr blisg allanol llawn a bydd yna atyniad electrostatig cryf rhwng yr ïonau sydd wedi'u gwefru'n ddirgroes, sef bond ïonig. Mae bondiau ïonig yn cael eu ffurfio drwy drosglwyddo electronau o un atom i un arall.

Mae'r wefr ar ïon o elfen yn dibynnu ar ba Grŵp yn y Tabl Cyfnodol y mae ynddo. Mae elfennau Grŵp 1, 2 a 3 yn colli 1, 2 neu 3 electron yn ôl eu trefn (gan ffurfio gwefrau +1, +2 neu +3), ac mae Grwpiau 5, 6 a 7 yn ennill 3, 2 ac 1 electron yn ôl eu trefn (gan ffurfio gwefrau −3, −2 a −1). Mae elfennau yn Grŵp 4 yn tueddu i beidio â ffurfio ïonau, ac mae elfennau yn Grŵp 0 yn sefydlog a dydyn nhw ddim yn colli nac yn ennill electronau.

Priodweddau cyfansoddion ïonig

Mae sodiwm clorid yn enghraifft o gyfansoddyn ïonig nodweddiadol. Mae'r miliynau o ïonau sodiwm ac ïonau clorid mewn grisial sodiwm clorid yn cael eu dal at ei gilydd mewn dellten reolaidd tri dimensiwn (adeiledd rheolaidd ailadroddol) gan rymoedd electrostatig cryf (gweler Ffigur 18.2). Rydyn ni'n galw hyn yn adeiledd ïonig enfawr.

Gallwn ni esbonio ymdoddbwyntiau uchel cyfansoddion ïonig gyda'r ffaith bod pob anion yn atynnu'r holl gatïonau sydd o'i gwmpas, ac i'r gwrthwyneb, felly mae angen llawer o egni i oresgyn y grym atynnu electrostatig. Gallwn ni ddarparu'r egni hwn drwy wresogi, ond mae angen tymheredd uchel i roi digon o egni i dorri'r bondiau ïonig.

Dydy cyfansoddion ïonig solid ddim yn dargludo trydan oherwydd bod yr ïonau wedi'u dal mewn safleoedd penodol o fewn eu hadeiledd a dydyn nhw ddim yn rhydd i symud a dargludo trydan. Pan maen nhw'n dawdd neu wedi'u hydoddi mewn dŵr, maen nhw yn dargludo trydan oherwydd bod yr adeiledd yn ymddatod ac mae'r ïonau'n rhydd i symud – a chreu cerrynt trydanol. Mae llawer o gyfansoddion ïonig yn hydawdd mewn dŵr, ond nid pob un.

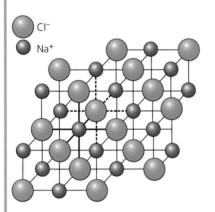

Cl⁻
Na⁺

Ffigur 18.2 Atomau ac ïonau sodiwm a chlorin

> ✔ **Profwch eich hun**
>
> 1 Beth yw ïon?
> 2 Mae calsiwm (Ca) yn Grŵp 2 y Tabl Cyfnodol. Beth yw fformiwla ïon calsiwm? Esboniwch eich ateb.
> 3 Sut mae bondiau ïonig yn ffurfio?
> 4 Mae sodiwm clorid tawdd a hydoddiant sodiwm clorid yn dargludo trydan, ond nid yw hyn yn wir am sodiwm clorid solid. Esboniwch pam.
> 5 Mae calsiwm ocsid yn gyfansoddyn ïonig. Mae gan galsiwm ddau electron yn ei blisgyn allanol, ac mae gan ocsigen chwech electron yn ei blisgyn allanol. Lluniadwch ddiagramau dot a chroes i ddangos sut mae calsiwm ocsid yn cael ei ffurfio drwy drosglwyddo electronau o atomau calsiwm i atomau ocsigen.

Bondio cofalent

Dydy atomau sy'n gorfod colli neu ennill tri neu bedwar o electronau er mwyn cael plisgyn allanol llawn ddim yn ffurfio ïonau yn aml, os o gwbl. Maen nhw'n creu **moleciwlau** drwy ffurfio **bondiau cofalent**, sy'n rhannu electronau. Mae dŵr yn enghraifft o foleciwl cofalent.

Mae moleciwlau dŵr yn ffurfio wrth i hydrogen adweithio ag ocsigen; mae dau atom hydrogen yn cyfuno ag un atom ocsigen. Mae un electron ym mhlisgyn allanol hydrogen, ac mae angen iddo ennill

Term allweddol

Bondiau cofalent Bondiau sy'n ffurfio rhwng atomau sy'n rhannu electronau.

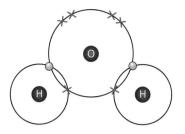

Ffigur 18.3 Diagram dot a chroes moleciwl dŵr

un i lenwi ei blisgyn allanol. Mae chwe electron ym mhlisgyn allanol ocsigen, ac mae angen iddo ennill dau i lenwi ei blisgyn allanol.

Mae Ffigur 18.3 yn dangos diagram dot a chroes hydrogen ac ocsigen yn ffurfio dŵr. Mae'r atom ocsigen a'r ddau atom hydrogen yn rhannu electronau – yna mae plisgyn electronau allanol llawn gan bob atom.

Pâr o electronau sy'n cael ei rannu rhwng dau atom yw'r bond cofalent. Mae bondiau cofalent yn gryf iawn. Mae'n cymryd llawer o egni i'w torri nhw. Fodd bynnag, dim ond atyniad gwan iawn sydd rhwng y moleciwlau, gan fod pob moleciwl yn niwtral.

✔ Profwch eich hun

6 Sut mae bond cofalent yn cael ei ffurfio rhwng dau atom?
7 Lluniadwch ddiagram dot a chroes i ddangos y bondiau cofalent yn y moleciwlau canlynol:
   a) nwy hydrogen clorid (HCl)
   b) methan (CH$_4$)

Bondio metelig

Mae **bondiau metelig** yn ffurfio rhwng atomau metel sy'n dod at ei gilydd i ffurfio'r metel solid.

Mae gan fetelau solid adeiledd ar ffurf dellten (patrwm rheolaidd tri dimensiwn) o ïonau positif y mae 'môr' o electronau rhydd yn gallu symud drwyddo (Ffigur 18.4). Mae'r ïonau positif a'r 'môr' o electronau yn rhyngweithio i ffurfio bondiau metelig.

Mae'r model dellten/electronau rhydd yn esbonio dargludedd trydanol a thermol uchel metelau. Mae'r môr o electronau dadleoledig yn gallu symud drwy holl adeiledd y metel, gan ffurfio cerrynt trydanol. Mae'r ïonau positif yn agos at ei gilydd ac mae bondiau metelig yn eu bondio nhw â'i gilydd. Mae'n hawdd i'r adeiledd basio dirgryniad gronynnau poeth o un gronyn i'r gronyn nesaf; ac mae'r electronau rhydd yn gallu symud yn gyflymach wrth gael eu gwresogi a throsglwyddo'r gwres o boeth i oer drwy'r holl adeiledd – mae hyn yn esbonio pam mae metelau'n ddargludyddion thermol da.

Priodweddau metelau

Mae gan fetelau briodweddau ffisegol a chemegol tebyg, sy'n eu gwneud nhw'n wahanol i'r anfetelau.

Dyma briodweddau cyffredinol metelau:

▶ **Cryf**: Mewn gwyddoniaeth, defnydd cryf yw un nad yw'n hawdd ei dorri. Brau yw'r gwrthwyneb i gryf. Mae metelau'n gryf ar y cyfan, er bod rhai yn llawer cryfach na'i gilydd. (Eithriadau pwysig: sodiwm a photasiwm.)

▶ **Hydrin** a **hydwyth**: Mae'r rhain yn briodweddau tebyg, er eu bod nhw'n wahanol i'w gilydd hefyd. Mae hydrin yn golygu y gall y defnydd gael ei blygu, ei forthwylio neu ei wasgu i mewn i wahanol siapiau parhaol. Mae hydwyth yn golygu gall y defnydd gael ei estyn i ffurfio gwifrau.

▶ **Caled**: Mae'n anodd tolcio a chrafu metelau. (Eithriad pwysig: plwm.)

▶ **Ymdoddbwyntiau a berwbwyntiau uchel**: Eithriad i hyn yw mercwri, sy'n hylif ar dymheredd ystafell.

Term allweddol

Bondiau metelig Mae'r rhain yn ffurfio pan fydd creiddiau ïonau positif metelig wedi'u trefnu mewn adeiledd dellten (*lattice structure*), ac mae 'môr' o electronau dadleoledig yn gallu llifo drwyddo.

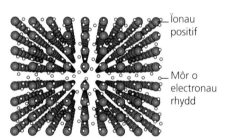

Ïonau positif

Môr o electronau rhydd

Ffigur 18.4 Adeiledd metelig copr

✔ Profwch eich hun

8 Pa ddwy o briodweddau metelau sy'n gwneud copr yn ddefnydd hynod o addas ar gyfer gwifrau trydanol?
9 Pam mae metelau'n dargludo trydan yn dda?

- **Dargludyddion trydan da**: Mae pob metel yn dargludo trydan i ryw raddau, er bod eu dargludedd yn amrywio'n sylweddol.
- **Dargludyddion egni da drwy wresogi**: Mae gan y metelau ddargludedd thermol uchel. Mae'r rhai sy'n dda am ddargludo trydan hefyd yn dda am ddargludo egni drwy wresogi.
- **Sgleiniog ar ôl cael eu llathru** (*polished*): Weithiau, mae'r briodwedd hon yn cael ei disgrifio fel **gloyw**. Mae'r metelau mwyaf adweithiol yn tueddu i ffurfio haen o ocsid ar eu harwyneb (e.e. rhwd ar haearn), sy'n eu pylu.
- **Dwysedd uchel**: Mae'r ffordd mae atomau metel yn bondio â'i gilydd yn tueddu i sicrhau bod ganddyn nhw ddwysedd uchel.

▶ Priodweddau defnyddiau

Yn y bôn, mae priodweddau cyffredinol defnyddiau gwahanol yn dibynnu ar y bondio rhwng y gronynnau. Fodd bynnag, mae gan ddefnyddiau rai priodweddau swmp sy'n bwysig iawn, a gallwn ni ddefnyddio'r rhain i esbonio ymddygiad llawer o ddefnyddiau.

Dwysedd, diriant a deddf Hooke

Dwysedd

Dwysedd yw faint o fàs (mater) sy'n bresennol mewn cyfaint penodol o ddefnydd – fel arfer mewn $1\,cm^3$ neu $1\,m^3$. Gallwn ni ddefnyddio'r hafaliad canlynol i'w gyfrifo:

$$\text{dwysedd} = \frac{\text{màs}}{\text{cyfaint}}$$

Mae dwysedd dŵr yn $1\,g/cm^3$ neu $1000\,kg/m^3$.

> ★ **Enghraifft wedi ei datrys**
>
> Mae gan floc o ddefnydd pecynnu ar gyfer blwch gyfaint o $0.4\,m^3$ a màs o $4.8\,kg$. Cyfrifwch ddwysedd y defnydd pecynnu.
>
> **Ateb**
>
> $$\text{dwysedd} = \frac{\text{màs}}{\text{cyfaint}} = \frac{4.8\ kg}{0.4\ m^3} = 12\ kg/m^3$$

Diriant

Rydyn ni'n diffinio'r **diriant** sy'n cael ei roi ar wrthrych fel swm y grym sy'n gweithredu dros arwynebedd y gwrthrych. Mae diriant yn ffordd bwysig o fesur priodweddau ffisegol defnydd, fel ei gryfder. Mae defnyddiau sy'n gallu gwrthsefyll llawer o ddiriant heb newid siâp yn tueddu i fod yn rhai cryf.

Gallwn ni ddefnyddio'r hafaliad canlynol i fesur diriant:

$$\text{diriant} = \frac{\text{grym}}{\text{arwynebedd trawstoriadol}}$$

Term allweddol

Priodweddau swmp Priodweddau darn mawr (wedi'i ddal â llaw) o'r defnydd.

Rydyn ni'n mesur grym mewn newtonau, N, ac rydyn ni'n mesur arwynebedd trawstoriadol mewn metrau sgwâr, m^2, felly unedau diriant yw N/m^2.

> ★ | **Enghraifft wedi ei datrys**
>
> Cyfrifwch y diriant ar biler concrit sy'n cynnal addurn gardd â phwysau (grym) o 36 N. Mae arwynebedd trawstoriadol y piler yn $0.04\ m^2$.
>
> Ateb
>
> $$\text{diriant} = \frac{\text{grym}}{\text{arwynebedd trawstoriadol}} = \frac{36\ N}{0.04\ m^2} = 900\ N/m^2$$

Deddf Hooke

Ffigur 18.5 Tîm rygbi yn sgrymio yn erbyn eu peiriant sgrym

Mae Ffigur 18.5 yn dangos tîm rygbi yn sgrymio yn erbyn peiriant sgrym. Mae'r peiriant sgrym yn gweithio drwy ddefnyddio set o sbringiau. Wrth i'r chwaraewyr roi grym gwthio yn erbyn y padiau, mae'r sbringiau yn y peiriant yn cywasgu (mynd yn fyrrach). Y mwyaf o rym y mae'r chwaraewyr yn ei roi, y mwyaf y mae'r sbring yn cywasgu. Rydyn ni'n mesur stiffrwydd (neu 'sbringaredd') y sbring gan ddefnyddio priodwedd o'r enw cysonyn sbring, k. Mae'r berthynas rhwng y grym, y newid i hyd y sbring (estyniad neu gywasgiad) a'r cysonyn sbring yn cael ei rhoi gan hafaliad Deddf Hooke:

> grym = cysonyn sbring × estyniad

> ★ | **Enghraifft wedi ei datrys**
>
> Mae sgrym tîm rygbi Caerfaddon yn rhoi grym yn erbyn eu peiriant sgrym, gan achosi i sbring gywasgu 0.125 m. Os yw'r cysonyn sbring yn 40 000 N/m, cyfrifwch y grym sy'n cael ei roi ar y sbring.
>
> Ateb
>
> $F = kx = 40\,000\ N/m \times 0.125\ m = 5000\ N$

> ✓ | **Profwch eich hun**
>
> 10 Mae gan fodrwy aur fàs o 5.79 g a chyfaint o $0.3\ cm^3$. Cyfrifwch ddwysedd yr aur mewn g/cm^3.
> 11 Mae rhaff bynji yn cynnal menyw â phwysau (grym) o 600 N. Mae arwynebedd trawstoriadol y rhaff bynji yn $0.0004\ m^2$. Cyfrifwch y diriant ar y rhaff bynji.
> 12 Yn ystod sesiwn yn y gampfa, mae chwaraewr rygbi yn rhoi grym ar y sbring mewn peiriant yn y gampfa, gan ei estyn 0.15 m. Cysonyn sbring y sbring yw 8000 N/m. Cyfrifwch y grym mae'r chwaraewr rygbi yn ei roi ar y sbring.

▶ Profi priodweddau defnyddiau

Gallwn ni fesur priodweddau ffisegol gwrthrychau materol yn arbrofol gan ddefnyddio ambell weithdrefn ymarferol syml. Mae Tabl 18.1 yn dangos y priodweddau, y diffiniadau a'r gweithdrefnau ymarferol.

Tabl 18.1 Priodweddau defnyddiau

Priodwedd ffisegol	Diffiniad	Gweithdrefn ymarferol
Stiffrwydd/hyblygrwydd	Stiffrwydd yw gwrthiant gwrthrych i blygu. (Hyblygrwydd yw'r gwrthwyneb.)	Clampio un pen i wrthrych at ddesg, a hongian pwysau o ben arall y gwrthrych. Defnyddio pren mesur i fesur faint mae'r gwrthrych yn plygu yn y pen â'r pwysau arno.
Gwydnwch (toughness)/breuder	Gwydnwch yw gallu defnydd i amsugno egni ac ymestyn heb dorri. (Dydy defnyddiau brau ddim yn ymestyn cyn torri.)	Clampio sampl rhiciog o ddefnydd o faint safonol yn fertigol yn un pen, a phwysau sy'n syrthio yn taro'r pen arall. Cynyddu'r pwysau nes bod y sampl yn torri.
Cryfder tynnol (torri)	Cryfder tynnol yw'r grym mwyaf y mae gwrthrych yn gallu ei gymryd cyn iddo dorri.	Clampio un pen i sampl tenau o ddefnydd o faint safonol, tynnu'r pen arall â medrydd newton nes iddo dorri, a mesur y grym torri.
Caledwch	Caledwch yw gwrthiant gwrthrych i gael ei grafu.	Rydyn ni'n mesur caledwch gwrthrych drwy ei grafu â'r gwrthrychau mewn pecyn caledwch Moh ac yn gweld pa wrthrychau sy'n gallu ei grafu a pha rai sydd ddim. Mae caledwch ewin yn 2.5, darn arian copr yn 3.5, cyllell yn 5.5, hoelen ddur yn 6.5 ac ebill dril gwaith maen yn 8.5.
Dwysedd	Dwysedd gwrthrych yw ei fàs wedi'i rannu â'i gyfaint.	Rydyn ni'n mesur màs gwrthrych â chlorian a'r cyfaint naill ai â phren mesur, neu yn ôl dadleoliad dŵr.
Gwydnwch (durability)	Gwydnwch gwrthrych yw ei allu i wrthsefyll traul, gwasgedd neu ddifrod.	Gallwn ni fesur gwydnwch gwrthrych o faint safonol drwy gyfrif sawl gwaith mae'r gwrthrych yn gallu gwrthsefyll grym cyn torri.
Lladd sioc	Mae lladd sioc yn cyfeirio at allu gwrthrych i amsugno sioc fecanyddol.	Prawf sioc syml yw gollwng gwrthrych o uchder sydd wedi'i fesur a gweld a yw'n torri ai peidio. Mae'r uchder gollwng yn cael ei amrywio nes bod y gwrthrych yn torri.
Dargludedd thermol	Dargludedd thermol yw gallu defnydd i ganiatáu i egni lifo drwyddo pan gaiff ei wresogi.	Defnyddio saim Vaseline i lynu pin bawd at un pen rhodenni metel unfath sydd wedi'u gwneud o ddefnyddiau gwahanol. Gwresogi pen arall y rhodenni mewn fflam. Y rhoden mae'r pin bawd yn syrthio oddi arni gyntaf yw'r un â'r dargludedd thermol uchaf.
Dargludedd trydanol	Dargludedd trydanol yw gallu defnydd i ganiatáu i gerrynt trydanol lifo drwyddo.	Gallwn ni fesur gwrthiant darn maint safonol o ddefnydd ag amlfesurydd. Yr isaf yw'r gwrthiant, yr uchaf yw'r dargludedd trydanol.

Term allweddol

Gwydn (durable) Yn gallu gwrthsefyll traul, gwasgedd neu ddifrod.

⚙ Gwaith ymarferol penodol

Ymchwiliad i ddargludedd thermol metelau

Mae disgybl yn cynnal arbrawf i ymchwilio i ddargludedd thermol rhodenni metel gwahanol. Mae hi'n cydosod yr arbrawf fel mae Ffigur 18.6 yn ei ddangos.

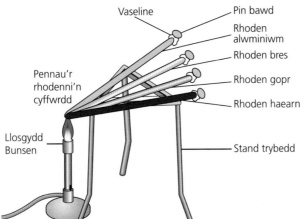

Ffigur 18.6 Cyfarpar i ymchwilio i ddargludedd thermol rhodenni metel

Mae'r disgybl yn defnyddio stopwatsh i amseru pa mor hir mae'n ei gymryd i bob pin bawd syrthio oddi ar ei roden.

Canlyniadau

Rhoden	Amser i'r pin bawd syrthio oddi ar y rhoden (munudau ac eiliadau)
haearn	3 mun 21 eiliad
copr	1 mun 12 eiliad
pres	2 mun 36 eiliad
alwminiwm	1 mun 48 eiliad

Dadansoddi'r canlyniadau

1. Beth yw trefn dargludedd thermol y rhodenni metel?
2. Beth yw'r newidyn dibynnol yn yr arbrawf hwn?
3. Pam mae'n bwysig bod hyd a thrwch y rhodenni yr un fath?
4. Mae'r rhodenni metel poeth yn gallu llosgi. Pa fesur rheoli dylech chi ei ddefnyddio i sicrhau nad yw'r perygl hwn yn achosi risg i chi?

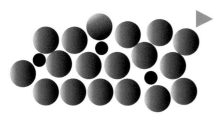

Ffigur 18.7 Adeiledd atomig aloi

Mathau o ddefnyddiau

Mae llawer o brif ddosbarthiadau o ddefnyddiau, ac mae gan bob un nifer o briodweddau sy'n gyffredin i'r holl ddefnyddiau yn y dosbarth. Dyma'r prif ddosbarthiadau defnyddiau:

- ▶ metelau ac aloion
- ▶ polymerau
- ▶ cerameg
- ▶ defnyddiau cyfansawdd

Metelau ac aloion

Cymysgeddau o fetelau yw **aloion**. Weithiau, bydd angen darnau metel â phriodweddau penodol iawn ar ddylunwyr a pheirianwyr ar gyfer cymwysiadau penodol iawn. Mewn llawer o achosion, nid yw'r priodweddau hyn gan y metelau naturiol, neu byddai cost metelau naturiol ar gyfer y cymwysiadau hyn yn aneconomaidd. Yn yr achosion hyn, caiff aloion eu defnyddio. Wrth wneud aloi drwy gymysgu dau neu fwy o fetelau â'i gilydd, bydd maint atomau'r metelau yn wahanol i'w gilydd; mae hyn yn tueddu i aflunio adeiledd rheolaidd y metel (Ffigur 18.7). Yn gyffredinol, mae aloion yn galetach, yn gryfach ac yn llai hydrin na metelau pur oherwydd ei bod yn anoddach i'r haenau o atomau i lithro dros ei gilydd.

Mae dur gwrthstaen yn aloi sy'n cael ei ddefnyddio i wneud sosbenni, cyllyll a ffyrc a sinciau. Mae aloion cyffredin eraill yn cynnwys aloion alwminiwm (sy'n cael eu defnyddio mewn fframiau beiciau ac awyrennau) ac aloion titaniwm (sy'n cael eu defnyddio mewn fframiau awyrennau perfformiad uchel ac mewn cymalau clun artiffisial). Does dim angen i chi wybod cyfansoddiadau a phriodweddau unrhyw aloion, ond efallai y bydd angen i chi ddehongli gwybodaeth amdanyn nhw.

★ | Enghraifft wedi ei datrys

Mae dur yn aloi o haearn a charbon yn bennaf, ond gallwn ni amrywio ei briodweddau ar gyfer gwahanol gymwysiadau drwy amrywio cyfansoddiad canrannol y carbon neu ychwanegu cromiwm. Mae Tabl 18.2 yn dangos rhai o'r gwahanol fathau o ddur.

Tabl 18.2 Gwahanol fathau o ddur

Enw'r aloi dur	Cyfansoddiad	Nodweddion	Defnyddio
Haearn bwrw	Haearn 2% i 5% carbon	Caled Brau Cyrydu'n hawdd	Potiau a sosbenni Darnau ceir Peipiau
Dur meddal (carbon isel)	Haearn 0.1% i 0.3% carbon	Gwydn *(tough)* Hydwyth Hydrin Cryf Cyrydu'n hawdd	Cyrff ceir Adeiladu linteli Tuniau bwyd
Dur carbon uchel	Haearn 0.8% i 1.4% carbon	Cryf iawn Caled iawn Gwydn *(durable)* Cyrydu'n hawdd	Offer torri Hoelion gwaith maen Rheilffyrdd
Dur gwrthstaen	Haearn 1.2% carbon 10.5% cromiwm	Caled Cryf Gwydn *(durable)* Yn gwrthsefyll cyrydu	Cyllyll a ffyrc Offer llawfeddygol Nodweddion pensaernïol Systemau gwacáu

→

Term allweddol

Polymer Moleciwl organig cadwyn hir â bondiau cofalent sydd wedi'i wneud o lawer o unedau moleciwlaidd 'mer' sy'n ailadrodd.

Polymerau

Polymerau yw moleciwlau cofalent sy'n gadwyn hir lle mae'r atomau'n ffurfio unedau sy'n ailadrodd. Mae'r bondiau rhwng yr atomau yn gryf iawn, ond mae'r bondiau rhwng ffibrau unigol yn eithaf gwan. Mae polymerau wedi'u gwneud o atomau carbon a hydrogen yn bennaf. Mae polymerau'n ddefnyddiau pwysig dros ben a'r enw ar bolymerau synthetig yw plastigion. Gallwn ni ddylunio polymerau gydag amrywiaeth enfawr o wahanol briodweddau a gallwn ni eu gweithgynhyrchu nhw yn unrhyw siâp. Yn gyffredinol, mae polymerau'n llai cryf ac yn llai stiff na metelau, ac mae eu hymdoddbwyntiau'n is, er bod yna rai eithriadau pwysig iawn (fel Kevlar©, sy'n galed a chryf iawn, ac yn cael ei ddefnyddio'n aml i wneud arfwisgoedd).

Gallwn ni newid priodweddau polymerau drwy ychwanegu moleciwlau trawsgysylltu rhwng cadwynau'r polymer, fel sydd i'w weld yn Ffigur 18.8. Mae'r trawsgysylltiadau yn atal y polymerau rhag llithro dros ei gilydd yn hawdd. Mae hyn yn golygu bod polymerau sydd â thrawsgysylltiadau yn llai hyblyg, yn llai ymestynnol, yn galetach ac yn fwy gwydn, ac mae eu hymdoddbwynt yn uwch.

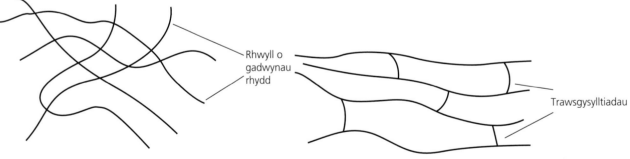

Rhwyll o gadwynau rhydd

Trawsgysylltiadau

Ffigur 18.8 Gwahaniaethau adeileddol rhwng polymerau cadwyn normal a pholymerau â thrawsgysylltiadau

Cerameg

Mae **cerameg** yn grŵp o ddefnyddiau sydd wedi'u gwneud o ddefnyddiau crai anorganig, anfetelig, fel clai. Caiff y clai gwlyb ei siapio fel gwrthrych ac yna ei ffwrndanio (ei wresogi i dymheredd uchel), sy'n tynnu'r moleciwlau dŵr o'r clai. Mae'r gronynnau yn y clai yn ffurfio adeileddau enfawr gyda bondiau cofalent cryf rhwng y gronynnau.

Dyma briodweddau cyffredinol gwrthrychau cerameg:

- caled
- brau
- ymdoddbwynt uchel
- dargludedd thermol isel (ynysydd thermol da)
- da iawn am wrthsefyll ymosodiad cemegol.

Mae cerameg yn ddefnyddiau defnyddiol i wneud gwrthrychau cyffredin fel:

- teils
- llestri (platiau, powlenni, cwpanau, mygiau)
- addurniadau
- sinciau a thoiledau

Defnyddiau cyfansawdd

Defnyddiau cyfansawdd yw defnyddiau sydd wedi'u gwneud o gyfuniadau o ddau neu fwy o ddefnyddiau o ddosbarthiadau gwahanol. Rydyn ni'n dewis cyfuniadau o ddefnyddiau sy'n golygu bod gan y defnydd cyfansawdd briodweddau gorau'r holl ddefnyddiau sydd ynddo. Y tu mewn i'r defnydd cyfansawdd, mae'r defnyddiau gwahanol yn dal i fod yn ddefnyddiau ar wahân, ond wedi'u cymysgu gyda'i gilydd. Mae ffibr carbon yn enghraifft dda o ddefnydd cyfansawdd (mae wedi'i wneud o ffibrau graffit tenau gyda glud resin). Caiff ei ddefnyddio'n gyffredin i wneud paneli awyrennau a cheir a chaiff ei ddefnyddio'n aml i wneud cyfarpar chwaraeon. Mae ffibr carbon yn ddefnydd delfrydol i wneud gwrthrychau ysgafn ond cryf. Dyma rai defnyddiau cyfansawdd cyffredin eraill:

- concrit wedi'i gyfnerthu â dur
- bwrdd sglodion (cymysgedd o sglodion pren a resin polymer).

▶ Alotropau carbon

Mae rhai sylweddau cofalent yn bodoli fel adeileddau enfawr, sef, mewn gwirionedd, un moleciwl mawr. Mae graffit a diemwnt yn enghreifftiau o adeileddau cofalent enfawr (Ffigur 18.9). Mae diemwnt a graffit yn ffurfiau ffisegol gwahanol, neu'n alotropau, o garbon. Mae diemwnt a hefyd graffit yn cynnwys bondiau cofalent rhwng atomau carbon (Ffigurau 18.10 ac 18.11).

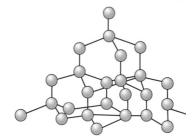
Ffigur 18.10 Adeiledd diemwnt

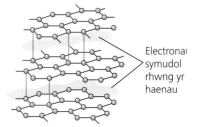
Electronau symudol rhwng yr haenau
Ffigur 18.11 Adeiledd graffit

Priodweddau diemwnt a graffit

Mae priodweddau graffit yn wahanol iawn i briodweddau diemwnt, er gwaetha'r ffaith bod y ddau wedi'u gwneud o atomau carbon yn unig wedi'u cysylltu â bondiau cofalent (Tabl 18.3). Mae hyn oherwydd bod yr atomau wedi'u trefnu mewn ffyrdd gwahanol.

✔ Profwch eich hun

13 Beth yw aloi?

14 Pam mae dur gwrthstaen yn ddefnydd da i wneud bachau pysgota?

15 Esboniwch pam mae polymerau â thrawsgysylltiadau'n llai hyblyg ac yn fwy gwydn na pholymerau heb drawsgysylltiadau.

16 Enwch y defnydd crai y mae'r rhan fwyaf o waith cerameg wedi'u gwneud ohono.

17 Pam rydyn ni'n ystyried bod concrit wedi'i gyfnerthu â dur yn ddefnydd cyfansawdd?

Ffigur 18.9 Diemwnt a graffit

Tabl 18.3 Priodweddau ffisegol diemwnt a graffit

Priodweddau ffisegol diemwnt	Priodweddau ffisegol graffit
Tryloyw a grisialog – yn cael ei ddefnyddio fel carreg mewn gemwaith	Solid sgleiniog llwyd/du
Caled dros ben – yn cael ei ddefnyddio i dorri gwydr, a chaiff diemwntau diwydiannol bach eu defnyddio mewn ebillion dril i archwilio am olew etc.	Meddal iawn – yn cael ei ddefnyddio fel iraid ac yn cael ei ddefnyddio mewn pensiliau
Ynysydd trydanol	Anfetel sy'n dargludo trydan. Rydyn ni'n defnyddio graffit i wneud electrodau mewn rhai prosesau gweithgynhyrchu
Ymdoddbwynt uchel iawn, dros 3500 °C	Ymdoddbwynt uchel iawn, dros 3600 °C

Esbonio priodweddau ffisegol diemwnt a graffit

Mae'r atomau carbon yn yr haenau o graffit wedi'u dal at ei gilydd gan dri bond cofalent cryf, sy'n cynnwys tri o'r pedwar electron allanol. Mae'r pedwerydd electron o bob atom yn ymuno â system ddadleoledig o electronau rhwng yr haenau o atomau carbon, sy'n golygu y gall ddargludo trydan ar hyd yr haenau. Mae'r haenau hecsagonol mewn graffit yn gallu llithro ar draws ei gilydd (oherwydd bod y bondiau rhwng yr haenau yn wan iawn), sy'n rhoi teimlad llithrig a phriodweddau iro i'r graffit. Mae bondiau cofalent cryf yn dal yr atomau carbon at ei gilydd, felly dydy tymheredd ddim yn cael llawer o effaith ffisegol ar graffit ac mae ei ymdoddbwynt yn uchel.

Mewn diemwnt, mae'r pedwar electron allanol i gyd yn bondio'n gofalent â phedwar atom carbon arall, gan ffurfio adeiledd tetrahedrol. Canlyniad hyn yw adeiledd cofalent anhyblyg enfawr. Dyma beth sy'n gwneud diemwnt yn anhygoel o galed ac yn rhoi ymdoddbwynt uchel iddo, oherwydd bod angen llawer o egni i dorri'r ddellten (lattice). Does dim electronau rhydd i ddargludo trydan.

Nanodiwbiau, ffwlerenau, graffen a ffibrau carbon

Grŵp o alotropau carbon yw'r ffwlerenau. Maen nhw'n cael eu gwneud o beli, 'cewyll' neu diwbiau o atomau carbon.

Nanodiwbiau a ffibrau carbon

Mae nanodiwbiau carbon yn un math o ffwleren (Ffigur 18.12). Tiwbiau ar raddfa foleciwlaidd o garbon tebyg i graffit ydyn nhw, ac mae ganddyn nhw briodweddau arbennig. Mae nanodiwbiau carbon ymysg y ffibrau cryfaf a mwyaf stiff, ac mae ganddyn nhw briodweddau trydanol anhygoel: gan ddibynnu ar eu hunion adeiledd, gallan nhw ddargludo trydan yn well na chopr – a hyn i gyd mewn tiwb sydd tua 10 000 gwaith yn fwy tenau na blewyn dynol.

Mae bondiau cofalent yr haenau carbon hecsagonol yn golygu bod nanodiwbiau carbon yn anhygoel o gryf, ac mae'r electronau rhydd yn golygu eu bod nhw'n dargludo trydan yn dda. Mae'r rhan fwyaf o gymwysiadau presennol nanodiwbiau carbon yn seiliedig ar eu cryfder, fel paneli ceir, festiau gwrthsefyll bwledi, cyrff cychod ac mewn resinau epocsi i fondio cydrannau perfformiad uchel mewn tyrbinau gwynt a chyfarpar chwaraeon.

Ffwlerenau eraill

Mae gan fathau eraill o ffwlerenau siapiau gwahanol i nanodiwbiau. Mae un enghraifft, Bycminsterffwleren ('buckyballs'), i'w gweld yn Ffigur 18.13.

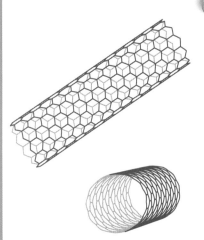

Ffigur 18.12 Mae nanodiwbiau carbon yn ffurfio wrth i haenau o graffit rolio'n diwbiau

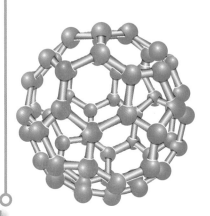

Ffigur 18.13 Adeiledd bycminsterffwleren

Mae bycminsterffwleren yn foleciwl enfawr o 60 atom carbon ar ffurf pêl. Mae 'buckyballs' eraill wedi cael eu gwneud o 70, 76 ac 84 o atomau carbon. Mae eu priodweddau'n eithaf tebyg i briodweddau nanodiwbiau, ac unwaith eto maen nhw'n gryf iawn. Fodd bynnag mae'r adeiledd caeedig yn golygu eu bod nhw'n gallu dal moleciwlau eraill, ac felly gallwn ni eu defnyddio nhw mewn ffyrdd ychwanegol fel cludo cyffuriau i rannau penodol o'r corff.

Graffen

Mae graffen yn debyg i un haen o'r moleciwl graffit, lle mae'r atomau carbon wedi'u bondio â'i gilydd mewn dellten diliau mêl *(honeycomb)* hecsagonol. Mae ganddo nifer o briodweddau anghyffredin.

- ▶ Dyma'r defnydd teneuaf sy'n hysbys i ni (dim ond un atom o drwch).
- ▶ Dyma'r defnydd ysgafnaf sy'n hysbys i ni (mae 1 metr sgwâr o graffen yn pwyso tua 0.77 miligram).
- ▶ Mae 100 i 300 gwaith yn gryfach na dur, sy'n golygu mai dyma'r defnydd cryfaf sydd wedi cael ei ddarganfod.
- ▶ Dyma'r dargludydd egni drwy wresogi gorau ar dymheredd ystafell a'r dargludydd trydan gorau.

Mae nifer o ffyrdd posibl o ddefnyddio graffen:

- ▶ Mae'n anadweithiol iawn, ac felly gallai gael ei gynnwys mewn paent a fyddai, er enghraifft, yn atal metel wedi'i beintio rhag rhydu.
- ▶ Mae ei gryfder yn golygu y gall fod yn bosibl iddo gymryd lle Kevlar, y defnydd sy'n cael ei ddefnyddio ar hyn o bryd i wneud festiau gwrth-fwledi.
- ▶ Mae ei ddargludedd trydanol uchel yn ei wneud yn ddefnydd delfrydol i wneud bylbiau golau egni isel, sgriniau arddangos ysgafn ond hyblyg, a chelloedd solar.

✔ | **Profwch eich hun**

18 Esboniwch pam mae graffit yn dargludo trydan yn dda, er ei fod yn anfetel.

19 Esboniwch pam mae diemwnt mor galed.

20 Beth yw enw'r grŵp o ddefnyddiau sy'n cynnwys nanodiwbiau a 'buckyballs'?

21 Pam byddai'n fanteisiol ychwanegu graffen at y paent sy'n cael ei ddefnyddio ar y paneli dur mewn ceir?

▶ Dewis defnyddiau at bwrpas

Pan fydd dylunydd, peiriannydd neu wyddonydd yn dewis defnydd at bwrpas, mae'n bwysig ystyried ei briodweddau ffisegol (Tablau 18.1 ac 18.2). Bydd rhain, a ffactorau eraill yn pennu hefyd a ydy'r defnydd yn addas i'r pwrpas:

Gallu i wrthsefyll cyrydiad Rydyn ni'n defnyddio rhai defnyddiau yn yr awyr agored, lle gallai'r tywydd effeithio arnyn nhw. Byddai mainc o ddur meddal yn ddewis da dan do, ond byddai'n rhydu'n gyflym y tu allan, yn enwedig os yw'r fainc yn agos at lan y môr. Rydyn ni'n defnyddio rhai defnyddiau mewn llestri adweithio ar gyfer cemegion neu i baratoi bwyd, felly mae angen i'r rhain allu gwrthsefyll cyrydu.

Anadweithedd biolegol Mae angen i ddefnyddiau sy'n cael eu defnyddio fel mewnblaniadau llawfeddygol fod yn fiolegol anadweithiol. Mae hyn yn golygu nad ydyn nhw'n rhyngweithio â meinweoedd na hylifau'r corff sydd o'u cwmpas nhw.

Cost Mae aur yn cael ei ddefnyddio'n aml i wneud tlysau chwaraeon pwysig; fodd bynnag, mae aur yn fetel drud iawn, ac felly fyddai hi ddim yn gost-effeithiol prynu tlws o aur solet ar gyfer cystadleuaeth leol i blant.

Effaith amgylcheddol Mae'n rhaid cynnal asesiad o effaith amgylcheddol ar gyfer unrhyw wrthrych sy'n cael ei weithgynhyrchu, gan ystyried unrhyw effeithiau posibl ar yr amgylchedd drwy gydol cylchred oes y cynnyrch. Mae'r rhain yn cynnwys: cael y defnyddiau crai; egni sy'n cael ei ddefnyddio wrth ei weithgynhyrchu, ei ddefnyddio a'i ailgylchu; effeithiau amgylcheddol wrth ei weithgynhyrchu, ei ddefnyddio a'i ailgylchu; a'i waredu yn y pen draw.

Cynaliadwyedd Mae rhai defnyddiau'n gwneud tanwyddau rhagorol, ond mae llosgi glo, olew a nwy yn cynhyrchu nwy carbon deuocsid sy'n nwy tŷ gwydr ac yn un o'r prif gyfranwyr at gynhesu byd-eang. Mae hyn yn golygu bod tanwyddau ffosil yn anghynaliadwy ar gyfer y dyfodol. Mae rhai defnyddiau crai, fel pren, hefyd yn fwy cynaliadwy nag eraill. Mae tai pren yn fwy cynaliadwy na thai wedi'u hadeiladu o ddur a choncrit.

Mewn llawer o achosion, mae gan ddefnyddiau gyfuniad o briodweddau sy'n eu gwneud nhw'n addas at bwrpas ac mae datblygu defnyddiau newydd yn golygu y gallwn ni eu defnyddio nhw mewn ffyrdd gwahanol dros amser. Mae cyfarpar chwaraeon, dillad, darnau o geir ac awyrennau, a llawfeddygaeth i gyd wedi elwa o gynnydd wrth ddatblygu defnyddiau newydd. Roedd racedi tennis, er enghraifft, yn arfer cael eu gwneud o bren, ond heddiw maen nhw'n cael eu gwneud o graffen.

⬇ Crynodeb o'r bennod

- Mae metelau, cyfansoddion ïonig, a sylweddau cofalent yn grwpiau o ddefnyddiau sydd â phriodweddau tebyg.
- Gallwn ni ddefnyddio model adeileddol y 'môr' o electronau/dellten o ïonau positif i esbonio priodweddau ffisegol metelau.
- Mae bondio ïonig yn golygu colli neu ennill electronau. Mae'r ïonau sy'n cael eu creu gan hyn yn cael eu dal at ei gilydd gan rymoedd electrostatig.
- Mae'r grym ar ïon yn dibynnu ar safle'r elfen yn y Tabl Ⓤ Cyfnodol.
- Mae adeiledd sylweddau ïonig enfawr yn esbonio priodweddau ffisegol cyfansoddion ïonig.
- Mae bondiau cofalent yn cael eu ffurfio pan mae atomau'n rhannu electronau.
- Mewn bondio metelig, mae creiddiau ïonau positif yn Ⓤ ffurfio dellten gyda 'môr' o electronau dadleoledig o'u cwmpas nhw.
- Prif ddosbarthiadau defnyddiau yw metelau ac aloion, polymerau, cerameg, a defnyddiau cyfansawdd.
- Cymysgeddau o ddau neu fwy o fetelau yw aloion.
- Cyfansoddion organig cadwyn hir â llawer o unedau moleciwlaidd sy'n ailadrodd yw polymerau.

- Ffurfiau ffisegol gwahanol o'r un elfen yw alotropau. Gallwn ni esbonio priodweddau alotropau carbon, sef: diemwnt, graffit, ffwlerenau, nanodiwbiau carbon a graffen, yn nhermau adeiledd a bondio.
- Cymysgedd o ddau neu fwy o ddefnyddiau gwahanol yw defnyddiau cyfansawdd.
- Priodweddau ffisegol defnydd y gallwn ni eu profi'n arbrofol:

$$\text{dwysedd} = \frac{\text{màs}}{\text{cyfaint}}$$

$$\text{diriant} = \frac{\text{grym}}{\text{arwynebedd trawstoriadol}}$$

- Deddf Hooke: grym = cysonyn sbring × estyniad
- Mae angen asesu priodweddau ffisegol, gan gynnwys gallu i wrthsefyll cyrydu ac anadweithedd biolegol, yn ogystal â ffactorau eraill fel cost, effaith amgylcheddol a chynaliadwyedd wrth ddewis defnydd ar gyfer pwrpas.
- Bydd cyfuniad o briodweddau yn aml yn gwneud defnydd yn addas at bwrpas, ac mae'r defnyddiau rydyn ni'n eu defnyddio i wneud llawer o wrthrychau wedi newid dros amser wrth i ni ddatblygu defnyddiau newydd.

▶ Cwestiynau enghreifftiol

1 Priodweddau defnydd sy'n pennu sut gallwn ni ei ddefnyddio.

a) Tynnwch linellau i gysylltu'r defnydd cywir â'r disgrifiad o'i briodweddau. [4]

Aloi	Brau, caled, dargludedd trydanol isel
Polymer	Cymysgedd o ddau neu fwy o fetelau
Cerameg	Cyfuniad o ddefnyddiau o ddosbarthiadau defnyddiau gwahanol
Defnydd cyfansawdd	Moleciwl organig cadwyn hir. Ymdoddbwynt isel fel arfer

b) Polymerau synthetig yw plastigion. Mae angen plastig i wneud y sbwng y tu mewn i sedd car babi. Mae'r tabl isod yn rhoi priodweddau rhai plastigion cyffredin.

Plastig	Dwysedd (kg/m³)	Stiffrwydd (GPa)	Cryfder tynnol (MPa)
Polythen	960	1.1	25
PVC	1450	3.3	48
Polywrethan	1660	0.15	62
Polystyren	45	0.007	0.4

Defnyddiwch y wybodaeth yn y tabl i ateb y cwestiynau canlynol.

i) Nodwch pa blastig byddai'n bosibl ei ddefnyddio i wneud y sbwng mor hyblyg â phosibl. [1]

Rhowch un rheswm dros eich ateb. [1]

ii) Nodwch enw'r plastig fyddai'n gwneud y sbwng mor ysgafn â phosibl. [1]

iii) Nodwch enw'r plastig fyddai'n galluogi'r sbwng i wrthsefyll grymoedd mawr. [1]

Rhowch un rheswm dros eich ateb. [1]

2 Mae bondio ïonig yn tueddu i ddigwydd rhwng metelau ac anfetelau. Mae'r diagram yn dangos adeiledd electronau'r metel lithiwm, a'r anfetel fflworin.

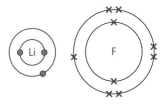

a) Pan mae lithiwm yn llosgi mewn nwy fflworin, mae'n ffurfio'r cyfansoddyn ïonig lithiwm fflworid. Lluniadwch ddiagram dot a chroes lithiwm fflworid. [4]

b) Mae nwy fflworin yn foleciwl â bondiau cofalent sy'n cynnwys dau atom fflworin. Lluniadwch ddiagram dot a chroes nwy fflworin. [2]

c) Mae lithiwm yn fetel sgleiniog meddal. Mae fflworin yn nwy melyn golau iawn. Mae lithiwm fflworid yn gyfansoddyn ïonig grisialog gwyn. Esboniwch y profion trydanol canlynol sy'n cael eu cynnal ar y defnyddiau hyn. [3]

i) Dydy nwy fflworin ddim yn dargludo trydan.

ii) Mae hydoddiant lithiwm fflworid wedi hydoddi mewn dŵr yn dargludo trydan.

iii) Mae metel lithiwm solid yn dargludo trydan. Ⓤ

Cynhyrchu bwyd

O'R HAUL
Golau'n trosglwyddo egni ar gyfer ffotosynthesis

O'R AER
Carbon deuocsid – sydd ei angen ar gyfer ffotosynthesis
Ocsigen – yn ystod y dydd, mae planhigion yn gwneud mwy o ocsigen drwy gyfrwng ffotosynthesis nag sydd ei angen arnyn nhw i resbiradu. Yn y nos, does dim ffotosynthesis yn digwydd ac mae angen i blanhigion gael ocsigen o'r aer.

O'R PRIDD
Dŵr – mae ei angen ar gyfer ffotosynthesis a phrosesau byw eraill
Mwynau – mae angen y rhain ar gyfer amryw o brosesau byw; mae angen nitradau i wneud proteinau o'r glwcos sy'n cael ei wneud yn ystod ffotosynthesis

Ffigur 19.1 Anghenion planhigion

Mae poblogaeth y byd yn tyfu, ac mae angen bwydo pawb. Mae angen nifer o sgiliau a thechnegau gwyddonol er mwyn gallu cynhyrchu a phrosesu bwyd. Mae angen i ni gynhyrchu cymaint o fwyd â phosibl o ansawdd da. I wneud hyn, mae angen defnyddio arferion ffermio modern; mae rhai o'r rhain yn effeithio ar yr amgylchedd.

▶ Pwysigrwydd planhigion

Er mai dim ond mewn planhigion mae'n digwydd, mae'r holl fywyd ar y Ddaear yn dibynnu ar ffotosynthesis. Dyma'r broses sy'n trawsnewid golau'r haul yn fwyd, ar gyfer y planhigion a hefyd yr anifeiliaid sy'n ffurfio'r cadwynau bwyd sy'n deillio o'r planhigion hynny. Mae hefyd yn cynhyrchu ocsigen fel cynnyrch gwastraff, sy'n galluogi ein hatmosffer i gynnal bywyd aerobig. Mae gwyddonwyr yn ceisio deall cymaint â phosibl am broses ffotosynthesis, yn y gobaith o allu rhoi hwb i'r dasg o gynhyrchu bwyd ar gyfer poblogaeth sy'n cynyddu drwy'r byd.

Beth sydd ei angen ar blanhigion er mwyn iddyn nhw oroesi?

Er mwyn i blanhigion gyflawni ffotosynthesis a'u prosesau bywyd eraill, rhaid iddyn nhw gael rhai defnyddiau penodol o'u hamgylchedd (Ffigur 19.1).

Proses ffotosynthesis

Mae ffotosynthesis yn gyfres gymhleth o adweithiau cemegol yng nghloroplastau celloedd planhigion. Gallwn ni ei grynhoi fel hyn:

$$\text{carbon deuocsid} + \text{dŵr} \rightarrow \text{glwcos} + \text{ocsigen}$$

Mae angen pedwar peth er mwyn i'r broses weithio:

▶ **Carbon deuocsid** Mae glwcos wedi'i wneud o garbon, hydrogen ac ocsigen. Y carbon deuocsid sy'n darparu'r carbon a'r ocsigen.
▶ **Dŵr** Hwn sy'n darparu'r hydrogen sydd ei angen i wneud glwcos. Does dim angen yr ocsigen sydd yn y moleciwlau dŵr, a chaiff hwn ei ryddhau fel cynnyrch gwastraff.
▶ **Golau** Hwn sy'n darparu'r egni ar gyfer adweithiau cemegol ffotosynthesis.
▶ **Cloroffyl** Cloroffyl yw'r pigment gwyrdd mewn cloroplastau, ac mae'n amsugno'r golau i roi'r egni ar gyfer ffotosynthesis.

Mae holl adweithiau cemegol ffotosynthesis yn cael eu rheoli gan ensymau, sydd i'w cael yng nghloroplastau'r celloedd sy'n cyflawni ffotosynthesis.

Ffactorau sy'n effeithio ar gyfradd ffotosynthesis

Mae ffotosynthesis yn gwneud bwyd. Y mwyaf o ffotosynthesis sy'n digwydd mewn planhigyn, y mwyaf o fwyd mae'n ei wneud. Mae tyfwyr planhigion masnachol yn amlwg eisiau i ffotosynthesis ddigwydd mor gyflym â phosibl yn eu planhigion, oherwydd bod hynny'n golygu y bydd eu planhigion yn tyfu'n gynt, neu'n tyfu'n fwy neu'n iachach. Drwy dyfu planhigion mewn tai gwydr, gallwn ni reoli'r amodau amgylcheddol er mwyn cael cymaint o ffotosynthesis â phosibl. Rydyn ni'n gwybod mai'r ffactorau allanol sydd eu hangen ar gyfer ffotosynthesis yw golau, carbon deuocsid, dŵr a thymheredd addas:

▶ **Golau** Mae cynyddu arddwysedd golau yn rhoi hwb i gyfradd ffotosynthesis, ond dim ond i raddau. Bydd gan blanhigyn swm penodol o gloroffyl ar unrhyw un adeg. Os yw arddwysedd y golau'n fwy na'r hyn y gall y cloroffyl ei amsugno, ni fydd cynnydd pellach yn yr arddwysedd yn cael unrhyw effaith.

▶ **Carbon deuocsid** Bydd cynyddu lefelau carbon deuocsid yn cynyddu cyfradd ffotosynthesis hyd at lefel benodol, ond ni fydd cynnydd pellach yn cael unrhyw effaith. Pan fydd gan y cloroplastau yr holl garbon deuocsid maen nhw'n gallu ei ddefnyddio, does dim budd yn dod o'i gynyddu.

▶ **Tymheredd** Mae adweithiau cemegol ffotosynthesis i gyd yn cael eu rheoli gan ensymau, ac mae effaith tymheredd ar gyfradd ffotosynthesis yn cael ei hachosi gan effaith tymheredd ar yr ensymau hynny. Mae'n fuddiol codi'r tymheredd i tua 40 °C, ar yr amod na fyddwch chi'n dadhydradu'r planhigyn yn y broses. Wrth i'r tymheredd fynd yn uwch fyth, fe fydd yn dinistrio (dadnatureiddio) yr ensymau a bydd ffotosynthesis yn stopio.

Os oes gan y planhigyn ddigon o ddŵr i oroesi, bydd ganddo ddigon i gyflawni ffotosynthesis. Ni fydd mwy o ddŵr yn cynyddu'r gyfradd.

Ffactorau cyfyngol

O dan unrhyw set o amgylchiadau, bydd un ffactor, sef y ffactor gyfyngol, yn pennu cyfradd ffotosynthesis. Mewn amodau gwahanol, gall unrhyw un o'r ffactorau sydd wedi'u rhestru uchod – golau, carbon deuocsid neu dymheredd – fod yn ffactor gyfyngol. Gallwch chi ddweud os yw ffactor yn gyfyngol drwy ei chynyddu hi. Os yw cyfradd ffotosynthesis yn cynyddu hefyd, roedd y ffactor yn gyfyngol.

Prosesu glwcos ar ôl ffotosynthesis

Yn union fel anifeiliaid, mae angen amrywiaeth o faetholion ar blanhigion. Y gwahaniaeth yw bod rhaid iddyn nhw wneud y maetholion eu hunain (heblaw am fwynau, sy'n cael eu hamsugno o'r pridd). Maen nhw'n gwneud amrywiaeth o garbohydradau a phroteinau. Mae angen llai o lipidau arnyn nhw, er bod rhai hadau yn defnyddio olewau fel stôr bwyd. Mae'n bosibl gwneud carbohydradau a lipidau o glwcos, gan eu bod nhw'n cynnwys yr un elfennau cemegol (carbon, hydrogen ac ocsigen). Mae nitrogen mewn proteinau, a chaiff hwnnw ei amsugno o'r pridd ar ffurf nitradau.

Mae Ffigur 19.2 yn dangos y prif ffyrdd y caiff glwcos ei ddefnyddio mewn planhigion ar ôl cael ei ffurfio mewn dail.

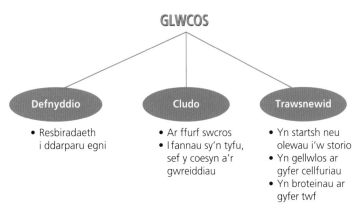

Ffigur 19.2 Beth sy'n digwydd i'r glwcos sy'n cael ei greu mewn ffotosynthesis

Adeiledd deilen

Mae deilen yn organ gymhleth, ac mae ganddi nodweddion sy'n golygu ei bod hi'n addas iawn i gyflawni ffotosynthesis. Mae golau'n cael ei amsugno gan gloroffyl gwyrdd, sy'n cael ei storio mewn cloroplastau yng nghelloedd y ddeilen. Mae adeiledd y ddeilen yn sicrhau bod y celloedd sy'n cynnwys y cloroplastau yn cael y dŵr a'r carbon deuocsid sydd eu hangen arnynt ar gyfer ffotosynthesis. Mae Ffigur 19.3 yn dangos adeiledd mewnol deilen.

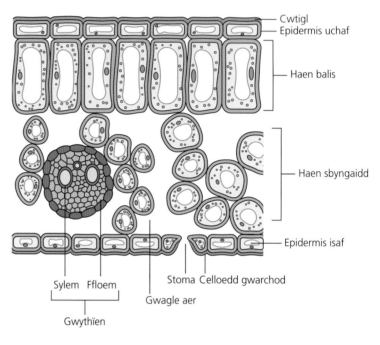

Ffigur 19.3 Adeiledd mewnol deilen

Mae Tabl 19.1 yn rhoi swyddogaethau pob un o'r ffurfiadau mewn perthynas â ffotosynthesis.

Tabl 19.1 Adeiledd a swyddogaeth y ffurfiadau mewn deilen

Ffurfiad	Swyddogaeth
Cwtigl	Haen gwyraidd, wrth-ddŵr sy'n lleihau'r dŵr sy'n cael ei golli – mae'n dryloyw, ac felly'n gadael golau i mewn i haenau is y celloedd, sy'n cynnwys cloroplastau
Haen balis	Mae'r celloedd yn llawn cloroplastau ar gyfer ffotosynthesis
Haen sbyngaidd	Mae'n cynnwys gwagolynnau aer mawr, sy'n caniatáu i garbon deuocsid gyrraedd yr haen hon ar gyfer ffotosynthesis, ond mae'r celloedd yma hefyd yn cynnwys cloroplastau ar gyfer ffotosynthesis
Gwythïen	Mae'n cynnwys sylem (sy'n dod â dŵr i'r ddeilen) a ffloem (sy'n cludo siwgr i ffwrdd)
Celloedd gwarchod	Maen nhw'n agor a chau'r stomata, gan adael carbon deuocsid i mewn neu'n atal colli dŵr

I adael carbon deuocsid i mewn ar gyfer ffotosynthesis, mae gan y ddeilen fandyllau o'r enw stomata (unigol: stoma) sy'n agor i'r atmosffer. Mae'n amhosibl gadael carbon deuocsid i mewn heb adael i ddŵr ddianc hefyd, ac mae dŵr yn adnodd gwerthfawr. Yn ystod y dydd, mae'n anorfod y bydd dŵr yn cael ei golli, ond yn y nos, pan na all ffotosynthesis ddigwydd, byddai colli dŵr yn wastraff. Er mwyn colli llai o ddŵr, mae'r celloedd gwarchod o gwmpas pob stoma yn gallu newid siâp ac achosi i'r stomata gau.

Bwyd ar gyfer y dyfodol

Profwch eich hun

1 Enwch y pedair ffactor sydd eu hangen ar gyfer ffotosynthesis.
2 Os ydych chi'n cynyddu arddwysedd y golau sy'n disgleirio ar blanhigyn, beth fydd yn digwydd i gyfradd ffotosynthesis?
3 Mae garddwraig yn penderfynu cynyddu lefel y carbon deuocsid yn ei thŷ gwydr drwy osod llosgydd y tu allan a pheipio'r carbon deuocsid mae'n ei gynhyrchu i mewn i'r tŷ gwydr. Mae cynnyrch y planhigion yn y tŷ gwydr yn cynyddu. Pa gasgliadau byddech chi'n eu llunio o'r wybodaeth hon?
4 All ffotosynthesis ar ei ben ei hun ddim cyflenwi protein i'r planhigyn. Beth arall sydd ei angen?
5 Awgrymwch reswm pam mae'r haen balis wedi'i lleoli yn hanner uchaf y ddeilen.

Gwaith ymarferol penodol

Ymchwilio i'r ffactorau sy'n effeithio ar ffotosynthesis

Mae golau yn un o'r ffactorau sy'n effeithio ar gyfradd ffotosynthesis. Yn yr ymchwiliad hwn, mae planhigyn gwyrdd o'r enw dyfrllys Canada (*Elodea*) yn cynhyrchu swigod ocsigen o ganlyniad i ffotosynthesis.

Mae'r ymchwiliad yn edrych ar effaith arddwysedd golau ar nifer y swigod sy'n cael eu cynhyrchu. Mae Ffigur 19.4 yn dangos y cyfarpar sy'n cael ei ddefnyddio.

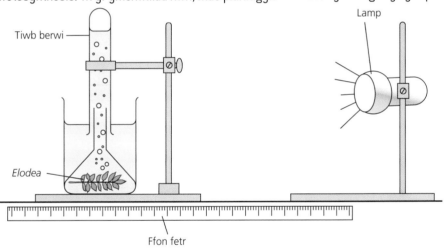

Ffigur 19.4

Y dull

1 Rhoi'r *Elodea* mewn bicer yn cynnwys 200 cm³ o ddŵr.
2 Ychwanegu un sbatwla o sodiwm hydrogen carbonad at y dŵr.
3 Glynu tri darn bach o blastisin at ymyl y twndis a'i roi â'i ben i lawr dros y planhigyn.
4 Llenwi tiwb profi â dŵr a'i osod yn ofalus dros ben y twndis, gyda'r pen o dan y dŵr, a'i glampio yn ei le.
5 Gosod y lamp 5 cm oddi wrth y cyfarpar.
6 Cyfrif nifer y swigod ocsigen sy'n cael eu cynhyrchu mewn munud.
7 Ailadrodd yr arbrawf gyda'r lamp 10 cm, 15 cm, 20 cm, 25 cm a 30 cm oddi wrth y cyfarpar.

Dadansoddi'r canlyniadau

1 Esboniwch y rheswm dros y canlynol:
   a) Ychwanegu sodiwm hydrogen carbonad at y dŵr.
   b) Defnyddio'r plastisin.
2 Awgrymwch un ffynhonnell o anghywirdeb yng nghynllun yr arbrawf.
3 Mewn cynllun gwell, mae llen o wydr yn cael ei gosod rhwng y lamp a'r bicer. Mae'r gwydr yn gadael i olau fynd drwyddo, ond nid gwres. Awgrymwch pam mae'r cynllun hwn yn well na'r un cyntaf.
4 Mae disgybl yn awgrymu, pe bai'r arbrawf yn cael ei ailadrodd 5 gwaith ar bob pellter, y byddai'r canlyniad yn mynd yn fwy ailadroddadwy. Nodwch pam mae hyn yn anghywir.

Gofynion planhigion o ran mwynau

Mae angen amrywiaeth o fwynau ar blanhigion er mwyn tyfu'n iach ond tri o'r rhai pwysicaf yw nitrogen, potasiwm a ffosfforws. Os oes diffyg un o'r rhain mewn planhigyn, mae'n tyfu'n wael ac yn dangos symptomau penodol.

- Mae diffyg nitrogen (ar ffurf nitradau) yn achosi i'r planhigyn dyfu'n wael, oherwydd bod angen y mwyn hwn i wneud proteinau ar gyfer celloedd newydd.
- Mae diffyg potasiwm yn gwneud i'r dail droi'n felyn.
- Mae diffyg ffosfforws (ar ffurf ffosffadau) yn golygu nad yw'r gwreiddiau'n tyfu'n iawn.

Mae gwrteithiau at bwrpas cyffredinol yn aml yn cael eu galw'n wrteithiau NPK, gan eu bod nhw'n cynnwys nitrogen (N), ffosfforws (P) a potasiwm (K).

Dulliau ffermio gwahanol

Mae dulliau ffermio yn y DU yn perthyn i ddau grŵp gwahanol.

- **Ffermio dwys**, sy'n ceisio cynhyrchu cymaint o fwyd â phosibl. Mae'r dull yn defnyddio cnydau cynnyrch helaeth, ynghyd â gwrteithiau a phlaleiddiaid. Mae angen defnyddio peiriannau effeithlon iawn.
- **Ffermio organig** sy'n ffocysu ar ddulliau 'naturiol', gan osgoi defnyddio gwrteithiau cemegol, plaleiddiaid, hormonau twf ac ychwanegion porthiant da byw *(livestock feed additives)*. Mae'r dull hwn yn defnyddio cylchdro cnydau a thail/dom gwartheg i gadw'r pridd yn ffrwythlon, a dulliau biolegol o reoli plâu.

Mae Tabl 19.2 yn crynhoi'r gwahaniaethau rhwng ffermio dwys a ffermio organig.

Tabl 19.2 Y gwahaniaethau rhwng ffermio dwys a ffermio organig

	Ffermio dwys	Ffermio organig
Prif nod	Cynhyrchu cymaint o fwyd â phosibl, mor rhad â phosibl	Cynhyrchu bwyd o ansawdd da mewn ffyrdd sydd o fudd i fodau dynol a'r amgylchedd
Costau	Cadw costau mor isel â phosibl, er mwyn cynhyrchu bwyd mor rhad â phosibl	Mae'n ystyried costau, ond mae'r dull yn llai effeithlon na ffermio dwys, felly mae'r bwyd sy'n cael ei gynhyrchu yn costio mwy
Defnyddio cemegion	Defnyddio gwrteithiau cemegol a phlaleiddiaid fel mater o drefn	Defnyddio gwrteithiau naturiol (tail/dom anifeiliaid neu wastraff planhigion) yn lle rhai cemegol; does dim plaleiddiaid yn cael eu defnyddio
Lles anifeiliaid	Efallai y caiff anifeiliaid eu cadw dan do er mwyn gallu rheoli eu hamgylchedd yn ofalus. Mae amodau'n cael eu dewis fel bod yr anifail yn tyfu'n gyflym a gall yr amodau hyn fod yn gyfyng iawn	Mae anifeiliaid yn cael eu cadw y tu allan (heblaw am mewn tywydd gwael neu dros nos) ac nid yn orlawn gyda'i gilydd
Ychwanegion bwyd	Gall hormonau twf a gwrthfiotigau gael eu hychwanegu at borthiant anifeiliaid. Rhagofal rhag clefydau yw'r gwrthfiotigau	Ddim yn cael eu defnyddio
Rheoli plâu	Gan ddefnyddio plaleiddiaid cemegol	Rheoli biolegol

Bwyd ar gyfer y dyfodol

6 Esboniwch sut mae cylchdro cnydau o fudd i dwf planhigion.

7 Pam mae rhai ffermwyr yn ychwanegu gwrthfiotigau at borthiant anifeiliaid?

8 Pam dydy hi ddim yn wir dweud nad yw ffermwyr organig yn defnyddio gwrtaith?

9 Nodwch un math o lygredd a allai ddigwydd o ganlyniad i ffermio organig.

Manteision dulliau ffermio gwahanol

Manteision ffermio dwys yw:

▶ Mae'r cynnyrch yn uchel.
▶ Mae'n cynhyrchu bwyd yn gyflymach na ffermydd organig.
▶ Mae'r bwyd yn rhatach i'w gynhyrchu ac felly mae prisiau'n is.

Manteision ffermio organig yw:

▶ Dim posibilrwydd o lygru'r amgylchedd â phlaleiddiaid a gwrteithiau cemegol. Mae plaleiddiaid yn gallu lladd organebau sydd ddim yn blâu, ac mae gwrteithiau'n gallu achosi ewtroffigedd mewn nentydd a llynnoedd (gweler tudalen 104). Ond sylwch fod ffermydd organig yn gallu achosi ewtroffigedd os yw tail/dom yn trwytholchi.
▶ Ddim yn defnyddio gwrthfiotigau (sy'n gallu achosi 'arch-fygiau' – gweler tudalen 131).
▶ Ddim yn defnyddio ychwanegion porthiant anifeiliaid sy'n gallu mynd i fwyd bodau dynol yn y pen draw.
▶ Mae anifeiliaid yn tueddu i fyw mewn amodau gwell ar ffermydd organig.

Moeseg mewn ffermio

Mae'r prif fater moesegol mewn ffermio yn deillio o'r gwrthdaro rhwng elw (a bwyd rhatach) a lles anifeiliaid. Mae'n bosibl gwella lles anifeiliaid drwy gadw stoc mewn amodau llai creulon, ond mae rhai pobl yn credu na ddylen ni byth ladd anifeiliaid i gael bwyd.

Hydroponeg

Fel arfer caiff planhigion eu tyfu mewn pridd, sy'n amrywio o ran cynnwys mwynau a mathau o facteria, er enghraifft. Un duedd newydd sydd ar gynnydd o fewn ffermio dwys, yw tyfu planhigion mewn cyfleusterau sy'n defnyddio hydoddiant mwynol yn lle'r pridd, gan ei bwmpio o gwmpas gwreiddiau'r planhigion (Ffigur 19.5). Enw'r system hon yw **hydroponeg** ac mae ganddi nifer o fanteision o gymharu â thyfu planhigion mewn pridd.

▶ Mae'n rhoi rheolaeth lawn dros gydbwysedd maetholion – gallwn ni ychwanegu'r union swm o faetholion.
▶ Gallwn ni dyfu planhigion yn unrhyw le, hyd yn oed mewn ardaloedd lle mae'r pridd yn anffrwythlon.
▶ Mae rhai plâu a phathogenau yn dod o'r pridd. Dydy'r rhain ddim yn broblem wrth ddefnyddio hydroponeg, felly does dim angen defnyddio cymaint o blaleiddiaid.
▶ Mae hydroponeg yn defnyddio llai o le i dyfu planhigion.
▶ Mae'n haws cynaeafu gan nad oes angen glanhau pridd i ffwrdd, a dydy gwreiddiau tenau ddim yn cael eu difrodi.
▶ Does dim angen chwynnu (mae pridd fel arfer yn cynnwys hadau a sborau sy'n gallu tyfu'n chwyn).

Ffigur 19.5

Cnydau a'u genynnau wedi'u haddasu

Gall gwyddonwyr echdynnu genynnau gweithredol o un organeb a'u rhoi nhw yng nghromosomau organeb arall. Gallan nhw hefyd 'gyfnewid' genynnau. Mae cyflwyno genynnau i blanhigion bwyd yn dod yn fwy cyffredin; rydyn ni'n galw hyn yn addasu genynnol (*GM: genetic modification*). Yn yr 1980au, cafodd cnwd masnachol o datws a'u genynnau wedi'u haddasu (GM) ei ddatblygu, wedi'i addasu i wneud ei bryfleiddiad ei hun. Gwenwyn i bryfed oedd y pryfleiddiad, sy'n cael ei gynhyrchu fel arfer gan fath o facteriwm sy'n byw yn y pridd. Cafodd genyn cynhyrchu'r gwenwyn ei drosglwyddo i blanhigion tatws, ac yna roedd y planhigion yn gallu gwrthsefyll plâu pryfed.

Mae chwyn yn cystadlu â chnydau. Ers llawer o flynyddoedd, mae ffermwyr wedi ceisio cael gwared â chwyn drwy ddefnyddio cemegion o'r enw chwynladdwyr. Fodd bynnag, mae'n anodd cynhyrchu chwynladdwyr detholus sy'n lladd chwyn ond sydd ddim yn lladd y planhigion cnwd. Gallwn ni gymryd genyn sy'n gwrthsefyll chwynladdwyr o facteriwm sydd fel arfer yn tyfu mewn pridd a'i drosglwyddo i blanhigyn fel soia. Yna, gallwn ni ddefnyddio chwynladdwyr i ladd chwyn mewn caeau ffa soia gan gynyddu'r cynnyrch.

Dydy rhai pobl ddim yn hoffi'r syniad o gnydau GM, ac mae yna fanteision ac anfanteision yn gysylltiedig â'u datblygu nhw.

Yr achos o blaid GM:

▶ Gallwn ni addasu cnydau i weddu i amodau gwahanol ledled y byd – gallai hyn ddarparu mwy o werth maethol a mwy o incwm i ffermwyr.

▶ Gallai cnydau biodanwydd sy'n cynhyrchu egni, arbed adnoddau naturiol a helpu i warchod yr amgylchedd.

▶ Gallai cynyddu cynnyrch cnydau, ddatrys prinderau bwyd ledled y byd.

Yr achos yn erbyn GM:

▶ Gallai cnydau GM leihau dibyniaeth gwledydd datblygedig ar gnydau o wledydd sy'n datblygu, gan arwain at golli masnach a niwed economaidd difrifol i'r gwledydd sy'n datblygu.

▶ Mae'n anodd atal y paill o gnydau GM sy'n cael eu tyfu yn yr awyr agored rhag peillio cnydau eraill gerllaw. Gallai hyn olygu bod genynnau wedi'u haddasu yn mynd i gnydau pobl sydd ddim eisiau tyfu cnydau GM (fel ffermwyr organig).

▶ Mae gan y cwmnïau sy'n datblygu cnydau GM batentau sy'n rhoi perchnogaeth gyfreithiol iddyn nhw, fel mai dim ond nhw sy'n cael dosbarthu'r hadau. Maen nhw'n rheoli pris yr hadau, a gallai hwn fod yn rhy ddrud i ffermwyr mewn gwledydd tlotach.

▶ Os yw cnydau'n gallu gwrthsefyll chwynladdwyr, gallai'r cnydau eu hunain droi'n bla y tu allan i'w hamgylchedd (e.e. mewn gerddi).

Gweithgaredd

Cnydau GM yn y Deyrnas Unedig

Ar hyn o bryd, does dim cnydau GM yn cael eu tyfu i'w gwerthu yn y DU. Mae treialon maes ar gyfer ymchwil yn cael eu caniatáu, ac yn 2021 fe wnaeth y Llywodraeth leihau'r costau a'r rheoliadau sy'n gysylltiedig â chynnal y treialon hyn. Ymchwiliwch i enghreifftiau o addasiadau genynnol sydd eisoes wedi cael eu datblygu a'u defnyddio mewn gwledydd eraill, ac ysgrifennwch adroddiad i ateb y cwestiynau canlynol:

1 Beth yw manteision ac anfanteision cnydau GM?
2 Sut gallai defnyddwyr yn y DU elwa pe bai cnydau GM yn cael eu tyfu yma?
3 Nodwch, gyda chyfiawnhad, a ddylid estyn treialon GM yn y DU, yn eich barn chi.

Bridio detholus mewn planhigion

Mae bridio detholus yn broses lle caiff planhigion â nodweddion buddiol (sy'n cael eu hachosi gan alel penodol) eu bridio gyda'i gilydd yn fwriadol i gynhyrchu niferoedd mawr o blanhigion â'r nodwedd hon.

Er enghraifft, mae'n fantais i ffermwyr os yw afalau cnwd yn aros ar y goeden i rywun allu eu pigo nhw, yn hytrach na'u bod nhw'n syrthio i ffwrdd ac yn cael eu difrodi. Os yw ffermwr eisiau bridio coed afalau sy'n cadw eu ffrwythau:

1 Mae'n dewis y coed sy'n cadw'r nifer mwyaf o ffrwythau, ac yn eu croesfridio nhw'n artiffisial.
2 Mae'n tyfu coed newydd o'r hadau á gafodd eu cynhyrchu ar gam 1.
3 O'r coed hyn, mae'r ffermwr eto'n dewis y rhai sy'n cadw ffrwythau orau ac yn eu defnyddio nhw i fridio'r genhedlaeth nesaf.
4 Mae'n ailadrodd y broses hon am lawer o genedlaethau, ac mae gallu'r coed i gadw eu ffrwythau yn gwella'n raddol dros y cyfnod hwn.

Mae gan fridio detholus fanteision clir, ond mae yna anfanteision hefyd.

Manteision bridio detholus

Gallwn ni fridio planhigion ar gyfer:

▸ ymwrthedd i blâu a chlefydau
▸ gwell cynnyrch
▸ mwy o werth maethol
▸ colli nodweddion niweidiol.

Anfanteision bridio detholus

Mae **mewnfridio** yn achosi:

▸ llai o amrywiad genynnol, sy'n golygu y gallai clefyd penodol effeithio ar holl boblogaeth y planhigyn.
▸ colli genynnau, sy'n ei gwneud hi'n anoddach cynhyrchu amrywiaethau newydd yn y dyfodol.
▸ cynnydd yn y risg o glefyd genynnol.

Term allweddol

Mewnfridio Bridio unigolion sy'n perthyn yn agos i'w gilydd ac sydd felly'n rhannu llawer o alelau tebyg.

✔ Profwch eich hun

10 Esboniwch pam mae angen defnyddio llai o blaleiddiaid mewn cyfleusterau hydroponeg.

11 Esboniwch sut mae mewnosod genynnau ymwrthedd i chwynladdwyr mewn cnwd yn gallu cynyddu'r cynnyrch.

12 Dydy ffermwyr organig ddim yn defnyddio cnydau GM. Awgrymwch pam na fyddai ffermwr organig eisiau i gnydau GM gael eu tyfu ar ffermydd cyfagos.

13 Mae ymwrthedd i chwynladdwr mewn cnydau yn beth da. Awgrymwch un rheswm pam gallai fod yn well addasu genynnau i gyflawni hyn, yn hytrach na bridio'n ddetholus.

⬇ Crynodeb o'r bennod

- Mae angen defnyddiau penodol ar blanhigion i gynnal prosesau bywyd.
- Mae adeiledd deilen yn addas i'w diben o gyflawni ffotosynthesis.
- Ffotosynthesis yw'r broses lle mae planhigion gwyrdd yn defnyddio cloroffyl i amsugno egni golau a thrawsnewid carbon deuocsid a dŵr yn glwcos, gan gynhyrchu ocsigen fel sgil gynnyrch.
- Mae angen golau, dŵr, carbon deuocsid a thymheredd addas ar gyfer ffotosynthesis ac mae cyfradd ffotosynthesis yn dibynnu ar arddwysedd golau, carbon deuocsid a thymheredd.
- Mae ffactor gyfyngol yn cyfyngu ar gyfradd ffotosynthesis.
- Gall glwcos sy'n cael ei gynhyrchu mewn ffotosynthesis gael ei resbiradu i ddarparu egni, ei drawsnewid yn startsh neu'n olewau i'w storio neu ei ddefnyddio i wneud cellwlos a phroteinau sy'n ffurfio cyrff planhigion.
- Mae angen maetholion penodol ar blanhigion er mwyn tyfu'n iach. Mae diffyg nitradau yn achosi twf gwael, mae diffyg potasiwm yn achosi i'r dail felynu ac mae diffyg ffosffad yn achosi i'r gwreiddiau dyfu'n wael.

- Rydyn ni'n defnyddio gwrteithiau NPK i hybu twf planhigion.
- Mae dau ddull o ffermio: ffermio dwys a ffermio organig.
- Mae plaleiddiaid a gwrteithiau yn effeithio ar yr amgylchedd.
- Mae yna wahaniaethau barn am foeseg y dulliau cynhyrchu bwyd hyn.
- Gallwn ni dyfu cynhyrchion bwyd mewn amgylcheddau dan reolaeth er mwyn cynyddu cynhyrchedd.
- Dull tyfu yw hydroponeg lle mae hydoddiant mwynol yn cael ei bwmpio o gwmpas gwreiddiau'r planhigion er mwyn cymryd lle pridd.
- Gallwn ni drosglwyddo genynnau'n artiffisial o un rhywogaeth planhigyn i rywogaeth arall (addasu genynnau) er mwyn cynyddu cynnyrch y cnwd neu wella ansawdd y cynnyrch.
- Mae yna anfanteision a phroblemau posibl yn gysylltiedig â defnyddio cnydau GM.
- Gallwn ni fridio planhigion yn ddetholus i gynhyrchu nodweddion dymunol, ond mae yna rai anfanteision, fel lleihau amrywiad a mwy o duedd i glefydau effeithio arnynt.

20 Prosesu bwyd a dirywiad bwyd

Yn y diwydiant bwyd, mae angen defnyddio sgiliau a thechnegau gwyddonol i sicrhau bod bwyd yn cael ei brosesu mewn ffyrdd sy'n ddiogel ac yn apelio at ddefnyddwyr. Mae cynyddu oes silff bwydydd yn achosi goblygiadau i ddiogelwch, ac mae'n gallu lleihau gwastraff. Mae blas hefyd yn bwysig oherwydd os yw mesurau diogelwch yn gwaethygu'r blas, wnaiff defnyddwyr ddim prynu'r cynnyrch. Mae micro-organebau yn cyfrannu at gynhyrchu bwyd a hefyd at ei ddirywio.

▶ Cynhyrchu bwyd

Rydyn ni'n defnyddio micro-organebau wrth gynhyrchu bara, gwin, cwrw, iogwrt a chaws.

Bara

Rydyn ni wedi defnyddio burum, ffwng microsgopig, i wneud bara ers adeg yr hen Aifft, ac efallai'n hirach. Mae burum yn y cymysgedd bara yn torri'r startsh mewn blawd i lawr i ffurfio siwgrau, sydd yna'n cael eu resbiradu'n anaerobig i ffurfio carbon deuocsid ac ethanol. Cafodd resbiradaeth aerobig sylw ym Mhennod 1 Celloedd a resbiradaeth, ond mewn burum, mae'n ffurfio carbon deuocsid ac ethanol, yn hytrach nag asid lactig. Mae'r carbon deuocsid yn achosi i does y bara 'godi' (enchwythu) cyn pobi, gan roi gweadedd ysgafn i'r bara. Mae'r siwgrau sy'n cael eu cynhyrchu o'r startsh a'r ethanol yn effeithio ar flas y bara.

Diodydd alcoholaidd

Gan fod burum yn cynhyrchu alcohol (ethanol) wrth resbiradu'n anaerobig, rydyn ni hefyd yn ei ddefnyddio i gynhyrchu diodydd alcoholaidd. Mae'r diodydd yn amrywio yn ôl y defnydd bwyd mae'r burum yn ei gael (e.e. grawnwin yn achos gwin, barlys ar gyfer cwrw).

Cynhyrchu cwrw

Mae cynhyrchu cwrw yn cynnwys y camau canlynol.

- ▶ **Bragu** Mwydo'r hadau barlys a gadael iddyn nhw egino, yna eu sychu nhw i atal twf. Mae'n bwysig sicrhau bod gan yr hadau ddigon o aer i egino. Mae proses egino yn actifadu ensymau yn y barlys, fydd yn torri startsh a phroteinau i lawr yn y broses stwnsio.
- ▶ **Stwnsio** Malu'r barlys sydd wedi'i fragu a'i gymysgu â dŵr cynnes. Mae angen addasu'r tymheredd ar adegau gwahanol i ffafrio gweithredoedd ensymau penodol yn y grawn, sydd yn y pen draw yn trawsnewid startsh yn faltos a glwcos (i'r burum eu defnyddio fel bwyd).
- ▶ **Cyflasynnau** Hopys yw'r cyflasyn mwyaf cyffredin ar gyfer cwrw.
- ▶ **Berwi ac oeri** Berwi'r hylif (o'r enw 'breci') ac yna ei oeri. Bydd y berwi yn dinistrio'r rhan fwyaf o ficrobau.

- **Eplesu** Ychwanegu burum. Mae yna ocsigen yn y breci ac i ddechrau mae'r burum yn resbiradu'n aerobig, ond ar ôl i'r ocsigen i gyd gael ei ddefnyddio, mae resbiradaeth anaerobig (eplesu) yn dechrau, sy'n ffurfio alcohol.
- **Casgennu neu botelu** Mae eplesu yn dod i ben pan mae'r maltos i gyd wedi'i ddefnyddio a/neu pan mae digon o alcohol wedi cronni i ladd y burum. Yna, caiff y cwrw ei roi mewn casgenni neu boteli.

Iogwrt

Bacteria sy'n gweithredu ar laeth i ffurfio iogwrt. Mae'r bacteria'n trawsnewid y lactos yn y llaeth yn asid lactig. Mae'r newid i'r pH yn cawsio'r llaeth ac yn newid ei flas. Dyma'r camau prosesu.

- **Diheintio cyfarpar.** Mae'n bwysig mai dim ond meithriniadau bacteria'r iogwrt sy'n tyfu, felly mae'n rhaid diheintio pob cyfarpar sy'n cael ei ddefnyddio.
- **Pasteureiddio.** Gwresogi'r llaeth i ladd bacteria sydd eisoes yn bresennol ynddo. Mae mwy o fanylion am basteureiddio isod.
- **Ychwanegu meithriniadau bacteria.** Oeri'r llaeth i 46 °C ac ychwanegu meithriniad bacteria. Mae'r tymheredd hwn yn hybu twf y bacteria a'r broses o ffurfio asid lactig. Mae'n cymryd tua 4 awr i'r iogwrt ffurfio.
- **Ychwanegu cyflasynnau.** Ar y cam hwn mae modd ychwanegu ffrwythau a/neu gyflasynnau. Yna caiff yr iogwrt ei becynnu.

Caws

Rydyn ni hefyd yn defnyddio meithriniadau bacteria i gynhyrchu caws. Rydyn ni'n ychwanegu ffyngau at rai cawsiau hefyd. Dyma sut rydyn ni'n prosesu caws.

- **Ychwanegu bacteria a rennet.** Caiff meithriniadau bacteria eu hychwanegu yn yr un modd ag wrth wneud iogwrt i gynhyrchu asid lactig, ond wrth wneud caws, mae angen ychwanegu rennet hefyd (sy'n cynnwys yr ensym rennin) i geulo'r llaeth, a ffurfio ceuled (solid) a maidd (hylif). Efallai bydd y llaeth hwn wedi'i basteureiddio, ac efallai na fydd.
- **Draenio'r maidd i ffwrdd.** Does dim angen y maidd mwyach i wneud y caws.
- **Cywasgu'r ceuled.** Hwn sy'n ffurfio'r caws.
- **Aeddfedu.** Gadael y caws am gyfnod i aeddfedu, sy'n gwella ei flas a'i ansawdd. I wneud cawsiau glas, mae angen ychwanegu ffyngau, sy'n tyfu drwy'r caws i wneud 'gwythiennau' glas.

Amodau optimwm ar gyfer twf bacteria

Mae'n bwysig deall yr amodau optimwm ar gyfer twf bacteria. Mae'n rhaid darparu'r rhain os caiff bacteria eu defnyddio i gynhyrchu bwyd, a'u hatal nhw os ydych chi'n dymuno arafu twf bacteria i gadwoli bwyd. Yr amodau hyn yw:

- **Tymheredd addas.** Mae'r rhan fwyaf o facteria yn ffynnu ar dymereddau cynnes (30–40 °C). Mae tymereddau uwch yn lladd llawer o facteria (ond nid pob un).
- **Lleithder.** Fel pob organeb fyw, mae angen dŵr ar facteria.
- **Ffynhonnell bwyd.** Mae angen ffynhonnell bwyd ar facteria i gael egni.

Mewn dulliau cynhyrchu bwyd sy'n defnyddio bacteria, mae'n rhaid darparu'r amodau hyn a'u monitro nhw i sicrhau bod bacteria'n tyfu. Mae'r tymheredd a'r ffynhonnell bwyd sy'n cael eu defnyddio yn gallu dylanwadu ar y cynnyrch terfynol.

Pasteureiddio a phrosesu llaeth

Mae pasteureiddio yn broses sy'n cael ei defnyddio'n gyffredin yn y diwydiant bwyd fel mesur diogelwch bwyd. Cafodd y broses ei henwi ar ôl y gwyddonydd enwog Louis Pasteur, sef darganfyddwr y broses. Mae'r rhan fwyaf o'r llaeth rydyn ni'n ei yfed wedi'i basteureiddio. Mae hyn yn cynnwys gwresogi llaeth i 72 °C am o leiaf 15 eiliad. Yna, caiff ei oeri'n gyflym i lai na 3 °C, a'i becynnu. Ar dymheredd o 3 °C fydd unrhyw facteria sy'n mynd i mewn i'r llaeth yn ystod y broses becynnu ddim yn gallu tyfu.

Dydy pasteureiddio ddim yn lladd yr holl facteria yn y llaeth (mae hynny'n digwydd wrth gynhyrchu llaeth di-haint a llaeth UHT), ond mae'n lladd yr holl bathogenau rydyn ni'n gwybod allai fod yn bresennol.

Yn ogystal â phasteureiddio, fel arfer caiff llaeth ei **homogeneiddio**. Yn naturiol, os caiff llaeth ei adael i sefyll, mae'n gwahanu, a'r hufen yn codi i'r top, a llaeth teneuach oddi tano. I osgoi hyn, fel arfer caiff llaeth ei homogeneiddio. Mae hyn yn golygu pwmpio'r llaeth ar wasgeddau uchel drwy diwbiau cul. Mae'r globylau braster yn y llaeth yn cael eu torri'n ddefnynnau llai sy'n aros mewn daliant yn y llaeth (sef **emwlsiwn**).

Rydyn ni hefyd yn defnyddio pasteureiddio wrth gynhyrchu cwrw a sudd ffrwythau.

Llaeth sgim a hanner sgim

Mae llaeth yn cael ei werthu mewn nifer o amrywiaethau, yn ôl faint o fraster sydd ynddo. Mae **llaeth braster llawn** yn dod o fridiau o wartheg sy'n cynhyrchu llaeth â llawer o fraster ynddo, ac mae ganddo haen nodweddiadol o hufen ar ei ben. **Llaeth cyflawn** yw'r llaeth 'normal' lle dydy'r cynnwys braster ddim wedi'i addasu mewn unrhyw ffordd. Cyn i'r llaeth gael ei homogeneiddio, mae'r braster yn codi i'r arwyneb. Yna, gallwn ni sgimio ychydig ohono i ffwrdd i roi **llaeth hanner sgim,** neu dynnu'r rhan fwyaf ohono i gynhyrchu **llaeth sgim**.

✔ | **Profwch eich hun**

1. Pam mae angen cyfyngu ar lefelau ocsigen mewn cyfarpar wrth wneud gwin neu gwrw?
2. Beth yw swyddogaeth hopys wrth wneud cwrw?
3. Pam mae iogwrt yn cael ei ffurfio ar 46 °C yn hytrach nag ar dymheredd ystafell?
4. Esboniwch y gwahaniaeth rhwng pasteureiddio a sterileiddio.

▶ Cyffeithio bwyd

Mae dirywiad bwyd yn cael ei achosi gan facteria a/neu ffyngau. Bydd amodau sy'n ffafrio twf micro-organebau yn cyflymu dirywiad bwyd ac os yw'r amodau hynny'n absennol, caiff y dirywiad ei arafu neu hyd yn oed ei atal.

Arafu twf bacteria

Ac eithrio bwyd ffres, mae'r rhan fwyaf o'r bwydydd rydyn ni'n eu prynu wedi cael eu trin mewn rhyw ffordd i arafu neu atal twf bacteria. Mae llawer o ffyrdd o wneud hyn, i'r gwneuthurwyr ac i'r cwsmer ar ôl prynu'r bwyd.

Oereiddio a rhewi

Mae tymereddau oer yn lleihau twf poblogaethau bacteria, sy'n golygu bod bwyd yn gallu cadw'n ffres am amser hirach. Mae oereiddio yn arafu twf bacteria ond nid yw'n ei atal yn llwyr. Mae'n estyn oes ddefnyddiol bwyd, ond nid am byth. Mae rhewi yn gwneud y tymheredd mor isel nes bod twf bacteria mwy neu lai wedi'i atal, er nad yw'n lladd y bacteria. Mae bwyd yn cadw'n llawer hirach mewn rhewgell nag y mae mewn oergell. Ar ôl i'r bwyd ddadmer, bydd twf bacteria yn ailddechrau. Dydy rhewi ddim yn addas i bob bwyd, fodd bynnag, oherwydd gall y grisialau iâ sy'n ffurfio newid y bwyd, mewn ffordd annerbyniol.

Gwresogi

Rydyn ni eisoes wedi gweld ein bod ni'n gwresogi llaeth wrth ei basteureiddio. Mae gwres eithafol yn lladd bacteria ac os caiff y bwyd wedyn ei becynnu cyn i facteria newydd allu mynd i mewn, gall cynhyrchion bwyd bara am amser hir iawn, cyn belled ag nad ydyn nhw'n cael eu hagor.

Sychu a halltu

Mae'r technegau cadwoli hyn yn defnyddio egwyddorion tebyg. All bacteria ddim goroesi heb ddŵr. Mae sychu yn cael gwared â dŵr, ond mae halltu hefyd yn gwneud hynny, gan fod yr halen yn amsugno dŵr. Mae gan fwydydd sych fel resins a pherlysiau sych, oes silff hir. Roedd halltu cig a physgod yn arfer bod yn gyffredin cyn bod gan bobl oergelloedd, ac mae halen yn dal i gael ei ychwanegu at lawer o fwydydd wedi'u prosesu fel cadwolyn. Mae halen yn effeithio ar flas y bwyd, fodd bynnag.

Mygu

Mae mygu poeth, fel mae'r enw'n ei awgrymu, yn golygu rhoi'r bwyd mewn mwg poeth. Mae'n cadwoli bwyd mewn tair ffordd: mae'r gwres yn lladd bacteria; mae cemegion yn y mwg yn gweithredu fel cadwolion am eu bod nhw hefyd yn lladd bacteria; mae'r gwres yn sychu'r bwyd sy'n atal y bacteria rhag cael dŵr. Mae mygu yn effeithio ar flas y bwyd a dim ond ar gyfer bwydydd lle mae'r newid blas yn cael ei ystyried yn ddymunol y mae'n cael ei ddefnyddio.

Piclo

Mae piclo yn golygu rhoi'r bwyd mewn finegr. Mae finegr yn asid a dydy bacteria ddim yn gallu goddef ei pH isel.

▶ Hylendid bwyd

Mae'n rhaid cymryd rhagofalon diogelwch mewn unrhyw fan sy'n cael ei ddefnyddio i baratoi bwyd, o gegin fach i ffatri sy'n cynhyrchu cynhyrchion bwyd. Mae rhestr o ragofalon sylfaenol isod.

▶ **Hylendid personol** Mae'n rhaid i unrhyw un sydd mewn mannau paratoi bwyd neu o gwmpas y mannau hynny olchi eu dwylo a gwisgo dillad gwarchodol priodol (cotiau, menig, gorchuddion gwallt).

Term allweddol

Sborau bacteriol Ffurfiau cwsg a gwydn iawn ar facteria, sy'n ffurfio fel ymateb i amodau amgylcheddol anffafriol.

▶ **Glanedyddion a diheintyddion** Dylid glanhau mannau paratoi bwyd â glanedydd a diheintydd. Mae glanedydd yn cael gwared â baw y gallai bacteria fridio arno ond nid yw'n effeithiol iawn am gael gwared â'r bacteria eu hunain. Dylid defnyddio diheintydd ar arwynebau paratoi bwyd. Mae diheintio yn lladd bacteria, ond nid yw'n effeithio ar sborau bacteriol, felly nid yw'n fesur mor gryf â sterileiddio.

▶ **Sterileiddio** Caiff rhai bwydydd eu sterileiddio cyn eu pecynnu. Yn gyntaf, mae'n rhaid sterileiddio unrhyw gyfarpar sy'n cael ei ddefnyddio i wneud hyn, er mwyn osgoi halogi. Fel arfer caiff hyn ei wneud drwy wresogi (er enghraifft, gydag ager).

▶ **Gwaredu gwastraff** Mae gwastraff bwyd yn ffynhonnell bwyd bosibl i facteria a phlâu, felly mae'n rhaid ei waredu'n rheolaidd.

▶ **Rheoli plâu** Mae bwyd yn denu plâu, fel pryfed, llygod a llygod mawr. Mae'n rhaid archwilio cynhyrchion wrth iddyn nhw gyrraedd, cyn eu storio nhw. Mewn sefydliadau bwyd, mae'n rhaid i ddulliau atal plâu fod ar waith, mewn adeilad sy'n gwbl ddiogel rhag plâu. Mae mesurau'n cynnwys sgriniau pryfed, rhwyllau gwifrog mewn awyrellau, gratiau metel dros ddraeniau a thorri llystyfiant allanol yn fyr. Os bydd cyfleuster yn dod o hyd i lygod mawr neu lygod, rhaid iddo gau ac ni ddylid paratoi unrhyw fwyd yno nes eu bod nhw wedi cael gwared â'r pla. Rhaid taflu pob bwyd a allai fod wedi'i halogi a rhaid sterileiddio pob man storio, cyfarpar bwyd ac arwyneb.

Traws-halogi

Mae traws-halogi'n digwydd pan fydd bacteria'n lledaenu rhwng bwyd, arwynebau a chyfarpar. Dylid cymryd y mesurau canlynol i'w osgoi.

▶ Rhaid sicrhau nad yw bwyd amrwd yn dod i gysylltiad â bwyd wedi'i goginio. Dylid storio'r ddau fath o fwyd ar wahân.

▶ Dylid defnyddio cyfarpar gwahanol ar gyfer bwyd amrwd a bwyd wedi'i goginio.

▶ Dylid gwisgo dillad gwarchodol priodol i atal halogi.

▶ Gwenwyn bwyd

Mae gwenwyn bwyd yn cael ei achosi gan fwyta bwyd sydd wedi'i halogi â phathogenau. Mae'r symptomau'n gallu amrywio o rai ysgafn i rai difrifol, a dyma rai cyffredin:

▶ cyfog
▶ chwydu
▶ dolur rhydd
▶ crampiau yn y stumog

▶ twymyn
▶ cyhyrau'n brifo
▶ pyliau oer.

Mae achosion difrifol iawn o wenwyn bwyd yn gallu arwain at orfod mynd i'r ysbyty, neu hyd yn oed farwolaeth. Bacteria yw'r pathogenau hyn fel arfer; mae *E. coli* neu rywogaethau *Campylobacter* neu *Salmonella* yn gyffredin. Mae'r pathogenau hyn yn cynhyrchu tocsinau ac yn achosi symptomau os oes niferoedd mawr yn bresennol. Fel mae'r enw yn ei awgrymu, mae gwenwyn bwyd yn cael ei achosi gan fwyta bwyd sydd wedi'i halogi oherwydd methiannau arferion hylendid bwyd, naill ai gartref neu mewn bwyty, siop neu gyfleuster cynhyrchu bwyd.

✔ **Profwch eich hun**

5 Awgrymwch anfantais bosibl i halltu bwyd i'w gadwoli.

6 Esboniwch pam mae piclo yn cadwoli bwyd.

7 Pam mae angen i chi lanhau mannau paratoi bwyd â glanedydd A HEFYD diheintydd?

8 Mae gwres coginio yn dinistrio bacteria. Awgrymwch pam dylech chi ddefnyddio byrddau torri gwahanol yn y gegin ar gyfer bwydydd amrwd a bwydydd wedi'u coginio.

Term allweddol

Tocsin Sylwedd gwenwynig.

Effaith bosibl halogi bwyd

Mewn arolwg yn 2019 gan yr Awdurdod Safonau Bwyd, dywedodd 47% o'r atebwyr eu bod nhw wedi dioddef gwenwyn bwyd rywbryd yn eu bywydau, sy'n fwy nag oedd mewn blynyddoedd blaenorol. Mae ymchwilwyr wedi amcangyfrif bod clefydau a gludir gan fwyd sy'n cael eu hachosi gan 11 pathogen, yn lladd 180 o bobl y flwyddyn yn y Deyrnas Unedig ac mae'r Awdurdod yn amcangyfrif bod tua 2.4 miliwn o achosion o glefydau o fwyd yn digwydd bob blwyddyn yn y DU.

Pedair rhywogaeth bacteria (*Campylobacter*, *Clostridium perfringens*, *Listeria monocytogenes* a *Salmonella*) ac un firws (norofirws) sy'n gyfrifol am y rhan fwyaf o'r marwolaethau.

Mae'r sefyllfa'n waeth mewn rhai rhannau o'r byd, a'r amcangyfrif yw bod 600 miliwn o bobl yn mynd yn wael oherwydd eu bod wedi bwyta bwyd wedi'i halogi a chyfanswm o 420 000 yn marw bob blwyddyn.

Mae halogi bwyd hefyd yn achosi costau economaidd – mae angen triniaeth feddygol ar bobl â gwenwyn bwyd, mae absenoldeb staff yn effeithio ar gynhyrchedd a gall pobl fynd yn ddi-waith os yw busnesau'n cau oherwydd problemau â halogi bwyd.

▶ Tyfu micro-organebau

Mae micro-organebau yn fach iawn ac yn anodd eu gweld. I'w hastudio nhw, mae gwyddonwyr yn tyfu niferoedd mawr ohonyn nhw. Yn aml, mae hyn yn cael ei wneud ar fath o jeli o'r enw agar. Mae maetholion wedi'u hychwanegu at yr agar er mwyn bwydo'r micro-organebau, mewn plât o'r enw dysgl Petri. Mae bacteria yn tyfu'n gyflym iawn, a bydd pob bacteriwm sy'n glanio ar yr agar yn tyfu'n fuan i ffurfio darn crwn, sef cytref, sy'n gallu cael ei weld â'r llygad noeth. Mae Ffigur 20.1 yn dangos cytrefi o facteria.

Gan fod pob bacteriwm yn tyfu i ffurfio cytref, drwy gyfrif y cytrefi gallwn ni ganfod faint o facteria gafodd eu rhoi ar y plât yn y sampl gwreiddiol.

Mae'n bwysig nad yw meithriniadau bacteria'n cael eu halogi gan ficro-organebau eraill. Mae hyn yn golygu bod rhaid defnyddio amodau di-haint:

- ▶ Glanhau pob arwyneb â diheintydd cyn dechrau'r weithdrefn.
- ▶ Sterileiddio'r dysglau Petri, yr agar meithrin a chyfryngau meithrin eraill a'r cyfarpar cyn eu defnyddio nhw.
- ▶ Trosglwyddo bacteria i'r ddysgl Petri gan ddefnyddio dolen inocwleiddio sydd wedi'i sterileiddio drwy ei gwresogi mewn fflam Bunsen.
- ▶ Selio caead y ddysgl Petri â thâp gludiog i atal micro-organebau o'r aer rhag halogi'r meithriniad.

Yn ogystal â chyfrif cytrefi, gallwn ni hefyd asesu twf bacteria mewn hylifau drwy fesur cymylogrwydd. Mae twf bacteria'n creu cymylogrwydd mewn hylifau a fyddai fel arfer yn glir.

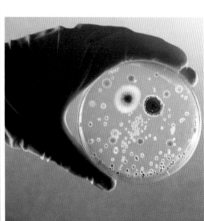

Ffigur 20.1 Plât agar yn dangos cytrefi bacteria

✔ Profwch eich hun

9 Mae cig cyw iâr yn cynnwys bacteria *Salmonella*, a dydy cig eidion ddim. Awgrymwch pam gallwn ni fwyta cig eidion heb ei goginio drwyddo neu hyd yn oed yn amrwd, ond mae'n rhaid coginio cyw iâr drwyddo bob amser.

10 Nodwch **ddwy** broblem y mae'n bosibl i wenwyn bwyd eu hachosi, **ar wahân i** symptomau annymunol salwch mewn unigolion.

11 Awgrymwch pam nad ydyn ni'n defnyddio cymylogrwydd i asesu faint o facteria sydd mewn llaeth.

12 Weithiau, mae angen gwanedu meithriniadau bacteria cyn eu tyfu nhw ar blatiau agar a'u cyfrif nhw. Mae hyn er mwyn atal y cytrefi rhag gorgyffwrdd. Nodwch pam mae cytrefi sy'n gorgyffwrdd yn broblem.

Crynodeb o'r bennod

- Rydyn ni'n defnyddio bacteria, burum a ffyngau eraill i gynhyrchu bwyd (bara, gwin, cwrw, iogwrt a chaws).
- Mae angen cymryd llawer o gamau i brosesu iogwrt, caws a chwrw.
- Mae yna amodau optimwm ar gyfer twf bacteria (tymheredd addas, lleithder, ffynhonnell bwyd) ac mae hyn yn arwyddocaol wrth gynhyrchu bwyd.
- Mae proses pasteureiddio yn arafu twf microbau mewn bwydydd gan gynnwys cwrw, llaeth a sudd ffrwythau.
- Rydyn ni'n pasteureiddio llaeth drwy ei wresogi'n ddigon poeth i ladd rhai pathogenau.
- Rydyn ni'n cynhyrchu llaeth hanner sgim a llaeth sgim drwy dynnu braster oddi ar y llaeth amrwd.
- Rydyn ni'n homogeneiddio llaeth drwy ei bwmpio ar wasgedd uchel drwy diwbiau cul, sy'n effeithio ar faint y globylau braster mewn llaeth ac yn ffurfio emwlsiwn.
- Gweithredoedd bacteria a/neu ffyngau sy'n achosi i fwyd ddirywio, a gall amodau storio gyflymu hyn.

- Gallwn ni arafu neu rwystro twf bacteria drwy oereiddio, rhewi, gwresogi, sychu, halltu, mygu a phiclo (gostwng pH) bwyd.
- Rhaid cadw mannau paratoi bwyd heb facteria drwy gyfrwng, diheintyddion, glanedyddion, sterileiddio, gwaredu gwastraff a rheoli plâu, fel pryfed, llygod a llygod mawr.
- Rhaid atal traws-halogi bwyd wrth baratoi bwyd mewn cyfleusterau cynhyrchu bwyd ac yn y cartref.
- Caiff gwenwyn bwyd ei achosi gan dwf micro-organebau, bacteria fel arfer, a gan y tocsinau maen nhw'n eu cynhyrchu wrth dyfu (*Campylobacter sp., E.coli, Salmonella sp.*).
- Mae gwenwyn bwyd yn achosi symptomau cyffredin (poenau stumog, chwydu, dolur rhydd).
- Gallwn ni gyfrif cytrefi a mesur cymylogrwydd i asesu twf micro-organebau.
- Mae halogi cynhyrchion bwyd â bacteria yn gallu cael llawer o effeithiau gwahanol.

1 Mae dail planhigyn yn cyflawni ffotosynthesis. Mae'r diagram yn dangos adeiledd deilen.

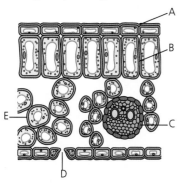

a) Enwch ffurfiadau A–E, gan ddewis o'r labeli hyn:

Stoma, epidermis uchaf, epidermis isaf, cell balis, gwagle aer, cwtigl, gwythïen, cloroplast, cell mesoffyl sbyngaidd. [5]

b) Ysgrifennwch hafaliad geiriau ffotosynthesis. [3]

c) Nodwch dair ffactor sy'n effeithio ar **gyfradd** ffotosynthesis. [3]

2 Gall gwyddonwyr a ffermwyr wella cnydau drwy addasu eu genynnau a defnyddio bridio detholus.

a) Pa un o'r canlynol sy'n un o fanteision posibl addasu genynnau? [1]

   i) Bydd cnydau'n gallu trawsbeillio â phlanhigion eraill.

   ii) Gallwn ni roi'r gallu i gnydau i wrthsefyll llysysyddion.

   iii) Gallwn ni roi'r gallu i gnydau i wrthsefyll clefyd.

   iv) Gall cnydau gynhyrchu hadau ar gyfer cronfa hadau.

b) Nodwch **ddwy** o anfanteision posibl planhigion a'u genynnau wedi'u haddasu. [2]

c) Mae ffermwr eisiau datblygu mefus sy'n cynhyrchu ffrwythau mwy. Amlinellwch sut gallai'r ffermwr ddefnyddio bridio detholus i gyflawni hyn. [4]

3 a) Esboniwch bwrpas pob un o'r camau hyn sy'n cael eu cymryd wrth fragu cwrw.

   i) Egino'r hedyn barlys. [1]

   ii) Defnyddio dŵr cynnes i fwydo'r grawn wedi'u mathru a thorri startsh a phrotein i lawr. [1]

   iii) Ychwanegu hopys at y 'breci' hylifol. [1]

   iv) Berwi ac oeri'r breci cyn ychwanegu burum. [2]

   v) Gwneud y broses fragu gyda burum ar lefelau ocsigen isel. [2]

b) Rydyn ni hefyd yn defnyddio burum i wneud bara. Esboniwch swyddogaeth burum wrth wneud bara. [3]

4 Mae'r graff yn dangos yr achosion o wenwyn bwyd a gafodd eu cofnodi yng Nghymru rhwng 1992 a 2011. Sylwch fod data pob blwyddyn yn cynnwys dwy flwyddyn galendr (e.e. 1992–3. 1993–4 etc.).

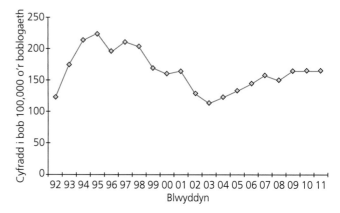

a) Ym mha flwyddyn roedd y gyfradd cynnydd uchaf? [1]

b) Ym mha flwyddyn roedd y gyfradd lleihad uchaf? [1]

c) Roedd yna gynnydd cyffredinol yn nifer yr achosion rhwng 2003 a 2011. Pa rai o'r gosodiadau canlynol sy'n cynnig esboniad **posibl** o'r cynnydd hwn? Cewch chi roi mwy nag un ateb. [1]

   i) Roedd pobl yn mynd allan i fwyta mewn caffis a bwytai yn amlach.

   ii) Roedd cwmnïau paratoi bwyd yn cael eu harchwilio'n amlach nag oedden nhw mewn blynyddoedd blaenorol.

   iii) Roedd pobl yn fwy tebygol o fynd at y meddyg a hysbysu symptomau gwenwyn bwyd ysgafn nag oedden nhw cyn hynny.

   iv) Roedd safonau hylendid bwyd wedi gostwng.

Mae'r tabl yn dangos dosbarthiad achosion o wenwyn bwyd yng Nghymru yn ystod 2011.

Chwarter	Nifer yr achosion a gafodd eu cofnodi	% o gyfanswm y flwyddyn
Ion–Maw	877	17
Ebr–Meh	1353	26
Gorff–Medi	1624	32
Hyd–Rhag	1257	25

Ffynhonnell: Iechyd Cyhoeddus Cymru

ch) Awgrymwch reswm pam mai chwarter Ionawr-Mawrth sy'n dangos y nifer isaf o achosion gwenwyn bwyd. [1]

d) Pa un o'r canlynol sydd ddim yn un o symptomau gwenwyn bwyd? [1]

   i) chwydu   **iii)** crampiau yn y stumog

   ii) dolur rhydd   **iv)** golwg aneglur.

Canfyddiad gwyddonol

Mae cemeg ddadansoddol yn gangen o wyddoniaeth lle caiff samplau eu cymryd a'u profi i ganfod beth sydd ynddyn nhw, ac weithiau i ddarganfod symiau'r sylweddau yn y sampl. Dylai samplau fod yn gynrychiadol, er mwyn i ni allu eu defnyddio nhw i ragfynegi priodweddau'r defnydd cyfan.

Gall pobl sydd ddim yn wyddonwyr wneud cemeg ddadansoddol mewn lleoliadau cyffredin, fel y staff sy'n profi bagiau am gyffuriau yn adrannau diogelwch meysydd awyr, neu gall gwyddonwyr medrus ei ddefnyddio mewn gweithfeydd gweithgynhyrchu uwchdechnoleg er mwyn, er enghraifft, asesu ansawdd bwyd wedi'i weithgynhyrchu.

ⓤ ▶ Mesur sylweddau

Mae gan bob elfen yn y Tabl Cyfnodol symbol â'i rif atomig a'i **fàs atomig cymharol**. Pan mae atomau'n uno â'i gilydd i wneud moleciwlau a chyfansoddion, gallwn ni gyfrifo màs y sylweddau hyn yn ôl swm masau atomig cymharol pob atom yn y fformiwla. Symbol màs atomig cymharol yw A_r. Does gan fàs atomig cymharol ddim uned – dim ond rhif ydyw.

Term allweddol

Màs atomig cymharol Màs cyfartalog atom wedi'i bwysoli gan ystyried yr isotopau sydd ar gael.

✓ | Profwch eich hun

1 Enwch yr elfen â'r màs atomig cymharol 1.
2 Rhowch symbol yr elfen â'r màs atomig cymharol 12.
3 Beth yw màs atomig cymharol ocsigen?
4 Beth yw màs atomig cymharol N?

Mae dŵr yn gyfansoddyn o hydrogen ac ocsigen â'r fformiwla H_2O, felly mae'n cynnwys dau atom hydrogen ac un atom ocsigen. Gallwn ni gyfrifo **màs moleciwlaidd cymharol** dŵr drwy adio màs atomig cymharol dau atom hydrogen $(1 + 1)$ ac un atom ocsigen (16), sy'n rhoi màs moleciwlaidd cymharol o 18. Gan nad oes gan fàs atomig cymharol uned, does gan fàs moleciwlaidd cymharol ddim uned chwaith.

Term allweddol

Màs moleciwlaidd cymharol Cyfanswm masau atomig cymharol yr holl atomau mewn moleciwl.

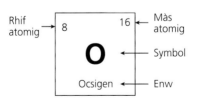

Ffigur 21.1 Llun agos o elfen yn y Tabl Cyfnodol

★ | Enghreifftiau wedi eu datrys

1 Cyfrifwch fàs moleciwlaidd cymharol moleciwl ocsigen, o wybod bod A_r O=16.
2 Methan, CH_4, yw nwy naturiol yn bennaf. Cyfrifwch fàs moleciwlaidd cymharol methan, o wybod bod A_r H=1 ac C=12.

Atebion

1 Mae ocsigen yn foleciwl deuatomig â'r fformiwla O_2, $2 \times O = 2 \times 16 = 32$
2 $(1 \times C) + (4 \times H) = (1 \times 12) + (4 \times 1) = 16$

5 Beth yw unedau'r màs atomig cymharol?

6 Cyfrifwch fàs moleciwlaidd cymharol amonia, NH_3.

7 Cyfrifwch fàs fformiwla cymharol cloromethan, CH_3Cl.

8 Cyfrifwch fàs fformiwla cymharol methanol, CH_3OH.

9 Awgrymwch fformiwla hydrocarbon â màs moleciwlaidd cymharol o 30.

▶ Y môl

Term allweddol

Môl Swm sylwedd; mae un môl o unrhyw sylwedd yn cynnwys 6.02×10^{23} gronyn.

Rydyn ni'n mesur swm sylwedd mewn uned o'r enw **môl**. Mae un môl o unrhyw sylwedd yn cynnwys 6.02×10^{23} gronyn. Felly, mae gan 1 môl o foleciwlau ocsigen 6.02×10^{23} moleciwl ocsigen. Ond, gan fod pob moleciwl ocsigen wedi'i wneud o ddau atom ocsigen (O_2), mae hyn yn golygu bod yna $2 \times 6.02 \times 10^{23} = 12.04 \times 10^{23}$ atom ocsigen mewn môl o foleciwlau ocsigen.

★ | **Enghraifft wedi ei datrys**

1 Cyfrifwch fàs un môl o foleciwlau dŵr.

2 Cyfrifwch nifer y molau o ddŵr mewn 1.5 kg o ddŵr.

3 Mae gwyddonydd yn mesur yn union 1.25 môl o ddŵr. Cyfrifwch fàs y sampl hwn o ddŵr.

Atebion

1 $M_r = (2 \times H) + (1 \times O) = (2 \times 1) + (1 \times 16) = 18$

Màs 1 môl o ddŵr = 18 g

2 Mae angen trawsnewid y màs o kg i g (drwy $\times 1000$). Felly, mae yna 1500 g o foleciwlau dŵr mewn 1.5 kg o ddŵr.

$$\text{Nifer y molau (mol)} = \frac{\text{màs (g)}}{M_r}$$

$$\text{Nifer y molau} = \frac{1500}{18} = 83.3 \text{ mol}$$

3 $\text{Nifer y molau (mol)} = \dfrac{\text{màs (g)}}{M_r}$

Mae angen aildrefnu'r hafaliad fel mai'r màs yw'r testun:

màs (g) = nifer y molau (mol) x M_r

Màs = $1.25 \times 18 = 22.5$ g

Ffigur 21.2 Un môl o bump o elfennau gwahanol: carbon (12g), sylffwr (32g), haearn (56g), copr (63.5g) a magnesiwm (24g).

10 Sawl môl o foleciwlau nitrogen sydd mewn 28 g o nitrogen?

11 Sawl môl o atomau nitrogen sydd mewn 28 g o nitrogen?

12 Sawl atom sydd mewn 1 môl o nwy heliwm, He(n)?

13 Sawl atom sydd mewn 1 môl o nwy clorin, $Cl_2(n)$?

14 Cyfrifwch fàs 1 môl o amonia (NH_3).

15 Cyfrifwch sawl môl o garbon sydd mewn:

a) 12 g o graffit

b) 6 g o ddiemwnt

c) 24 g o bycminsterffwleren

(Gallwch chi ddarllen mwy am y ffurfiau gwahanol hyn o garbon ym Mhennod 18, Defnyddiau at bwrpas.)

▶ Samplu

Mae'n bwysig bod gwyddonwyr yn monitro lleoliadau fel safleoedd tirlenwi, ffatrïoedd a ffermydd i sicrhau nad oes llygryddion yn gollwng i'r amgylchedd. Gallai'r monitro hwn gynnwys archwilio ansawdd dŵr mewn afonydd a nentydd. Ond, ym maes gwyddor yr amgylchedd, dydy hi ddim yn bosibl profi pob diferyn o ddŵr mewn afon neu nant. Felly, mae gwyddonwyr yn cymryd samplau (rhannau) sy'n gynrychiadol (nodweddiadol) o'r afon gyfan.

I ddeall samplu, meddyliwch am siop fara. Fyddech chi ddim yn samplu pob rholyn bara sy'n cael ei wneud, oherwydd fyddai yna ddim rholiau ar ôl i'w gwerthu. Byddech chi'n samplu un rholyn bara o bob swp, gan ei brofi i wneud yn siŵr bod y swp yn bodloni safonau arferol y siop fara. Os yw'r rholyn sampl yn pasio'r profion, gallwch chi dybio bod pob rholyn bara arall yn yr un swp hefyd yn bodloni'r safon. Felly, wrth ddadansoddi samplau, rydyn ni'n tybio bod ganddyn nhw yr un priodweddau â'r sylwedd cyfan neu'r holl eitemau mewn set o gynhyrchion.

Nawr ystyriwch brosesu dŵr yfed. Mae angen cymryd llawer o gamau prosesu i droi dŵr naturiol yn ddŵr yfed diogel i'w bwmpio i'n cartrefi. Mae samplau yn cael eu cymryd yn rheolaidd ar adegau penodol yn y broses. Mae angen dadansoddi'r samplau i wneud yn siŵr bod pob cam prosesu yn digwydd yn gywir. Os yw sampl o ddŵr yfed sy'n gadael y ffatri brosesu yn methu â bodloni'r safon, bydd y protocol profi yn helpu gwyddonwyr i ganfod ble yn y broses gynhyrchu mae'r broblem yn digwydd.

Dylid selio samplau mewn cynwysyddion arbenigol glân a sych, a'u labelu nhw â'r canlynol:

▶ dyddiad ac amser
▶ lleoliad (er enghraifft rhan o'r afon, ffatri neu waith prosesu dŵr)
▶ enw'r gweithredwr a gymerodd y sampl.

Mae nodi'r dyddiad a'r amser yn bwysig rhag ofn bod angen gwybodaeth ychwanegol, fel tymheredd yr amgylchoedd, i helpu i ddehongli'r canlyniadau. Mae cynnwys enw'r unigolyn a gymerodd y sampl yn gallu bod yn ddefnyddiol os oes angen i wyddonwyr ofyn mwy o gwestiynau ynghylch pryd a ble digwyddodd y samplu, er mwyn dehongli canlyniadau dadansoddiad cemegol a ffurfio casgliad dilys.

Mae angen arsylwi ar samplau a'u profi nhw. Dyma rai arsylwadau a mesuriadau cyffredin ar gyfer samplau:

▶ màs y sampl
▶ tymheredd
▶ ei ymddangosiad wrth edrych arno
▶ purdeb, dadansoddi cyfansoddiad canrannol a dwysedd yn ôl profion gwyddonol.

Mae'n anodd penderfynu sut i samplu amgylchedd fel afon, gan ei fod yn newid drwy'r amser. Er enghraifft, ar gyfer rhai astudiaethau, gallai fod yn briodol dadansoddi'r dŵr yng nghanol yr afon, bob milltir yr holl ffordd ar hyd yr afon. Ar y llaw arall, ar gyfer astudiaeth wahanol, efallai y byddai gwyddonwyr yn samplu ansawdd y dŵr bob 10 cm ar draws lled yr afon mewn un lleoliad. Dylai pob sampl fod yn gynrychiadol o'r cyfan sydd yn y lleoliad dan sylw. I sicrhau bod samplau'n gynrychiadol, gallai gwyddonwyr gymryd llawer o samplau ym mhob pwynt samplu. Gallan nhw gymharu canlyniadau, cael gwared â phwyntiau anomalaidd a chyfrifo cyfartaleddau.

I ddarparu gwybodaeth ddefnyddiol mewn ffordd gost-effeithiol sy'n defnyddio amser yn effeithiol, mae'n rhaid cynllunio'r samplu'n iawn. Gallai samplu sydd wedi'i gynllunio'n wael wneud niwed, oherwydd gallai gwyddonwyr fethu â sylwi ar sylwedd peryglus. Er enghraifft, gallai cemegyn gwenwynig fod wedi'i grynodi mewn un rhan o safle tirlenwi ac efallai na fyddai'n cael ei weld os yw'r lleoliadau samplu'n rhy wasgaredig.

⚙️ | **Gwaith ymarferol penodol**

Titradiad asid cryf yn erbyn bas cryf gan ddefnyddio dangosydd

Gallwn ni wneud halwynau hydawdd drwy adweithio asidau ac alcalïau â'i gilydd. Mae'n bwysig ychwanegu'r union swm cywir o bob un i sicrhau bod yr adwaith yn gyflawn gan roi'r cynnyrch mwyaf posibl.

Y dull

Yn yr arbrawf hwn, mae 25 cm^3 o hydoddiant sodiwm hydrocsid yn cael ei ditradu yn erbyn hydoddiant asid hydroclorig 0.1 **mol dm^{-3}**. Pan mae'r dangosydd yn newid lliw, mae'r adwaith niwtralu'n gyflawn ac wedi cyrraedd ei **ddiweddbwynt**. Gallwn ni gwblhau'r titradiad eto heb y dangosydd, a bydd grisialu'r hydoddiant sy'n cael ei gynhyrchu yn rhoi'r halwyn hydawdd, sodiwm clorid.

> **Termau allweddol**
>
> **mol dm^{-3}** Molau ym mhob decimetr ciwbig yw uned crynodiad. Mae 1 mol dm^{-3} yn golygu bod 1 môl o sylwedd wedi hydoddi mewn 1 dm^3 (1 litr) o hydoddydd.
>
> **Diweddbwynt** Y pwynt lle mae'r dangosydd wedi newid lliw mewn titradiad asid–bas.

Gallwn ni hefyd ddefnyddio titradiadau i ganfod crynodiad asid neu fas yn fanwl gywir. Mae hyn yn ddefnyddiol wrth baratoi hydoddiannau stoc, i wirio bod eu crynodiadau o fewn y goddefiant gofynnol.

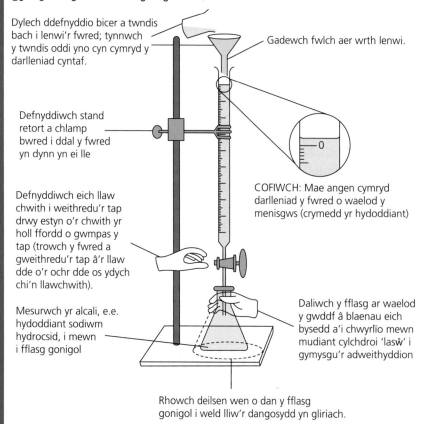

Dylech ddefnyddio bicer a thwndis bach i lenwi'r fwred; tynnwch y twndis oddi yno cyn cymryd y darlleniad cyntaf.

Gadewch fwlch aer wrth lenwi.

Defnyddiwch stand retort a chlamp bwred i ddal y fwred yn dynn yn ei lle

COFIWCH: Mae angen cymryd darlleniad y fwred o waelod y menisgws (crymedd yr hydoddiant)

Defnyddiwch eich llaw chwith i weithredu'r tap drwy estyn o'r chwith yr holl ffordd o gwmpas y tap (trowch y fwred a gweithredu'r tap â'r llaw dde o'r ochr dde os ydych chi'n llawchwith).

Mesurwch yr alcali, e.e. hydoddiant sodiwm hydrocsid, i mewn i fflasg gonigol

Daliwch y fflasg ar waelod y gwddf â blaenau eich bysedd a'i chwyrlïo mewn mudiant cylchdroi 'lasŵ' i gymysgu'r adweithyddion

Rhowch deilsen wen o dan y fflasg gonigol i weld lliw'r dangosydd yn gliriach.

Ffigur 21.3 Dull cynnal titradiad

Canlyniadau

Rhediad	Cyfaint terfynol (cm³)	Cyfaint cychwynnol (cm³)	Titr (cm³)
Bras	20.00	0.00	20.00
1	20.50	0.00	20.50
2	25.10	4.50	
3	20.10	10.50	9.40

Dadansoddi'r canlyniadau

1 Ysgrifennwch hafaliad symbolau cytbwys ar gyfer yr adwaith hwn.
2 Cyfrifwch y **titr** coll yn rhediad 2.
3 Cyfrifwch y titr cymedrig.
4 Pa gyfaint o asid y mae angen ei ychwanegu i niwtralu hydoddiant 25 cm³ o sodiwm hydrocsid yn llwyr?

Term allweddol

Titr Cyfanswm cyfaint y sylwedd sydd wedi'i ychwanegu o'r fwred (titr = darlleniad cyfaint terfynol ar y fwred − darlleniad cyfaint cychwynnol ar y fwred).

Term allweddol

Data Gwybodaeth, er enghraifft o arsylwadau neu fesuriadau.

Technegau dadansoddol

Mae technegau dadansoddol yn weithdrefnau safonol, felly mae'r canlyniadau'n ddibynadwy ac mae modd eu cymharu nhw rhwng labordai a gweithredwyr. Yn ogystal â dadansoddiadau cemegol i ganfod y cyfansoddiad, gallai gweithredwyr hefyd ddefnyddio eu synhwyrau i nodi lliw, gweadedd ac arogl y sampl fel mater o drefn.

Data o ddadansoddiadau

Gallwn ni ddosbarthu technegau dadansoddol yn ôl y math o **ddata** maen nhw'n eu cynhyrchu:

▶ **Ansoddol** Disgrifiadau o arsylwadau yw'r data hyn. Mae techneg ddadansoddol ansoddol yn casglu data sy'n ddisgrifiadau o arsylwadau. Un enghraifft o brawf ansoddol fyddai prawf fflam lle caiff lliw'r fflam ei weld a'i gofnodi. Yna, gallwn ni ddefnyddio hyn i ffurfio casgliad yn seiliedig ar liw'r fflam i nodi pa ïon metel sy'n bresennol.

▶ **Meintiol** Gwerthoedd rhifiadol yw'r data hyn i ddisgrifio newidyn penodol. Rydyn ni'n defnyddio offeryn mesur trachywir wedi'i raddnodi i gasglu'r data hyn. Mae titradu yn enghraifft o dechneg ddadansoddol sy'n rhoi data meintiol.

▶ **Lled-feintiol** Mae'r data hyn yn cynnwys gwerthoedd rhifiadol sydd ddim yn fanwl gywir ac yn cael eu cynhyrchu gan offerynnau mesur heb eu calibro, neu drwy baru un pwynt data â ffynhonnell gyfeirio. Mae trochbren troeth sy'n mesur crynodiad glwcos yn enghraifft o dechneg ddadansoddol sy'n rhoi data lled-feintiol. Mae darn lliw ar y ffon yn cael ei gymharu â siart cyfeirio i roi amcangyfrif o werth rhifiadol, nid mesuriad trachywir (Ffigur 21.9).

Cromatograffaeth

Gallwn ni ddefnyddio cromatograffaeth i adnabod a gwahanu sylweddau mewn cymysgedd. Mae'r dechneg hon yn defnyddio dwy wedd:

▶ Gwedd ansymudol i ychwanegu'r sampl ati; dyma'r cyfrwng mae'r cymysgedd yn teithio i fyny arno neu drwyddo, er enghraifft, papur mewn cromatograffaeth papur.

▶ Gwedd symudol, sef yr hydoddydd sy'n symud i fyny neu drwy'r wedd ansymudol, er enghraifft dŵr wrth gynnal cromatograffaeth papur ar inciau.

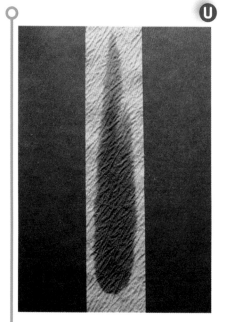

Ffigur 21.4 Mae'r llifyn glas yn cael ei atynnu mwy at y wedd symudol na'r wedd ansymudol, a hwn sydd wedi teithio gyflymaf. Ar y llaw arall, mae'r llifyn coch yn cael ei atynnu mwy at y wedd ansymudol na'r wedd symudol, ac mae'n teithio'n arafach

---

Term allweddol

Ffactor dargadw Cymhareb o ba mor bell y mae sylwedd wedi teithio o gymharu â hydoddydd yn yr un cyfrwng.

Mae'r darnau gwahanol o gymysgedd y sampl yn cael eu hatynnu at y gweddau ansymudol a symudol i wahanol raddau, ac mae hyn yn achosi iddyn nhw wahanu. Er enghraifft, mae lliwiau bwyd yn gymysgeddau o lifynnau sy'n hydawdd mewn dŵr. Felly, gallwn ni ddefnyddio dŵr fel gwedd symudol a phapur amsugnol fel gwedd ansymudol. Rydyn ni'n gweld bod y gwahanol lifynnau sy'n gwneud y lliw yn gwahanu ac yn creu smotiau o liw sy'n teithio i fyny'r papur. Y smotyn sy'n teithio bellaf yw'r mwyaf hydawdd a'r un sy'n cael ei atynnu gryfaf at y wedd symudol. Ar y llaw arall, mae'r smotiau lliw sy'n teithio leiaf yn cael eu hatynnu'n gryfach at y wedd sefydlog na'r dŵr. Y cydbwysedd rhwng y gwahanol atyniadau hyn sy'n achosi i bob llifyn symud ar wahanol gyfradd drwy'r wedd sefydlog ac sy'n cynhyrchu'r cromatogram (Ffigur 21.4).

Gallwn ni gyfrifo'r **ffactor dargadw**, R_f, fel hyn:

$$R_f = \frac{\text{y pellter mae'r sylwedd yn ei deithio}}{\text{y pellter mae'r hydoddydd yn ei deithio}}$$

Cymhareb yw R_f, felly does ganddo ddim uned. Mae bob amser yn rhif llai nag 1 gan mai'r hydoddydd sy'n teithio bellaf mewn cromatogram; y mwyaf yw'r rhif, y mwyaf hydawdd yw'r sylwedd.

Mewn unrhyw gyfuniad penodol o weddau ansymudol a symudol, mae'r gwerth R_f bob amser yr un fath a gallwn ni ei ddefnyddio i adnabod y sylwedd drwy gyfeirio at gronfa ddata o ganlyniadau rydyn ni'n ymddiried ynddyn nhw. Mae tymheredd yn effeithio ar y ffactor dargadw (a chyfradd llif ar gyfer cromatograffaeth gwedd symudol nwyol, gweler Tabl 21.1) felly mae'n rhaid rheoli'r rhain i adnabod y sylweddau'n gywir.

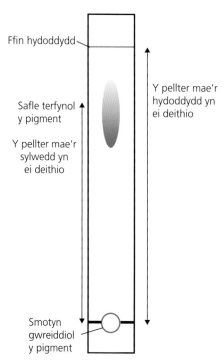

Ffin hydoddydd

Safle terfynol y pigment

Y pellter mae'r sylwedd yn ei deithio

Y pellter mae'r hydoddydd yn ei deithio

Smotyn gwreiddiol y pigment

Ffigur 21.5 Cyfrifo gwerth R_f

Mae Tabl 21.1 yn crynhoi pedwar prif fath o gromatograffaeth.

Tabl 21.1 Technegau cromatograffaeth

Techneg	Defnyddio	Cyd-destunau	Sut mae'n gweithio	Dehongli
Cromatograffaeth papur	Gwahanu ac adnabod cydrannau mewn cymysgedd (e.e. llifynnau bwyd/minlliw).	Gwaith fforensig (e.e. dadansoddi sylweddau lliw mewn safle trosedd). Gwyddor bwyd (e.e. archwilio lliwiau bwyd mewn bwyd).	Gwedd ansymudol: papur amsugnol. Gwedd symudol: dŵr neu ethanol fel arfer. Mae gwahanol gydrannau'r cymysgedd yn cael eu hatynnu at y gweddau ansymudol a symudol i wahanol raddau, ac mae hyn yn achosi iddyn nhw symud i fyny'r papur ar gyfraddau gwahanol.	Cymharu'r cromatogram â chyfansoddion hysbys / cymharu gwerthoedd R_f i adnabod cydrannau mewn cymysgedd.
Cromatograffaeth haen denau (*TLC: Thin layer chromatography*)	Gwahanu ac adnabod cydrannau mewn cymysgedd.	Gwaith fforensig (e.e. dadansoddi sylweddau lliw mewn safle trosedd). Gwyddor bwyd (e.e. archwilio lliwiau bwyd mewn bwyd). Gwyddor yr amgylchedd (e.e. dadansoddi llygryddion yn yr amgylchedd).	Gwedd ansymudol: haen denau o silica wedi'i chynnal ar blât gwydr neu alwminiwm. Gwedd symudol: hydoddydd organig, e.e. propanol. Mae gwahanol gydrannau'r cymysgedd yn cael eu hatynnu at y gweddau ansymudol a symudol i wahanol raddau, ac mae hyn yn achosi iddyn nhw symud i fyny'r plât ar gyfraddau gwahanol. Weithiau bydd hi'n amhosibl gweld y sylweddau â'r llygad noeth a bydd angen adweithydd cemegol (ninhydrin i weld asidau amino) neu y golau UV (i fflwroleuo cyfansoddion organig aromatig) i'w datgelu nhw.	Cymharu gwerthoedd R_f er mwyn adnabod cydrannau mewn cymysgedd.
Cromatograffaeth nwy (*GC: Gas chromatography*)	Gwahanu a mesur llygryddion aer. Cyffuriau mewn samplau o wallt.	Dadansoddi ansawdd aer. Gwyddor fforensig. Monitro athletwyr am ddefnyddio cyffuriau.	Gwedd ansymudol: cynhalydd solid mewn colofn, e.e. polymer â berwbwynt uchel. Gwedd symudol: nwy anadweithiol, e.e. nitrogen neu nwy nobl. Mae gwahanol gydrannau'r cymysgedd yn cael eu hatynnu at y gweddau ansymudol a symudol i wahanol raddau, ac maen nhw'n dod allan o'r golofn ar amseroedd gwahanol. Mae hyn yn caniatáu i ni wahanu'r cymysgedd a dadansoddi'r cydrannau ymhellach.	Defnyddio olin cromatograffaeth nwy o ddadansoddiad i adnabod sylwedd anhysbys drwy ddefnyddio amser dargadw (mae'n bosibl y bydd gan ddau sylwedd gwahanol yr un amser dargadw).
Cromatograffaeth hylif perfformiad uchel (*HPLC: High performance liquid chromatography*)	Cyffuriau mewn samplau o waed / gwallt.	Gwaith fforensig. Monitro athletwyr am ddefnyddio cyffuriau.	Gwedd ansymudol: silica wedi'i asio. Gwedd symudol: hydoddydd organig (hylif). Chwistrellu sampl o'r hydoddiant i mewn i'r wedd symudol. Mae'r wedd symudol yn cludo'r sampl drwy golofn sy'n gwahanu'r cydrannau, a chaiff pob cydran ei chasglu ar wahân.	Defnyddio olin cromatograffaeth hylif perfformiad uchel o ddadansoddiad i adnabod sylwedd anhysbys drwy ddefnyddio amser dargadw (mae'n bosibl y bydd gan ddau sylwedd gwahanol yr un amser dargadw).

Gallwn ni ddefnyddio cromatograffaeth gwedd nwy i ganfod presenoldeb sylweddau gwahanol mewn cymysgedd. Mae pob brig ar y cromatogram yn dangos sylwedd gwahanol yn y cymysgedd. Gallwn ni ddefnyddio amser dargadw pob brig i adnabod y sylweddau yn eu tro, ac mae'r arwynebedd o dan y brig yn dangos eu crynodiadau cymharol. Felly, y mwyaf yw'r arwynebedd o dan y brig, y mwyaf o'r sylwedd penodol hwnnw sydd yn y cymysgedd. Mae'r dadansoddiad yn lled-feintiol oherwydd nid yw'n rhoi crynodiad absoliwt, ond crynodiadau cymaradwy'r sylweddau yn y cymysgedd.

Mae fformiwleiddiadau yn gymysgeddau arbennig sydd wedi'u llunio i wneud cynnyrch defnyddiol fel eli haul neu danwydd petrol. Mae cromatogramau fformiwleiddiadau fel olion bysedd bodau dynol – maen nhw'n unigryw. Felly, drwy gymharu'r cromatogram cyflawn â chronfa ddata gallwn ni ganfod fformiwleiddiad cofrestredig sy'n cyfateb iddo ac adnabod y cynnyrch.

Mae Ffigur 21.6 yn dangos yr olin sy'n cael ei gynhyrchu, lle mae pob brig wedi'i labelu â llythyren i ddangos beth ydyw. Mae'r gwerthoedd yn ein helpu ni i gymharu'r arwynebeddau o dan y brigau. Mae un brig yn cyfateb i'r wedd symudol, ac mae'r lleill yn gydrannau yn y cymysgedd.

1 Awgrymwch enw'r wedd symudol.
2 Nodwch sawl cydran sydd yn y cymysgedd.
3 Nodwch pa sylwedd sydd â'r amser dargadw hiraf.
4 Ysgrifennwch y sylweddau yn eu trefn o'r mwyaf i'r lleiaf sy'n bresennol yn y cymysgedd.

Atebion

1 Nwy anadweithiol yw'r wedd symudol, fel nitrogen neu unrhyw nwy nobl.
2 Mae gan y cymysgedd bum brig ac felly mae pedwar sylwedd ynddo (y wedd symudol yn dod allan o'r peiriant sy'n achosi un brig).
3 Sylwedd E gan mai hwn sydd â'r amser dargadw uchaf, sef 20 munud.
4 Mae'r arwynebedd o dan y brig (sy'n cael ei roi gan y rhif wrth bob brig) yn cyfateb i swm pob cydran. Wedi'u rhestru o'r arwynebedd mwyaf o dan y brig i'r arwynebedd lleiaf: E, A, C, D, B

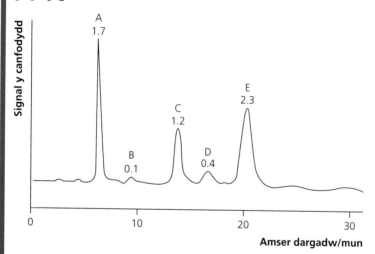

Ffigur 21.6

Gwaith ymarferol penodol

Defnyddio cromatograffaeth papur i adnabod sylweddau anhysbys

Mae'r inc mewn pinnau lliw yn cael ei ffurfio drwy gymysgu llawer o wahanol lifynnau â'i gilydd. Os caiff nodyn o safle trosedd ei gymryd fel tystiolaeth, gallwn ni ddefnyddio cromatograffaeth i ddadansoddi'r inc. Yna, gallwn ni ddefnyddio'r gwerth R_f i ganfod brand y beiro, neu hyd yn oed i ganfod bod yr inc yr un fath â'r inc mewn beiro sy'n perthyn i rywun a ddrwgdybir.

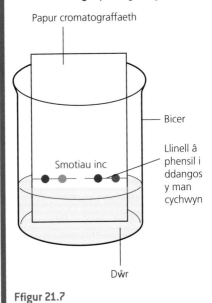

Papur cromatograffaeth

Bicer

Llinell â phensil i ddangos y man cychwyn

Smotiau inc

Dŵr

Ffigur 21.7

Y dull

1 Gan ddefnyddio pensil, tynnu gwaelodlin tua 1 cm o waelod darn o bapur cromatograffaeth.
2 Rhoi samplau inc ar y waelodlin. Gadael bylchau hafal rhwng y rhain, a'u labelu nhw â phensil.
3 Ychwanegu'r papur cromatograffaeth wedi'i baratoi, drwy ei hongian mewn bicer yn cynnwys 0.5 cm³ o hydoddydd, gyda gwaelod y papur braidd yn cyffwrdd yr hydoddydd, fel ei fod yn gallu sugno'r hydoddydd i fyny.
4 Tynnu'r papur cromatograffaeth allan pan mae llinell yr hydoddydd o flaen y lliwiau i gyd.
5 Gwneud marc pensil i ddangos lefel yr hydoddydd (ffin hydoddydd) a gadael i'r papur sychu.

Dadansoddi'r canlyniadau

1 Pam mae'n bwysig defnyddio pensil i labelu'r papur cromatograffaeth yng nghamau 1 a 2?
2 Pam mae'n bwysig marcio llinell yr hydoddydd ar gam 5?
3 Rhestrwch y mesuriadau byddai angen i chi eu cymryd i gyfrifo gwerth R_f sylwedd o gromatogram.
4 Esboniwch sut gallwch chi ddefnyddio canlyniadau'r arbrawf hwn i ganfod a oedd unrhyw rai o'r inciau yr un fath.

▶ Dadansoddiad labordy syml

Gallwn ni gymryd samplau dŵr o'r amgylchedd neu o safleoedd trosedd i'w dadansoddi. Yn aml, byddwn ni'n cynnal dadansoddiad ansoddol cyflym a syml i weld a ydy hi'n werth defnyddio dadansoddiad offerynnol drutach i roi canlyniadau meintiol. Gallwn ni ddefnyddio dadansoddiad labordy syml i ganfod presenoldeb ïonau gwahanol, ac felly eu cyfansoddion, sy'n bresennol mewn sampl. Mae'r dulliau hyn yn gyflym ac yn rhad. Mae Tabl 21.2 yn crynhoi'r profion hyn.

Tabl 21.2 Dadansoddiadau labordy syml a'u canlyniadau disgwyliedig

Prawf	Amlinell	Canlyniad
Prawf fflam	Rhoi sampl mewn fflam las a nodi'r lliw.	Sodiwm, Na^+ – Melyn Potasiwm, K^+ - Lelog Bariwm, Ba^{2+} – Gwyrdd Calsiwm, Ca^{2+} – Coch Copr, Cu^{2+} – Glas/gwyrdd
Prawf gwaddod sodiwm hydrocsid	Ychwanegu rhai diferion o hydoddiant sodiwm hydrocsid at y sampl a nodi lliw unrhyw waddod sy'n ffurfio.	Calsiwm, Ca^{2+} – Gwyn Copr, Cu^{2+} – Glas Haearn(II), Fe^{2+} – Gwyrdd Haearn(III), Fe^{3+} – Brown Plwm, Pb^{2+} – Gwyn Cromiwm(III), Cr^{3+} – Gwyrdd

Prawf	Amlinell	Canlyniad
Halid	Ychwanegu hydoddiant arian nitrad wedi'i asidio at y sampl a nodi lliw unrhyw waddod sy'n ffurfio.	Clorid, Cl^- – Gwyn Bromid, Br^- – Hufen Ïodid, I^- – Melyn
Sylffad	Ychwanegu bariwm clorid at y sampl a nodi a oes gwaddod gwyn yn ffurfio.	Cynhyrchu gwaddod gwyn o bariwm sylffad.
Carbonad	Ychwanegu asid hydroclorig gwanedig at y sampl a nodi a oes swigod nwy yn ffurfio.	Mae'n eferwi, ac wrth brofi'r nwy â dŵr calch mae'n troi'n gymylog.
Carbon deuocsid	Chwythu'r nwy drwy ddŵr calch.	Mae'r dŵr calch yn mynd o ddi-liw i gymylog.

⚙ Gwaith ymarferol penodol

Defnyddio profion fflam i adnabod cyfansoddion ïonig anhysbys a phrofion cemegol am ïonau

Mae gwyddonwyr o Asiantaeth yr Amgylchedd yn casglu samplau dŵr o afonydd a draeniau yn rheolaidd i wneud yn siŵr nad yw ffatrïoedd yn llygru'r dŵr. Gallwn ni ddefnyddio technegau labordy ansoddol syml i ganfod presenoldeb ïonau yn gyflym. Os ydyn ni'n canfod ïonau ddylai ddim bod yn y dŵr, gallwn ni ddefnyddio technegau meintiol mwy costus i ganfod a ydyn nhw wedi cyrraedd unrhyw drothwy diogelwch neu drothwy cyfreithiol ac a oes angen gwneud unrhyw beth arall.

Y dull

I ganfod yr ïon positif (catïon):

1 Defnyddio dolen nicrom lân sych i drosglwyddo sampl o'r sampl anhysbys i mewn i fflam Bunsen las a nodi lliw'r fflam. Os nad yw hi'n bosibl dod i'r casgliad bod yr ïon metel yn bresennol, cwblhau cam 2. Os oes ïon metel yn bresennol, symud ymlaen i gam 3.

2 Ychwanegu rhai diferion o hydoddiant sodiwm hydrocsid at rai diferion o'r hydoddiant sampl. Nodi lliw unrhyw waddod sy'n ffurfio.

I ganfod yr ïon negatif (anion):

3 Ychwanegu rhai diferion o arian nitrad wedi'i asidio at rai diferion o'r hydoddiant sampl. Nodi lliw unrhyw waddod sy'n ffurfio ac os nad oes gwaddod yn ffurfio, cwblhau cam 4.

4 Ychwanegu rhai diferion o hydoddiant bariwm clorid at rai diferion o'r hydoddiant sampl. Os oes gwaddod gwyn yn ffurfio mae ïon sylffad yn bresennol, ond os nad oes gwaddod yn ffurfio, cwblhau cam 5.

5 Ychwanegu rhai diferion o asid gwanedig at rai diferion o'r hydoddiant sampl. Os oes eferwad i'w weld, mae carbonad yn bresennol.

Dadansoddi'r canlyniadau

1 Pam mae angen defnyddio gwifren nicrom lân sych yn y prawf fflam?

2 Esboniwch pam na ddylech chi ddefnyddio asid hydroclorig ar gam 3 i asidio'r arian nitrad.

3 Os oes gwaddod ar gam 3, pam nad oes angen mynd ymlaen i gam 4?

4 Esboniwch pam nad ydyn ni'n gallu adnabod ïonau calsiwm â chanlyniad positif i brawf 2.

5 Awgrymwch y cyfarpar diogelu personol sydd ei angen i gwblhau'r ymchwiliad hwn.

▶ Colorimetreg

Mae llygredd nitradau yn broblem ers tro yng Nghymru, ac mae'n cael ei achosi'n bennaf gan ddŵr ffo o ffermydd sy'n cynnwys gwrteithiau, tail/dom a slyri. Caiff dŵr ei brofi'n rheolaidd i fonitro'r sefyllfa.

Mae llygredd nitradau yn gallu achosi gordyfiant planhigion mewn dyfrffyrdd, sy'n ei gwneud hi'n anodd i gychod lywio heibio, yn ogystal â lleihau bioamrywiaeth ac yn benodol achosi i nifer y pysgod ostwng. Yn y tymor hir, gall llygredd nitradau lygru dŵr daear, sydd yn ei dro yn effeithio ar ansawdd dŵr yfed. Mae lefelau nitradau uchel mewn dŵr yfed yn gallu arwain at 'syndrom babi glas', sy'n gallu bod yn angheuol, lle dydy celloedd coch gwaed y babi ddim yn cludo cymaint o ocsigen ag y dylen nhw oherwydd lefelau tocsig o nitradau yn y corff.

Gallwn ni ddefnyddio **colorimetreg** i amcangyfrif crynodiad y nitradau yn y dŵr.

Term allweddol

Colorimetreg Techneg feintiol rydyn ni'n gallu ei defnyddio i ganfod crynodiad hydoddiant yn seiliedig ar y golau sy'n cael ei drawsyrru drwy'r sampl.

Ffigur 21.8 Peiriannau sy'n gallu mesur faint o olau sy'n mynd drwy sampl yw colorimedrau. Y mwyaf o olau sy'n cael ei drawsyrru, y mwyaf gwanedig yw'r sampl. Gan ddefnyddio cromlin raddnodi o samplau cyfeirio â chrynodiad hysbys, gallwn ni amcangyfrif crynodiad sampl anhysbys

▶ I ddechrau dadansoddiad colorimetreg, mae gwyddonwyr yn defnyddio o leiaf pum crynodiad hysbys o hydoddiannau nitrad, gan eu hadweithio nhw ag adweithyddion i wneud hydoddiant lliw. Maen nhw'n defnyddio crynodiadau dros amrediad sy'n debygol o gynnwys crynodiad y sylwedd maen nhw'n gobeithio ei ganfod yn y samplau.

▶ Mae colorimedr yn dadansoddi drwy fesur faint o olau sy'n mynd drwy bob sampl sy'n cael ei fesur.

▶ Mae'r data o'r crynodiadau hysbys yn cael eu plotio ar gromlin raddnodi – mae'r crynodiad (y newidyn annibynnol) yn mynd ar yr echelin-x a thrawsyriant golau (y newidyn dibynnol) ar yr echelin-y. Gellir cyfeirio at y llinell ffit orau wrth ddadansoddi samplau.

▶ Mae'r samplau'n cynnwys crynodiad anhysbys o nitrad, sy'n cael ei fesur mewn ffordd debyg i'r samplau graddnodi. Mae'r gwerth trawsyriant golau'n cael ei ddefnyddio i ganfod crynodiad yr hydoddiant drwy ddarllen oddi ar y llinell ffit orau.

Mae stribedi profi yn dechneg colorimetreg led-feintiol. Mae'r rhain yn gyflym, yn rhad ac yn hawdd eu defnyddio, ond dim ond syniad o grynodiad sylweddau maen nhw'n ei roi, yn hytrach na gwerth manwl gywir. Mae'r stribedi hyn wedi'u gwneud o gyfuniad o adweithyddion lliw sy'n adweithio'n gemegol wrth ddod i gysylltiad â'r sylweddau maen nhw'n eu mesur.

Proffilio DNA

Mae asid deocsiriboniwclëig yn bolymer naturiol sy'n bodoli yng nghnewyllyn celloedd (tudalen 112). Mae dilyniant y basau yn y moleciwl hwn yn unigryw i bob unigolyn (os nad ydyn nhw'n glonau). Mae clonau'n gallu bodoli'n naturiol, fel gefeilliaid unfath, neu'n gallu cael eu cynhyrchu mewn labordy.

Byddai dadansoddi union ddilyniant DNA unigolyn yn ddrud ac yn cymryd llawer o amser, ond drwy dorri'r DNA yn ddarnau llai, gallwn ni gynhyrchu crynodeb o'r DNA, o'r enw proffil. Mae'r dadansoddiad mwy eang hwn fel arfer yn ddigon i wneud y canlynol:

▶ dangos perthnasoedd teuluol
▶ rhoi tystiolaeth o sut mae gwahanol rywogaethau'n perthyn i'w gilydd drwy esblygiad
▶ canfod a oes genynnau penodol yn bresennol, i ddangos cynnydd yn y risg o rai clefydau
▶ cysylltu samplau o safle trosedd â rhywun a ddrwgdybir.

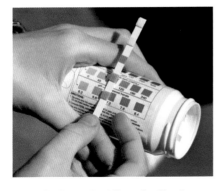

Ffigur 21.9 I ddefnyddio stribed brofi, rhowch chi mewn sampl a'i gadael hi i ddatblygu am yr amser mae'r cyfarwyddiadau'n ei nodi. Yna, cymharwch y stribed brofi â'r siartiau lliw ar y botel i ddangos crynodiad yr ïonau nitrad, plwm, clorin neu hydrogen (pH) yn yr hydoddiant

Mae proffilio DNA yn golygu casglu DNA o sampl biolegol, er enghraifft drwy swabio'r tu mewn i foch unigolyn. Dyma gamau'r broses o ffurfio proffil:

▶ Arunigo – gwahanu'r DNA oddi wrth feinweoedd eraill.
▶ Darnio – torri'r moleciwl DNA yn ddarnau llai gan ddefnyddio ensymau arbenigol.
▶ Gwahanu – defnyddio electrofforesis (math arbennig o gromatograffaeth) i wahanu'r darnau i ffurfio patrwm.

Mae yna rai gwrthwynebiadau moesegol i gasglu proffiliau DNA ar gronfa ddata y gellir ei chwilio. Dydy proffil DNA ddim yr un fath â dilyniant DNA cyflawn, ond gall asiantaethau gorfodi'r gyfraith roi euogfarn os yw proffil DNA yn cyfateb. Mae'r siawns o fod â'r un proffil DNA â rhywun arall yn 100% os ydych chi'n efell unfath ac o gwmpas 1 mewn 14 miliwn (yr un siawns ag ennill y loteri) i weddill y boblogaeth. Hefyd, gallai cwmnïau preifat gael gafael ar y data. Gallai hyn olygu bod polisïau yswiriant yn cael eu gwrthod i bobl oherwydd y ffactorau risg sydd i'w gweld yn eu proffil.

▶ Canlyniadau arbrofol

Caiff gwybodaeth ei chasglu o arbrofion ac ymchwiliadau. Mae'n bwysig bod gwyddonwyr yn deall beth mae'r data'n ei gynrychioli, sut i'w harddangos nhw a pha gasgliadau y mae'n bosibl eu ffurfio.

Cyfeiliornadau

Manwl gywirdeb yw pa mor agos yw canlyniad at y gwir werth. Mae cyfeiliornadau cyfarpar, cyfeiliornadau gweithdrefn neu gyfeiliornadau dynol yn gallu achosi anghywirdeb. Gallwn ni ddosbarthu cyfeiliornadau fel hyn:

- Systematig – Mae'r un cyfeiliornad yn bodoli ym mhob darn o ddata. Er enghraifft, peidio â gosod sero clorian ar 0 g cyn cymryd mesuriadau a bod y glorian ar 10 g yn lle hynny. Felly, byddai pob màs sy'n cael ei fesur 10 g yn fwy na'r gwerth cywir, neu'r gwir werth. Y cyfeiliornadau hyn yw'r hawddaf i'w cywiro – dod o hyd i'r anghywirdeb ac addasu pob gwerth yn unol â hynny.
- Hapgyfeiliornad – Dydy'r cyfeiliornadau hyn ddim yn gyson â phob gwerth, sy'n ei gwneud hi'n anodd cywiro'r data. Er enghraifft, wrth fesur gwrthiant gwifren, wrth i'r cerrynt lifo, mae'r wifren yn cynhesu ac mae hyn yn newid y gwrthiant mewn modd na allwn ni ei ragweld. I leihau effaith hapgyfeiliornadau, gallwn ni ddefnyddio llawer o ganlyniadau dibynadwy (tebyg) i gyfrifo gwerth cymedrig.

Arddangos data

Mae'n bwysig arddangos y data mewn ffordd sy'n golygu y gallwn ni weld patrymau a ffurfio casgliadau. Dylid cofnodi'r holl ddata o ymchwiliad mewn tabl canlyniadau addas yn gyntaf.

Mewn tablau canlyniadau:

- Dylid labelu pob colofn yn glir â'r newidyn ac, os yn briodol, yr unedau.
- Dylai'r unedau fod ym mhennawd y golofn ac nid ar ôl pob darlleniad.
- Dylai'r newidyn annibynnol fod yn y golofn gyntaf a dylai hon fod wedi'i llenwi cyn yr arbrawf – chi sy'n dewis gwerthoedd y newidyn hwn.
- Dylai'r colofnau eraill fod ar gyfer unrhyw newidynnau dibynnol (arsylwadau neu fesuriadau) rydych chi'n eu gwneud yn ystod yr ymchwiliad.
- Os oes **canlyniadau anomalaidd** i'w gweld yn y tabl, rhowch gylch o'u hamgylch nhw a pheidiwch â'u defnyddio nhw mewn dadansoddiadau pellach.

Os na allwch chi weld unrhyw batrymau mewn data rhifiadol, gall fod yn ddefnyddiol defnyddio dulliau mathemategol gweledol, er enghraifft:

- Siart cylch – i'w ddefnyddio os yw'r newidyn annibynnol yn **ddata categorïaidd** neu'n **ddata amharhaus** a'r newidyn dibynnol yn fesur (%).
- Siart bar – i'w ddefnyddio os yw'r newidyn annibynnol yn gategori (echelin-x) neu'n ddata amharhaus a'r newidyn dibynnol yn **ddata parhaus** (echelin-y).

Termau allweddol

Canlyniad anomalaidd Canlyniad sydd ddim yn ffitio ym mhatrwm y canlyniadau eraill.

Data categorïaidd Data sy'n gategori, gair fel arfer e.e. lliw llygaid.

Data parhaus Data sy'n gallu bod ag unrhyw werth, e.e. taldra, rhychwant llaw, tymheredd.

Data amharhaus Data rhifiadol sydd ddim ond yn gallu bod â gwerthoedd penodol heb unrhyw werthoedd rhyngol, e.e. maint esgidiau.

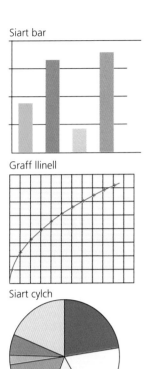

Siart bar

Graff llinell

Siart cylch

Ffigur 21.10 Mae nifer o wahanol ffyrdd o ddangos data

▶ Graff llinell – i'w ddefnyddio os yw'r newidynnau annibynnol (echelin-x) a dibynnol (echelin-y) yn ddau fesur. Defnyddiwch groesau, nid dotiau, i blotio pwyntiau, a dylai maint y groes ddangos eich hyder ym manwl gywirdeb y data; y mwyaf yw'r groes, y lleiaf siŵr ydych chi o fanwl gywirdeb y gwerth. Ar ôl plotio'r graff, daliwch ef hyd braich i ffwrdd a cheisio gweld patrwm yn y data. Os oes patrwm, tynnwch linell ffit orau i'w ddangos – peidiwch â thynnu'r llinell o ddot i ddot. Os oes unrhyw bwyntiau sydd ddim yn cyd-fynd â'r duedd, rhowch gylch o'u hamgylch nhw fel pwyntiau anomalaidd.

Sut i ffurfio casgliadau dilys

Yn aml, nod neu amcan ymchwiliad yw ateb cwestiwn. Dylid casglu canlyniadau sy'n caniatáu i chi gyflawni'r nod drwy ateb y cwestiwn. Os yw ymchwiliad wir yn mesur yr hyn yr oedd yn bwriadu ei fesur ac yn rhoi canlyniadau sy'n gallu ateb y cwestiwn, rydyn ni'n galw'r canlyniadau yn ddilys. Felly, gallwn ni ddefnyddio canlyniadau dilys i ategu casgliad sy'n ateb y cwestiwn yn y nod.

★ Enghraifft wedi ei datrys

Mewn arbrawf mae disgybl yn casglu gwybodaeth am oed, taldra a maint esgidiau pob disgybl yn nosbarth 5F. Nod yr arbrawf yw canfod maint esgidiau cyfartalog plant y dosbarth.

1 Disgrifiwch sut gallai'r data gael eu defnyddio i ganfod maint esgidiau cyfartalog plant y dosbarth.
2 Gwerthuswch a ydy'r data maen nhw wedi'u casglu yn ddilys.

Atebion

1 Adio'r holl feintiau esgidiau at ei gilydd a rhannu â nifer y disgyblion. Talgrynnu'r rhif i'r hanner maint esgid agosaf gan mai dim ond mewn meintiau cyfan neu hanner meintiau mae esgidiau i'w cael.
2 Er bod y data am faint yr esgidiau yn ddilys gan fod eu hangen nhw i fodloni'r nod, dydy'r data i gyd ddim yn ddilys. Mae hyn oherwydd nad oedd angen y data am daldra nac oed y disgyblion i fodloni'r nod.

⬇ Crynodeb o'r bennod

- Rydyn ni'n casglu samplau i'w dadansoddi sy'n gynrychiadol o'r amgylchedd neu'r defnydd.
- Gall technegau dadansoddol fod yn ansoddol, yn lled-feintiol neu'n feintiol.
- Uned i fesur swm sylwedd yw'r môl.
- Mae un môl o unrhyw sylwedd yn cynnwys 6.02×10^{23} gronyn o'r sylwedd hwnnw ac mae ganddo yr un gwerth màs rhifiadol â màs atomig cymharol atomau unigol neu fàs moleciwlaidd cymharol moleciwlau, ond wedi'i fesur mewn gramau.
- Gallwn ni ddefnyddio cromatograffaeth i wahanu sylweddau mewn cymysgedd i'w hadnabod nhw gan ddefnyddio'r amser dargadw R_f.
- Mae technegau cromatograffaeth yn cynnwys papur, TLC, HPLC a GLC; mae gan bob un o'r rhain wedd symudol a gwedd ansymudol.
- Techneg ansoddol yw colorimetreg sy'n mesur trawsyriant golau drwy hydoddiant i ganfod y crynodiad.
- Mae stribedi profi lliw yn ddadansoddiad colorimetreg lled-feintiol.
- Mae DNA yn unigryw i unigolion (heblaw gefeilliaid unfath) ac felly gallwn ni ddefnyddio proffilio genynnol i adnabod troseddwyr, perthnasoedd teulu a chlefydau genynnol.
- Mae'n rhaid cofnodi data mewn ffordd addas er mwyn gallu gweld patrymau a ffurfio casgliadau dilys.
- Anghywirdebau data yw cyfeiliornadau ac maen nhw'n gallu bod yn hapgyfeiliornadau neu'n gyfeiliornadau systematig.

▶ Cwestiynau enghreifftiol

1 Mae swyddog iechyd yr amgylchedd yn cymryd samplau o ddiodydd meddal mewn caffi i wirio eu bod nhw wedi'u labelu'n gywir ac yn ddiogel i'w hyfed. Mae rhai profion yn cael eu cwblhau yn y caffi ac mae rhai samplau hefyd yn mynd i'r labordy i gael eu profi.

a) Disgrifiwch sut gallai'r swyddog iechyd yr amgylchedd fesur pH y samplau yn y caffi. [2]

b) Mae'r Swyddog Iechyd yr Amgylchedd yn defnyddio stribed prawf i fesur crynodiad y nitradau yn y ddiod. Dosbarthwch y prawf hwn fel un ansoddol, lled-feintiol neu feintiol. [1]

c) Mae'r gwyddonwyr yn y labordy yn dadansoddi'r diodydd gan ddefnyddio TLC. Mae'r ffigur yn dangos y cromatogram.

Cyfrifwch werth R_f y lliw coch, P. [3]

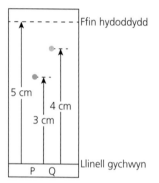

Ffigur 21.11

2 Mae labeli wedi syrthio oddi ar dri phowdr gwyn mewn cwpwrdd storio cemegion. Mae angen i gemegydd dadansoddol ganfod beth yw'r sylweddau. Mae'r cemegydd yn defnyddio profion labordy i adnabod y sylweddau sy'n bresennol:

a) Mae sylwedd A yn rhoi prawf fflam melyn ac yn eferwi wrth ychwanegu asid hydroclorig gwanedig. Rhowch enw'r sylwedd hwn. [2]

b) Mae sylwedd B yn rhoi gwaddod gwyn gyda hydoddiant sodiwm hydrocsid a hefyd gwaddod gwyn gydag arian nitrad wedi'i asidio. Mae hefyd yn rhoi prawf fflam lliw coch. Rhowch fformiwla'r sylwedd. [2]

c) Mae sylwedd C yn gwneud gwaddod gwyrdd gyda hydoddiant sodiwm hydrocsid a gwaddod gwyn gyda bariwm clorid. Cyfiawnhewch pam nad haearn(III) sylffad yw'r sylwedd hwn. [3]

22 Rheoli adweithiau cemegol

▶ Adweithiau, adweithyddion a chynhyrchion

Adweithiau cemegol yw'r newidiadau sy'n digwydd wrth i sylwedd newydd gael ei wneud. Mae'n bwysig rheoli buanedd (neu gyfradd) adweithiau cemegol fel eu bod nhw'n ddiogel i ni ac i'r amgylchedd, ac fel eu bod nhw'n gwneud symiau proffidiol o gynhyrchion yn effeithlon.

Mae defnyddiau crai yn cynnwys yr adweithyddion sy'n cyflawni adwaith cemegol i wneud cynhyrchion dymunol. Weithiau bydd angen egni i ddechrau'r newid cemegol. Mae'n rhaid gwahanu a phuro cynhyrchion adwaith cyn eu defnyddio nhw, yn enwedig wrth wneud cynhyrchion fferyllol.

▶ Egni

Bondiau sy'n dal atomau mewn sylweddau at ei gilydd. Mae'r bondiau hyn yn storau egni cemegol. Mae sylweddau gwahanol yn storio gwahanol symiau o egni cemegol, gan ddibynnu ar nifer a natur y bondiau yn y sylweddau.

Gall adweithiau cemegol fod yn:

▶ ecsothermig – mae egni'n cael ei ryddhau, gan gynyddu tymheredd yr amgylchoedd
▶ endothermig– mae egni'n cael ei gymryd i mewn, gan ostwng tymheredd yr amgylchoedd.

Proffiliau adweithiau

Mae model yn symleiddio proses i'n helpu ni i'w deall hi. Dyma fodel o'r hyn sy'n digwydd mewn adwaith cemegol:

1 Mae angen egni i dorri'r bondiau cemegol rhwng yr atomau yn yr adweithyddion i wneud atomau unigol. Yr enw ar yr egni hwn yw'r egni actifadu.
2 Mae atomau unigol yn ad-drefnu eu hunain i wneud adeiledd y cynhyrchion.
3 Mae bondiau newydd yn ffurfio i wneud y cynhyrchion ac mae hyn yn rhyddhau egni.

Mae proffiliau adweithiau neu ddiagramau lefelau egni yn gallu dangos y newidiadau egni sy'n digwydd mewn adwaith cemegol. Mae'r echelin-x yn cynrychioli'r amser mae'r adwaith cemegol yn ei gymryd i ddigwydd. Mae'r echelin-y yn dangos lefelau egni cymharol yr adweithyddion a'r cynhyrchion, ond nid yw'n rhoi gwerth absoliwt yr egni yn y sylweddau.

Mae angen mewnbwn egni – yr egni actifadu – i ddechrau unrhyw adwaith. Dyma'r egni sydd ei angen i dorri'r bondiau yn yr adweithyddion i ffurfio atomau ar wahân sydd yna'n gallu ad-drefnu. Mae'r cam rhyngol hwn, lle mae'r atomau wedi'u gwahanu, ar

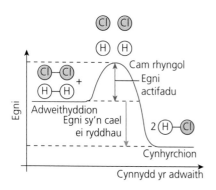

Ffigur 22.1 Adwaith ecsothermig. Mae'r egni sydd ei angen i dorri'r bondiau yn yr adweithyddion yn llai na'r egni sy'n cael ei ryddhau wrth ffurfio'r cynhyrchion

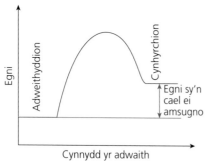

Ffigur 22.2 Adwaith endothermig. Mae'r egni sydd ei angen i dorri'r bondiau yn yr adweithyddion yn fwy na'r egni sy'n cael ei ryddhau wrth ffurfio'r cynhyrchion

lefel egni uwch na'r adweithyddion. Os caiff egni ei ryddhau i'r amgylchoedd mewn adwaith ecsothermig, bydd lefel egni'r cynhyrchion yn is na lefel egni'r adweithyddion. Os yw'r adwaith yn endothermig, bydd lefel egni'r cynhyrchion yn uwch na lefel egni'r adweithyddion. Y gwahaniaeth rhwng y lefel egni cychwynnol a'r lefel egni terfynol yw'r egni sy'n cael ei ryddhau gan adwaith ecsothermig neu ei gymryd i mewn gan adwaith endothermig.

Dewch i ni ystyried yr adwaith sy'n gwneud nwy hydrogen clorid o'i elfennau. Hafaliadau'r adwaith hwn yw:

hydrogen + clorin $\rightarrow$ hydrogen clorid

$H_2(n) + Cl_2(n) \rightarrow 2HCl(n)$

Yn yr adwaith hwn, mae gan yr adweithyddion lefel egni benodol, mae'r egni actifadu yn cael ei gyflenwi ac mae hynny'n torri'r holl fondiau yn yr elfennau. Mae hyn yn ffurfio atomau ar wahân ar gam rhyngol. Mae hwn yn gyflwr ansefydlog ac mae'r egni'n uchel. Mae'r atomau yn ad-drefnu eu hunain i wneud y cynhyrchion ac mae'r broses o ffurfio'r bondiau newydd yn rhyddhau egni. Ar y cyfan, mae llai o egni wedi'i storio yn y cynhyrchion nag yn yr adweithyddion, felly caiff egni ei ryddhau ac mae'r adwaith hwn yn ecsothermig.

✔ Profwch eich hun

1 Beth sy'n digwydd mewn adwaith cemegol?
2 Dosbarthwch yr adweithiau canlynol fel rhai ecsothermig neu endothermig:
   a) Cannwyll gwyr yn hylosgi.
   b) Amoniwm clorid yn hydoddi mewn dŵr mewn pecyn oeri.
   c) Tân gwyllt yn ffrwydro.
3 Beth yw enw'r egni sydd ei angen i dorri bondiau adweithyddion?

▶ Cyfradd yr adwaith

Gall adweithiau cemegol ddigwydd ar wahanol fuaneddau, er enghraifft:

▶ mae rhydu yn araf
▶ mae coginio yn gyflym
▶ mae tân gwyllt yn gyflym iawn (ffrwydrol).

Rydyn ni'n mesur buanedd neu **gyfradd adwaith cemegol** yn ôl y newid i swm adweithydd neu'r newid i swm cynnyrch, **mewn amser penodol**. Gallwn ni ddefnyddio mesuriadau arbrofol i gyfrifo'r gwerth hwn.

Mesur cyfradd adwaith

Mae deall cyfradd adwaith yn bwysig yn y diwydiant cemegol. Gall peirianwyr ragfynegi pa mor hir bydd hi'n ei gymryd i wneud cynnyrch a gwybod pa ffactorau i'w newid i wella effeithlonrwydd, cynyddu cynhyrchedd a lleihau costau. Gallan nhw hefyd reoli adweithiau drwy addasu'r cyfraddau ar sail y defnyddiau crai sydd ar gael, y galw am y cynnyrch terfynol ac ystyriaethau diogelwch.

Bydd gwyddonwyr yn edrych ar yr hafaliad symbolau cytbwys, yn ystyried priodweddau pob un o'r adweithyddion a'r cynhyrchion, ac yn meddwl am y ffordd orau o fonitro'r adwaith. Caiff dulliau gwahanol eu gwerthuso cyn penderfynu sut i fonitro'r adwaith.

I fonitro cyfradd adwaith, mae angen i chi wybod faint o adweithydd sy'n cael ei ddefnyddio mewn amser penodol neu faint o gynnyrch sy'n cael ei wneud mewn amser penodol.

Er enghraifft:

▶ Gallwn ni fonitro pH gyda chwiliedydd pH, sy'n dangos crynodiad yr $H^+(d)$ mewn hydoddiant ac felly crynodiad yr asid. Os yw asid yn adweithydd, bydd y pH yn cynyddu wrth i'r adwaith ddigwydd. Os yw asid yn gynnyrch, bydd y pH yn gostwng dros amser.

▶ Mewn rhai adweithiau cemegol, bydd newid lliw i'w weld. Gallwn ni ddefnyddio colorimetreg (gweler tudalen 184) i fesur arddwysedd y lliw ac amcangyfrif crynodiad sylweddau lliw mewn hydoddiant.

▶ Gallwn ni ddefnyddio TLC (gweler tudalen 181) i ddilyn cynnydd adwaith cemeg organig. Mae angen cymryd samplau o gymysgedd yr adwaith yn rheolaidd i ganfod a oes unrhyw adweithyddion yn bresennol a dangos pan fydd yr adwaith wedi'i gwblhau.

Mae yna dri dull cyffredin o fonitro cyfradd adwaith yn y labordy. I benderfynu pa ddull i'w ddefnyddio, meddyliwch am nodweddion yr adwaith ac a ydy hi'n haws monitro adweithydd yn diflannu neu gynnyrch yn cael ei gynhyrchu:

▶ Cyfaint nwy sy'n cael ei gynhyrchu – wrth gasglu nwy, mae angen cyfarpar sy'n ffitio'n dda at ei gilydd fel nad oes dim yn cael ei golli i'r atmosffer. Mae defnyddio chwistrell nwy yn fwy manwl gywir na dadleoli dŵr o silindr mesur â'i ben i lawr, ond mae chwistrell nwy yn dal cyfaint llai o nwy (Ffigur 22.3). Mae angen nodi cyfaint y nwy sy'n cael ei gasglu fesul cyfnodau hafal. Yna, mae modd plotio'r data hyn ar graff (cyfaint nwy yn erbyn amser) a'u defnyddio nhw i ganfod cyfradd gymedrig yr adwaith neu, drwy ddefnyddio graddiant rhan o'r graff, cyfradd yr adwaith ar unrhyw adeg yn ystod yr arbrawf.

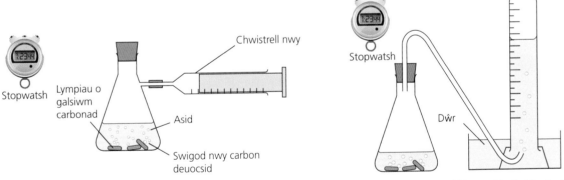

Ffigur 22.3 Mesur cyfradd yr adwaith wrth i galsiwm carbonad adweithio ag asid nitrig mewn glaw asid i wneud hydoddiant calsiwm nitrad, dŵr a nwy carbon deuocsid. Gan fod yr adwaith hwn yn rhyddhau nwy carbon deuocsid, gallwn ni gasglu a mesur cyfaint y nwy sy'n cael ei gynhyrchu mewn amser penodol. Rydyn ni'n mesur cyfaint nwy â chwistrell nwy neu yn ôl dadleoliad dŵr o silindr mesur â'i ben i lawr

▶ Newid màs – dim ond mewn systemau agored lle mae sylweddau'n gallu mynd i mewn neu allan o lestr yr adwaith y mae hyn yn bosibl (Ffigur 22.4 a 22.5). Dim ond newidiadau màs bach sy'n digwydd mewn adweithiau ar raddfa labordy, felly mae angen cloriannau trachywir a sensitif iawn i arsylwi ar yr adweithiau hyn. Wrth gwrs, mae cyfanswm màs system yr adwaith yn gyson, ond mae'n gallu ymddangos fel bod màs yn cynyddu os yw nwy o'r aer yn adweithydd sy'n cael ei ymgorffori mewn cynnyrch, neu, mae'n gallu ymddangos fel bod màs yn lleihau os oes nwy yn cael ei gynhyrchu a'i golli i'r atmosffer. Dylai màs llestr yr adwaith gael ei gofnodi fesul cyfnodau hafal, gan ddefnyddio cyfnodau sy'n caniatáu i ni arsylwi ar newidiadau màs. Ar gyfer rhai cyfraddau adwaith cyflym (fel magnesiwm + asid) gallai'r cyfwng amser fod bob 10 eiliad, ond ar gyfer adweithiau araf fel rhydu, byddai'r cyfwng amser yn llawer hirach.

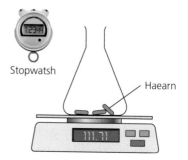

Stopwatsh

Haearn

Ffigur 22.4 Mesur cyfradd adwaith wrth i haearn rydu gan ddefnyddio clorian padell. Mae hwn yn adwaith ocsidio, felly mae'n ymddangos fel bod y màs yn cynyddu gan ei fod yn ennill ocsigen o'r aer

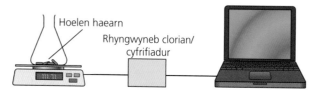

Hoelen haearn

Rhyngwyneb clorian/cyfrifiadur

Ffigur 22.5 Wrth fesur colled neu gynnydd màs mewn adwaith araf iawn, gall defnyddio cofnodydd data fod yn ffordd gyfleus o gofnodi'r mesuriadau dros gyfnod hir

▶ **Cymylogrwydd** – yn y dull hwn, rydyn ni'n monitro gwaddod anhydawdd sy'n ffurfio, sy'n gwneud hydoddiant yr adwaith yn gymylog ac yn cuddio croes sydd wedi'i marcio o dan lestr yr adwaith (Ffigur 22.6 a 22.7). Mae angen cwblhau cyfres o arbrofion, gan newid un newidyn yn raddol. Mae'r arsylwr yn amseru pa mor hir mae'n ei gymryd i'r groes ddiflannu, ac rydyn ni'n tybio mai dyma'r pwynt lle mae'r adwaith wedi'i gwblhau. Gallwn ni gymharu gwahanol rediadau'r arbrawf, a bydd amseroedd hirach yn dangos cyfraddau adwaith arafach.

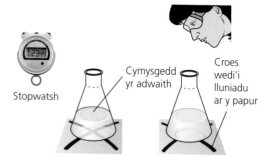

Stopwatsh

Cymysgedd yr adwaith

Croes wedi'i lluniadu ar y papur

Ffigur 22.6 Pan mae hydoddiant sodiwm thiosylffad ($Na_2S_2O_3$) yn adweithio ag asid hydroclorig gwanedig, mae gwaddod melyn o sylffwr yn troi'r hydoddiant yn gymylog. Gallwch chi fesur cyfradd yr adwaith drwy amseru pa mor hir mae'n ei gymryd i groes ar bapur dan gymysgedd yr adwaith gael ei chuddio. Enw'r dull hwn yw'r dull croes yn diflannu

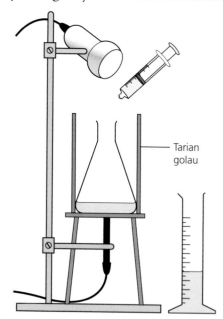

Tarian golau

Ffigur 22.7 Gallwn ni fonitro trawsyriant golau drwy gymysgedd adwaith gan ddefnyddio canfodydd golau a chofnodydd data. Mae hyn yn caniatáu i ni fonitro'n gyson wrth i'r gwaddod ffurfio, ac mae'n fwy dibynadwy gan ei fod yn lleihau'r cyfeiliornad dynol – yn Ffigur 22.6 efallai y bydd arsylwyr yn gweld y groes yn diflannu ar wahanol amseroedd oherwydd eu golwg a'u canfyddiad eu hunain

Graffiau cyfradd adwaith

Rydyn ni'n ysgrifennu data sydd wedi'u casglu o arbrofion cyfradd adwaith mewn tablau, ond mae'n gallu bod yn anodd gweld patrymau a ffurfio casgliadau. Felly, yn aml byddwn ni'n plotio'r data ar graff, gydag amser ar yr echelin-*x* a'r newidyn dibynnol a gafodd ei ddefnyddio i fonitro cyfradd yr adwaith (er enghraifft, màs neu gyfaint) ar yr echelin-*y*.

Gallwn ni dynnu'r llinell ffit orau, gan ddangos y duedd yn y data. Os ydych chi'n monitro'r adwaith cyfan, bydd graff cyfradd yr adwaith yn gromlin sy'n gwastadu yn y diwedd. Ond mewn llawer o adweithiau, dim ond rhan gyntaf yr adwaith sy'n cael ei monitro, felly mae'r graff yn llinell syth sy'n dangos perthynas mewn cyfrannedd neu mewn cyfrannedd union. Byddai cromlin glasurol cyfradd yr adwaith i'w gweld â mwy o bwyntiau data yn ddiweddarach yn yr adwaith.

Mae **graddiant** llinell graff cyfradd adwaith yn dangos cyfradd yr adwaith: y mwyaf serth yw'r graddiant, y cyflymaf yw cyfradd yr adwaith. Pan mae'r adwaith wedi gorffen, mae'r amser yn parhau ond dydy gwerth yr echelin-*y* ddim yn newid, felly mae'r graddiant yn 0 ac mae cyfradd yr adwaith hefyd yn 0.

Gallwn ni gyfrifo graddiant llinell syth drwy ddewis dau bwynt ar y llinell ffit orau gyda gwerthoedd sy'n hawdd eu darllen oddi ar y graddfeydd. Fel rheol gyffredinol, ceisiwch ddefnyddio pwyntiau sydd ar linellau grid y papur graff. Yna defnyddiwch y fformiwla:

$$\text{graddiant} = \frac{\text{newid yn } y}{\text{newid yn } x}$$

I ganfod graddiant graff cyfradd adwaith â chromlin (nid llinell syth), rhaid lluniadu **tangiad**. Mae graddiant y tangiad yn rhoi cyfradd yr adwaith ar y pwynt penodol hwnnw ar y gromlin (Ffigur 22.8).

Termau allweddol

Graddiant Maint goledd llinell syth ar graff.

Tangiad Y llinell syth sy'n rhoi'r cynrychioliad gorau o ddarn bach o linell duedd grwm ar graff.

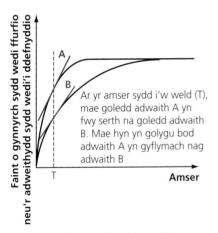

Faint o gynnyrch sydd wedi ffurfio neu'r adweithydd sydd wedi'i ddefnyddio → Amser

Ar yr amser sydd i'w weld (T), mae goledd adwaith A yn fwy serth na goledd adwaith B. Mae hyn yn golygu bod adwaith A yn gyflymach nag adwaith B

Ffigur 22.8 Mae gan Adwaith A raddiant mwy serth ac felly cyfradd adwaith gyflymach o gymharu â B. Mae'r ddwy linell yn lefelu ar yr un gwerth ar yr echelin-*y*, sy'n dangos bod yr un faint o gynnyrch yn ffurfio

Mae disgybl yn casglu'r nwy sy'n cael ei ryddhau o adwaith rhwng calsiwm carbonad ac asid hydroclorig gwanedig am 1 munud. Mae'r tabl isod yn dangos ei chanlyniadau.

Canlyniadau

Amser (s)	Cyfaint (cm³)
10	10
20	19
30	31
40	40
50	51
60	31

1 Plotiwch graff cyfradd adwaith (cyfaint yn erbyn amser) ar gyfer y data hyn.
2 Darganfyddwch pa un yw'r canlyniad anomalaidd ac awgrymwch beth allai fod wedi ei achosi.
3 Cyfrifwch gyfradd yr adwaith hwn.
4 Gwerthuswch a oedd yr adwaith hwn wedi gorffen ai peidio.

★ Enghraifft wedi ei datrys

Mae disgybl yn ymchwilio i effaith newid crynodiad asid hydroclorig ar gyfradd adwaith â magnesiwm. Mae'r disgybl yn defnyddio tri chrynodiad asid hydroclorig gwahanol ac yn mesur cyfaint y nwy sy'n cael ei gynhyrchu dros 15 munud. Mae'n llunio graff o'i ganlyniadau.

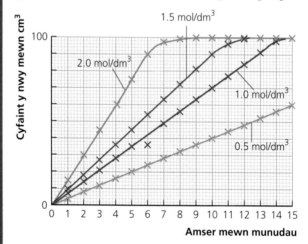

Ffigur 22.9

1 Ysgrifennwch hafaliad symbolau cytbwys, gan gynnwys symbolau cyflwr, ar gyfer yr adwaith hwn.
2 Nodwch beth yw'r newidyn annibynnol.
3 Nodwch uned y newidyn dibynnol.
4 Dosbarthwch amser fel newidyn annibynnol, newidyn dibynnol neu newidyn rheolydd a chyfiawnhewch eich ateb.
5 Disgrifiwch y duedd sydd i'w gweld yn y data crynodiad isaf.
6 Esboniwch sut gallwch chi ddefnyddio'r graff i ganfod sut mae'r crynodiad yn effeithio ar gyfradd yr adwaith.

Damcaniaeth gwrthdrawiadau

Mae'n anodd deall adweithiau cemegol gan eu bod nhw'n cynnwys newidiadau ar y lefel atomig. Gall model ein helpu ni i ddychmygu sut mae adweithiau cemegol yn digwydd a'n helpu ni i ragfynegi effeithiau newid amodau.

Mae damcaniaeth gwrthdrawiadau yn fodel, neu'n fersiwn symlach, o'r hyn sy'n digwydd yn ystod adwaith cemegol. Mae'r ddamcaniaeth hon yn tybio bod adweithyddion yn ronynnau sy'n gorfod gwrthdaro er mwyn i adwaith cemegol ddigwydd. Mewn gwirionedd, dydy'r rhan fwyaf o wrthdrawiadau ddim yn arwain at ffurfio cynnyrch, felly mae'r ddamcaniaeth yn datgan bod rhaid i'r gwrthdrawiadau fod â *digon o egni* i adwaith ddigwydd.

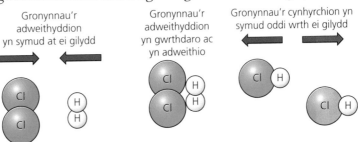

Ffigur 22.10 Mae damcaniaeth gwrthdrawiadau yn datgan bod rhaid i ronynnau adweithyddion wrthdaro â digon o egni i adwaith cemegol ddigwydd

Ar ddechrau adwaith cemegol, dim ond gronynnau adweithyddion sy'n bresennol, felly:

▶ does dim gronynnau cynnyrch
▶ mae'r siawns o wrthdrawiad llwyddiannus rhwng gronynnau'r adweithyddion yn uchel
▶ mae cyfradd yr adwaith ar ei huchaf.

Wrth i'r adwaith ddigwydd, mae crynodiad yr adweithyddion yn lleihau ac mae crynodiad y cynhyrchion yn cynyddu. Mae hyn yn achosi i gyfradd yr adwaith arafu. Tua diwedd yr adwaith, ychydig iawn o ronynnau adweithyddion sydd ar ôl, felly mae nifer y gwrthdrawiadau llwyddiannus yn isel ac mae cyfradd yr adwaith yn araf iawn. Pan does dim gronynnau adweithyddion ar ôl, does dim gwrthdrawiadau llwyddiannus ac mae cyfradd yr adwaith yn sero; mae'r adwaith wedi gorffen.

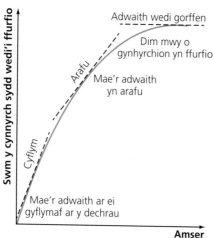

Ffigur 22.11 Mae cyfradd yr adwaith yn newid wrth i ronynnau'r adweithyddion adweithio a ffurfio gronynnau'r cynhyrchion

Tymheredd is

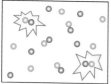

Llawer o wrthdrawiadau ddim yn cynhyrchu adwaith

Tymheredd uwch

Nifer uwch o wrthdrawiadau defnyddiol

Ffigur 22.12 Ar dymereddau is, mae gwrthdrawiadau'n dal i ddigwydd, ond does gan y gronynnau ddim digon o egni i'r rhain fod yn llwyddiannus. Ar dymereddau uwch, mae mwy o wrthdrawiadau'n digwydd ac felly mae yna fwy o wrthdrawiadau llwyddiannus, sy'n arwain at gyfradd adwaith uwch

Termau allweddol

Direolaeth thermol Mae hyn yn gallu digwydd mewn adwaith ecsothermig os yw cynyddu'r tymheredd yn cynyddu cyfradd yr adwaith, sydd yna'n cynyddu'r tymheredd yn uwch eto.

Llwybr adwaith Cyfres o gamau gwahanol sy'n digwydd mewn adwaith cemegol i fynd o'r adweithyddion i'r cynhyrchion.

Y mwyaf o wrthdrawiadau sydd bob eiliad, y mwyaf fydd nifer y gwrthdrawiadau (adweithio) llwyddiannus a'r cyflymaf fydd cyfradd yr adwaith. Mae llawer o ffactorau'n effeithio ar gyfradd adwaith gan eu bod nhw'n effeithio ar nifer y gwrthdrawiadau llwyddiannus mewn amser penodol:

▶ tymheredd
▶ crynodiad
▶ gwasgedd
▶ arwynebedd arwyneb
▶ catalyddion.

Tymheredd

Mae cynyddu'r tymheredd yn cynyddu cyfradd adwaith oherwydd:

▶ mae gronynnau'r adweithyddion yn symud yn gyflymach, felly mae mwy o wrthdrawiadau'n digwydd mewn amser penodol.
▶ mae gan ronynnau'r adweithyddion fwy o egni cinetig, felly mae'n fwy tebygol y caiff yr egni actifadu ei gyflenwi ac y bydd unrhyw wrthdrawiadau'n llwyddiannus.

Wrth i'r tymheredd gynyddu, mae cyfradd adwaith ecsothermig yn cynyddu, sy'n darparu mwy o wres ac yn achosi cyfradd gyflymach fyth. Mae hyn yn ddolen adborth positif lle mae newid yn achosi newid tebyg pellach. Rhaid i beirianwyr cemegol reoli adweithiau ecsothermig yn ofalus oherwydd y posibilrwydd o **ddireolaeth thermol**, sy'n gallu arwain at ffrwydrad. Maen nhw'n gallu dylunio prosesau i gyfyngu ar gynnydd tymheredd drwy ddefnyddio:

▶ swp-gynhyrchu, sy'n cyfyngu ar faint o adweithyddion sy'n cael eu defnyddio ac felly'n cyfyngu ar yr egni sy'n cael ei ryddhau. Mae'n haws rheoli'r cynhyrchiant.
▶ **llwybrau adwaith** amgen, a allai gymryd mwy o amser, ond sy'n haws eu rheoli. Er enghraifft, yn y broses gyffwrdd i wneud asid sylffwrig, allwn ni ddim ychwanegu dŵr yn uniongyrchol at sylffwr deuocsid gan fod yr adwaith yn rhy ecsothermig. Fodd bynnag, gallwn ni adweithio'r sylffwr deuocsid ag olewm (asid sylffwrig crynodedig) ac yna ei wanedu i wneud asid sylffwrig. Mae'r llwybr adwaith hwn yn rhyddhau egni'n arafach ond mae'n cymryd mwy o amser ac mae angen defnydd crai ychwanegol, sef olewm.
▶ llestri adweithio arbenigol â systemau oeri awtomataidd.
▶ catalyddion, sy'n gostwng egni actifadu yr adwaith ac felly'n golygu bod angen llai o wresogi.

Digwyddodd direolaeth thermol yn 1947 yn Texas City, Galveston Bay, mewn tân a ddechreuodd ar long oedd wedi docio yn y porthladd. Yn anffodus, roedd yr SS Grandcamp yn cludo tua 2100 tunnell fetrig o amoniwm nitrad, sy'n gallu cael ei ddefnyddio fel gwrtaith, ond sydd hefyd yn ffrwydrol. Fe wnaeth ffrwydrad ddechrau adwaith cadwynol ac fe wnaeth y tymereddau uchel achosi i longau a chyfleusterau storio olew cyfagos fynd ar dân, gan arwain at farwolaethau 581 o bobl.

Enghraifft fwy diweddar yw trychineb Bhopal yn India, a ddigwyddodd dros nos ddechrau mis Rhagfyr 1984. Gollyngodd ffatri plaleiddiaid y nwy gwenwynig methyl isocyanad ar ddamwain, a daeth dros 500 000 o bobl i gysylltiad ag ef. Digwyddodd y gollyngiad nwy ar ôl i ddŵr fynd i mewn i danc storio diffygiol, gan achosi adwaith ecsothermig direolaeth.

Crynodiad a gwasgedd

Mae crynodiad hydoddiant yn mesur faint o hydoddyn sydd wedi'i hydoddi mewn cyfaint penodol o hydoddydd. Y mwyaf crynodedig yw'r hydoddiant, y mwyaf o hydoddyn sydd mewn cyfaint penodol o'r hydoddiant.

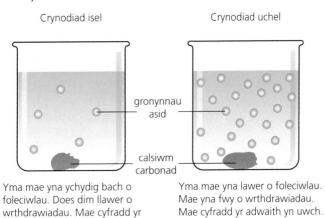

Crynodiad isel   Crynodiad uchel

gronynnau asid

calsiwm carbonad

Yma mae yna ychydig bach o foleciwlau. Does dim llawer o wrthdrawiadau. Mae cyfradd yr adwaith yn isel.

Yma mae yna lawer o foleciwlau. Mae yna fwy o wrthdrawiadau. Mae cyfradd yr adwaith yn uwch.

Ffigur 22.13 Mewn hydoddiannau gwanedig, mae yna lai o ronynnau o'r adweithydd mewn cyfaint penodol nag sydd mewn hydoddiannau crynodedig. Mae hyn yn arwain at nifer is o wrthdrawiadau llwyddiannus mewn amser penodol ac felly cyfradd adwaith is

Mae cynyddu gwasgedd y nwy yn rhoi yr un nifer o ronynnau nwy mewn cyfaint llai, sy'n golygu bod crynodiad y gronynnau nwy wedi cynyddu.

Mae cynyddu crynodiad yr adweithyddion mewn hydoddiant neu wasgedd nwy yn cynyddu cyfradd adwaith oherwydd bod yna fwy o ronynnau adweithydd i bob cyfaint o'r hydoddiant, felly mae yna fwy o wrthdrawiadau mewn amser penodol. Mae cynyddu cyfanswm nifer y gwrthdrawiadau yn cynyddu nifer y gwrthdrawiadau llwyddiannus.

Arwynebedd arwyneb

Mae cynyddu arwynebedd arwyneb adweithydd solid yn cynyddu cyfradd adwaith oherwydd bod mwy o ronynnau'r adweithydd solid yn y golwg ac felly maen nhw'n gallu gwrthdaro â'r adweithydd arall.

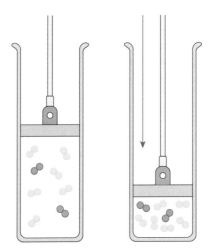

Ffigur 22.14 Mae cynyddu'r gwasgedd drwy bwyso'r plymiwr ar chwistrell yn lleihau'r cyfaint, ac felly bydd gan y moleciwlau lai o le i symud. Maen nhw'n fwy tebygol o wrthdaro ac mae cyfradd yr adwaith yn cynyddu

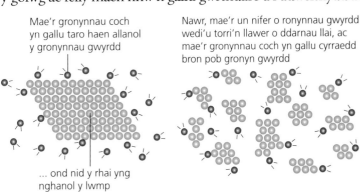

Mae'r gronynnau coch yn gallu taro haen allanol y gronynnau gwyrdd

Nawr, mae'r un nifer o ronynnau gwyrdd wedi'u torri'n llawer o ddarnau llai, ac mae'r gronynnau coch yn gallu cyrraedd bron pob gronyn gwyrdd

... ond nid y rhai yng nghanol y lwmp

Ffigur 22.15 Mewn lympiau o ddefnydd solid, mae yna lai o ronynnau adweithydd ar yr arwyneb ar gael i wrthdaro, o gymharu â'r un màs o bowdr. Mae hyn yn arwain at nifer is o wrthdrawiadau llwyddiannus mewn amser penodol ac felly cyfradd adwaith is

Felly, mae cyfradd adwaith powdr yn gyflymach na lwmp mwy o'r un defnydd.

▶ Catalyddion

Mae catalydd yn cynyddu cyfradd adwaith. Mae pob catalydd yn benodol i adwaith cemegol penodol, ond dydyn nhw byth yn cael eu defnyddio yn yr adwaith hwnnw. Er enghraifft, mae haearn yn gatalydd ym mhroses Haber sy'n gwneud amonia ar gyfer gwrtaith.

Mae catalyddion yn aml yn darparu arwyneb i'r adwaith ddigwydd arno ac mae hyn yn gostwng egni actifadu'r adwaith. Dydy nifer y gwrthdrawiadau ddim yn newid, ond bydd mwy ohonyn nhw'n llwyddiannus yn yr un amser, felly mae cyfradd yr adwaith yn cynyddu.

Mae catalyddion yn gallu bod yn dda i'r amgylchedd. Er enghraifft, mae trawsnewidyddion catalytig yn troi'r nwyon sy'n llygryddion yn nwy gwacáu ceir, yn nwyon diberygl sy'n bodoli'n naturiol mewn aer. Mae catalyddion hefyd yn bwysig iawn mewn diwydiant. Maen nhw'n arbed amser ac arian drwy gynyddu effeithlonrwydd adweithiau cemegol. Gan fod catalyddion yn gostwng egni actifadu adweithiau, mae angen llai o wresogi i wneud newid cemegol, sy'n golygu defnyddio llai o danwyddau ffosil a chynhyrchu llai o nwyon tŷ gwydr. Mae ymchwil yn canolbwyntio ar ganfod catalyddion newydd sy'n rhatach i'w gwneud ac yn haws eu defnyddio, ond sy'n cael yr un effeithiau â chatalyddion presennol, neu effeithiau gwell.

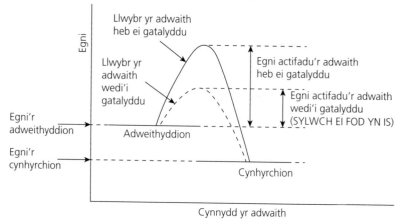

Ⓤ **Ffigur 22.16** Sylweddau yw catalyddion sy'n darparu llwybr amgen i'r adwaith ag egni actifadu is, sy'n golygu bod gwrthdrawiadau â llai o egni nawr yn gallu bod yn llwyddiannus

Mae catalyddion yn bwysig iawn mewn diwydiant gan eu bod:

▶ yn gostwng tymereddau gweithredu adweithiau, gan ostwng costau egni darparu'r tymereddau uchel ar gyfer yr egni actifadu i ddechrau'r adwaith. Gallwn ni ailddefnyddio catalyddion sawl gwaith, felly maen nhw'n ddewis economaidd o gymharu â chynnal adweithiau ar dymereddau uchel.

▶ yn cynyddu'r cynnyrch gwirioneddol. Gan fod catalyddion yn benodol, maen nhw'n sicrhau bod y cynnyrch dymunol yn cael ei wneud, yn hytrach na sgil gynhyrchion dieisiau.

▶ yn lleihau'r amser mae'n ei gymryd i wneud y cynnyrch, sy'n gwneud y broses yn gyflymach ac yn fwy proffidiol.

▶ yn arbed defnyddiau crai, gan fod llai o wastraff yn cael ei gynhyrchu.

Dydy catalyddion ddim yn cael eu treulio mewn adweithiau, felly gallwn eu defnyddio nhw drosodd a throsodd. Mae angen eu glanhau nhw o bryd i'w gilydd i sicrhau eu bod nhw'n gweithio ar eu gorau.

Bydd catalydd yn aml yn darparu arwyneb i'r adwaith ddigwydd arno, sy'n gostwng yr egni actifadu. Felly, mewn diwydiant, yn aml caiff catalyddion eu defnyddio ar ffurf powdrau i gynyddu eu harwynebedd arwyneb fel bod angen llai o gatalydd. Mae hyn yn ddymunol gan fod llawer o gatalyddion yn fetelau trosiannol cymharol ddrud.

Profwch eich hun

7 Pa newidiadau allwn ni eu gwneud i gynyddu cyfradd adwaith?

8 Beth yw damcaniaeth gwrthdrawiadau?

9 Beth sydd ei angen ar gyfer gwrthdrawiad llwyddiannus?

10 Esboniwch sut mae'r ffactorau hyn yn effeithio ar nifer y gwrthdrawiadau llwyddiannus mewn amser penodol:

   a) cynyddu'r tymheredd

   b) cynyddu crynodiad adweithyddion

   c) cynyddu gwasgedd adweithyddion sy'n nwy

   ch) ychwanegu catalydd

⚙ Gwaith ymarferol penodol

Ymchwiliad i'r ffactorau sy'n effeithio ar gyfradd yr adwaith rhwng asid hydroclorig gwanedig a sodiwm thiosylffad

Mae sodiwm thiosylffad yn adweithio ag asid hydroclorig i ffurfio nwy a gwaddod anhydawdd:

$$Na_2S_2O_3(d) + 2HCl(d) \rightarrow 2NaCl(d) + S(s) + SO_2(n) + H_2O(h)$$

Gallwn ni fonitro'r adwaith drwy fesur colled màs wrth i'r cynnyrch nwy ddianc i'r amgylchoedd neu drwy fesur cyfaint y nwy sy'n cael ei gasglu. Mae'r dulliau hyn yn rhoi pwyntiau data drwy gydol yr amser mae'r adwaith yn cael ei fonitro. Wrth blotio graff o fàs neu gyfaint yn erbyn amser, bydd y graddiant ar unrhyw bwynt yn ein galluogi ni i gyfrifo cyfradd yr adwaith ar yr adeg honno.

Gan fod yr adwaith yn cynhyrchu gwaddod sy'n rhoi ymddangosiad cymylog, gallwn ni hefyd ei fonitro gan ddefnyddio'r dull croes yn diflannu. Ar gyfer y dull hwn, mae angen cofnodi pwynt mewn amser: yr amser mae'n ei gymryd i groes ar ddarn o bapur o dan lestr yr adwaith ddiflannu wrth i'r hydoddiant droi'n gymylog. Mae'r dull hwn yn gyfyngedig gan mai dim ond cyfradd *gyfartalog* yr adwaith mae'n gallu ei rhoi ar gyfer pob rhediad arbrofol unigol. Mae'r amser mae'n ei gymryd i'r groes ddiflannu yn dangos bod yr adwaith wedi gorffen. Mae'n cymryd llai o amser i'r groes gael ei chuddio os yw cyfradd yr adwaith yn gyflymach. Mae'r dull hwn yn addas i gymharu cyfraddau adweithiau â gwahanol grynodiadau adweithyddion neu adweithyddion ar dymereddau gwahanol.

Mae disgybl yn penderfynu ymchwilio i sut mae'r tymheredd yn effeithio ar gyfradd adwaith ac yn defnyddio'r dull croes yn diflannu i fonitro'r adwaith.

Hydoddiant sodiwm thiosylffad

Sodiwm thiosylffad ac asid gwanedig

Ffigur 22.17

Canlyniadau

Tymheredd (°C)	Amser mae'n ei gymryd i'r groes ddiflannu (s)
20	79
30	58
40	31
50	20
60	8

Dadansoddi'r canlyniadau

1 Enwch gynnyrch nwyol yr adwaith hwn.

2 Enwch y gwaddod o'r adwaith hwn.

3 Cyfiawnhewch ddefnyddio'r dull croes yn diflannu i fesur effaith newid crynodiad yr asid hydroclorig.

4 Pam mae angen gwisgo cyfarpar amddiffyn y llygaid?

5 Beth yw'r newidyn annibynnol?

6 Beth yw'r newidyn dibynnol?

7 Beth yw'r newidynnau rheolydd?

8 Plotiwch y data hyn ar graff (â'r tymheredd ar yr echelin-*x*, a'r amser i'r groes ddiflannu ar yr echelin-*y*) a thynnwch linell ffit orau addas.

9 Disgrifiwch y patrwm yn y data.

10 Mae disgybl yn awgrymu bod dyblu'r tymheredd yn dyblu cyfradd yr adwaith. Ydych chi'n cytuno? Esboniwch eich ateb.

Crynodeb o'r bennod

- Mae adweithiau cemegol yn gwneud sylwedd newydd.
- Mae adweithiau cemegol ecsothermig yn rhyddhau egni ac yn achosi i dymheredd yr amgylchoedd gynyddu.
- Mae adweithiau cemegol endothermig yn cymryd egni i mewn ac yn achosi i dymheredd yr amgylchoedd ostwng.
- Weithiau, mae cyfradd adweithiau ecsothermig yn gallu cyflymu wrth i'r tymheredd godi ac mae hyn yn gallu arwain at ddireolaeth thermol a ffrwydradau.
- Mae cyfradd adwaith yn mesur pa mor gyflym mae adwaith yn digwydd. Gallwn ni fonitro hyn drwy fesur newidiadau màs, casglu nwy neu amseru gwaddod yn ffurfio.
- Gallwn ni gynyddu cyfradd adwaith drwy gynyddu'r tymheredd, cynyddu arwynebedd arwyneb adweithyddion solid, cynyddu gwasgedd adweithyddion nwyol, cynyddu crynodiad adweithyddion mewn hydoddiant neu ychwanegu catalydd addas.
- Mae damcaniaeth gwrthdrawiadau yn gallu helpu i wneud rhagfynegiadau ynghylch sut bydd newid amodau yn effeithio ar gyfradd adwaith. Mae angen i ronynnau adweithyddion wrthdaro â digon o egni er mwyn i adweithiau ddigwydd.
- Isafswm yr egni sydd ei angen er mwyn i adwaith ddigwydd yw'r egni actifadu. Mae catalyddion yn cynyddu cyfradd adwaith drwy ddarparu llwybr adwaith gwahanol ag egni actifadu is, heb gael eu defnyddio yn y broses eu hunain.
- Mae catalyddion yn benodol i adweithiau ac yn gostwng cost cwblhau prosesau diwydiannol sy'n cynnwys adweithiau cemegol drwy ostwng y tymheredd gweithredu, cynyddu'r cynnyrch ac arbed defnyddiau crai.

23 Rheoli adweithiau niwclear

▶ Pŵer niwclear

Ydyn ni eisiau adeiladu mwy o orsafoedd pŵer niwclear? Ar y naill law, mae pŵer niwclear yn dda iawn am gynhyrchu symiau mawr o drydan carbon-niwtral 'ar alw'. Ond ar y llaw arall, mae digwyddiadau 1 Mawrth 2011, pan wnaeth daeargryn maint 8.9, 400 km i'r gogledd-ddwyrain o Tokyo, achosi tswnami 14-metr a wnaeth daro'r lan ger gorsaf bŵer niwclear Fukushima, wedi gwneud y penderfyniad i adeiladu adweithyddion newydd yn y Deyrnas Unedig yn gynnig llawer anoddach. Ydy'r risgiau sy'n gysylltiedig â phŵer niwclear yn fwy na'r risgiau sy'n gysylltiedig â llosgi tanwyddau ffosil, allyrru nwyon tŷ gwydr, a chynhesu byd-eang?

Sut mae pŵer niwclear yn gweithio?

Mae atomau wedi'u gwneud o niwclysau bach iawn â gwefr bositif, ac electronau mewn orbit o gwmpas y niwclews. Mae'r niwclysau wedi'u gwneud o niwcleonau (protonau a niwtronau) ac rydyn ni'n defnyddio'r nodiant $_{Z}^{A}X$ i ddisgrifio'r niwclews lle A yw'r rhif niwcleon (neu'r rhif màs), Z yw'r rhif proton (neu'r rhif atomig) ac X yw'r symbol atomig.

Wraniwm yw tanwydd adweithyddion niwclear, ac mae ganddo ddau brif isotop – wraniwm-238 ($_{92}^{238}U$) ac wraniwm-235 ($_{92}^{235}U$). Gan fod y ddau yn ffurfiau ar wraniwm, mae ganddyn nhw'r un nifer o brotonau (Z = 92), ond mae ganddyn nhw niferoedd gwahanol o niwtronau. Mewn wraniwm-238, mae A = 238 a Z = 92, felly nifer y niwtronau yw 238 – 92 = 146; ac mewn wraniwm-235, mae A = 235 a Z = 92, felly nifer y niwtronau yw 235 – 92 = 143. Wraniwm-235 yw'r isotop rydyn ni'n ei ddefnyddio mewn adweithyddion niwclear oherwydd ei fod yn cyflawni ymholltiad niwclear.

▶ Ymholltiad niwclear

Mae pob adweithydd niwclear presennol yn defnyddio proses ymholltiad niwclear i gynhyrchu eu prif ffynhonnell egni – mae'r gair 'ymhollti' yn golygu 'torri'. Mae wraniwm-235, $_{92}^{235}U$, yn naturiol ymbelydrol ac mae'n dadfeilio drwy gyfrwng dadfeiliad alffa ($_{2}^{4}He$) i ffurfio thoriwm–231, $_{90}^{231}Th$. Mae'r hafaliad niwclear canlynol yn crynhoi hyn:

$$_{92}^{235}U \rightarrow _{90}^{231}Th + _{2}^{4}He$$

Wrth ysgrifennu hafaliadau niwclear gan ddefnyddio'r nodiant $_{Z}^{A}X$, mae deddf cadwraeth yn berthnasol; rhaid i bob gwerth A (y rhif màs) ar ochr chwith yr hafaliad adio i fod yn hafal i gyfanswm yr holl werthoedd A ar yr ochr dde. Mae'r un ddeddf yn berthnasol i werthoedd Z (y rhif atomig).

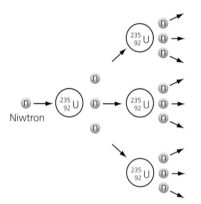

Ffigur 23.1 Adwaith cadwynol mewn wraniwm-235

Y tu mewn i adweithydd niwclear, gall niwclysau U-235 gael eu torri'n 'epil' niwclysau mawr (yn hytrach na dadfeiliad alffa), os ydyn nhw'n cael eu peledu â niwtronau araf – enw'r broses hon yw **ymholltiad niwclear**. Dyma hafaliad niwclear nodweddiadol y broses hon:

$$_{92}^{235}\text{U} + {}_0^1\text{n} \rightarrow {}_{56}^{141}\text{Ba} + {}_{36}^{92}\text{Kr} + 3{}_0^1\text{n}$$

Yn ystod yr ymholltiad, caiff mwy o niwtronau rhydd eu cynhyrchu, sydd eu hunain, yn eu tro, yn gallu cynhyrchu ymholltiad niwclysau U-235 eraill, ac yn y blaen, gan ddechrau proses o'r enw **adwaith cadwynol** (Ffigur 23.1).

Mae adwaith cadwynol niwclear afreolus yn gallu arwain at ffrwydrad sy'n rhyddhau symiau enfawr o egni mewn cyfnod byr iawn. Mae arfau niwclear yn defnyddio'r mecanwaith hwn. Mae adweithyddion niwclear, fodd bynnag, yn defnyddio mecanweithiau rheoli i gyfyngu ar fuanedd yr adwaith cadwynol ac i ryddhau'r egni'n llawer arafach.

> ✔ **Profwch eich hun**
>
> 1 Mae màs 1 atom U-235 yn 3.9×10^{-25} kg. Sawl atom U-235 sydd mewn 1 kg? Os yw niwclews pob atom yn gallu allyrru 3.2×10^{-11} J o egni, faint o egni allai 1 kg o U-235 ei gynhyrchu?
> 2 Gallai 1 kg o U-235 gynhyrchu tua 83 TJ (83×10^{12} J) o egni. O gymharu, gallai 1 kg o'r glo gorau gynhyrchu 35 MJ (35×10^6 J). Faint o lo fyddai'n rhaid i chi ei losgi i gael yr un faint o egni ag o 1 kg o wraniwm-235?
> 3 Oes angen ystyried unrhyw beth arall wrth gymharu glo ac wraniwm fel tanwyddau i gynhyrchu trydan?
> 4 Cwblhewch yr hafaliadau niwclear canlynol ar gyfer ymholltiadau sy'n digwydd mewn adweithydd niwclear:
>
> a) $_{92}^{235}\text{U} + {}_0^1\text{n} \rightarrow {}_{53}^{...}\text{I} + {}_{39}^{95}\text{Y} + 3{}_0^1\text{n}$
>
> b) $_{92}^{235}\text{U} + {}_0^1\text{n} \rightarrow {}_{56}^{144}\text{Ba} + {}_{36}^{90}\text{Kr} + ...{}_0^1\text{n}$

Sut mae ymholltiad yn gweithio?

Mae ymholltiad U-235 yn torri'r niwclews yn ddau epilniwclews, un â rhif niwcleon o tua 137 ac un arall â rhif niwcleon o tua 95. Ar gyfartaledd, mae'r broses hefyd yn cynhyrchu tri niwtron, ond mae hyn yn gallu bod hyd at bump neu gyn lleied ag un. Mae'r union ddadfeiliad sy'n digwydd i unrhyw un niwclews U-235 yn dibynnu ar lawer o ffactorau, gan gynnwys buanedd y niwtron ymhollti sy'n ei daro. Gallwn ni ddefnyddio'r hafaliad niwclear canlynol i gynrychioli un dadfeiliad cyffredin:

$$_{92}^{235}\text{U} + {}_0^1\text{n} \rightarrow {}_{56}^{144}\text{Ba} + {}_{36}^{89}\text{Kr} + 3{}_0^1\text{n}$$

Yn yr enghraifft hon, mae'r niwclews U-235 yn cael ei daro gan niwtron araf. Y ddau epilniwclews sy'n ffurfio yw crypton-89 a bariwm-144, ac mae'r broses yn cynhyrchu tri niwtron arall sydd, ar ôl cael eu harafu gan gymedrolydd y tu mewn i adweithydd, yn gallu mynd ymlaen i ffurfio tri digwyddiad ymhollti pellach (Ffigur 23.2).

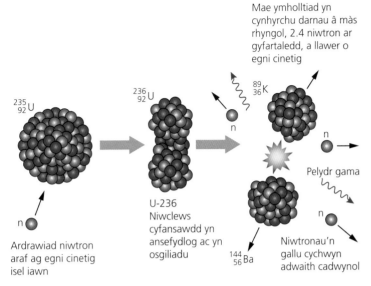

Mae ymholltiad yn cynhyrchu darnau â màs rhyngol, 2.4 niwtron ar gyfartaledd, a llawer o egni cinetig

Ardrawiad niwtron araf ag egni cinetig isel iawn

U-236 Niwclews cyfansawdd yn ansefydlog ac yn osgiliadu

Pelydr gama

Niwtronau'n gallu cychwyn adwaith cadwynol

Ffigur 23.2 Dadfeiliad wraniwm-235

Mae llawer o'r epilgynhyrchion ymhollti hefyd yn ymbelydrol ac yn dadfeilio gydag amrywiaeth eang o hanner oesau, o ïodin-129, sydd â hanner oes o 15.7 miliwn o flynyddoedd, i lawr i ewropiwm-155, sydd â hanner oes o 4.76 blwyddyn. Mae rhodenni tanwydd niwclear yn aros yn ymbelydrol am amser hir iawn ac mae angen eu storio nhw'n ddiogel iawn.

> ✓ **Profwch eich hun**
>
> 5 Defnyddiwch Dabl Cyfnodol i ysgrifennu hafaliadau niwclear i grynhoi'r adweithiau ymhollti canlynol mewn rhoden danwydd niwclear, wrth i wraniwm-235 gael ei hollti gan un niwtron. Mae'r hafaliadau ar y ffurf:
>
> $$^{235}_{92}U + ^{1}_{0}n \rightarrow \ldots + \ldots + \ldots ^{1}_{0}n$$
>
> Y cynhyrchion ymhollti yw:
>
> **a)** senon-140, strontiwm-94 a dau niwtron
>
> **b)** rwbidiwm-90, cesiwm-144 a dau niwtron
>
> **c)** lanthanwm-146, bromin-87 a thri niwtron.

▶ Peirianneg adweithyddion

Mae'n rhaid i'r niwtronau sy'n cael eu rhyddhau o ymholltiad wraniwm-235 symud yn ddigon araf i broses ymholltiad niwclear fod yn bosibl. Os yw'r niwtronau'n symud yn rhy gyflym, wnawn nhw ddim achosi ymholltiad. Rydyn ni'n galw'r niwtronau araf yn **niwtronau thermol**. Er mwyn arafu'r niwtronau cyflym sy'n cael eu cynhyrchu gan broses ymholltiad niwclear, mae'r rhodenni tanwydd yn yr adweithydd wedi'u hamgylchynu â defnydd o'r enw **cymedrolydd**. Mae'r rhan fwyaf o adweithyddion niwclear yn defnyddio dŵr fel y cymedrolydd (yr enw ar y rhain yw adweithyddion dŵr dan wasgedd (Ffigur 23.3), ac mae eraill yn defnyddio rhodenni graffit (math o garbon yw graffit). Mantais defnyddio dŵr fel cymedrolydd yw ei fod hefyd yn gallu gweithredu fel oerydd a mecanwaith trosglwyddo gwres ar gyfer yr adweithydd. Mae'r dŵr poeth yn cael ei ddefnyddio i wneud ager sy'n troi tyrbin; mae hwnnw'n gyrru generadur sy'n cynhyrchu trydan. Os caiff yr

Termau allweddol

Niwtronau thermol Niwtronau sy'n cael eu cynhyrchu mewn adweithydd niwclear ac sy'n cael eu harafu gan gymedrolydd fel eu bod nhw'n gallu cynhyrchu mwy o ymholltiadau niwclear.

Cymedrolydd Defnydd fel dŵr sy'n arafu niwtronau mewn adweithydd niwclear fel eu bod nhw'n gallu cynhyrchu ymholltiadau pellach.

oerydd ei golli, bydd yr adwaith cadwynol niwclear yn stopio (bydd y niwtronau'n symud yn rhy gyflym), ond bydd yr adweithydd yn gorboethi; mae hyn yn un o'r pethau a ddigwyddodd yng ngorsaf niwclear Fukushima ar ôl y tswnami ym mis Mawrth 2011.

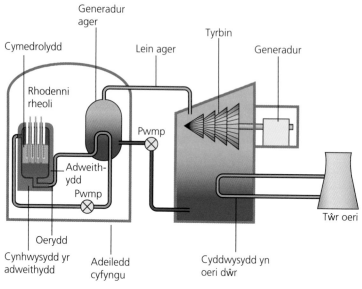

Ffigur 23.3 Adweithydd dŵr dan wasgedd

Gallwn ni atal proses ymholltiad niwclear yn gyfan gwbl, ei chyflymu neu ei harafu, drwy reoli nifer y niwtronau thermol yn y rhodenni tanwydd. Mewn adweithydd niwclear, rydyn ni'n gwneud hyn drwy roi rhodenni sy'n amsugno niwtronau, sef **rhodenni rheoli**, yn y bylchau rhwng y rhodenni tanwydd. Mae defnyddiau fel boron, cadmiwm a haffniwm yn cael eu defnyddio'n aml i wneud rhodenni rheoli. Mae gan bob adweithydd modern fecanweithiau 'methu'n ddiogel' wedi'u cynnwys yn eu systemau, sy'n golygu, os oes nam yn digwydd, bod y rhodenni rheoli yn gostwng yn awtomatig i mewn i'r adweithydd, gan atal yr adwaith cadwynol. Mae symud y rhodenni rheoli i lawr i mewn i'r adweithydd yn arafu'r adwaith (neu'n ei atal yn llwyr) drwy amsugno mwy o'r niwtronau thermol; mae symud y rhodenni rheoli i fyny yn cyflymu'r adwaith gan fod llai o niwtronau thermol yn cael eu hamsugno.

Mae diogelwch adweithyddion niwclear yn cael ei gynyddu ymhellach drwy gau yr adweithydd mewn cynhwysydd gwasgedd dur cryf, ac yna rhoi holl gynhwysydd yr adweithydd mewn adeiledd cyfyngu wedi'i wneud o goncrit. Mae'r cynhwysydd gwasgedd a'r adeiledd cyfyngu gyda'i gilydd yn atal unrhyw ymbelydredd rhag dianc.

Hanner oes

Actifedd sampl ymbelydrol (wedi'i fesur mewn becquerelau, Bq) yw nifer y dadfeiliadau ymbelydrol bob eiliad. Mae'r actifedd cefndir sy'n bodoli'n naturiol mewn labordy ysgol tua 0.5 Bq, ac mae actifedd ffynhonnell ymbelydrol safonol mewn ysgol tua 150 kBq (150 000 Bq); byddai actifedd hen roden danwydd niwclear, fodd bynnag, yn 46 000 TBq (46 000 000 000 000 000 Bq!). Rydyn ni'n cymharu amser dadfeilio atomau ymbelydrol gan ddefnyddio mesuriad o'r enw **hanner oes**. Hanner oes sylwedd ymbelydrol yw'r amser mae'n ei gymryd i actifedd sampl haneru.

Term allweddol

Rhoden reoli Rhoden o ddefnydd, fel boron, sy'n amsugno niwtronau mewn adweithydd niwclear. Mae gostwng neu godi'r rhodenni rheoli mewn adweithydd yn gallu rheoli cyfradd yr adweithiau ymholltiad niwclear.

Tabl 23.1 Hanner oesau rhai atomau ymbelydrol

Atom ymbelydrol	Hanner oes (miliynau o flynyddoedd)
Tecnetiwm-99	0.211
Seleniwm-79	0.327
Sirconiwm-93	1.53
Cesiwm-135	2.3
Paladiwm-107	6.5
Ïodin-129	15.7

Mae'r atomau ymbelydrol yn Nhabl 23.1 i gyd i'w cael mewn hen danwydd niwclear ac mae ganddyn nhw hanner oesau hir iawn. Mae storio hen wastraff niwclear yn ddiogel, yn fater difrifol i fodau dynol. Bydd angen cadw'r cyfleusterau storio yn ddiogel am GANNOEDD o FILIYNAU o flynyddoedd.

★ | Enghraifft wedi ei datrys

Mae gan sampl bach o sirconiwm-93 mewn bloc gwydr actifedd cychwynnol o 1200 kBq. Defnyddiwch y wybodaeth yn Nhabl 23.1 i ganfod nifer y blynyddoedd ac actifedd y sampl ar ôl:

a) 1 hanner oes
b) 3 hanner oes
c) 5 hanner oes.

Ateb

a) 1 hanner oes = 1.53 miliwn o flynyddoedd; actifedd = $\frac{1200\,kBq}{2}$ = 600 kBq

b) 3 hanner oes = 3 × 1.53 miliwn o flynyddoedd = 4.59 miliwn o flynyddoedd; actifedd = 1200 kBq ÷ 2 ÷ 2 ÷ 2 = 150 kBq

c) 5 hanner oes = 5 × 1.53 miliwn o flynyddoedd = 7.65 miliwn o flynyddoedd; actifedd = 1200 kBq ÷ 2 ÷ 2 ÷ 2 ÷ 2 ÷ 2 = 37.5 kBq

---

▶ Trychinebau niwclear

Mae yna dair trychineb fawr wedi bod mewn gorsafoedd pŵer niwclear:

▶ **Three Mile Island, Pennsylvania, UDA, 1979** – cafodd y drychineb hon ei hachosi gan gyfuniad o fethiant mecanyddol a chamgymeriadau dynol, ac o ganlyniad, fe wnaeth craidd yr adweithydd ymdoddi'n rhannol gan ryddhau dŵr oerydd ymbelydrol i'r ardal o gwmpas yr orsaf. Yn ffodus, roedd yr effaith ar fodau dynol yn fach iawn; cafodd pobl a oedd yn byw'n agos at yr adweithydd, ddos ymbelydrol ychwanegol a oedd yn gywerth â phelydr-X safonol.

▶ **Chernobyl, Wcráin, 1986** – cafodd y drychineb hon ei hachosi gan ddyluniad gwael yr adweithydd a chamgymeriadau dynol, ar ôl i weithredwyr yr adweithydd ddiffodd systemau diogelwch awtomatig. Fe wnaeth yr adweithydd ymdoddi gan achosi ffrwydrad a thân a rhyddhau rhywfaint o ddefnydd craidd yr adweithydd i'r atmosffer. Cafodd dau o weithredwyr yr orsaf eu lladd gan y ffrwydrad a bu farw 28 o bobl yn fuan wedyn o wenwyn ymbelydredd. Mae parth eithrio 30 km wedi bodoli ers y ddamwain, ac mae safle'r adweithydd nawr wedi'i gau mewn gorchudd dur amddiffynnol enfawr. Mae iechyd y boblogaeth o gwmpas safle'r adweithydd yn dal i gael ei fonitro, a does dim tystiolaeth o effaith fawr ar iechyd cyhoeddus ar ôl dod i gysylltiad â'r ymbelydredd. Fodd bynnag, mae tua 1800 achos o ganser y thyroid wedi cael eu cadarnhau ymysg plant (oedd o dan 14 mlwydd oed ar adeg y ddamwain). Mae hwn yn ffigur llawer uwch na'r disgwyl yn y boblogaeth gyffredinol, ac mae'r bobl a oedd yn ymwneud yn uniongyrchol â'r drychineb yn dal i deimlo'r effeithiau seicolegol.

6 Beth yw'r prif danwydd mewn adweithydd niwclear?

7 Beth yw 'adwaith cadwynol'?

8 Pam mae angen cymedrolydd mewn adweithydd niwclear?

9 Sut gallwn ni reoli adweithydd niwclear mewn gorsaf bŵer?

10 Pam mae'r adweithydd wedi'i gau mewn cynhwysydd dur ag adeiledd cyfyngu concrit trwchus o'i gwmpas?

11 Pam mae angen storio hen rodenni tanwydd dan ddŵr mewn pyllau y tu mewn i'r adeiledd cyfyngu?

▸ **Fukoshima, Japan, 2011** – cafodd y drychineb hon ei hachosi gan don tswnami a dorrodd y pympiau oerydd, a llifodd y don i mewn i'r adweithyddion a arweiniodd at ymdoddi tri chraidd, a chafwyd ffrwydradau bach o ganlyniad i hynny. Cafodd symiau mawr o ddŵr halogedig eu rhyddhau i'r Môr Tawel. Bu farw un unigolyn o wenwyn ymbelydredd, cafodd tuag 18 eu hanafu gan y ffrwydradau, a bu farw tua 573 o bobl o ganlyniad i'r gwacáu. Cafodd parth eithrio 20 km ei sefydlu ac mae disgwyl i'r gwaith glanhau gymryd 30–40 mlynedd. Ychydig iawn o effeithiau iechyd tymor hir oedd ar y boblogaeth leol gan nad oedden nhw wedi dod i gysylltiad â llawer o ymbelydredd.

Mewn dau o'r achosion hyn, cafodd camgymeriadau dynol o beidio â dilyn protocolau diogelwch eu nodi fel ffactor, ac ym mhob un o'r tri, roedd dyluniad y systemau rheoli a diogelwch ar fai. Mae pob un o'r tair trychineb hyn wedi arwain at newidiadau mawr i sut caiff gorsafoedd pŵer niwclear eu dylunio a'u gweithredu.

Mae'r tair damwain niwclear fawr wedi effeithio ar yr amgylchedd ac ar iechyd dynol, ond mae angen rhoi hyn mewn cyd-destun. Mae Ffigur 23.4 yn dangos cyfraddau marwolaethau cymharol damweiniau a llygredd aer o ganlyniad i'r prif ffynonellau pŵer (ochr chwith). Mae ochr dde y graffigyn yn dangos allyriadau cymharol nwyon tŷ gwydr o bob ffynhonnell. Mae'n eithaf amlwg bod canlyniadau defnyddio tanwyddau ffosil fel ffynhonnell pŵer yn llawer mwy difrifol na chanlyniadau defnyddio pŵer niwclear.

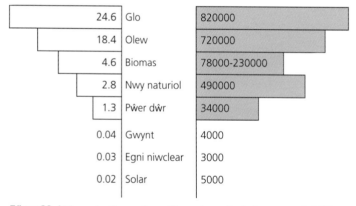

24.6	Glo	820000
18.4	Olew	720000
4.6	Biomas	78000-230000
2.8	Nwy naturiol	490000
1.3	Pŵer dŵr	34000
0.04	Gwynt	4000
0.03	Egni niwclear	3000
0.02	Solar	5000

Ffigur 23.4 Marwolaethau a thunelli metrig o allyriadau cywerth â CO_2 yn ystod cylchred oes gorsaf bŵer i bob terawat-awr o drydan maen nhw'n eu cynhyrchu.

12 Ar ôl trychineb Chernobyl ym mis Ebrill 1986, cafodd ffrwd o ronynnau ymbelydrol ei hanfon i fyny i'r aer. Fe wnaeth y gwynt gario rhai o'r gronynnau hyn dros uwchdiroedd Gogledd Cymru, lle aethon nhw i mewn i'r pridd oherwydd glaw trwm. Cafodd gronynnau cesiwm-137 (hanner oes 30 mlynedd) eu hamsugno gan y gwair a'u bwyta gan ddefaid. Cafodd sampl o bridd halogedig o fferm ddefaid yng Ngogledd Cymru ei archwilio ym mis Mai 1986, ac roedd ei actifedd yn 160 Bq. Amcangyfrifwch actifedd y sampl ym mis Mai 2046, 60 mlynedd ar ôl trychineb Chernobyl.

▶ Ymasiad niwclear

Adweithiau niwclear sy'n cynhyrchu egni yn ein Haul (ac mewn sêr eraill).

Yn yr achos hwn, mae'r adwaith niwclear yn ymwneud ag **ymasiad** (uno) niwclysau, yn hytrach nag ymholltiad. Mae'r broses hon yn cynhyrchu symiau enfawr o egni. Mae llosgi 1 kg o lo yn cynhyrchu 35 MJ (35×10^6 J) o egni. Mae un cilogram o wraniwm-235 yn cynhyrchu 83 TJ (83×10^{12} J) o egni. Byddai un cilogram o hydrogen yn gallu cynhyrchu 0.6 petajoule, 0.6 PJ (0.6×10^{15} J) – dros 7 gwaith cymaint ag 1 kg o wraniwm-235!

Er bod yr Haul yn cynhyrchu cymaint o egni niwclear, ac yn asio hydrogen ar gyfradd o dros 6×10^{11} kg/s, mae gan yr Haul ddigon o hydrogen o hyd i ddal i dywynnu am o leiaf 5 mil miliwn o flynyddoedd eto. Felly, os gall ymasiad hydrogen gynhyrchu cymaint o egni, a allwn ni ddatblygu adweithydd ymasiad niwclear yma ar y Ddaear i roi egni glân, di-garbon, diddiwedd? Er mwyn gwneud i niwclysau hydrogen (protonau) fynd yn ddigon agos i'w gilydd i gyflawni ymasiad niwclear (a goresgyn y grym gwrthyrru mawr oherwydd eu gwefr bositif), mae angen iddyn nhw fod yn symud yn gyflym iawn. Gan fod hydrogen yn nwy, mae hynny'n golygu gwasgeddau a thymereddau uchel iawn, iawn (dros 15 miliwn °C). Ar y Ddaear mae'n anodd iawn cyrraedd y tymereddau hyn, a hyd yn oed yn anoddach eu rheoli nhw a'u cynnal nhw.

Y tu mewn i graidd yr Haul, mae isotopau hydrogen (hydrogen-1, a hydrogen-2 (dewteriwm)), yn asio â'i gilydd, gan wneud heliwm-3 a phelydr gama. Yna, mae dau niwclews heliwm-3 yn asio â'i gilydd i wneud heliwm-4 a chynhyrchu dau niwclews hydrogen-1 arall (protonau). Egni'r pelydrau gama yw'r rhan fwyaf o'r egni mae'r adwaith yn ei gynhyrchu. Dyma grynodeb o'r adweithiau ymasiad niwclear hyn:

$$^1_1\text{H} + {}^2_1\text{H} \rightarrow {}^3_2\text{He} + \gamma$$

$$^3_2\text{He} + {}^3_2\text{He} \rightarrow {}^4_2\text{He} + 2{}^1_1\text{H}$$

✔ Profwch eich hun

13 Beth yw 'ymasiad niwclear'?

14 Y tu mewn i graidd yr Haul, pa ronynnau sy'n rhan o broses ymasiad niwclear?

15 Pam mae angen tymereddau a gwasgeddau uchel ar gyfer ymasiad niwclear?

16 Beth yw dewteriwm? Sut mae'n wahanol i hydrogen-1 'normal'?

Crynodeb o'r bennod

- Mae amsugno niwtronau araf yn gallu achosi ymholltiad mewn niwclysau wraniwm-235, sy'n rhyddhau egni, ac mae allyriad niwtronau o ymholltiad o'r fath yn gallu arwain at adwaith cadwynol cynaliadwy.
- Gallwn ni ddefnyddio hafaliadau nodiant ^A_ZX i grynhoi adweithiau niwclear.
- Mae gan ddefnyddiau ymbelydrol actifedd (nifer y dadfeiliadau niwclear yr eiliad), a hanner oes (yr amser mae'n ei gymryd i actifedd sampl ymbelydrol haneru).
- Mae'r cymedrolydd mewn adweithydd niwclear yn arafu'r niwtronau cyflym sy'n cael eu cynhyrchu gan broses ymholltiad niwclear, fel eu bod nhw'n gallu achosi mwy o ymholltiadau.
- Mae rhodenni rheoli yn amsugno niwtronau, ac mae'n bosibl symud y rhodenni hyn i fyny ac i lawr i reoli nifer

y niwtronau thermol sydd yn y rhodenni tanwydd.

- Mae'r rhan fwyaf o gynhyrchion dadfeiliad ymholltiad niwclear yn ymbelydrol, ac mae gan lawer ohonyn nhw hanner oes hir iawn, felly rhaid eu storio nhw'n ofalus y tu mewn i adeiledd cyfyngu'r adweithydd niwclear.
- Mae gwrthdrawiadau niwclysau ysgafn sydd â llawer o egni, yn enwedig isotopau hydrogen, yn gallu arwain at ymasiad sy'n rhyddhau symiau aruthrol o egni. Dyma'r broses sy'n cynhyrchu egni mewn sêr.
- Mae tair damwain niwclear fawr wedi digwydd, o ganlyniad i fethiant i ddilyn protocolau diogelwch a methiant mecanweithiau rheoli.
- Mae damweiniau niwclear yn effeithio ar yr amgylchedd ac ar iechyd bodau dynol, ond mae angen cymharu'r risgiau hyn â'r risgiau sy'n gysylltiedig â chynhyrchu pŵer o ffynonellau egni eraill fel tanwyddau ffosil.

1 Yn 2021 fe wnaeth Prifysgol Caerdydd gyhoeddi'r canfyddiadau, bod defnyddio hydrogen perocsid i ddiheintio dŵr yfed yn fwy effeithiol na defnyddio clorin. Mae'n hawdd gwneud hydrogen perocsid, ac mae'n dadelfennu i ffurfio dŵr a nwy arall, ocsigen, O_2.

a) Cwblhewch hafaliad symbolau'r adwaith hwn. [2]

$$2H_2O_2 \rightarrow \ldots\ldots\ldots H_2O + \ldots\ldots\ldots$$

b) Mae'r gyfradd dadelfennu yn araf ar dymheredd ystafell ond gallwn ni ei chynyddu hi drwy ychwanegu catalydd addas. Diffiniwch y term catalydd. [2]

c) Disgrifiwch ddull i ymchwilio i effaith tri gwahanol gatalydd ar gyfradd ddadelfennu hydrogen perocsid. [6]

2 Mae calch tawdd yn ffurfio o'r adwaith ecsothermig rhwng calsiwm ocsid a dŵr. Rydyn ni'n defnyddio'r cemegyn hwn i echdynnu siwgr o gansenni siwgr ac o fetys siwgr.

a) Diffiniwch adwaith ecsothermig. [1]

b) Awgrymwch sut gall y diwydiant siwgr leihau'r risg o adwaith ecsothermig direolaeth. [3]

c) Disgrifiwch effaith cynyddu arwynebedd arwyneb calsiwm ocsid. [3]

3 Mae diagram o adweithydd niwclear sy'n cael ei oeri â nwy i'w weld isod.

Defnyddiwch wybodaeth o'r diagram i esbonio sut mae adwaith cadwynol dan reolaeth yn cael ei gynhyrchu y tu mewn i'r adweithydd niwclear. [6]

4 Edrychwch ar y gosodiadau canlynol am ymholltiad ac ymasiad niwclear. Copïwch a chwblhewch y tabl drwy benderfynu a ydy'r gosodiadau yn berthnasol neu'n amherthnasol (Ydy/Nac ydy) i bob math o broses niwclear.

Gosodiad	Ymholltiad niwclear	Ymasiad niwclear
Caiff egni ei ryddhau wrth i niwclysau mawr dorri		
Mae adwaith cemegol yn digwydd sy'n rhyddhau egni thermol		
Mae egni'n cael ei ryddhau wrth i ddau niwclews ysgafn gael eu gorfodi at ei gilydd		
Dyma'r broses sy'n cynhyrchu egni yn yr Haul		
Y broses hon sy'n cynhyrchu'r mwyaf o egni o bob cilogram o danwydd		
Mae'r broses hon yn gallu cynhyrchu adwaith cadwynol niwclear		

Asesiad seiliedig ar dasgau

► Cyflwyniad

Mae'r asesiad hwn yn seiliedig ar weithgareddau, ac mae'n canolbwyntio ar dri maes sgiliau:

- ► llunio a chyflawni ymchwiliadau gwyddonol
- ► dadansoddi data gwyddonol
- ► rheoli Iechyd a Diogelwch.

Mae'r gweithgareddau y byddwch chi'n eu gwneud yn yr asesiad hwn yn profi'r sgiliau sydd eu hangen mewn labordy neu weithle diwydiannol neu fasnachol. Maen nhw wedi'u gosod yng nghyd-destun yr holl destunau rydych chi wedi'u hastudio, **ac eithrio:**

- ► 2.1.2 Diagnosis a thriniaeth (Gradd Unigol)
- ► 3.2.1 Prosesu bwyd (Dwyradd)
- ► 3.4.2 Rheoli adweithiau niwclear (Dwyradd a Gradd Unigol)

Ar gyfer y cymhwyster Dwyradd, byddwch chi'n gwneud Gweithgareddau 1, 2 a 3.

Ar gyfer y cymhwyster Gradd Unigol, byddwch chi'n gwneud Gweithgaredd 1 (ac asesiad risg) a Gweithgaredd 2.

► Gweithgaredd 1 – Cynnal ymchwiliad ymarferol mewn cyd-destun gwyddonol cymhwysol

Bydd y gweithgaredd hwn, sy'n cynnwys tair tasg, yn cael ei gynnal mewn 3 × sesiwn 1 awr.

Sesiwn 1 – Tasg A: Cynllunio

Yn y sesiwn hwn, mae angen i chi lunio dull i ddatrys problem ymarferol. Bydd y broblem yn cael ei rhoi i chi.

Ar gyfer y dasg hon, byddwch chi'n cael rhestr o gyfarpar safonol. Mae angen i chi gynhyrchu cynllun o beth rydych chi'n mynd i'w wneud. Dylai eich cynllun gynnwys:

- ► datganiad am y newidynnau sy'n ymwneud â'r arbrawf (annibynnol, dibynnol, a rheolydd)
- ► diagram wedi'i labelu o'ch arbrawf
- ► cynllun ysgrifenedig cam wrth gam
- ► **Gradd Unigol yn unig:** asesiad risg ar gyfer eich arbrawf.

Bydd y papur cwestiynau yn eich annog chi i roi sylw i bob rhan o'r cynllun. Byddwch chi'n gwneud y dasg hon ar eich pen eich hun, dan amodau arholiad.

Pwyntiau allweddol

- ► Darllenwch yr holl wybodaeth sy'n cael ei rhoi i chi yn ofalus – mae digonedd o gliwiau yno ynghylch beth y mae angen i chi ei gynnwys.

▸ Gwnewch yn siŵr eich bod chi'n gwybod y mathau gwahanol o newidynnau:
  • y newidyn annibynnol (yr un rydych chi'n ei newid)
  • y newidyn dibynnol (yr un rydych chi'n ei fesur)
  • newidynnau rheolydd (y rhai rydych chi'n eu cadw yr un fath).
▸ Darllenwch eich dull eto a gwnewch yn siŵr eich bod chi wedi sillafu'r geiriau gwyddonol allweddol yn gywir, ac wedi defnyddio atalnodau llawn a phriflythrennau yn gywir.

Sesiwn 2 – Tasg B: Casglu a chofnodi data

Yn y sesiwn hwn byddwch chi'n cynnal eich arbrawf, ac yn mesur ac yn cofnodi'r data fel rydych chi wedi'i nodi yn eich cynllun. Bydd angen i chi hefyd roi cydraniad y darn o gyfarpar mesur rydych chi'n ei ddefnyddio (er enghraifft, pren mesur).

Bydd gennych chi le i gofnodi eich mesuriadau bras, a lle i lunio tabl terfynol o'ch canlyniadau, gan gynnwys colofn ar gyfer unrhyw werthoedd cyfartaledd cymedrig.

Pwyntiau allweddol

▸ Mesurwch a chofnodwch yr HOLL fesuriadau sydd eu hangen.
▸ Gwnewch yn siŵr eich bod chi wedi labelu eich tabl â'r penawdau a'r unedau cywir.
▸ Sicrhewch eich bod chi wedi defnyddio nifer cyffredin o leoedd degol yn eich data ar y tabl.

Sesiwn 3 – Tasg C: Dadansoddi; a Tasg Ch: Gwerthuso

Mae dadansoddiad Tasg C yn dod mewn sawl fformat, ond yn bennaf, mae'n golygu plotio graff neu siart, ac yna chwilio am batrymau. Mae'n debygol y bydd angen i chi wneud cyfrifiadau, fel arfer ar ddata ychwanegol sy'n cael eu rhoi i chi.

Mae Tasg Ch yn gofyn i chi werthuso'r hyn rydych chi wedi'i wneud. Efallai y bydd gofyn i chi:

▸ asesu pa mor addas yw eich dull
▸ asesu ailadroddadwyedd eich data crai
▸ canfod ffynonellau o anghywirdeb
▸ canfod ffyrdd o wella eich dull.

Yn olaf, efallai y bydd angen i chi hefyd asesu sylw neu awgrym gan rywun arall am yr arbrawf. Efallai y bydd cwestiwn yn gofyn a ydych chi'n cytuno neu'n anghytuno â'r awgrym, ac yna'n gofyn i chi esbonio eich ateb.

Pwyntiau allweddol

▸ Cyfrifwch unrhyw werthoedd cymedrig yn gywir a'u cofnodi nhw â'r nifer addas o leoedd degol.
▸ Plotiwch bwyntiau eich graff yn fanwl gywir ar raddfa sy'n defnyddio'r rhan fwyaf o'r papur graff sydd gennych chi.
▸ Gwnewch yn siŵr eich bod chi'n esbonio eich atebion ac yn rhoi rhesymau dros eich dewisiadau pan fydd cwestiwn yn gofyn i chi wneud hynny.

▶ Gweithgaredd 2 – Dadansoddi a gwerthuso data eilaidd

Mae Gweithgaredd 2 yn sesiwn 1 awr sy'n cael ei gwblhau dan amodau arholiad. Bydd angen dadansoddi a gwerthuso setiau o ddata eilaidd sydd wedi'u rhoi i chi mewn Ffolder Adnoddau ar wahân. Mae'n debygol iawn y bydd hyn yn cynnwys dull ar gyfer cynnal arbrawf, ynghyd â chanlyniadau, fel arfer ar ffurf rifiadol mewn tabl. Mae'n debygol hefyd y bydd yna ryw wybodaeth arall, fel arfer wedi'i chyflwyno mewn modd graffigol, naill ai fel diagram, llun, graff neu siart.

Ar gyfer Tasg A, mae angen i chi ddadansoddi'r data yn y tabl. Mae'n debygol y bydd angen i chi wneud y canlynol:

- ▶ canfod unrhyw ddata anomalaidd
- ▶ cyfrifo cymedrau
- ▶ canfod patrymau yn y data
- ▶ gwneud cyfrifiadau.

Hefyd, bydd angen i chi ddehongli'r wybodaeth sydd wedi'i chyflwyno i chi mewn modd graffigol, naill ai drwy ddarllen gwerthoedd oddi ar graff neu siart, neu drwy gasglu gwybodaeth o graffigyn.

Ar gyfer Tasg B, byddwch chi'n gwerthuso'r dull sydd wedi'i amlinellu yn y Ffolder Adnoddau. Efallai y bydd gofyn i chi:

- ▶ asesu pa mor addas yw'r dull
- ▶ gwneud sylw am ailadroddadwyedd
- ▶ gwneud sylw am ffynonellau posibl o ansicrwydd.

Yn olaf, efallai y bydd angen i chi hefyd asesu sylw neu awgrym gan rywun arall am yr arbrawf. Efallai y bydd cwestiwn yn gofyn a ydych chi'n cytuno neu'n anghytuno â'r awgrym, ac yna'n gofyn i chi esbonio eich ateb.

Pwyntiau allweddol

- ▶ Cofiwch nad yw data anomalaidd yn ffitio â phatrwm cyffredinol gweddill y data, a dylai gael ei eithrio o unrhyw ddadansoddiad.
- ▶ Wrth gyfrifo cymedrau, cofiwch ddefnyddio yr un nifer o leoedd degol â gweddill y data.
- ▶ Bydd angen i chi ddarllen y dull sydd wedi'i roi yn ofalus iawn i sylwi ar ffynonellau posibl o ansicrwydd.

▶ Gweithgaredd 3 – Rheoli Iechyd a Diogelwch

Sesiwn 1 awr yw hwn, i'w gwblhau dan amodau arholiad, lle byddwch chi'n cael manylion arbrawf i'w gynnal mewn cyd-destun Gwyddoniaeth Gymhwysol. Mae'n debygol y bydd yr arbrawf yn cynnwys llawer o beryglon posibl o ran dulliau; darnau o gyfarpar; neu gemegion; a byddwch chi'n cael y Taflenni Diogelwch Disgyblion CLEAPSS perthnasol ar gyfer yr arbrawf. Eich tasg yw cynhyrchu asesiad risg ar gyfer pob rhan o'r arbrawf. **Fyddwch chi ddim yn cynnal yr arbrawf hwn.**

Yn yr asesiad risg dylech chi nodi:

- **Peryglon** (**pethau** sy'n gallu eich **niweidio** chi) A nodi natur y perygl (pam mae'n **niweidiol**); er enghraifft, mae fflam llosgydd Bunsen yn boeth.
- **Risg** (**natur unrhyw anaf** fyddai'n gallu digwydd (gan gynnwys **rhan(nau) o'r corff** a allai gael eu hanafu) A'R **cam gweithredu** fyddai'n ei achosi; er enghraifft, gallai'r dŵr poeth sgaldio fy llaw wrth i mi ei arllwys.
- **Mesurau rheoli** (camau y gallech chi eu cymryd i **leihau'r risg**); er enghraifft, gwisgo sbectol ddiogelwch neu sicrhau bod gwallt wedi'i glymu'n ôl.

Efallai y bydd rhai peryglon/risgiau/mesurau rheoli amlwg wedi'u rhoi i chi, neu wedi'u rhoi yn rhannol, ac weithiau efallai y bydd mwy nag un mesur rheoli ar gyfer perygl.

Pwyntiau allweddol

- Astudiwch ddull a diagram yr arbrawf yn ofalus i ganfod y peryglon i gyd.
- Cofiwch ddarllen a gwirio'r Taflenni Diogelwch Disgyblion, yn enwedig ar gyfer cemegion peryglus, oherwydd bydd y daflen yn nodi natur y peryglon a pham maen nhw'n niweidiol.
- Mae'n rhaid i'r mesurau rheoli rydych chi'n eu dewis fod yn berthnasol i'r perygl a'r risg rydych chi wedi'u nodi.

Asesiad ymarferol

▶ Rhagarweiniad

Bydd yr asesiad hwn yn gofyn i chi ddangos eich gallu i weithio mewn ffordd wyddonol. Bydd angen i chi ddefnyddio eich sgiliau ymarferol i gael data o ddull arbrofol sydd wedi'i roi, ac yna ei ddadansoddi a'i werthuso.

- Mae angen i ddisgyblion dwyradd gwblhau **DWY** dasg.
- Dim ond **UN** dasg bydd disgyblion gradd unigol yn ei chwblhau.

Mae pob tasg wedi'i rhannu'n ddwy adran, sef y cam arbrofol a dadansoddi'r canlyniadau, ac mae pob adran yn para 60 munud.

▶ Adran A – Cael canlyniadau

Yn yr adran hon yn y dasg/tasgau, byddwch chi'n cael dull arbrofol ac yn gweithio mewn grŵp o ddau neu dri i gael canlyniadau. Dyma enghraifft o arbrawf posibl:

'Ymchwilio i gyfradd oeri fflasg gonigol heb ei hynysu.'

Er eich bod chi'n gwneud y gwaith arbrofol fel grŵp, rhaid i chi ateb y cwestiynau ar y papur arholiad ar eich pen eich hun. Bydd angen i chi wneud y canlynol:

- cwblhau asesiad risg
- ysgrifennu rhagdybiaeth i'r arbrawf
- llunio a chwblhau eich tabl canlyniadau eich hun.

Pwyntiau allweddol

▸ Weithiau dydy cyfarpar ddim yn gweithio, neu mae'n torri. Os yw hyn yn digwydd, gwnewch yn siŵr eich bod chi'n gofyn i'ch athro am gymorth. Gallan nhw roi cyfarpar, defnyddiau neu gemegion eraill i chi.

▸ Cofiwch nodi natur unrhyw beryglon a'r camau gweithredu sy'n gysylltiedig â'r risgiau.

▸ Gwnewch yn siŵr bod pob colofn yn eich tabl canlyniadau yn cynnwys pennyn (*header*) a'r unedau cywir.

▸ Peidiwch â rhoi unedau yng nghorff tabl canlyniadau.

▶ Adran B – Dadansoddi a gwerthuso canlyniadau

Mae'r adran hon o'r asesiad yn cael ei chwblhau dan amodau arholiad. Fel arfer, bydd angen i chi wneud y canlynol:

▸ adnabod y newidyn annibynnol, y newidyn dibynnol a'r newidyn rheolydd yn yr arbrawf rydych chi'n ei gynnal

▸ plotio graff o'ch data (neu ddata tebyg iawn)

▸ canfod y patrwm yn y data (neu ganfod nad oes patrwm)

▸ cymharu'r patrwm yn eich data â'ch rhagdybiaeth

▸ cyfrifo gwerth o'ch canlyniadau

▸ gwerthuso ansawdd eich data, gan gynnwys:
  - **ansicrwyddau** – rydych chi'n disgwyl i'r gwir werth fod o fewn y cyfyngau hyn.
  - **manwl gywirdeb** – rydyn ni'n ystyried bod canlyniad mesuriad yn fanwl gywir os ydyn ni o'r farn ei fod yn agos at y gwir werth.
  - **trachywiredd** – pa mor agos at ei gilydd yw gwerthoedd sydd wedi'u mesur.
  - **gwelliannau** – camau y gallwch chi eu cymryd i leihau ansicrwyddau.
  - **ailadroddadwyedd** – mae mesuriad yn ailadroddadwy os yw ei ailadrodd gan yr un disgybl neu grŵp o ddisgyblion gan ddefnyddio'r un dull a'r un cyfarpar, yn rhoi'r un canlyniadau neu ganlyniadau tebyg.
  - **atgynyrchioldeb** – mae mesuriad yn atgynyrchadwy os yw ei ailadrodd gan wahanol ddisgyblion neu grwpiau o ddisgyblion, yn rhoi'r un canlyniadau neu ganlyniadau tebyg.

Pwyntiau allweddol

▸ Cofiwch – y newidyn **annibynnol** yw'r un rydych chi'n ei newid; y newidyn **dibynnol** yw'r un rydych chi'n ei fesur; a'r **newidynnau rheolydd** yw'r rhai rydych chi'n eu cadw'n gyson.

▸ Plotiwch graffiau fel bod y raddfa yn llenwi'r rhan fwyaf o arwynebedd y papur graff, yn gyffredinol gyda tharddbwynt sy'n dechrau yn (0,0).

▸ Mae llinellau ffit orau yn gallu bod yn gromliniau neu'n llinellau syth a dylech chi eu lluniadu nhw fel llinellau llyfn.

▸ Gwnewch yn siŵr eich bod chi'n gwybod diffiniadau'r termau hyn: ansicrwydd, manwl gywirdeb, trachywiredd, ailadroddadwyedd ac atgynyrchioldeb.

Geirfa

Adnewyddadwy Ffynonellau egni sy'n cael eu cynhyrchu gan weithredoedd yr Haul ac sydd ddim yn cael eu disbyddu pan maen nhw'n gweithio.

Adnodd cyfyngedig Adnodd anadnewyddadwy sy'n cael ei ddefnyddio'n gyflymach nag y mae'n gallu cael ei greu.

Adwaith cadwynol Pan mae un ymholltiad niwclear yn cynhyrchu llawer o niwtronau sy'n mynd ymlaen i gynhyrchu ymholltiadau eraill, sydd hefyd yn mynd ymlaen i gynhyrchu ymholltiadau eraill, ac yn y blaen.

Adwaith cemegol Newid sy'n ffurfio sylwedd newydd lle mae cyfanswm y màs yn aros yr un fath.

Aerodynameg Lleihau gwrthiant aer drwy newid siâp y cerbyd/gwrthrych, fel bod aer yn llifo'n llyfn dros yr arwynebau.

Alcali Bas hydawdd sy'n rhyddhau OH⁻(d) mewn hydoddiant.

Alotropau Ffurfiau ffisegol gwahanol o'r un elfen.

Amlgellog Yn cynnwys mwy nag un gell.

Amsugniad Symudiad moleciwlau bwyd o'r coludd i lif y gwaed.

Asid Sylwedd hydawdd sy'n rhyddhau H⁺(d) mewn hydoddiant.

Asid amino Grŵp cemegol mae proteinau'n ffurfio ohono.

Atmosffer Yr amlen o nwy o gwmpas ein planed.

Atom Y gronyn lleiaf sy'n gallu bodoli ar ei ben ei hun.

Atyniad electrostatig Mae'r atyniad hwn yn ffurfio bondiau ïonig rhwng gronynnau â gwefrau dirgroes (ïonau).

Bas Sylwedd sy'n adweithio ag asid.

Bioamrywiaeth Yr amrywiaeth o rywogaethau o organebau byw mewn ardal benodol.

Bioddiraddadwy Rhywbeth sy'n gallu cael ei dorri i lawr gan ficro-organebau yn yr amgylchedd.

Biomas Mater organig sych sydd wedi'i wneud o organebau marw.

Bioplastig Plastig bioddiraddadwy sydd wedi'i wneud o borthiannau biomas.

Bondiau cofalent Bondiau sy'n ffurfio rhwng atomau sy'n rhannu electronau.

Bondiau metelig Mae'r rhain yn ffurfio pan fydd creiddiau ïonau positif metelig wedi'u trefnu mewn adeiledd dellten, ac mae 'môr' o electronau dadleoledig yn gallu llifo drwyddo.

Brau Defnyddiau sydd ddim yn ymestyn cyn torri.

Canlyniad anomalaidd Canlyniad sydd ddim yn ffitio ym mhatrwm y canlyniadau eraill.

Carthu Cael gwared ar ddefnyddiau heb eu treulio o'r corff.

Catalydd Cemegyn sy'n cynyddu cyfradd adwaith drwy ostwng yr egni actifadu heb gael ei newid yn gemegol yn barhaol ei hun.

Cilowat awr Uned yr egni trydanol sy'n cael ei ddefnyddio.

Cludydd Unigolyn sydd ag alel enciliol ar gyfer genyn. Dydy'r nodwedd mae'r alel yn ei phennu ddim yn cael ei dangos, ond gall gael ei phasio i'r genhedlaeth nesaf.

Colorimetreg Techneg feintiol rydyn ni'n gallu ei defnyddio i ganfod crynodiad hydoddiant yn seiliedig ar y golau sy'n cael ei drawsyrru drwy'r sampl.

Cracio Dadelfennu hydrocarbonau cadwyn hir i wneud hydrocarbonau byrrach, mwy defnyddiol ar gyfer tanwyddau, a hydrocarbonau bach adweithiol i wneud polymerau.

Cromosom Ffurfiad tebyg i edau sydd wedi'i wneud o DNA, ac sy'n bodoli yng nghnewyllyn celloedd.

Cydberthyniad Cysylltiad rhwng dau neu fwy o bethau sy'n golygu, pan fydd un yn newid, bod y llall hefyd yn newid mewn ffordd y gallwn ni ei rhagweld.

Cyfansoddion ïonig Mae'r rhain yn ffurfio rhwng gronynnau sydd wedi'u huno â bondiau ïonig.

Cyfansoddyn Sylwedd sydd wedi'i wneud o ddau neu fwy o wahanol fathau o atom sydd wedi uno'n gemegol â'i gilydd.

Cyfnod Rhes o elfennau yn y Tabl Cyfnodol.

Cyfradd adwaith cemegol Buanedd newid cemegol.

Cyffur Cemegyn sy'n newid sut mae'r corff yn gweithio mewn rhyw ffordd.

Cylchdro cnydau Yr arfer o dyfu cyfres o wahanol gnydau yn yr un ardal mewn tymhorau tyfu olynol, gan osgoi disbyddu maetholion y pridd; mae pys a ffa mewn gwirionedd yn ychwanegu nitradau at y pridd.

Cymedrolydd Defnydd fel dŵr sy'n arafu niwtronau mewn adweithydd niwclear fel eu bod nhw'n gallu cynhyrchu ymholltiadau pellach.

Cymhlygyn ensym–swbstrad Ensym a'i swbstrad(au) sydd wedi'u huno â'i gilydd.

Cymylogrwydd Hylif sy'n gymylog neu'n ddi-draidd.

Cymysgadwy Hylif sy'n gallu cymysgu â dŵr a ffurfio hydoddiant.

Cynaliadwyedd Defnyddio egni adnewyddadwy a defnyddio'r egni hwnnw'n effeithlon iawn.

Cynefin Y man lle mae organeb yn byw.

Cynhesu byd-eang Y cynnydd graddol yn nhymheredd atmosfferig cyfartalog cyffredinol y blaned.

Cystadleuaeth Perthynas rhwng organebau (o'r un rhywogaeth neu o rywogaethau gwahanol) lle mae angen adnodd cyfyngedig arnyn nhw (er enghraifft, bwyd, golau neu ddŵr).

Dadelfeniad thermol Defnyddio gwres i dorri sylwedd i lawr i sylweddau symlach.

Darfudiad Trosglwyddiad egni o boeth i oer wrth i ronynnau symud drwy hylifau a nwyon.

Dargludiad Trosglwyddiad egni o boeth i oer wrth i ronynnau y tu mewn i solidau a hylifau ddirgrynu.

Data Gwybodaeth, er enghraifft o arsylwadau neu fesuriadau.

Data amharhaus Data rhifadol sydd ddim ond yn gallu bod â gwerthoedd penodol heb unrhyw werthoedd rhyngol, e.e. maint esgidiau.

Data categorïaidd Data sy'n gategori, gair fel arfer, e.e. lliw llygaid.

Data parhaus Data sy'n gallu bod ag unrhyw werth, e.e. taldra, rhychwant llaw, tymheredd.

Defnydd crai Defnydd heb ei brosesu o'r tir, o'r môr neu o'r aer.

Delweddu meddygol Defnyddio tonnau i ddelweddu tu mewn y corff i ddatgelu anaf neu glefyd neu roi diagnosis, heb fod angen llawdriniaeth.

Diagram Sankey Ffordd o ddangos trosglwyddiadau egni mewn diagram. Y lletaf yw bar y diagram yn unrhyw bwynt, y mwyaf o egni sy'n cael ei drosglwyddo.

Direolaeth thermol Mae hyn yn gallu digwydd mewn adwaith ecsothermig os yw cynyddu'r tymheredd yn cynyddu cyfradd yr adwaith, sydd yna'n cynyddu'r tymheredd yn uwch eto.

Distyllu ffracsiynol Techneg wahanu ffisegol sy'n cael ei defnyddio i wahanu cydrannau o hydoddiant yn seiliedig ar eu gwahanol ferwbwyntiau.

Diweddbwynt Y pwynt lle mae'r dangosydd wedi newid lliw mewn titradiad asid–bas.

DNA Asid deocsiriboniwclëig – y cemegyn sydd mewn genynnau ac sy'n rheoli'r broses o gynhyrchu proteinau mewn celloedd.

Dŵr caled Dŵr â halwynau calsiwm neu fagnesiwm wedi hydoddi ynddo, sydd ddim yn ffurfio trochion gyda sebon.

Ecosystem Cymuned neu grŵp o organebau byw ynghyd â'r cynefin lle maen nhw'n byw, a'r rhyngweithiadau rhwng cydrannau byw ac anfyw yr ardal.

Ecsothermig Pan fydd y system yn rhyddhau egni i'r amgylchoedd.

Eferwad Gweld swigod a/neu glywed hisian.

Effeithlonrwydd Cymhareb yr egni (neu'r pŵer) sy'n cael ei drosglwyddo'n ddefnyddiol/cyfanswm yr egni (neu'r pŵer) sy'n cael ei gyflenwi; fel arfer, caiff ei fynegi fel canran.

Effeithlonrwydd egni Mae offer trydanol yn cael sgôr ar raddfa gymharu A–G, lle mae dyfeisiau â gradd A yn defnyddio egni'n fwy effeithlon na dyfeisiau â gradd G.

Egni actifadu Isafswm yr egni sydd ei angen i ddechrau adwaith cemegol.

Electrolysis Defnyddio trydan i ddadelfennu sylwedd ïonig i ffurfio sylweddau symlach

Electrolyt Hydoddiant sy'n cynnwys ïonau.

Elfen Sylwedd sydd ddim yn gallu cael ei dorri i lawr yn gemegol.

Emwlsio Torri defnynnau mawr o hylif yn rhai llai.

Emwlsiwn Cymysgedd o ddau neu fwy o hylifau, lle mae un yn bresennol fel defnynnau microsgopig ac wedi'i wasgaru drwy'r llall i gyd.

Endothermig Proses sy'n cymryd egni i mewn.

Ensym Moleciwl biolegol sy'n gweithredu fel catalydd, gan gyflymu adwaith cemegol ond heb gymryd rhan ynddo.

Etifeddol Rhywbeth sy'n gallu cael ei etifeddu (oherwydd mai genynnau sy'n ei achosi).

Ffactor dargadw Cymhareb o ba mor bell y mae sylwedd wedi teithio o gymharu â hydoddydd yn yr un cyfrwng.

Ffotosynthesis Y broses y mae planhigion yn ei defnyddio i wneud glwcos gan ddefnyddio carbon deuocsid, dŵr ac egni golau.

Ffwrnais chwyth Tŵr lle caiff mwyn haearn ei rydwytho gan ddefnyddio carbon. Caiff aer poeth ei chwythu i mewn.

Galaeth Casgliad pell o sêr mewn gofod, a phob un mewn orbit o gwmpas craidd disgyrchiant cyffredin (twll du masfawr fel arfer).

Gamet Cell rhyw (wy neu sberm mewn anifeiliaid, paill ac ofwl mewn planhigion).

Graddfa pH Ffordd o fesur asidedd hydoddiant ar raddfa logarithmig o 0 i 14.

Graddiant Maint goledd llinell syth ar graff.

Graddiant crynodiad Y gwahaniaeth rhwng dau grynodiad.

Graff nodweddion trydanol Graff cerrynt-foltedd.

Grŵp Colofn o elfennau yn y Tabl Cyfnodol.

Gwaddod Solid anhydawdd sy'n cael ei gynhyrchu yn ystod adwaith cemegol mewn hydoddiant.

Gwaed dadocsigenedig Gwaed heb lawer o ocsigen ynddo.

Gwaed ocsigenedig Gwaed â llawer o ocsigen ynddo.

Gweddill Y solid sy'n cael ei gasglu yn y papur hidlo ar ôl hidlo cymysgedd.

Gwrthiant treigl Effaith ffrithiant rhwng teiars cerbyd ac arwyneb y ffordd, sy'n gwneud y cerbyd yn llai effeithlon.

Gwydn *(durable)* Yn gallu gwrthsefyll traul, gwasgedd neu ddifrod.

Haemoglobin Pigment coch yng nghelloedd coch y gwaed sy'n cludo ocsigen.

Halwyn Cyfansoddyn ïonig niwtral sy'n cael ei gynhyrchu o adwaith niwtralu.

Halltu Ychwanegu halen at fwyd, naill ai ar yr arwyneb neu mewn dŵr o gwmpas y bwyd.

Hidlif Yr hylif sy'n cael ei gasglu yn y fflasg gonigol ar ôl hidlo cymysgedd.

Homeostasis Cynnal amgylchedd mewnol cyson.

Ïon Atom neu grŵp o atomau â gwefr.

Isotop Atomau o'r un elfen â'r un rhif atomig ond sydd â rhif màs gwahanol.

Llwybr adwaith Cyfres o wahanol gamau sy'n digwydd mewn adwaith cemegol i fynd o'r adweithyddion i'r cynhyrchion.

Màs atomig cymharol Màs cyfartalog atom wedi'i bwysoli gan ystyried yr isotopau sydd ar gael.

Màs moleciwlaidd cymharol Cyfanswm masau atomig cymharol yr holl atomau mewn moleciwl.

Metabolaeth Yr holl adweithiau cemegol sy'n digwydd mewn organeb fyw.

Metel Elfen ar ochr chwith neu yng nghanol y Tabl Cyfnodol, neu aloi.

Mewnfridio Bridio unigolion sy'n perthyn yn agos i'w gilydd ac sydd felly'n rhannu llawer o alelau tebyg.

Môl Swm sylwedd; mae un môl o unrhyw sylwedd yn cynnwys 6.02×10^{23} gronyn.

mol dm^{-3} Molau y decimetr ciwbig yw uned crynodiad. Mae 1 mol dm^{-3} yn golygu bod 1 môl o sylwedd wedi hydoddi mewn 1 dm^{-3} (1 litr) o hydoddydd.

Monomer Moleciwlau adweithiol bach, sydd fel arfer yn cynnwys C=C, sy'n gallu uno â'i gilydd.

Niwclews Canol masfawr atom sydd â gwefr bositif.

Niwtralu Adwaith cemegol rhwng asid a bas i wneud halwyn.

Niwtronau thermol Niwtronau sy'n cael eu cynhyrchu mewn adweithydd niwclear ac sy'n cael eu harafu gan gymedrolydd fel eu bod nhw'n gallu cynhyrchu mwy o ymholltiadau niwclear.

Ocsidio Newid cemegol sy'n golygu ychwanegu ocsigen neu dynnu electronau.

Ôl troed carbon Màs cywerth y nwy carbon deuocsid sy'n cael ei gynhyrchu wrth i ffynhonnell egni gynhyrchu trydan.

Pathogen Organeb sy'n achosi clefyd, fel firws, bacteria, ffyngau, parasit.

Pelydriad Trosglwyddiad egni o boeth i oer drwy drawsyrru tonnau electromagnetig isgoch.

Pelydriad isgoch Pelydriad electromagnetig rydyn ni'n gallu ei deimlo fel gwres.

Pilen athraidd ddetholus Pilen sy'n gadael i rai sylweddau fynd drwyddi ond nid rhai eraill. Weithiau rydyn ni'n ei galw'n bilen ledathraidd neu'n bilen rannol athraidd.

Planed Gwrthrych sfferig yn y gofod, mewn orbit o gwmpas seren, â digon o gryfder disgyrchiant i glirio gwrthrychau eraill allan o'i orbit.

Plasebo Fersiwn sy'n edrych yn union yr un fath â'r cyffur go iawn, ond sydd ddim yn effeithio ar y corff dynol.

Platiau tectonig Saith neu wyth slab mawr iawn o graig sy'n gwneud cramen y Ddaear ac yn arnofio ar y fantell.

Polymer Moleciwl organig cadwyn hir â bondio cofalent sydd wedi'i wneud o lawer o unedau moleciwlaidd 'mer' sy'n ailadrodd.

Priodweddau swmp Priodweddau darn mawr (wedi'i ddal â llaw) o'r defnydd.

Proffilio DNA Techneg ddadansoddol sy'n cael ei defnyddio i ganfod nodweddion unigolyn.

Pur Sylwedd sy'n cynnwys un math o ronyn yn unig.

Pŵer Cyfradd trosglwyddo egni o un ffurf i ffurfiau eraill mewn dyfais.

Rheoli biolegol Defnyddio ysglyfaethwyr naturiol i reoli plâu.

Rhif atomig Nifer y protonau mewn niwclews atom.

Rhif màs Nifer y protonau a'r niwtronau mewn niwclews atom.

Rhoden reoli Rhoden o ddefnydd, fel boron, sy'n amsugno niwtronau mewn adweithydd niwclear. Mae gostwng neu godi'r rhodenni rheoli mewn adweithydd yn gallu rheoli cyfradd yr adweithiau ymholltiad niwclear.

Rhydwytho Newid cemegol sy'n golygu tynnu ocsigen neu ennill electronau.

Rhywogaeth ddangosol Rhywogaeth â goddefedd hysbys (uchel neu isel) i lygrydd penodol; gallwn ni ei defnyddio hi i ddangos lefel y llygredd mewn amgylchedd.

Safle actif Y man ar foleciwl ensym lle mae'r swbstrad yn rhwymo.

Sbectrwm amsugno Patrwm y llinellau du yn sbectrwm golau o seren sy'n dangos presenoldeb gwahanol elfennau yn atmosffer y seren.

Sbectrwm electromagnetig Teulu o donnau sydd i gyd yn teithio ar yr un buanedd, sef c, buanedd golau (3×10^8 m/s yng ngwactod y gofod).

Sborau bacteriol Ffurfiau cwsg a gwydn iawn ar facteria, sy'n ffurfio fel ymateb i amodau amgylcheddol anffafriol.

Sefydlogi nitrogen Trawsnewid y nitrogen yn yr aer yn nitradau.

Seren Gwrthrych yn y gofod sy'n allyrru pelydriad electromagnetig oherwydd ymasiad niwclear hydrogen ac elfennau ysgafn eraill.

Sgil effaith Effaith anffafriol cyffur ar y corff.

Sgwâr Punnett Tabl sy'n dangos croesiadau gametau posibl mewn croesiad genynnol.

Stoma (ll. **stomata**) Mandwll mewn deilen sy'n gadael carbon deuocsid i mewn i'r ddeilen ac yn gadael anwedd dŵr allan.

Symptom Un o gyflyrau clefyd, sy'n cael ei achosi gan y clefyd, e.e. mae twymyn yn un o symptomau ffliw.

System cylchrediad dwbl System gwaed lle mae'r gwaed yn teithio drwy'r galon ddwywaith ym mhob cylchdaith o gwmpas y corff.

Tangiad Y llinell syth sy'n rhoi'r cynrychioliad gorau o ddarn bach o linell duedd grwm ar graff.

Tanwyddau ffosil Ffynhonnell egni gyfyngedig sydd wedi'i gwneud o fiomas hynafol.

Titr Cyfanswm cyfaint y sylwedd sydd wedi'i ychwanegu o'r fwred (titr = darlleniad cyfaint terfynol ar y fwred - darlleniad cyfaint cychwynnol ar y fwred).

Tocsin Sylwedd gwenwynig.

Treial clinigol Proses o brofi cyffur newydd ar wirfoddolwyr.

Treuliad Y broses o ymddatod moleciwlau bwyd i wneud moleciwlau bach, hydawdd.

Uwchnofa Y ffrwydrad enfawr sy'n digwydd pan fydd y defnydd ymasiad niwclear mewn seren gawr fasfawr yn dod i ben a'r seren yn mewnffrwydro (yn cwympo i mewn arni ei hun).

Uwchsain Tonnau sain ag amleddau uwch na therfyn uchaf amrediad clyw bodau dynol.

Ymasiad niwclear Niwclysau ysgafn yn uno â'i gilydd ar dymereddau a gwasgeddau uchel iawn, gan ryddhau symiau mawr o egni.

Ymholltiad niwclear Pan mae niwclews ansefydlog mawr yn torri'n ddigymell, neu pan mae'n gwrthdaro â niwtron, gan ryddhau egni.

Ynysiad Mae systemau ynysu tai yn lleihau colledion egni gwres o dŷ.

Mynegai